普通高等教育“十一五”国家级规划教材
普通高等专科教育机电类系列教材

工 程 力 学

第 2 版

主　编　张秉荣
副主编　高　翔
参　编　丁纪平　张　丽　张　焱
主　审　何春霞

机 械 工 业 出 版 社

本书分两篇：理论力学和材料力学。理论力学部分介绍静力学基础、平面力系、空间力系及运动学和动力学。材料力学部分介绍拉伸与压缩、剪切与挤压，直梁的弯曲，圆轴组合变形的强度计算及材料力学中的几个专题。有※号的章节是为适应不同教学时数设置的选讲内容。每章后均有小结、思考题和习题。本书还配有电子课件。

本书特色为：注意精选内容，简化理论推导，联系工程实际，重视应用技能的培养，体现高职高专的教学特色。

本书适合于二、三年制高职高专工科院校各专业(40~64学时)学生使用，也可供职大、电大、成教、函授院校相关专业学生使用。

图书在版编目(CIP)数据

工程力学/张秉荣主编. —2版. —北京：机械工业出版社，2010.1（2024.9重印）
普通高等教育“十一五”国家级规划教材. 普通高等专科教育机电类系列教材
ISBN 978-7-111-29408-5

Ⅰ.工… Ⅱ.张… Ⅲ.工程力学—高等学校—教材 Ⅳ.TB12

中国版本图书馆CIP数据核字(2009)第240344号

机械工业出版社(北京市百万庄大街22号 邮政编码100037)
策划编辑：王海峰 责任编辑：刘良超 于奇慧 封面设计：饶 薇
责任校对：李汝庚 责任印制：张 博
北京建宏印刷有限公司印刷
2024年9月第2版第12次印刷
184mm×260mm · 13.75印张 · 335千字
标准书号：ISBN 978-7-111-29408-5
定价：43.00元

电话服务 网络服务
客服电话：010-88361066 机 工 官 网：www.cmpbook.com
010-88379833 机 工 官 博：weibo.com/cmp1952
010-68326294 金 书 网：www.golden-book.com
封底无防伪标均为盗版 机工教育服务网：www.cmpedu.com

第2版前言

新世纪之初，为贯彻教育部推出的“高等学校教学质量与改革工程”，应邀参与高职高专工程力学精品教材的撰写，集往昔拙著教材的素材，按现时高职高专的教学需求，编成此书。书成后又被评为普通高等教育“十一五”国家级规划教材。

教材问世以来，各兄弟学校广泛采用，至今已重印十余次之多，但时隔几年，回顾审视，有些地方还待进一步简约，遂有修订本书第2版之举。本书符合高职高专院校开设40~64学时工程力学课程之用。书中带※字的内容可选作教学基本内容，也可作为教师指导下学生的自学材料，以使学生对本学科的基本内容有一个比较全面的认识，也便于与其他参考资料接轨，且有一个继续提高的基础。参与本书修订的有张秉荣、高翔、丁纪平、张丽、张焱。

本书由张秉荣教授任主编，高翔高级工程师任副主编，何春霞教授任主审。

限于水平，错漏难免，恳请指正。

编　者

第1版前言

为贯彻落实教育部推出的“高等学校教学质量与教学改革工程”，应机械工业出版社之邀，编者参加高专层次“精品教材”工程，编写了本书。

自20世纪80年代初，本人联系了一批富有教学经验的力学教师，分别为几家出版社编写了十余种力学教材，所编教材一直使用至今，本书实为这些教材的积累与发展。

为使本教材能适用于二、三年制的高专、高职院校，经广泛调研后，确定本教材的适用学时数为40~64学时，书中有※号者可作为教学基本内容，也可作为在教师指导下的自学材料，以使学生对本学科的基本内容有一个比较全面的认识，便于与其他参考资料接轨，且有一个继续提高的基础。

参加本书编写的有：张秉荣、章剑青、傅鹤龄、夏庆章、丁纪平、张焱、张丽。本书由张秉荣任主编，章剑青、傅鹤龄任副主编，王宏伟任主审。

为建成立体化的“精品教材”，在编写本教材的同时，机械工业出版社还邀请傅鹤龄、吴建生主编本教材的学习指导书，并邀请宋小壮制作本教材的教辅光盘，这些教辅材料均已正式出版。

在此，编者对所有为本立体化“精品教材”作出贡献和提供帮助的同志致以衷心的感谢。

限于编者水平，错漏之处在所难免，恳请读者批评指正。

编　者

目　录

绪　论

一、工程力学研究的内容

工程力学是一门应用范围极其广泛的技术基础课程，它包含了传统学科中理论力学与材料力学两门学科中的主要内容，并按其在工程中的应用而组建。

理论力学是研究物体机械运动一般规律的基础学科，讨论机器与结构的运动情况及其受力分析，是工程分析与设计的起点。

材料力学则是研究构件承载能力的一门学科。

由以上内容可见，工程力学乃是认识与分析工程技术问题的一项必备的基础知识与研究工具。

二、工程力学的学习方法

韩愈云：学问之道无他，唯“放心”而已。“放心”一词意即全身心地投入。此乃做学问的总纲。下面择其要者，分述如下：

1. 联系实际

工程力学来源于人类长期的生活实践、生产实践与科学试验，并且广泛应用于各类工程实践中。因此，在实践中学习工程力学是一个重要的学习方法。

广泛联系与分析生活及生产中的各种力学现象，是培养对工程力学的兴趣的一条重要途径。而对工程力学的兴趣，乃是身心投入的一个重要起点。联系实际还是从获得理论知识到养成分析与解决问题能力之间的一座桥梁。初学工程力学的人的通病就是感到“理论好懂，习题难解”，这就是缺少各种实践的过程(包括大量的课内外练习)，没有完成理论到能力之间转化的一种反映。

2. 善于总结

将书读薄是做学问的一种基本方法。读一本书后要将其总结成一、两页材料，唯其如此，才能抓住一个章节、一本书、一门学科的精髓；才能融会贯通，才能真正成为你自己的知识。

理论要总结，解题的方法与技巧也要总结。本书例题中常有一题多解和多题一解的现象，其目的就是在于传授方法，培养举一反三的能力。

3. 勤于交流

相互交流是获取知识的一种重要手段。课堂教学、习题讨论、课件利用直至网上交流，经常表述自己的观点，不断纠正自己的错误理念，从而使自己的综合素质得到提高。

第一篇　理论力学

理论力学是研究物体机械运动一般规律的一门科学。

运动是物质的存在形式，是物质的固有属性，它包括了宇宙中发生的一切变化与过程。因此，物质的运动形式是多种多样的，从简单的位置变化到各种物理现象、化学现象，直至人的思维与人们的社会活动。对于物质运动各种形式的研究，分别形成了各种学科。

理论力学所研究的机械运动则是指物体在空间的位置随时间的变化，如日月运行、车船行驶、机器运转、河水流动及物体的平衡等。所谓物体的平衡，一般是指物体相对于地面静止或作匀速直线运动。

机械运动不仅广泛地出现在我们的周围，存在于人类的一切劳动生产过程中，也普遍存在于研究其他运动形式的各门学科中。因此，研究机械运动，不仅可以解释周围许多现象，为研究其他学科提供条件，更重要的还在于它是现代工程技术的重要理论基础，是解决工程技术问题的重要手段之一。

本书以静力学为重点，同时为使学习者便于提高，便于与其他学科接轨，将运动学与动力学组合为运动力学并作以简介。

理论力学的内容通常包括以下三个部分：

1）静力学：研究物体在受力作用下的平衡规律。

2）运动学：从几何角度来研究机械的运动规律。

3）动力学：研究作用于物体上的力与物体机械运动变化之间的关系。

理论力学的研究对象称为刚体与质点。撇开物体受力时的变形而获得刚体的概念，不计物体的尺寸而得到质点的概念，这些理想化的力学模型都是将事物抽象化的结果。

理论力学是一门理论性较强，在工程技术领域中有着广泛应用的技术基础课，它是近代工程技术的重要基础之一。同时，它又为工科院校中一系列后继课程提供必要的基础知识。

理论力学的分析和研究方法在科学研究中有一定的典型性。通过对本课程的学习，有助于培养辩证唯物主义的世界观，有助于提高分析和解决实际问题的能力，为今后从事生产实践、科学研究打下良好的基础。

第一章　力的基本运算与物体受力图的绘制

静力学是研究物体在力系作用下平衡规律的一门科学。力系是指作用于同一物体上的一组力。物体处于平衡状态时，作用于该物体上的力系称为平衡力系。

静力学研究的主要内容之一就是建立力系的平衡条件，并借此对物体进行受力分析。静力学建立力系平衡条件的主要方法是力系的简化。所谓力系的简化，就是用简单的力系代替复杂的力系，当然，这种代替必须在两力系对物体的作用效应完全相同的条件下进行。对同一物体作用效应相同的两力系，彼此称为等效力系。若一个力与一个力系等效，则称此力为该力系的合力。

综上所述，静力学将研究的主要问题是：

1）力系的简化。

2）建立物体在各种力系作用下的平衡条件。

本章则主要介绍力的基本运算与物体受力图的绘制。

第一节　力的概念

一、力的定义

力的概念产生于人类的生活及所从事的生产劳动之中。当人们用手握、拉、掷及举起物体时，由于肌肉紧张而感受到力的作用，这种作用广泛存在于人与物及物与物之间。例如，奔腾的水流能推动水轮机旋转，锤子的敲打会使烧红的铁块变形等。可见，力作用于物体将产生两种效果：一种是使物体的机械运动状态发生变化，称为力的外效应；另一种是使物体产生变形，称为力的内效应。理论力学研究对象的模型为刚体，故不涉及力的内效应。

综上所述，在静力学的范畴内，力可定义为：力是物体间的相互作用，这种作用将引起物体的机械运动状态发生变化。

1. 力的三要素

实践证明，力对物体的作用效应，是由力的大小、方向和作用点的位置所决定的，这三个因素称为力的三要素。例如，用扳手拧螺母时，作用在扳手上的力，因大小不同，或方向不同，或作用点不同，它们产生的效果就不一样(见图1-1)。

2. 力的单位

本书采用国际单位制(SI)计量单位，力的单位用N(牛[顿])或kN(千牛[顿])表示。

3. 力的矢量表示与力的投影

力是矢量，图示时，常用一个带箭头的线段表示(见图1-1)，线段长度AB按一定比例代表力的大小，线段的方位和箭头表示力的方向，其起点或终点均可表示力的作用位置。此线段的延伸称为力的作用线。用黑体字(如$\boldsymbol{F}$)代表力矢，并以明体字母F代表力的大小。

力$\boldsymbol{F}$在坐标轴上的投影定义为：过$\boldsymbol{F}$两端向坐标轴引垂线(见图1-2)得垂足a、b和a'、b'。线段ab、$a'b'$分别为$\boldsymbol{F}$在x和y轴上投影的大小。投影的正负号规定为：从a到b(或a'到b')的指向与坐标轴的正向进行比较，同向为正，反向为负。$\boldsymbol{F}$在x、y轴上的投影分别记

作 F_x 与 F_y。

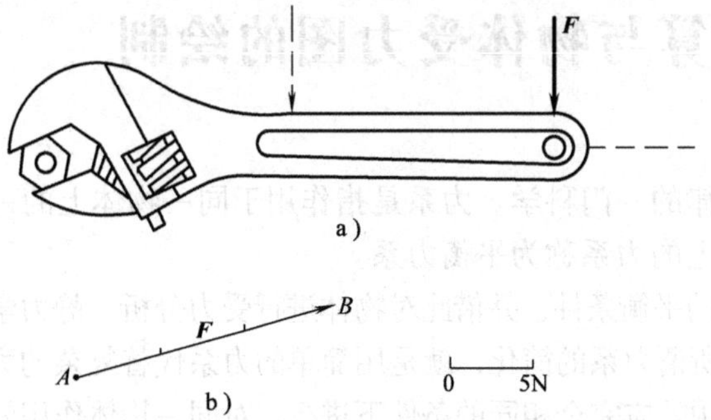

图 1-1　力的表示

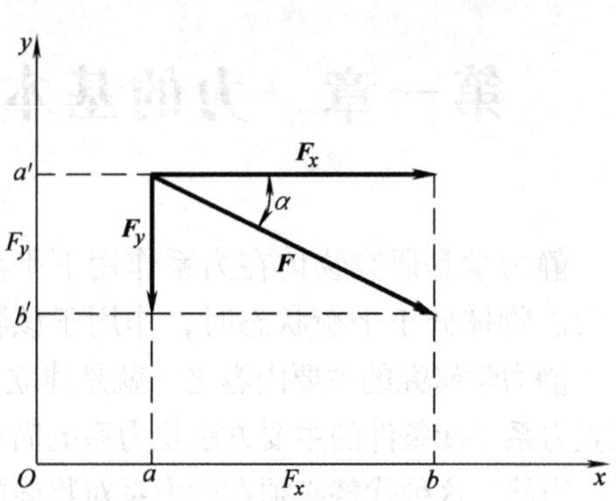

图 1-2　力在坐标轴上的投影

若已知 $\boldsymbol{F}$ 的大小及其与 x 轴所夹的锐角 α(见图 1-2)，则有

$$\begin{cases} F_x = F\cos\alpha \\ F_y = -F\sin\alpha \end{cases} \tag{1-1}$$

力的矢量表达式即为

$$\boldsymbol{F} = F_x\boldsymbol{i} + F_y\boldsymbol{j} \tag{1-2}$$

若已知 F_x、F_y，则可求出 $\boldsymbol{F}$ 的大小及方向，即

$$\begin{cases} F = \sqrt{F_x^2 + F_y^2} \\ \tan\alpha = \left| F_y / F_x \right| \end{cases} \tag{1-3}$$

二、力的性质

性质 1(二力平衡公理)　作用于同一刚体上的两个力，使刚体处于平衡状态的必要与充分条件是：**此二力必须等值、反向、共线**。

二力平衡公理是刚体受最简单的力系作用时的平衡条件，如一物体仅受二力作用而平衡，则二力的作用线必定沿此二力作用点的连线，如图 1-3c 所示，这类构件常被称为**二力构件**。

性质 2(加减平衡力系公理)　**在已知力系上，加上或减去任意的平衡力系，不会改变原力系对刚体的作用效应。**

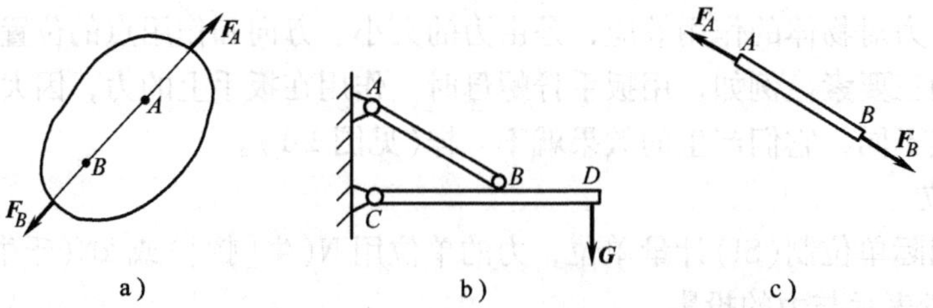

图 1-3　二力构件

推理(力的可传性原理)　**作用于刚体上的力，可沿其作用线滑移到任何位置**而不改变此力对刚体的作用效应。

此推理可证明如下：

1) 设力 $\boldsymbol{F}$ 作用于刚体上的 A 点(见图 1-4a)。

2）在力 $\boldsymbol{F}$ 的作用线上任选一点 B，并在 B 点加一组沿 AB 的平衡力 $\boldsymbol{F}_1$ 和 $\boldsymbol{F}_2$，且使 $\boldsymbol{F}_2=\boldsymbol{F}=-\boldsymbol{F}_1$（见图 1-4b）。

3）除去 $\boldsymbol{F}$ 与 $\boldsymbol{F}_1$ 所组成的一对平衡力，刚体上只剩 $\boldsymbol{F}_2$，显见 $\boldsymbol{F}_2=\boldsymbol{F}$（见图 1-4c）。

此原理说明，**力是滑移矢量**，它可以沿其作用线滑移，但不能无条件地任意移至作用线以外的位置。

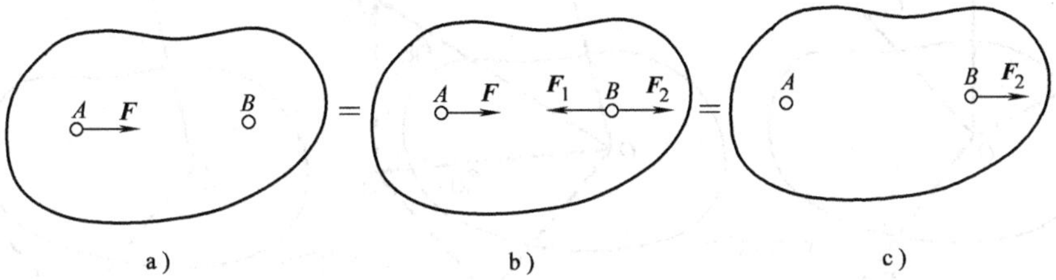

图 1-4　力的可传性原理

必须指出，力的可传性原理不适用于研究物体的内效应。例如，一根直杆受一对平衡力 $\boldsymbol{F}$、$\boldsymbol{F}'$ 作用时，杆件受压，若将两力互沿作用线移动而易位，则杆变为受拉，但拉、压是两种不同的内效应。因此，当研究物体的内效应时，力应视为固定矢量。

性质 3（力的平行四边形法则）　**作用于物体上某点的两力的合力也作用于该点，其大小和方向可用以此两力为邻边所构成的平行四边形的对角线来表示**（见图 1-5a）。

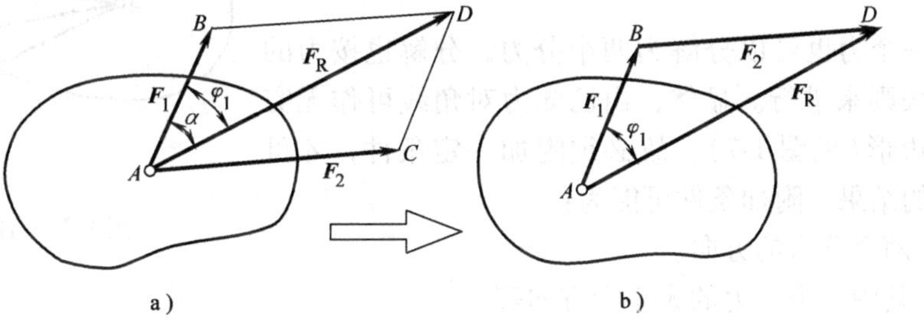

图 1-5　力的平行四边形法则

有时为简便起见，作图时可省略图 1-5 中的 AC 与 DC，直接将 $\boldsymbol{F}_2$ 连在 $\boldsymbol{F}_1$ 的末端，通过 $\triangle ABD$ 即可求得合力 $\boldsymbol{F}_{\mathrm{R}}$，如图 1-5b 所示。此法称为求两汇交力合力的三角形法则。按一定比例作图，可直接量得合力 $\boldsymbol{F}_{\mathrm{R}}$ 的近似值。

力的平行四边形法则说明，力的运算可按矢量运算法则进行，但因力为滑移矢量，故限制了合力作用线必须通过前两力之汇交点，其矢量式为

$$\boldsymbol{F}_{\mathrm{R}}=\boldsymbol{F}_1+\boldsymbol{F}_2 \tag{1-4}$$

式(1-4)的投影式为

$$\boldsymbol{F}_{\mathrm{R}x}=\boldsymbol{F}_{1x}+\boldsymbol{F}_{2x}\quad \boldsymbol{F}_{\mathrm{R}y}=\boldsymbol{F}_{1y}+\boldsymbol{F}_{2y} \tag{1-5}$$

若有多个力 $\boldsymbol{F}_1,\boldsymbol{F}_2,\cdots,\boldsymbol{F}_n$ 汇交作用于物体的 A 点，显然其合力 $\boldsymbol{F}_{\mathrm{R}}$ 的矢量式可写为

$$\boldsymbol{F}_{\mathrm{R}}=\boldsymbol{F}_1+\boldsymbol{F}_2+\cdots+\boldsymbol{F}_n=\sum\boldsymbol{F} \tag{1-6}$$

式(1-6)的投影式为

$$\begin{cases}F_{\mathrm{R}x}=F_{1x}+F_{2x}+\cdots+F_{nx}=\sum F_x\\ F_{\mathrm{R}y}=F_{1y}+F_{2y}+\cdots+F_{ny}=\sum F_y\end{cases} \tag{1-7}$$

式(1-7)即为**合力投影定理：力系的合力在某轴上的投影等于力系中各力在同轴上投影的代数和。**

式(1-6)还可连续使用力的三角形法则来解决。

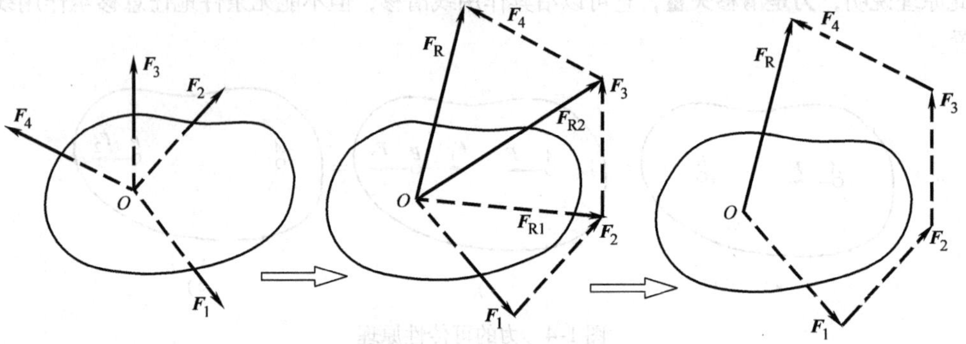

图 1-6　力的多边形法则

由图 1-6 可见，为求合力 $\boldsymbol{F}_{\mathrm{R}}$，只需将各力 $\boldsymbol{F}_1,\boldsymbol{F}_2,\cdots,\boldsymbol{F}_4$ 首尾相接，形成一条折线，最后连其封闭边，从首力 $\boldsymbol{F}_1$ 的始端 O 指向末力 $\boldsymbol{F}_4$ 的终端所形成的矢量即为合力 $\boldsymbol{F}_{\mathrm{R}}$，此法称为力的**多边形法则**。上述为两个或多个汇交力合成的几何法。

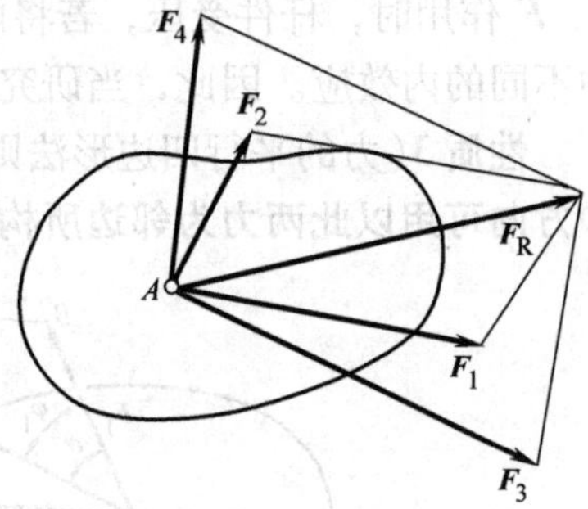

图 1-7　力的分解

反之，一个力也可以分解为两个分力，分解也按力的平行四边形法则来进行。显然，由已知力对角线可作无穷多个平行四边形(见图 1-7)，故必须附加一定条件，才可能得到确切的结果。附加条件可能为：

1）规定两个分力的方向。

2）规定其中一个分力的大小和方向等。

例如，在进行直齿圆柱齿轮的受力分析时，常将齿面的法向正压力 $\boldsymbol{F}_{\mathrm{n}}$ 分解为推动齿轮旋转的即沿齿轮分度圆圆周切线方向的分力——圆周力 $\boldsymbol{F}_{\mathrm{t}}$ 与指向轴心的压力——径向力 $\boldsymbol{F}_{\tau}$ (见图 1-8)。若已知 $\boldsymbol{F}_{\mathrm{n}}$ 与分度圆圆周切向所形成的压力角为 α，则

$$F_{\mathrm{t}} = F_{\mathrm{n}}\cos\alpha$$
$$F_{\tau} = F_{\mathrm{n}}\sin\alpha$$

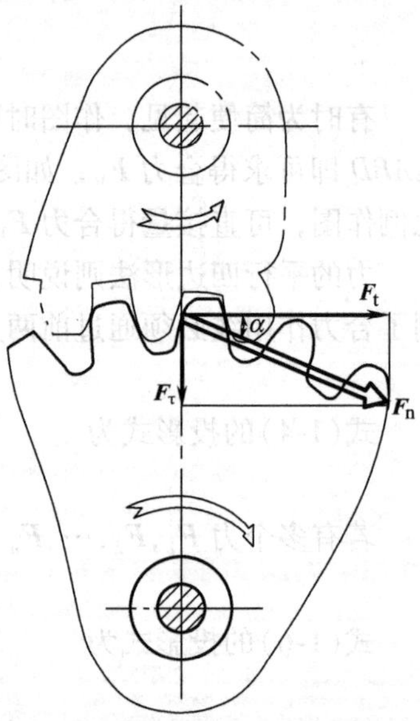

图 1-8　直齿圆柱齿轮受力分析

性质 4(作用和反作用定律)　若将两物体相互作用之一称为作用力，则另一个就称为反作用力。**两物体间的作用力与反作用力必定等值、反向、共线，且分别同时作用于两个相互作用的物体上。**

本定律阐明了力是物体间的相互作用，其中作用与反作用的称呼是相对的，**力总是以作用与反作用的形式而存在，且以作用与反作用的方式进行传递。**

这里应该注意两力平衡公理与作用与反作用定律之间的

区别，前者叙述了作用在同一物体上两个力的平衡条件，后者却是描述两物体间相互作用的关系。

有时我们考察的对象是物系，**物系外的物体与物系间的作用力称为外力，而物系内部物体间的相互作用力称为内力**。内力总是成对出现且呈等值、反向、共线的特点，所以**就物系而言，内力的合力总是为零**。因此，内力不会改变物系的运动状态。但内力与外力的划分又与所取物系的范围有关，随着所取对象范围的不同，内力与外力又是可以相互转化的。

第二节　力对点之矩

一、力矩的概念

当用扳手拧紧螺母时(见图1-9)，若作用力为 $\boldsymbol{F}$，转动中心 O(称为矩心)到力的作用线的垂直距离为 d(称为力臂)，由经验可知，扳动螺母的转动效应不仅与力 $\boldsymbol{F}$ 的大小和方向有关，且与力臂 d 的大小有关，故力 $\boldsymbol{F}$ 对物体转动效应的大小可用两者的乘积 Fd 来度量。当然，若力 $\boldsymbol{F}$ 对物体的转动方向不同，其效果也不相同。表示力使物体绕某点转动效应的量称为力对点之矩(简称力矩)。

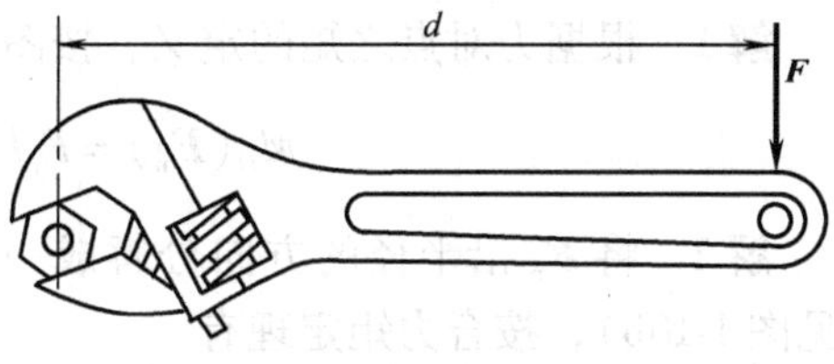

图1-9　力对点之矩

由大量实例可归纳出力对点之矩的定义：

力对点之矩为一代数量，它的大小为力 $\boldsymbol{F}$ 的大小与力臂 d 的乘积，它的正负号表示力矩在平面上的转向。

一般规定，力使物体绕矩心逆时针旋转为正，顺时针旋转为负。并记作

$$M_O(\boldsymbol{F}) = \pm Fd \tag{1-8}$$

由力矩的定义和式(1-8)可知：

1）当力的作用线通过矩心时，力臂值为零，力矩值也必定为零。

2）力沿其作用线滑移时，不会改变力对点之矩的值，因为此时并未改变力、力臂的大小及力矩的转向。

力矩的单位为 N·m(牛·米)。

二、合力矩定理

合力矩定理　**平面力系的合力对平面上任一点之矩，等于所有各分力对同一点力矩的代数和。**

由于合力与原力系对物体的作用等效，故有

$$M_O(\boldsymbol{F}_{\mathrm{R}}) = \sum M_O(\boldsymbol{F}) \tag{1-9}$$

上述合力矩定理不仅适用于平面力系，对于空间力系也同样成立。

在计算力矩时，有时力臂值未在图上直接标出，计算亦较繁。应用这个定理，可将力沿图上标注尺寸的方向作正交分解，分别计算各分力的力矩，然后相加得出原力对该点之矩。

例1-1　图1-10所示直齿圆柱齿轮的齿面受一啮合角 $\alpha = 20°$ 的法向压力 $F_{\mathrm{n}} = 1\mathrm{kN}$ 的作

用，齿面分度圆直径 $d=60\text{mm}$。试计算力对轴心的力矩。

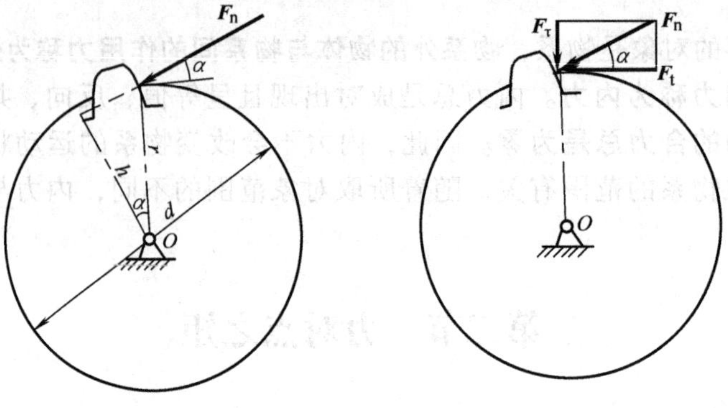

a)　　　　b)

图 1-10　直齿圆柱齿轮力矩的计算

解 1　根据力对点之矩的定义，按图 1-10a 有

$$M_O(\boldsymbol{F}_n)=F_nh=F_n\frac{d}{2}\cos\alpha=28.2\text{N}\cdot\text{m}$$

解 2　将 $\boldsymbol{F}_n$ 沿半径的方向分解成一组正交的圆周力 $\boldsymbol{F}_t=F_n\cos\alpha$ 与径向力 $\boldsymbol{F}_\tau=F_n\sin\alpha$（见图 1-10b），按合力矩定理有

$$M_O(\boldsymbol{F}_n)=M_O(\boldsymbol{F}_t)+M_O(\boldsymbol{F}_\tau)=\boldsymbol{F}_tr+0=28.2\text{N}\cdot\text{m}$$

例 1-2　一轮在轮轴处受一切向力 $\boldsymbol{F}$ 的作用，如图 1-11 所示。已知 $\boldsymbol{F}$、R、r 和 α。试求此力对轮与地面接触点 A 的力矩。

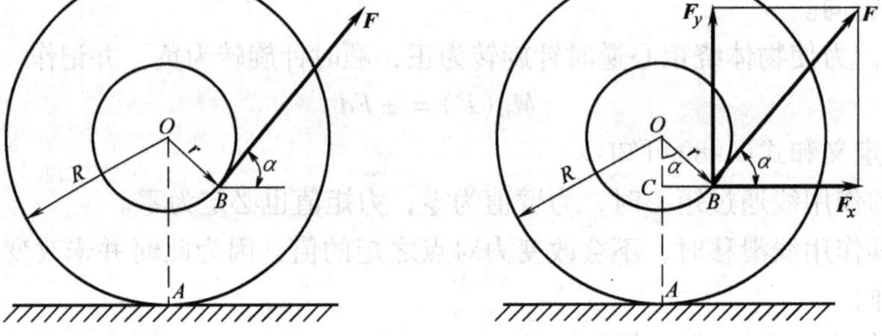

a)　　　　b)

图 1-11　轮轴力矩

解　由于力 $\boldsymbol{F}$ 对矩心 A 的力臂未标明且不易求出，故将 $\boldsymbol{F}$ 在 B 点分解为正交的 $\boldsymbol{F}_x$ 和 $\boldsymbol{F}_y$，再应用合力矩定理，有

$$M_A(\boldsymbol{F})=M_A(\boldsymbol{F}_x)+M_A(\boldsymbol{F}_y)$$
$$M_A(\boldsymbol{F}_x)=-F_xCA=-F_x(OA-OC)=-F\cos\alpha(R-r\cos\alpha)$$
$$M_A(\boldsymbol{F}_y)=F_yCB=Fr\sin^2\alpha$$
$$M_A(\boldsymbol{F})=-F\cos\alpha(R-r\cos\alpha)+Fr\sin^2\alpha=F(r-R\cos\alpha)$$

第三节　力偶的概念及其运算法则

一、力偶的定义

在日常生活及生产实践中，常见到物体受一对大小相等、方向相反但不在同一作用线上的平行力作用，如图 1-12 所示的汽车转向盘及拧水龙头等实例。

一对等值、反向、不共线的平行力组成的力系称为力偶，此二力之间的距离称为力偶臂。由以上实例可知，力偶对物体作用的外效应是使物体单纯地产生转动运动的变化。

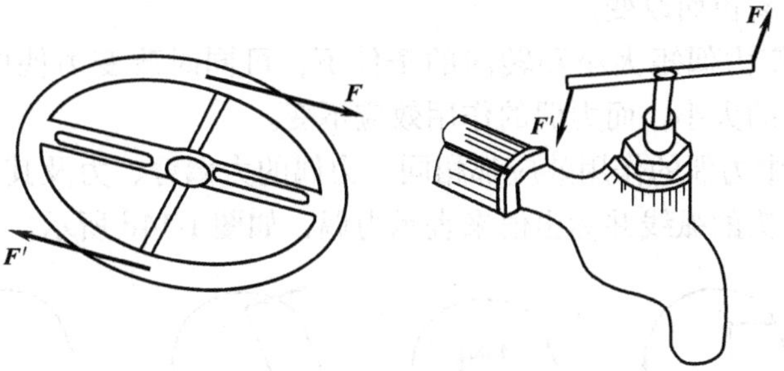

图 1-12　力偶实例

二、力偶的三要素

由实例可知，在力偶的作用面内，力偶对物体的转动效应，取决于组成力偶的两反向平行力的大小 F、力偶臂 d 的大小以及力偶的转向。

在力学上，以 F 与 d 的乘积冠以适当的正负号作为量度力偶在其作用面内对物体转动效应的物理量，称为力偶矩，并记作 $M(\boldsymbol{F},\boldsymbol{F}')$ 或 M，即

$$M(\boldsymbol{F},\boldsymbol{F}') = M = \pm Fd \tag{1-10}$$

一般规定，逆时针转动的力偶取正值，顺时针时取负值。

力偶矩的单位为 N · m 或 N · mm。

力偶对物体的转动效应取决于下列三要素：

1）力偶矩的大小。

2）力偶的转向。

3）力偶的作用面——它的方位表征作用面在空间的位置及旋转轴的方向；作用面方位由垂直于作用面的垂线指向来表征。凡空间相互平行的平面，它们的方位均相同。

凡三要素相同的力偶则彼此等效，即它们可以相互置换。

三、力偶的性质

性质 1　力偶对其作用面内任意点的力矩恒等于此力偶的力偶矩，而与矩心的位置无关。

证明：设在刚体某平面上 A、B 两点作用一力偶 $M = Fd$，现求此力偶对任意点 O 的力矩，取 l 表示 O 点到 $\boldsymbol{F}$ 的垂直距离，按力矩的定义，参考图 1-13，即可得 $\boldsymbol{F}$ 与 $\boldsymbol{F}'$对 O 点的力矩和为

$$M_O(\boldsymbol{F}) + M_O(\boldsymbol{F}') = Fl - F(l - d) = Fd$$

即

$$M_O(\boldsymbol{F}) + M_O(\boldsymbol{F}') = M(\boldsymbol{F},\boldsymbol{F}')$$

故不论点选于何处，力偶对该点之矩永远等于它的力偶矩，而与力偶对矩心的相对位置无关。

性质2　力偶在任意坐标轴上的投影之和为零(见图1-13)，故力偶无合力，一个力偶既不能与一个力等效，也不能用一个力来平衡。

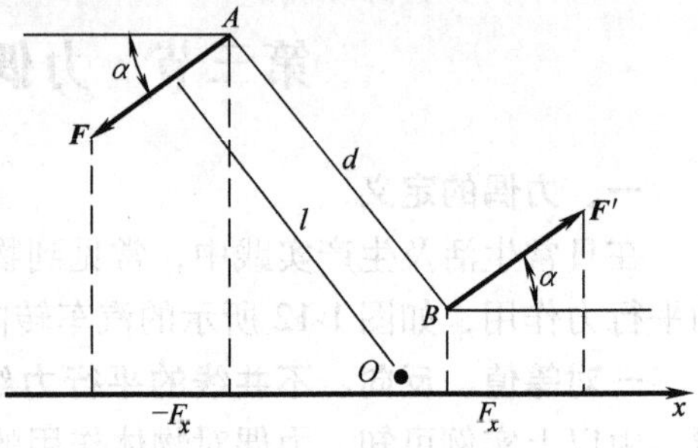

图1-13　力偶的投影

由于性质1、2的存在，对力偶可作如下处理：

1）力偶在它的作用面内，可任意转移位置。其作用效果和原力偶相同，即力偶对于刚体上任意点的力偶矩值不因易位而改变。

2）力偶在不改变力偶矩大小和转向的条件下，可同时改变力偶中两反向平行力的大小、方向以及力偶臂的大小，而力偶的作用效应不变。

图1-14a、b、c中力偶的作用效应都相同。力偶的力偶臂、力及其方向既然可改变，就可简明地以一个带箭头的弧线并标出值来表示力偶，如图1-14d所示。

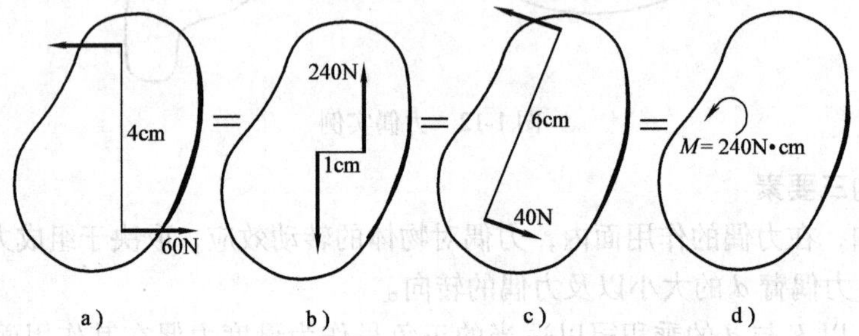

图1-14　等效力偶

四、平面力偶系的合成

设在刚体某平面上有两个力偶 M_1 和 M_2 的作用，如图1-15a所示，现求其合成的结果。

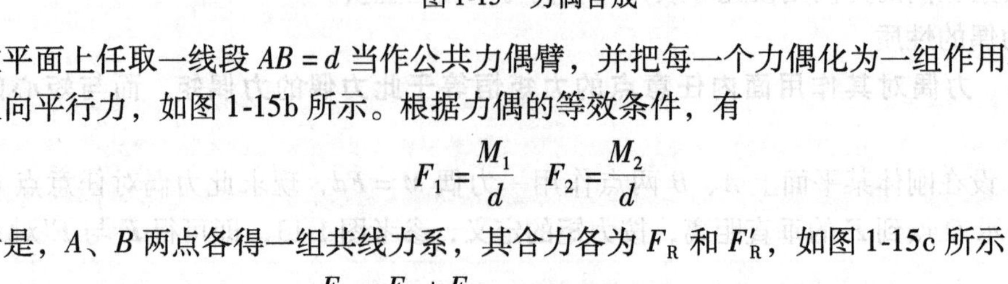

图1-15　力偶合成

在平面上任取一线段 $AB=d$ 当作公共力偶臂，并把每一个力偶化为一组作用在 A、B 两点的反向平行力，如图1-15b所示。根据力偶的等效条件，有

$$F_1=\frac{M_1}{d}\quad F_2=\frac{M_2}{d}$$

于是，A、B 两点各得一组共线力系，其合力各为 F_R 和 F'_R，如图1-15c所示，且有

$$F_R=F_1+F_2$$

$$M=F_Rd=(F_1+F_2)d=M_1+M_2$$

若在刚体上有若干力偶作用，采用上述方法叠加，可得合力偶矩为

$$M = M_1 + M_2 + \cdots + M_n = \sum M \tag{1-11}$$

平面力偶系可合成为一合力偶，**合力偶矩为各分力偶矩的代数和**。

第四节　力的平移定理

图 1-16 描述了力向作用线外一点的平移过程。欲将作用于刚体上 A 点的力 $\boldsymbol{F}$ 平移到平面上任一点 B(见图 1-16a)，则可在 B 点施加一对与力 $\boldsymbol{F}$ 等值的平衡力 $\boldsymbol{F}'$、$\boldsymbol{F}''$(见图1-16b)，$\boldsymbol{F}'$与 $\boldsymbol{F}$ 平行、等值且同向，$\boldsymbol{F}'$称为平移力，余下 $\boldsymbol{F}$ 与 $\boldsymbol{F}''$为一对等值、反向、不共线的平行力，组成一个力偶，称为附加力偶，其力偶矩等于原力 $\boldsymbol{F}$ 对 B 点的力矩，即

$$M = M_B(\boldsymbol{F}) = \pm Fd$$

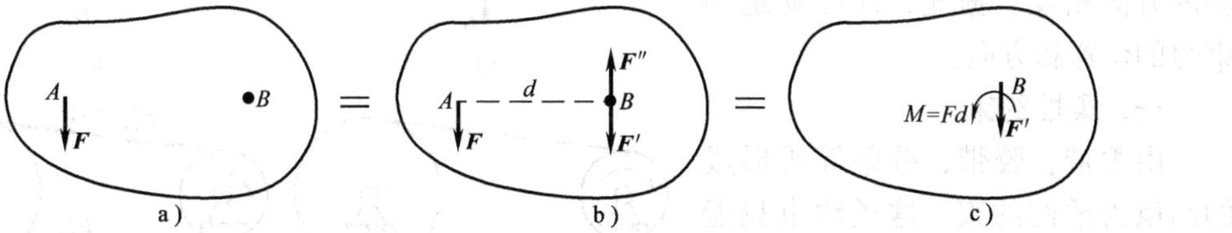

图 1-16　力的平移

于是，作用在 A 点上的力 $\boldsymbol{F}$，就与作用于 B 点的平移力 $\boldsymbol{F}'$和附加力偶 M 的联合作用等效，如图 1-16c 所示。

由此可见：**作用在刚体上的力，均可平移到同一刚体内任一点，但同时需附加一个力偶，其力偶矩等于原力对该点之矩。此即力的平移定理**。

力的平移定理表明了力对绕力作用线外的中心转动的物体有两种作用，一是平移力的作用，二是附加力偶对物体产生的旋转作用，如图 1-17 所示。

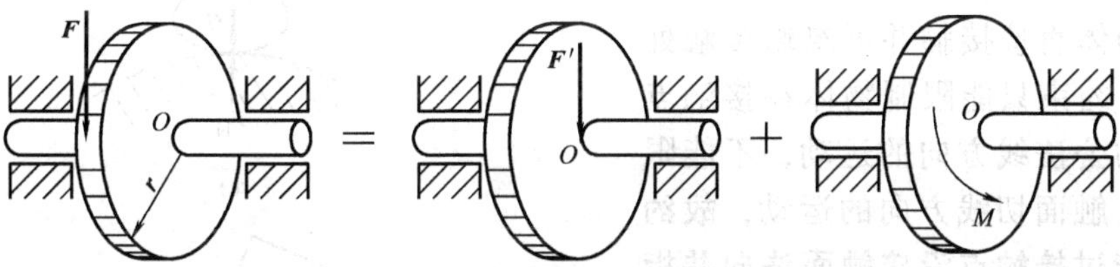

图 1-17　圆周力对轴的两种作用

圆周力 $\boldsymbol{F}$ 作用于转轴的齿轮上，为观察力 $\boldsymbol{F}$ 的作用效应，将力 $\boldsymbol{F}$ 平移至轴心 O 点，则有平移力 $\boldsymbol{F}'$作用于轴上，同时有附加力偶 M 使齿轮绕轴旋转。再以削乒乓球为例，分析力 $\boldsymbol{F}$ 对球的作用效应：将力 $\boldsymbol{F}$ 平移至球心，得平移力 $\boldsymbol{F}'$与附加力偶 M，平移力 $\boldsymbol{F}'$决定球心的轨迹，而附加力偶则使球产生旋转。

应该指出，力的平移定理的逆定理同样成立，即在刚体上同平面的力 $\boldsymbol{F}$ 和力偶 M 可合成为一合力 $\boldsymbol{F}_R$，只是合力 $\boldsymbol{F}_R$ 与力 $\boldsymbol{F}$ 的作用位置不同而已。

第五节　约束与约束力

在各类工程结构中，构件总是以一定的形式与周围其他构件相互联结的，例如房梁受立

柱的限制，使其在空间得到稳定的平衡；转轴受到轴承的限制，使其只能绕轴心转动；小车受到地面的限制，使其只能沿路面运动等等。

一物体的运动受到周围的物体限制时，这种限制称为约束。约束限制了物体本来可能产生的某种运动，因此约束就有力作用于物体，这种力称为约束力。

约束力总是作用在被约束物体与约束物体的接触处，其方向也总是与约束所能限制的运动或运动趋势的方向相反。据此，即可确定约束力的位置和方向。

一、柔性约束

由柔带、胶带、链条等所形成的约束为柔性约束。这类约束只能限制物体沿着柔索伸长方向的运动，因此**它对物体只可能有沿柔索方向的拉力**，如图 1-18 所示，常用代号为 $\boldsymbol{F}_{\mathrm{T}}$。

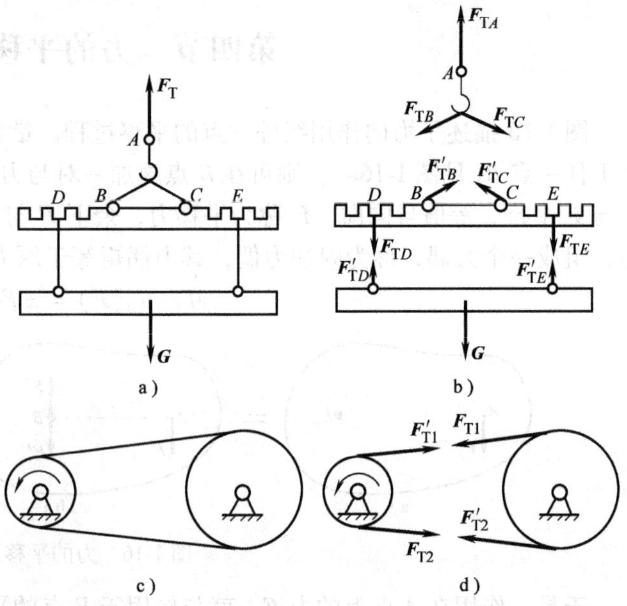

图 1-18　柔性约束

当柔索绕过轮子时，常假想在柔索的直线部分处截开柔索，将与轮接触的柔索和轮子一起作为考察对象。这样处理，就可以不考虑柔索与轮子间的内力，此时作用于轮子的柔索拉力即沿轮缘的切线方向。

二、光滑面约束

当两物体直接接触并可忽略接触处的摩擦时，约束只能限制物体在接触点沿接触面的公法线方向的运动，不能限制物体沿接触面切线方向的运动，**故约束力只可能过接触点沿接触面法向并指向被约束物体**，此称为法向约束力（见图 1-19a），通常用符号 $\boldsymbol{F}_{\mathrm{N}}$ 表示此类约束力。

图 1-19b 为直杆与方槽在 A、B、C 三点接触，三处的约束力皆沿二者接触点的公法线方向作用。

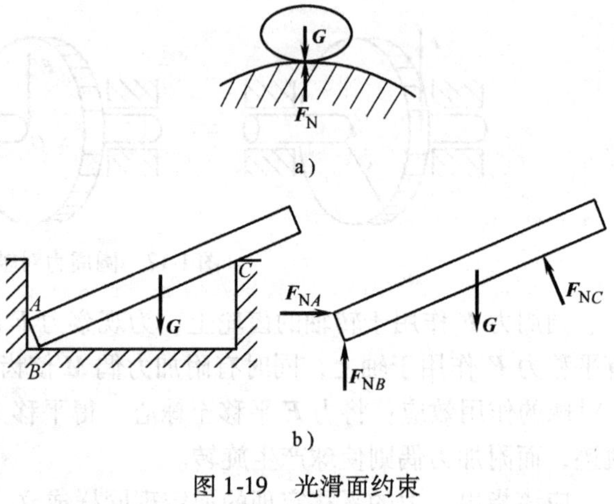

图 1-19　光滑面约束

三、铰链约束

两构件采用圆柱销所形成的联接为铰链联接。圆柱销只限制两构件的相对移动，而不限制两构件的相对转动（见图 1-20a、d），若相联的构件有一个固定，则称为固定铰链；若均不固定，则称为中间铰链。铰链简称为铰。

这类约束的本质即为光滑面约束，因其接触点位置不定，故只可能确定铰链的约束力为一通

过中心的大小、方向均未定的力。通常此力就用两个大小未知的正交分力来表示(见图1-20c、e)。

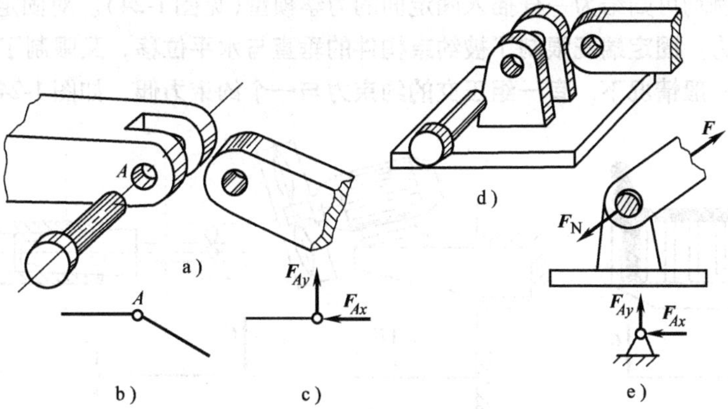

图1-20 固定铰与中间铰

如属于下列情况，固定铰链及中间铰链的约束力方向是可以确定的：

1）铰链联接的构件中，有一个是二力构件，铰链的约束力方向必与此构件的两力作用点共线。

2）活动铰链支座。铰链支座常用于桥梁、屋架等结构中。在滚子上可任意左右移动的铰链支座，称为活动铰链支座，简称活动铰，如图1-21所示。这种约束可按光滑面或二力杆的约束处理。

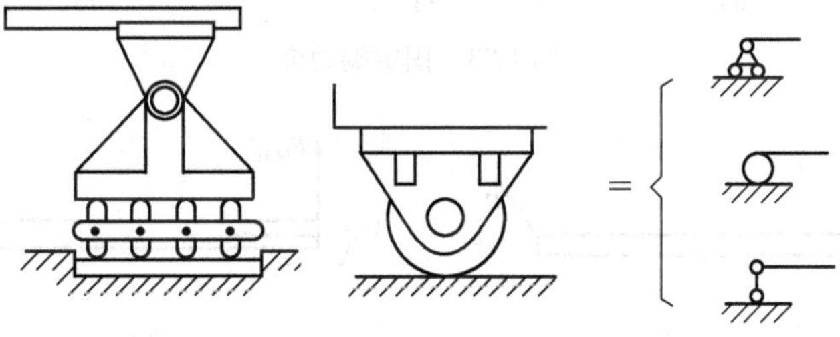

图1-21 活动铰

例1-3 一曲梁如图1-22所示，*A*为固定铰，*B*为活动铰。已知载荷有集中力 $\boldsymbol{F}$ 和力偶 M，试分析曲梁的受力情况。

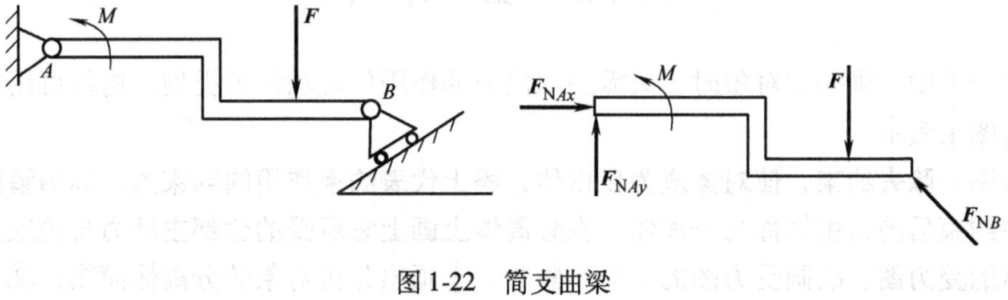

图1-22 简支曲梁

解 *A*为固定铰，承受正交约束力 $\boldsymbol{F}_{NAx}$ 与 $\boldsymbol{F}_{NAy}$；*B*为活动铰，受一个与约束面垂直的约束力 $\boldsymbol{F}_{NB}$ 作用。

四、固定端约束力

工程中还有一种常见的基本约束，如图1-23所示的建筑物上的阳台以及以焊、铆接和用螺栓联接的结构，刀、夹具的锥柄以及车床主轴的锥孔配合等，这些约束均称为固定端约束。以上这些工程实例均可归结为一杆插入固定面的力学模型(见图1-24)。对固定端约束，可按约束作用画其约束力。**固定端既限制了被约束构件的垂直与水平位移，又限制了被约束构件的转动，故固定端在一般情况下，有一组正交的约束力与一个约束力偶**，如图1-24b所示。

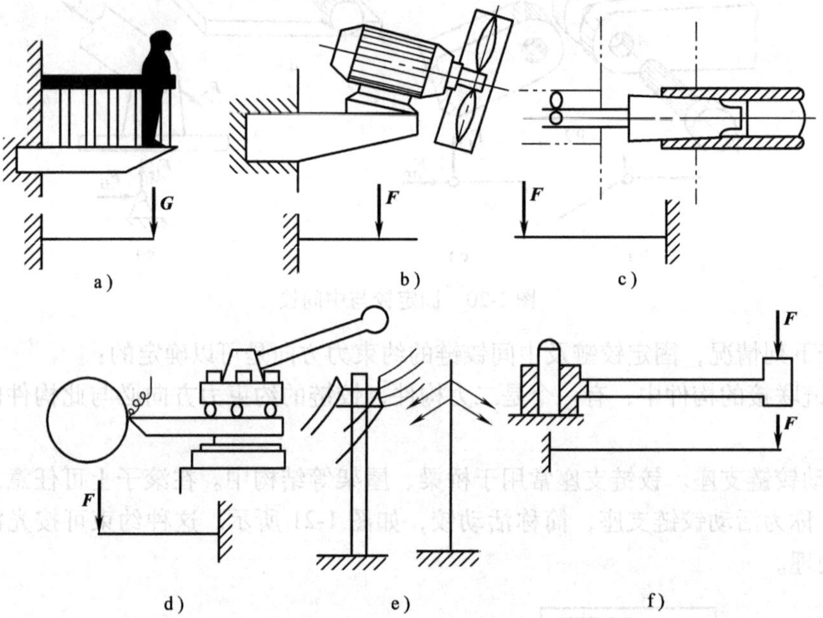

图1-23　固定端约束

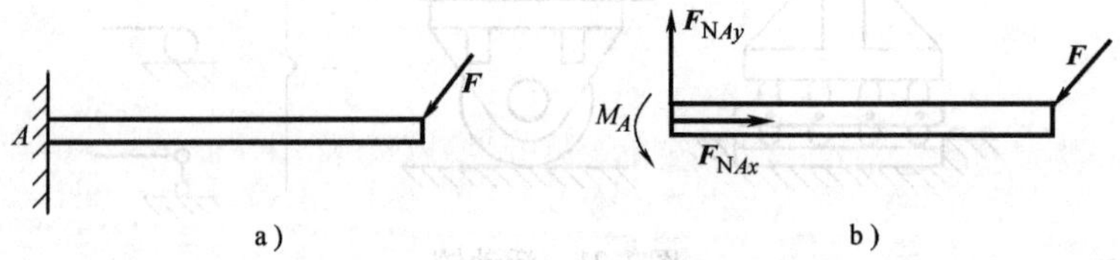

图1-24　固定端的约束力

第六节　受　力　图

在静力学中，画研究对象时，只需表示出力的作用位置和约束类型，构件可用简单线条组成的简图来表示。

在简图上**除去约束，使对象成为自由体，添上代表约束作用的约束力**，称为**解除约束原理**。解除约束后的自由体称为分离体，**在分离体上画上它所受的全部主动力与约束力，就称为该物体的受力图**。故画受力图的一般步骤为：①画出分析对象的分离体简图；②在简图上标上已知的主动力；③在简图上解除约束处画上约束力。

例1-4　图1-25所示为一起重机支架，已知重力 $\boldsymbol{W}$、吊重 $\boldsymbol{G}$。试画出支架、滑车、吊钩与重物以及物系整体的受力图(滑车、吊钩、绳索的质量不计)。

解　重物上作用有重力 $\boldsymbol{G}$ 和吊钩沿绳索的拉力 $\boldsymbol{F}_{T1}$、$\boldsymbol{F}_{T2}$(见图1-25d)。

吊钩受绳索约束，沿各绳上画拉力 F'_{T1}、F'_{T2}、F_{T3}(见图 1-25c)，滑车滚轮上有钢梁的约束力 F_{R1}、F_{R2}，滑车另受重物 G 经绳索的牵引作用(见图 1-25f)。支架上有 A 点的约束力 F_{NAx}、F_{NAy}，B 点水平方向的约束力 F_{NB}，滑车滚轮的压力 F'_{R1}、F'_{R2} 和支架自重 W(见图 1-25e)。

整个物系作用有外力 G、W、F_{NAx}、F_{NAy}、F_{NB}，其余为内力，均不显示(见图 1-25b)。

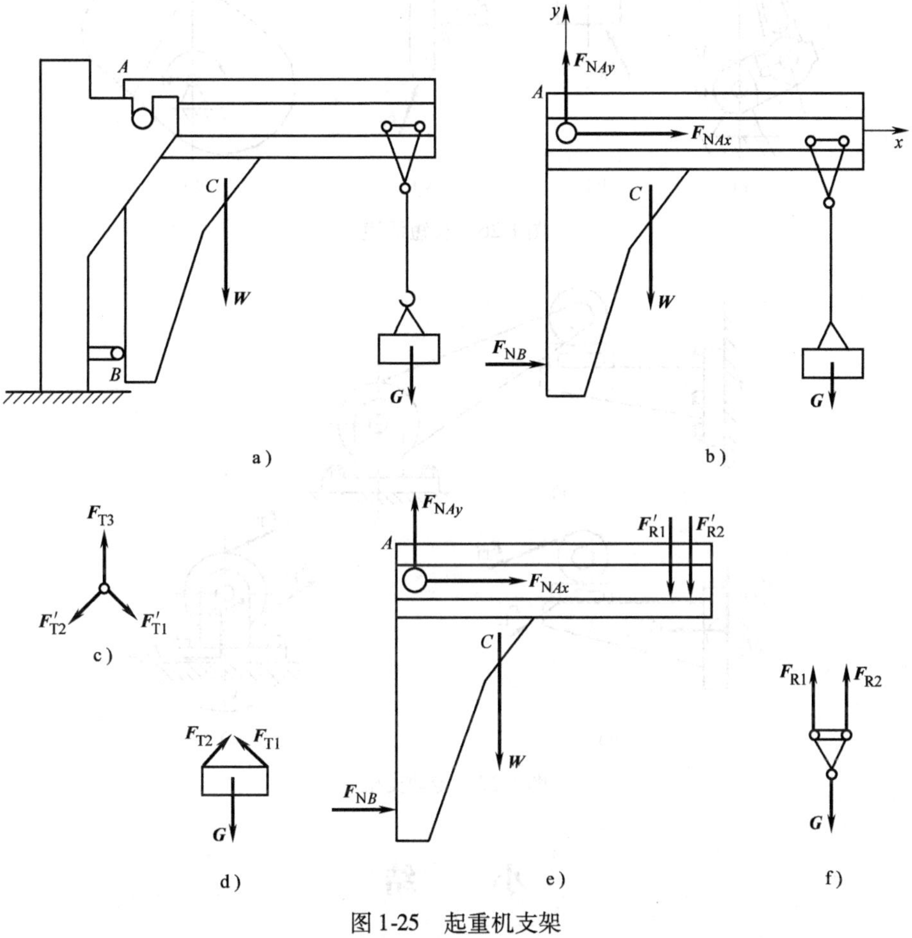

图 1-25　起重机支架

例 1-5　画出图 1-26a、d 两图中滑块及推杆的受力图，并进行比较。图 1-26a 是曲杆滑块机构，图 1-26d 是凸轮机构。

解　分别取滑块、推杆为分离体，画出它们的主动力和约束力，其受力如图 1-26b、c 所示。

滑块上作用的力 F 和 F_R 的交点在滑块与滑道接触长度以内，其合力使滑块单面靠紧滑道，故产生一个与约束面相垂直的约束力 F_N，F、F_R、F_N 三力汇交。图 1-26c 中推杆上的 F 与 F_R的交点在滑道之外，其合力使推杆倾斜而导致 B、D 两点接触，故有约束力 F_{NB}、F_{ND}。

例 1-6　有一传动支架，如图 1-27 所示。试画出电动机支架与传动支架的受力图。

解　分别在两固定端 A、B 处画出正交约束力与约束力偶，如图 1-27b、c 所示。

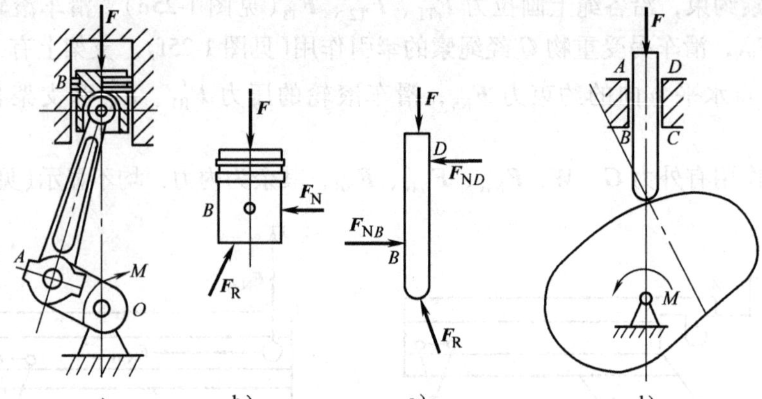

图 1-26　长短滑道

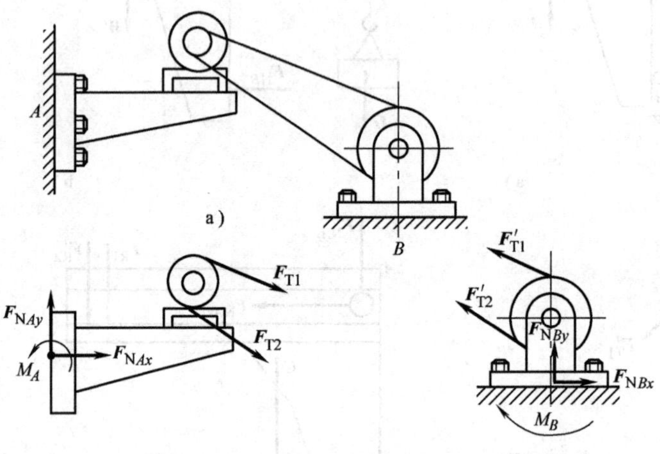

图 1-27　传动支架

小　结

力是物体间相互作用的机械作用，它对物体的作用外效应是使物体的机械运动状态发生变化。力的三要素为：力的大小、方向和作用点。力是矢量。

静力学公理阐明了力的基本性质：二力平衡公理是最基本的力系平衡条件；加减平衡力系公理是力学等效代换和简化的理论基础；力的平行四边形法则说明力的运算符合矢量运算法则，是力系简化的基本规则之一；作用与反作用力定律说明了力是物体间相互的机械作用，揭示了力的存在形式与力在物系内部的传递方式。

力的运算法则。平面汇交力系合成按矢量式 $\boldsymbol{F}_{\mathrm{R}} = \sum \boldsymbol{F}$ 进行。

几何法是将力系中各力首尾相接，形成一条折线，连其封闭边即为所求合力的大小与方向，合力仍作用于汇交点。

解析法是将矢量式向直角坐标轴投影，得代数式 $F_{\mathrm{R}x} = \sum F_x$ 与 $F_{\mathrm{R}y} = \sum F_y$，此式也称合力投影定理。

力对点之矩的概念。力对具有固定转动中心的物体所产生的转动效应，称为力对点之矩，其值为力与力臂的乘积，记作

$$M_O(\boldsymbol{F}) = \pm Fd$$

合力矩定理——力系的合力对某点之矩为各分力对同点之矩的代数和，记作

$$M_O(\boldsymbol{F}_{\mathrm{R}}) = \sum M_O(\boldsymbol{F})$$

力偶为一对等值、反向且不共线的平行力，它对物体的作用是产生单纯的转动效应。力偶有三个要素，即力偶的力偶矩大小、力偶转向和力偶的作用面。力偶矩可以记作

$$M(\boldsymbol{F},\boldsymbol{F}') = \pm Fd$$

力偶的运算特点为：①它在任何坐标轴上的投影和均为零；②它对任何点的力矩之和为力偶矩的大小，故力偶在三要素不变的条件下可任意移位和同时改变力与力臂的大小，而不会改变它对物体作用的外效应。

平面力偶系的合力偶矩为各个组成力偶矩的代数和，即 $M = \sum M_i$。

力的平移定理表明，作用于刚体上的力可以平移到刚体内任一点，但必须附加一力偶。此附加力偶的力偶矩等于原力对平移点之矩。

作用于物体上的力可分为主动力与被动约束力。约束力是限制被约束物体运动的力，它作用于物体的约束接触处，其方向与物体被限制的运动方向相反。

常见的约束类型有：

1）柔性约束。这种约束只能承受沿柔索的拉力。

2）光滑面约束。这种约束只能承受位于接触点的法向压力。

3）铰链约束。它能限制物体两个方向的移动，故为正交约束力。

4）固定端约束。它限制物体两个方向的移动与绕固定端的转动，故其约束力为一组正交的约束力与一个约束力偶。

在解除约束的分离体简图上画出它所受的全部外力的简图，称为受力图。画受力图时应注意：只画受力，不画施力；只画外力，不画内力；解除约束后，才能画上约束力。

思 考 题

1-1 在自重不计的曲杆上(见图1-28)，能否在 A、B，A、C 或 B、C 两点连线上各施一力，使它处于平衡状态?

1-2 能否将作用于三角支架 A、B 杆的力 $\boldsymbol{F}$(见图1-29)，沿其作用线移到 A、C 杆上?

1-3 什么情况下力的坐标轴上的投影为零? 又在什么情况下力对点之矩为零?

1-4 手推磨如图1-30所示，试解释为什么当杆 AB 与转轴 O 共线时最不好转?

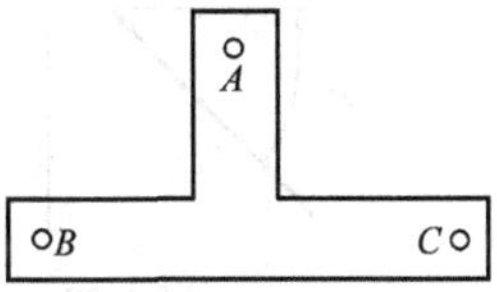

图1-28 曲杆

1-5 为什么力偶不能与一力平衡? 如何解释图1-31所示转轮的平衡现象?

1-6 为什么图1-32a 中无底圆筒有翻倒的可能，而图1-32b 中有底圆筒不可能翻倒?

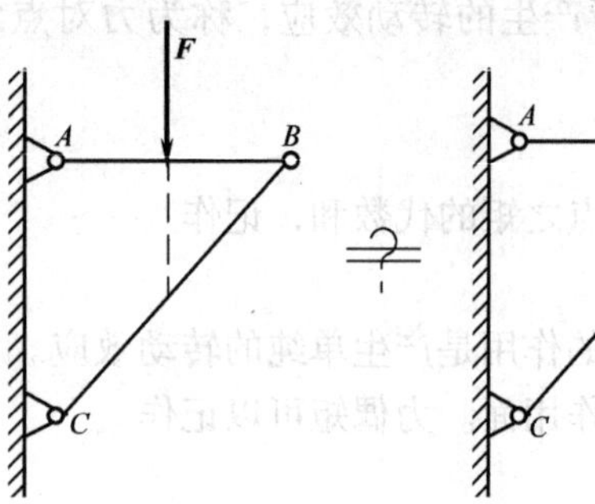

图 1-29　三角支架

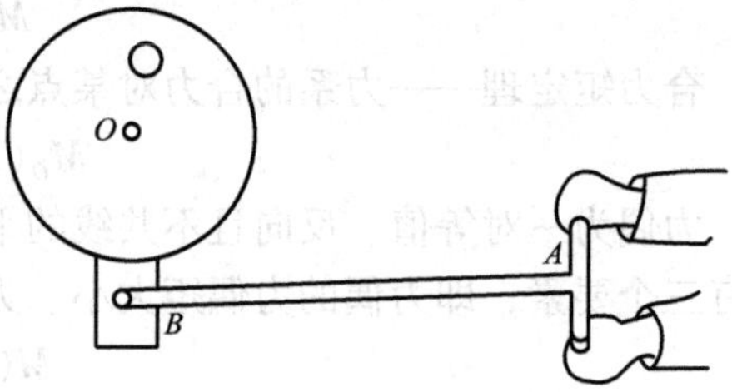

图 1-30　手推磨

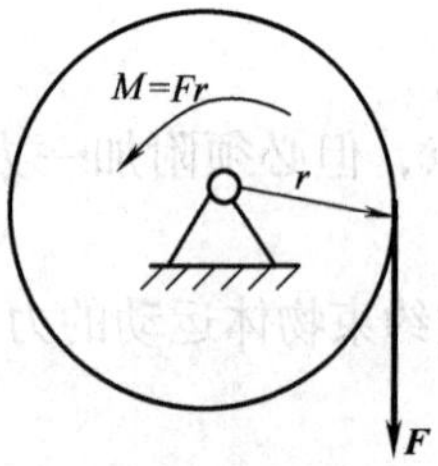

图 1-31　转轮

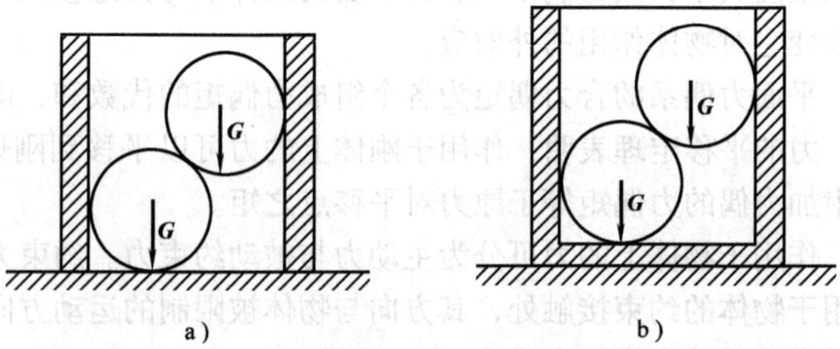

图 1-32　圆筒装球

习　题

1-1　已知：$F_1=2000\text{N}$，$F_2=150\text{N}$，$F_3=200\text{N}$，$F_4=100\text{N}$，各力的方向如图 1-33 所示。试求各力在 x、y 轴上的投影。

1-2　铆接薄钢板在孔 A、B、C 和 D 处受四个力作用，孔间尺寸如图 1-34 所示。已知：$F_1=50\text{N}$，$F_2=100\text{N}$，$F_3=150\text{N}$，$F_4=220\text{N}$，求此汇交力系的合力。

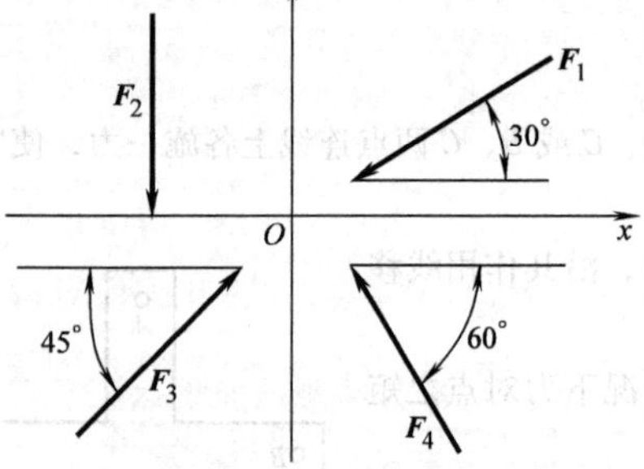

图 1-33　力的投影

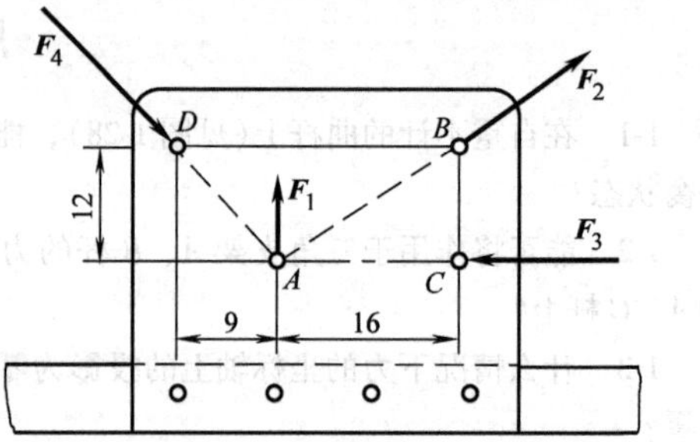

图 1-34　连接板

1-3　求图 1-35 所示各种情况下力 $\boldsymbol{F}$ 对点 O 的力矩。

1-4　求图 1-36 所示情况下 $\boldsymbol{G}$ 与 $\boldsymbol{F}$ 对转心 A 之矩。

1-5　矩形钢板的边长为 $a=4\text{m}$，$b=2\text{m}$(见图 1-37)，作用力偶 $M(\boldsymbol{F},\boldsymbol{F}')$。当 $F=F'=200\text{N}$ 时，才能使钢板转动。试考虑如何选择加力的位置与方向才能使所费力为最小而达到使钢板转一角度的目的，并求出此最小的力。

1-6　试画出图 1-38 所示受柔性约束物体的受力图。

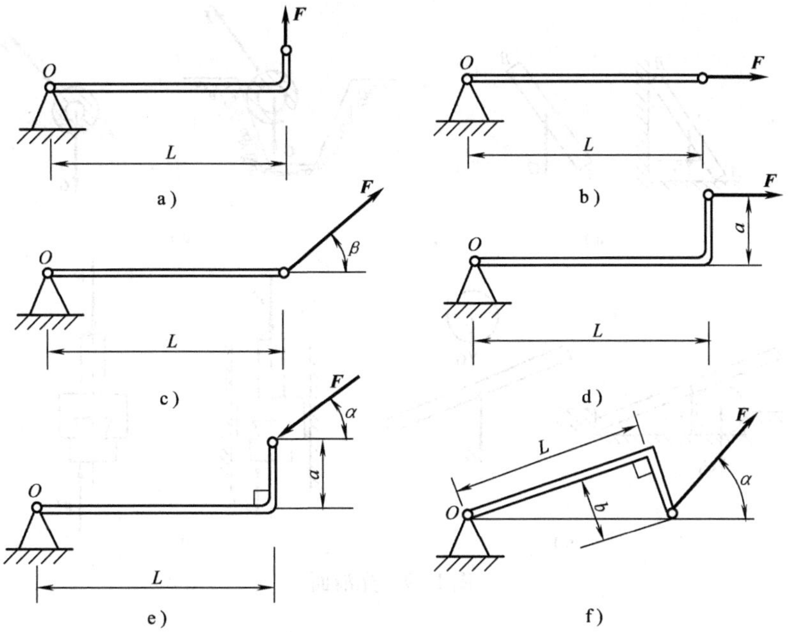

图 1-35　求力矩

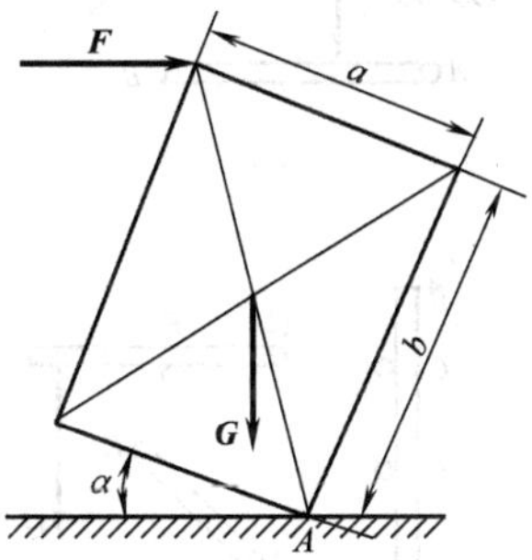

图 1-36　力对点之矩

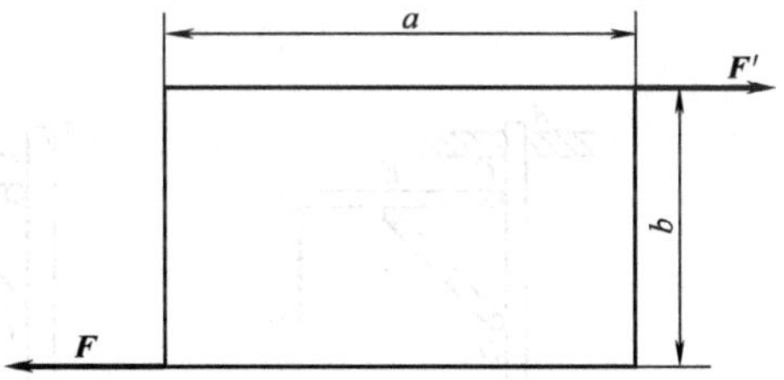

图 1-37　移钢板

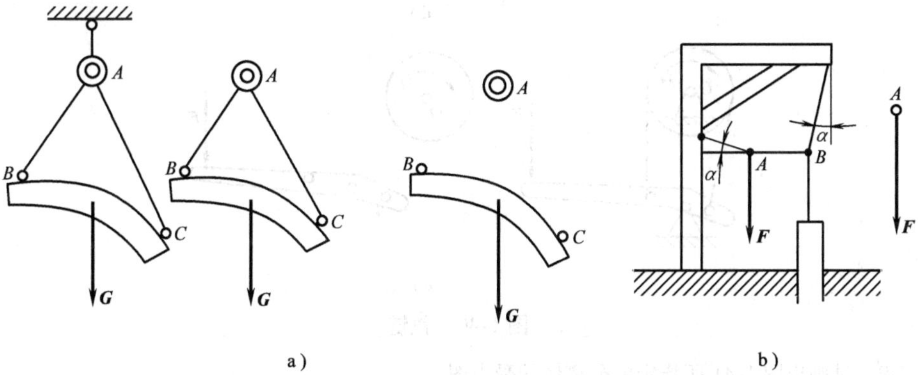

图 1-38　柔索

1-7　试画出图 1-39 所示各受光滑面约束物体的受力图。

1-8　试画出图 1-40 所示各铰链约束物体的受力图。

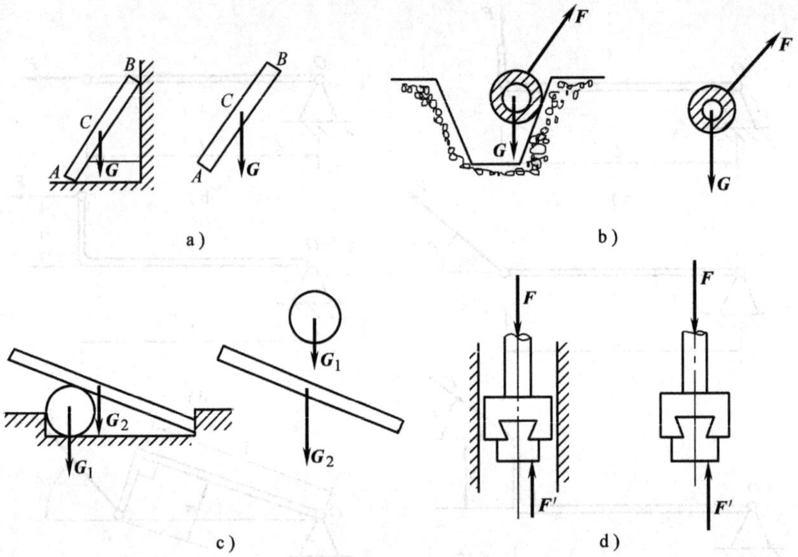

图 1-39　光滑面

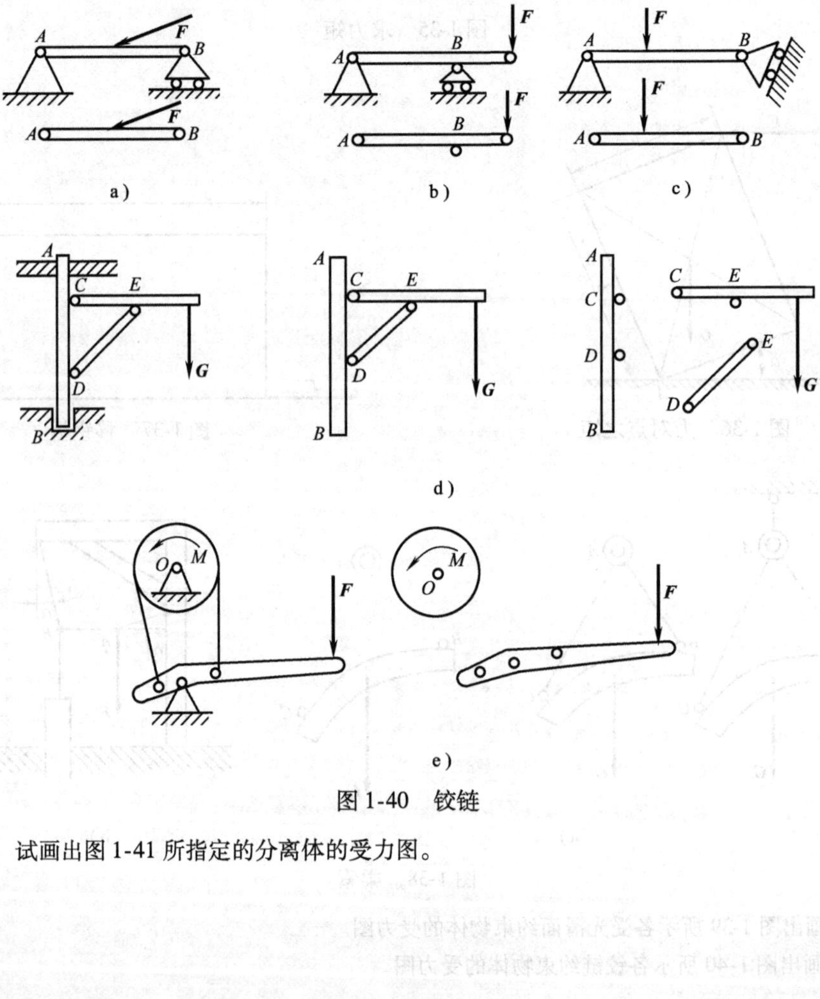

图 1-40　铰链

1-9　试画出图 1-41 所指定的分离体的受力图。

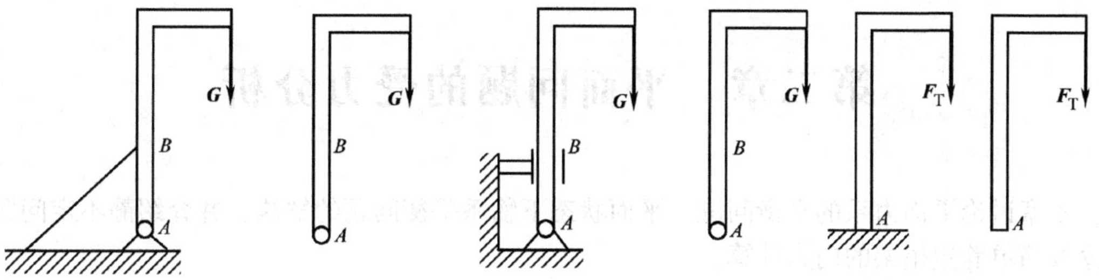

a)

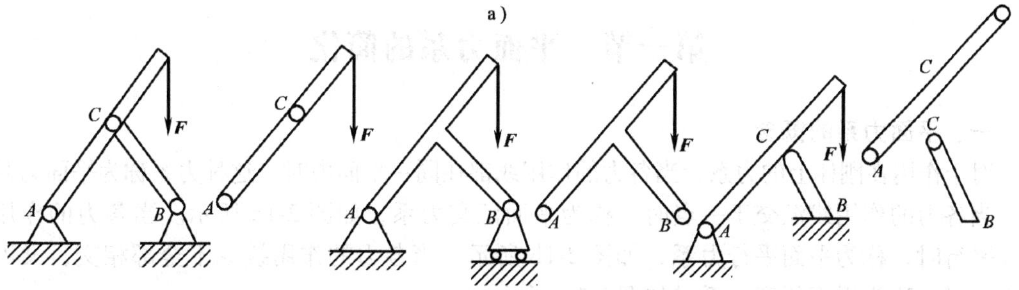

b)

图 1-41　支架

第二章　平面问题的受力分析

本章讨论平面力系的平衡问题、平面状态下物系平衡问题的解法，并介绍静不定问题的概念及简单静定桁架的内力计算。

第一节　平面力系的简化

一、平面力系的概念

对于作用在刚体上的力系，当各力的作用线都在同一平面内时，这种力系称为平面力系。

当各力的作用线汇交于一点时，称为平面汇交力系，如图 2-1a 所示。当各力的作用线相互平行时，称为平面平行力系，如图 2-1b 所示。当各力的作用线既不全部相交，又不全部平行时，称为平面任意力系，如图 2-1c 所示。

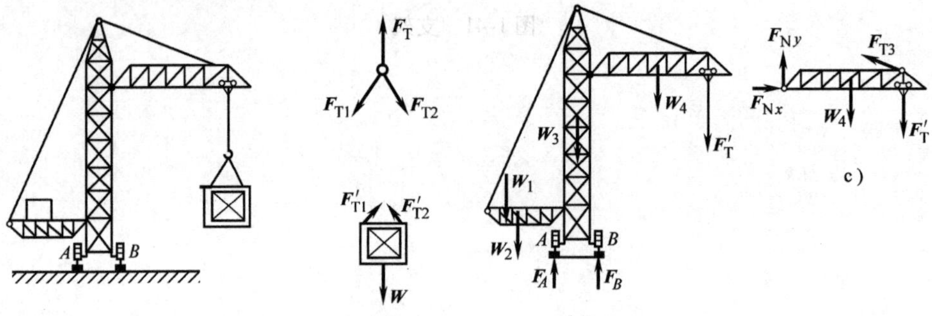

图 2-1　平面力系

在工程实际中，结构或机构中各构件的位置往往呈空间分布，力的作用线也并不都在同一平面内，但若物体的形状和它所受的力都对称或近似对称于某个对称平面，那就可将作用在物体上的各力都移到该对称平面内，把原来的空间问题转化为作用在对称平面内的平面问题来处理。

二、平面任意力系的简化

在刚体上作用一个平面力系 $\boldsymbol{F}_1, \boldsymbol{F}_2, \cdots, \boldsymbol{F}_n$，如图 2-2a 所示，在平面内任选一点 O 为简化中心。根据力的平移定理，将各力都向 O 点平移，得到一个交于 O 点的平面汇交力系 $\boldsymbol{F}'_1, \boldsymbol{F}'_2, \cdots, \boldsymbol{F}'_n$，以及平面力偶系 $M_1, M_2, \cdots, M_n$，如图 2-2b 所示。

1）平面汇交力系 $\boldsymbol{F}'_1, \boldsymbol{F}'_2, \cdots, \boldsymbol{F}'_n$ 可以合成为一个作用于 O 点的合矢量 $\boldsymbol{F}'_R$，如图 2-2c 所示，它等于力系中各力的矢量和。显然，单独的 $\boldsymbol{F}'_R$ 不能和原力系等效，故称它为力系的主矢。按式(1-5)可得主矢的大小

$$F'_R = \sqrt{F_{Rx}^2 + F_{Ry}^2} = \sqrt{(\sum F_x)^2 + (\sum F_y)^2} \tag{2-1}$$

主矢的方向 $\tan\alpha = \left|\dfrac{\sum F_y}{\sum F_x}\right|$，其中夹角 α 为锐角，$\boldsymbol{F}$ 的指向由 $\sum F_x$ 和 $\sum F_y$ 的正负号决定。

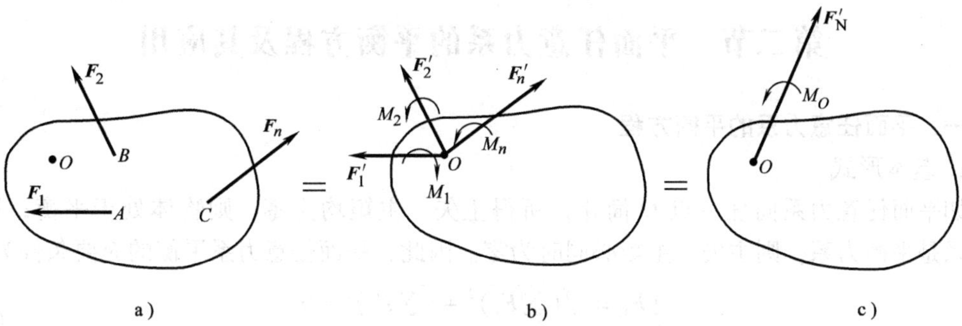

图 2-2　平面力系的简化

2）附加平面力偶系 $M_1, M_2, \cdots, M_n$ 可以合成为一个合力偶 M_O，按式(1-9)可得主矩的值

$$M_O = M_1 + M_2 + \cdots + M_n = \sum M_O(\boldsymbol{F}) \tag{2-2}$$

显然，单独的 M_O 也不能和原力系等效，故称其为原力系的主矩。它等于力系中各力对简化中心力矩的代数和。

原力系与其主矢 $\boldsymbol{F}'_R$ 和主矩 M_O 的联合作用等效。其中，主矢 $\boldsymbol{F}'_R$ 的大小和方向与简化中心的选择无关，而主矩 M_O 的大小和转向与简化中心的选择有关。

三、简化结果的讨论

平面任意力系的简化，一般可得到主矢 $\boldsymbol{F}'_R$ 和主矩 M_O，但它不是简化的最终结果，简化结果通常有以下四种情况。

1. $\boldsymbol{F}'_R \neq 0$，$M_O = 0$

因为 $M_O = 0$，主矢 $\boldsymbol{F}'_R$ 就与原力系等效，$\boldsymbol{F}'_R$ 即为原力系的合力，其作用线通过简化中心。

2. $\boldsymbol{F}'_R = 0$，$M_O \neq 0$

原力系简化结果为一合力偶 $M = M_O(\boldsymbol{F})$，此时主矩 M_O 与简化中心的选择无关。

3. $\boldsymbol{F}'_R \neq 0$，$M_O \neq 0$

根据力的平移定理逆过程，可以把 $\boldsymbol{F}'_R$ 和 M_O 合成为一个合力 $\boldsymbol{F}_R$，合成过程如图 2-3 所示。合力 $\boldsymbol{F}_R$ 的作用线到简化中心的 O 的距离为

$$d = \frac{M_O}{F_R} = \frac{M_O}{F'_R} \tag{2-3}$$

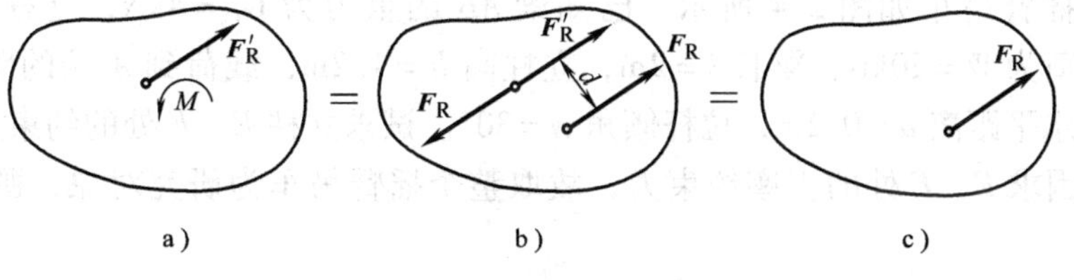

图 2-3　力偶与力的合成

4. $\boldsymbol{F} = 0$，$M_O = 0$

物体在此力系作用下处于平衡状态。

第二节 平面任意力系的平衡方程及其应用

一、平面任意力系的平衡方程

1. 基本形式

如平面任意力系向任一点 O 简化，所得主矢、主矩均为零，则物体处于平衡；反之，若力系是平衡力系，则主矢、主矩必同时为零。因此，平面任意力系平衡的充要条件为

$$\begin{cases}F_R=\sqrt{(\sum F_x)^2+(\sum F_y)^2}=0\\ M_O=\sum M_O(\boldsymbol{F})=0\end{cases} \tag{2-4}$$

可得

$$\sum F_x=0 \quad \sum F_y=0 \quad \sum M_O(\boldsymbol{F})=0$$

因平面任意力系有三个独立的平衡方程，故最多只能求解三个未知量。

2. 其他形式

注意到在导出平衡方程的过程中，没有对投影轴的方向与矩心的位置做过任何的限制，因此方程组合形式繁多，方程数为三个是必须的，但须注意它的充分性，例如常见的二矩式

$$\begin{cases}\sum F_x=0\\ \sum M_A(\boldsymbol{F})=0\\ \sum M_B(\boldsymbol{F})=0\end{cases} \tag{2-5}$$

它必须加上附加条件才是充分的，它的附加条件为：轴 x 不能垂直于 AB 连线。

二、平面任意力系平衡方程的解题步骤

1）确定研究对象，画出受力图。应取有已知力和未知力作用的物体，画出其分离体的受力图。

2）列平衡方程并求解。按未知力的相互几何关系选取坐标轴和矩心。若受力图上有两个未知力相互平行，可选垂直于此二力的坐标轴，列出投影方程。如不存在两未知力相互平行，则可选任意两未知力的交点为矩心列出力矩方程，先行求解。一般水平和垂直的坐标轴可以不画，但若取倾斜的坐标轴，则必须画出。

题解分析　将已知量以其代数量入题。先得代数形式的解以便分析各参数对解的影响，最后一次性代入数字得数字解，这是工程分析的习惯。

例 2-1　摇臂吊车如图 2-4 所示，已知梁 AB 的重力为 $G_1=4\text{kN}$，立柱 EF 的重力为 $G_2=3\text{kN}$，载荷为 $W=20\text{kN}$，梁长 $l=2\text{m}$，立柱高 $h=1.2\text{m}$，载荷到 A 铰的距离 $x=1.5\text{m}$，点 A、E 间的水平距离 $a=0.2\text{m}$，拉杆倾角 $\alpha=30°$。试求立柱 E、F 处的约束力。

解　1）因求 E、F 处的支座约束力，故取整个摇臂吊车为研究对象，画受力图（见图 2-4b）。

2）列平衡方程求解。注意到受力图中有两未知力 $\boldsymbol{F}_{Fx}$ 与 $\boldsymbol{F}_{Ex}$ 互相平行，分别取 x 轴和 y 轴为投影轴，列出投影方程为

$$\sum F_x=0 \quad F_{Ex}-F_{Fx}=0 \quad F_{Ex}=F_{Fx}$$

$$\sum F_y=0 \quad F_{Ey}-G_1-G_2-W=0 \quad F_{Ey}=27\text{kN}$$

求出 F_{Ey} 后，图 2-4b 中只存在点 F、E 上两处未知力，故可任择其一为矩心，列出力矩方程

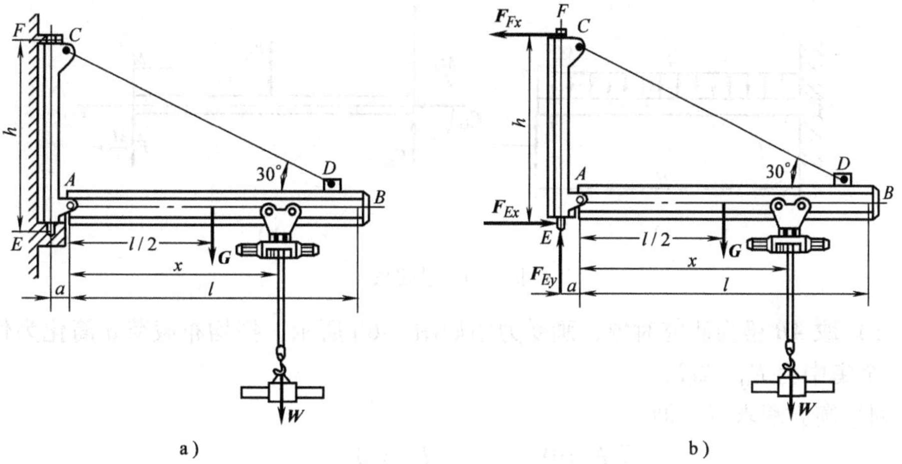

图 2-4　摇臂吊车

为

$$\sum M_E(\boldsymbol{F})=0 \quad F_{Fx}h-G_1\left(\frac{l}{2}+a\right)-W(x+a)=0$$

解得

$$F_{Fx}=\frac{G_1(l+2a)+2W(x+a)}{2h}=32.3\text{kN}$$

则

$$F_{Ex}=F_{Fx}=32.3\text{kN}$$

例 2-2　求例 2-1 中拉杆的拉力和铰链 A 的约束力。

解　1）因已知力、未知力汇集于 AB 梁，故取它为研究对象，画出 AB 梁的分离体受力图(见图 2-5)。请注意 F_{Ax}、F_{Ay} 及 F_T 在例 2-1 中为内力，因取 AB 梁为研究对象才转变为外力，从而画出。

图 2-5　摇臂吊车的横梁

2）列平衡方程求解。图中 A、B 各为两未知力的汇交点。取 B 点为矩心、列出力矩方程计算较为简单，即

$$\sum M_B(F)=0 \quad G_1l/2+W(l-x)-F_{Ay}l=0 \quad F_{Ay}=7\text{kN}$$

求出 F_{Ay}后，取 y 轴为投影轴，则投影方程为

$$\sum F_y=0 \quad F_T\sin\alpha+F_{Ay}-G_1-W=0 \quad F_T=34\text{kN}$$

最后求出 F_{Ax}，取 x 轴为投影轴，则投影方程为

$$\sum F_x=0 \quad F_{Ax}-F_T\cos\alpha=0 \quad F_{Ax}=F_T\cos\alpha=29.44\text{kN}$$

3）讨论。如 x 值变化，F_T、F_{Ax}、F_{Ay}也跟着变化，所以考虑各构件的强度要从 x 值变化的全过程来进行分析。

例 2-3　悬臂梁如图 2-6a 所示。梁上作用均布载荷 q，在 B 端作用集中力 $F=ql$ 和力偶矩 $M=ql^2$；梁的长度为 $2l$，已知 q 和 l。求固定端的约束力。

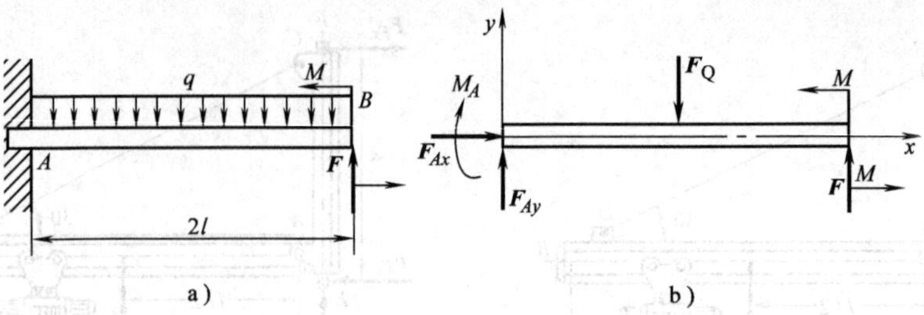

图 2-6　悬臂梁

解　1）取 AB 梁为研究对象，画受力图如图 2-6b 所示，把均布载荷 q 简化为作用于梁中点的一个集中力 $F_Q=2ql$。

2）列平衡方程求解，即

$$\sum F_x=0 \qquad F_{Ax}=0$$

$$\sum M_A(\boldsymbol{F})=0 \quad M-M_A+2Fl-F_Ql=0$$

故

$$M_A=M+2Fl-F_Ql=ql^2+2ql^2-2ql^2=ql^2$$

$$\sum F_y=0 \quad F_{Ay}+F-F_Q=0$$

$$F_{Ay}=F_Q-F=2ql-ql=ql$$

例 2-4　一飞机作直线水平匀速飞行，如图 2-7 所示。已知飞机的重力 $\boldsymbol{G}$、阻力 $\boldsymbol{F}_D$，俯仰力偶矩 M 和飞机尺寸 a、b 和 d。试求飞机的升力 $\boldsymbol{F}_L$，尾翼载荷 $\boldsymbol{F}_Q$ 和喷气推力 $\boldsymbol{F}_T$。

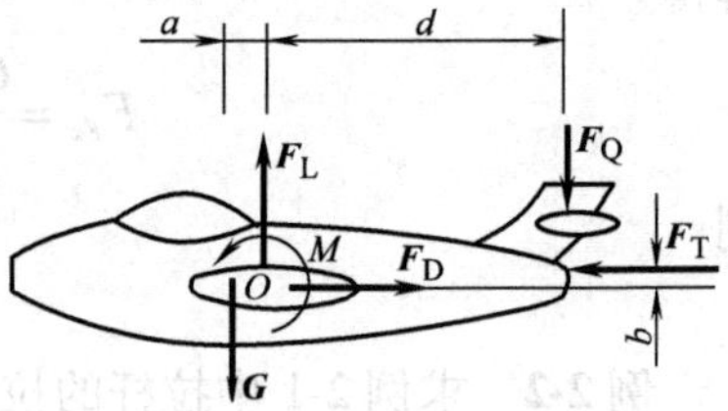

图 2-7　飞机受力分析

解　1）以飞机为研究对象，其受力图如图 2-7 所示。

2）列平衡方程求解，即

$$\sum F_x=0 \qquad F_D-F_T=0 \quad F_T=F_D$$

$$\sum M_O(\boldsymbol{F})=0 \quad M+\boldsymbol{F}_Tb+Ga-F_Qd=0$$

$$F_Q=\frac{M+Ga+F_Tb}{d}$$

$$\sum F_y=0 \qquad F_L-G-F_Q=0$$

故

$$F_L=G+F_Q$$

$$=G+\frac{M+Ga+F_Tb}{d}$$

三、平面任意力系的特殊形式

1. 平面汇交力系

若平面力系中各力作用线汇交于一点，则称为平面汇交力系，如图 2-8 所示。显见 $M=\sum M(F)=0$ 恒能满足，则其独立平衡方程为两个投影方程，即

$$\begin{cases}\sum F_x=0\\ \sum F_y=0\end{cases} \tag{2-6}$$

2. 平面平行力系

若平面力系中各力作用线全部平行，则称为平面平行力系，取 y 轴平行于各力作用线，如图 2-9 所示。显见 $\sum F_x=0$ 恒能满足，则其独立平衡方程为

$$\begin{cases}\sum F_y = 0 \\ \sum M_O(\boldsymbol{F}) = 0\end{cases} \tag{2-7}$$

也可用二矩式，即

$$\begin{cases}\sum M_A(\boldsymbol{F}) = 0 \\ \sum M_B(\boldsymbol{F}) = 0\end{cases} \tag{2-8}$$

其必需的附加条件为 A、B 的连线不能平行于各力 $\boldsymbol{F}$ 的作用线。

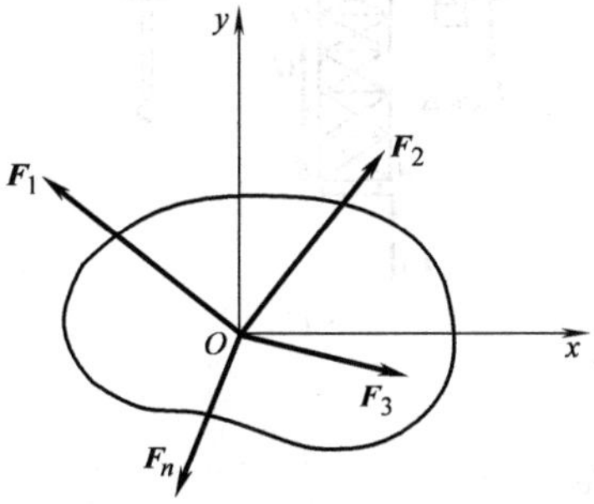

图 2-8　平面汇交力系

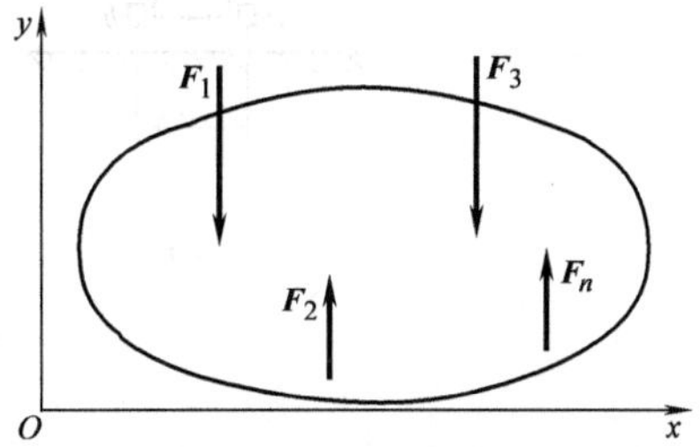

图 2-9　平面平行力系

例 2-5　外伸梁如图 2-10a 所示，$F = qa/2$，$M = 2qa^2$，已知 q，a。求 A、B 两点的约束力。

解　1）取 AB 梁为研究对象，画受力图如图 2-10b 所示，均布载荷 q 化简为作用于梁 AB 的中点 D 的一集中力 $F_Q = 3qa$。

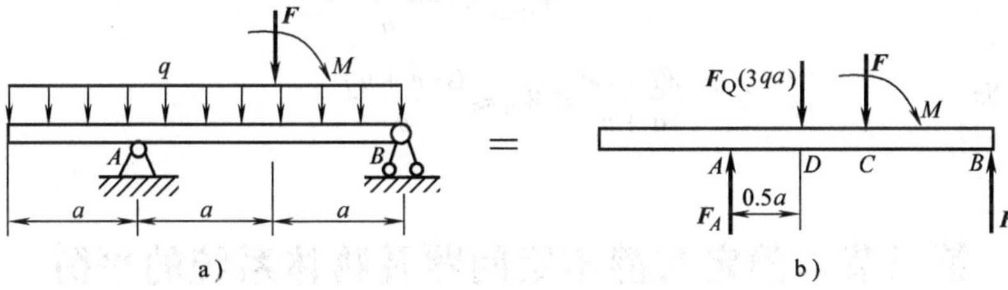

图 2-10　外伸梁

2）列平衡方程求解，即

$$\sum M_A(F) = 0 \quad F_B 2a - M - Fa - \frac{F_Q a}{2} = 0$$

$$F_B = \frac{M + Fa + 0.5F_Q a}{2a} = 2qa$$

$$\sum F_y = 0 \qquad F_A + F_B - F_Q - F = 0$$

$$F_A = F_Q + F - F_B = 3qa + \frac{qa}{2} - 2qa = 1.5qa$$

例 2-6　塔式起重机如图 2-11a 所示。机架自重力为 G，最大起重载荷为 W，平衡锤的重力为 W_Q。已知 G、W、a、b 和 e，要求起重机满载和空载时不致翻倒，求 W_Q 的范围。

解　1）取起重机为研究对象，画受力图如图 2-11b、c 所示。

2）列平衡方程求解。当其满载时，W 最大，则 $W_Q = W_{Q\min}$。在临界平衡状态，A 处悬空，即 $F_A = 0$，如图 2-11b 所示，则

$$\sum M_B(\boldsymbol{F}) = 0 \quad W_{Q\min}(a + b) - Wl - Ge = 0$$

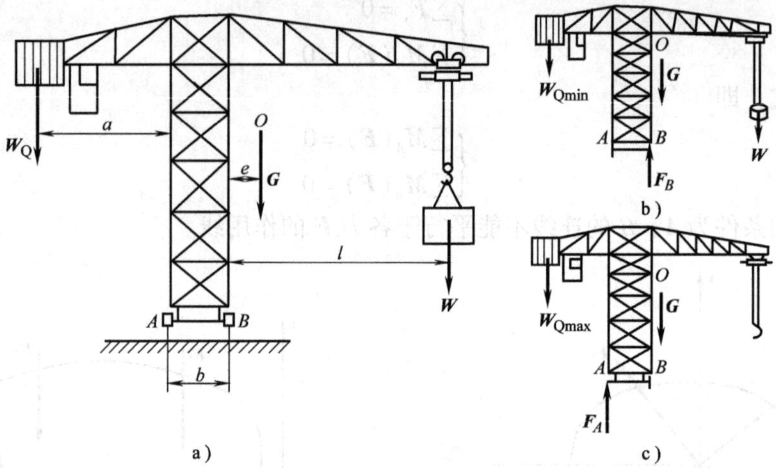

图 2-11　起重机

$$W_{Q\min} = \frac{Wl + Ge}{a + b}$$

当其空载时，即 $W=0$。在临界平衡状态，B 处悬空，即 $F_B=0$，则 $W_Q = W_{Q\max}$，机架绕 A 点向左翻倒，如图 2-11c 所示，则

$$\sum M_A(\boldsymbol{F}) = 0 \quad W_{Q\max}a - G(e+b) = 0$$

$$W_{Q\max} = \frac{G(e+b)}{a}$$

故 W_Q 的范围为

$$\frac{Wl + Ge}{a + b} \leqslant W_Q \leqslant \frac{G(e+b)}{a}$$

第三节　静定与静不定问题及物体系统的平衡

一、静定与静不定问题的概念

一个刚体平衡时，未知量的个数等于独立方程的个数，全部未知量可通过静力平衡方程求得。这类问题称为静定问题。

对于工程中的很多构件和结构，为了提高其可靠度，采用了增加约束的方法，因而其未知量的个数超过了独立方程的个数，仅用静力学平衡方程不可能求出所有的未知量。这类问题称为静不定问题。

求解力学问题，首先要判断研究的问题是静定的还是静不定的问题。图 2-12a 所示的力系是平面汇交力系，有三个未知量；图 2-12b 所示为一平面平行力系，有三个未知量。图 2-12c 所示结构受平面任意力系作用，但它有四个未知约束力。故这些问题中未知量的个数都超过了能列出独立方程的个数，皆为静不定问题。对于静不定问题的求解，将在材料力学中讨论。

二、物体系统的平衡

工程中机构和结构都是由若干个物体通过一定形式的约束组合在一起的，称为物体系统，简称物系。

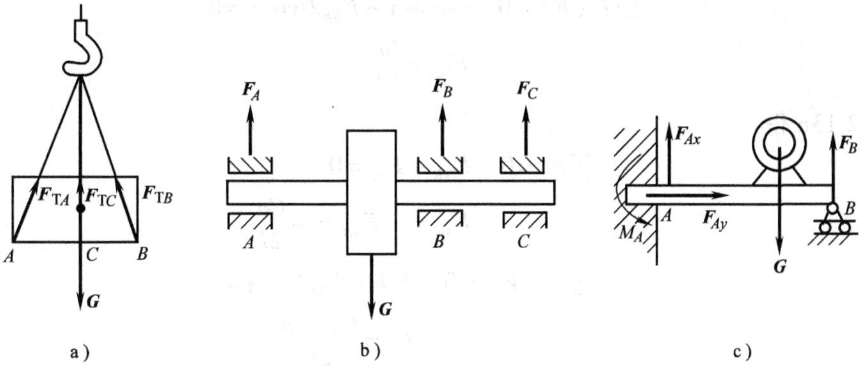

图 2-12　静不定问题

求解物系平衡问题的步骤是：

1）适当选择研究对象(研究对象可以是物系整体、单个物体,也可以是物系中几个物体组成的系统)，画出各研究对象的分离体的受力图。

2）分析各受力图，确定求解顺序。研究对象的受力图可分为两类，一类是未知力数等于独立平衡方程数，称为是可解的；另一类是未知力数超过独立平衡方程数，称为是暂不可解的。若是可解的，应先选其为研究对象，求出某些未知量，再利用作用与反作用关系，增加其他受力图中的已知量，扩大求解范围。有时也可利用其受力特点，列平衡方程，解出部分未知量。如某物体受平面任意力系作用，有四个未知量，但有三个未知量汇交于一点(或三个未知量平行)，则可取该三力汇交点为矩心(或取垂直于三未知量的投影轴)，解出部分未知量。这也许是全题的突破口，因为由于某些未知量的求出逐步扩大了求解范围。

3）根据确定的求解顺序，逐个列出平衡方程求解。

由于同一问题中有几个受力图，所以在列出平衡方程前应加上受力图号或加以文字说明，以示区别。

例 2-7　如图 2-13 所示，人字梯由 AB、AC 两杆在 A 处铰接，并在 D、E 两点用水平线相连而成。梯子放在光滑的水平面上，有一人，其重力为 G，攀登至梯上 H 处，如不计梯重，且已知 G、a、α、l、h。试求绳的拉力与铰链支座 A 的内力。

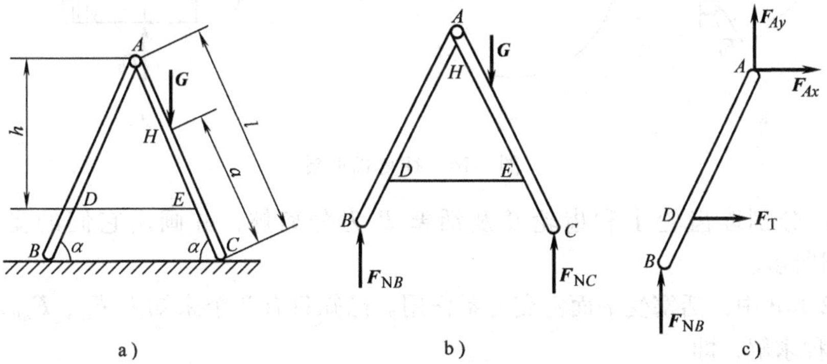

图 2-13　人字梯

解　由图 2-13b 得

$$\sum M_C(\boldsymbol{F})=0 \quad Ga\cos\alpha - F_{NB}2l\cos\alpha = 0$$

$$F_{NB}=\frac{Ga}{2l}$$

由图 2-13c 得

$$\sum F_y = 0 \quad F_{NB}+F_{Ay}=0$$

$$F_{Ay} = -F_{NB} = -\frac{Ga}{2l}$$

$$\sum M_A(\boldsymbol{F})=0 \quad F_T h - F_{NB} l\cos\alpha = 0$$

$$F_T = \frac{Ga\cos\alpha}{2h}$$

$$\sum F_x = 0 \quad F_{Ax}+F_T=0$$

$$F_{Ax} = -F_T = -\frac{Ga\cos\alpha}{2h}$$

例 2-8 往复式水泵如图 2-14a 所示。作用在齿轮上的驱动力偶矩 M_O，通过齿轮Ⅱ及连杆 AB 带动活塞在缸体内作往复运动，齿轮的压力角为 α，齿轮Ⅰ的半径为 r_1，齿轮Ⅱ的半径为 r_2，曲柄 $O_2A=r_3$，连杆 $AB=5r_1$，活塞的阻力为 $\boldsymbol{F}$。已知 $\boldsymbol{F}$、r_1、r_2、r_3 和 α，不计各构件的自重及摩擦。当曲柄 O_2A 在铅垂位置时，试求驱动力矩 M_O 的值。

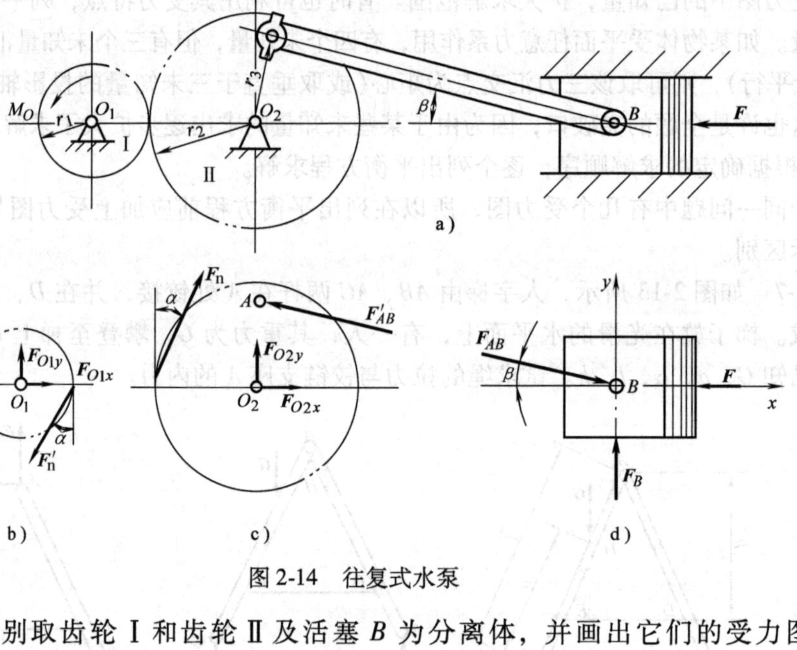

图 2-14 往复式水泵

解 1）分别取齿轮Ⅰ和齿轮Ⅱ及活塞 B 为分离体，并画出它们的受力图，如图 2-14b、c、d所示。

2）图 2-14d 中，活塞受平面汇交力系作用。已知只有两个未知力 $\boldsymbol{F}_B$、$\boldsymbol{F}_{AB}$，是可解的，可列平衡方程求解，即

$$\sum F_x = 0 \quad F_{AB}\cos\beta - F = 0$$

$$F_{AB}=\frac{F}{\cos\beta}$$

3）由于 F_{AB} 已解出，图 2-14c 变为可解，列平衡方程求解，即

$$\sum M_{O2}(F)=0 \quad F'_{AB}O_2A\cos\beta - F_n r_2\cos\alpha = 0$$

$$F_n = \frac{F'_{AB}O_2A\cos\beta}{r_2\cos\alpha} = \frac{\frac{F}{\cos\beta}\cos\beta O_2A}{r_2\cos\alpha} = \frac{Fr_3}{r_2\cos\alpha}$$

4）由图 2-14b 取齿轮 I 为研究对象，列平衡方程求解，即

$$\sum M_{O1}(F)=0 \quad M_O - F'_n r_1\cos\alpha = 0$$

$$M_O = F'_n r_1\cos\alpha = \frac{Fr_3}{r_2\cos\alpha}r_1\cos\alpha = \frac{Fr_1r_3}{r_2}$$

例 2-9 一构件如图 2-15a 所示。已知 F 和 a，且 $F_1=2F$。试求两固定铰支座 A、B 和铰链 C 的约束力。

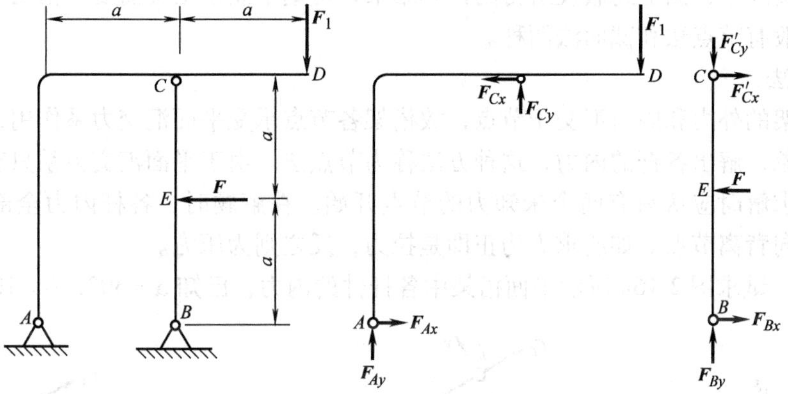

a）　　　　b）　　　　c）

图 2-15　构件受力

解 1）分别取构件 ACD 及 BEC 为研究对象，画出各自分离体的受力图，如图 2-15b、c 所示。

2）图 2-15b 有四个未知力，不可解；图 2-15c 有四个未知力，但存在三个未知力汇交于一点，故可先求出 F_{Bx} 和 F_{Cx}，即

$$\sum M_C(F)=0 \quad F_{Bx}2a - Fa = 0$$

故

$$F_{Bx}=\frac{F}{2}$$

$$\sum F_x = 0 \quad F'_{Cx} - F + F_{Bx} = 0$$

$$F'_{Cx} = F - F_{Bx} = F - \frac{F}{2} = \frac{F}{2}$$

解出 F'_{Cx} 后，图 12-15b 中的 F'_{Cx} 变为已知量，因而成为可解，即

$$\sum M_A(F)=0 \quad F_{Cy}a + F_{Cx}2a - F_1 2a = 0$$

故

$$F_{Cy} = 2F_1 - 2F_{Cx} = 4F - 2F_{Cx} = 3F$$

$$\sum F_y = 0 \quad F_{Ay} + F_{Cy} - F_1 = 0$$

故

$$F_{Ay} = F_1 - F_{Cy} = 2F - 3F = -F$$

$$\sum F_x = 0 \quad F_{Ax} - F_{Cx} = 0$$

故 $$F_{Ax}=F_{Cx}=\frac{F}{2}$$

由图 2-15c 得 $\sum F_y=0$ $F_{By}=F'_{Cy}=3F$

三、平面静定桁架内力的计算

工程中的屋架、铁架桥梁、电视塔、输变电铁架等，都采用桁架结构。

桁架是由一些杆件彼此在两端连接而组成的一种结构。各杆件处于同一平面内的桁架称为平面桁架。桁架中各构件彼此连接的地方称为节点。

为了简化桁架的计算，工程中采用以下假设：

1）桁架中各杆的重力不计，载荷全部加在节点上。

2）各杆件两端用光滑铰链连接。

以上假设保证了桁架中各杆件为二力杆，其内力均沿杆件的轴线方向。

在工程实际中，据上述假设所得的计算结果，可基本满足工程需要。桁架中杆件内力的计算方法一般有节点法和截面法两种。

1. 节点法

由于桁架的外力和内力汇交于节点，故桁架各节点承受平面汇交力系作用，可逐个取节点为研究对象，解出各杆的内力，这种方法称为节点法。由于平面汇交力系只有两个独立平衡方程，故求解时应从只有两个未知力的节点开始。在解题时，各杆内力全部假设受拉状态，即其指向背离节点。如所求力为正即是拉力，反之则为压力。

例 2-10 试求图 2-16a 所示平面桁架中各杆件的内力，已知 $\alpha=30°$，$G=10\text{kN}$。

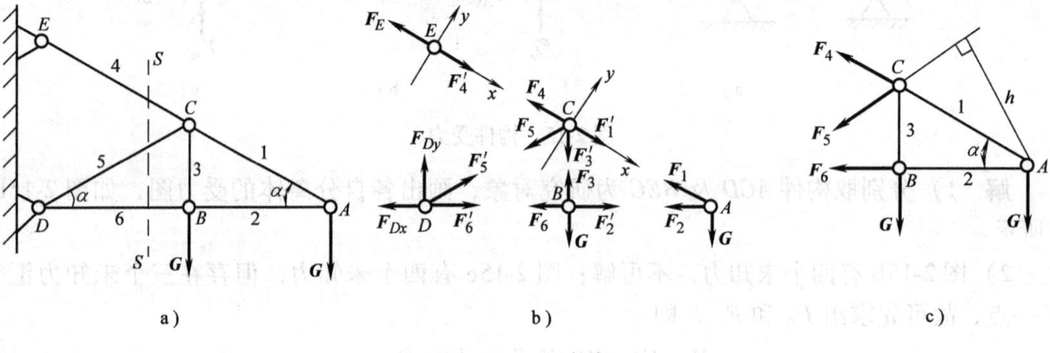

图 2-16 平面桁架

解 1）取各节点为研究对象，并画出各节点的受力图，如图 2-16b 所示；取坐标如图 2-16b 所示。

2）逐个取节点，列平衡方程，即

A 节点

$\sum F_y=0$ $F_1\sin30°-G=0$ $F_1=20\text{kN}$

$\sum F_x=0$ $-F_1\cos30°-F_2=0$ $F_2=-17.3\text{kN}$

B 节点

$\sum F_x=0$ $F'_2-F_6=0$ $F_6=-17.3\text{kN}$

$\sum F_y=0$ $F_3-G=0$ $F_3=10\text{kN}$

C 节点

$\sum F_y = 0 \qquad -F_5\cos30° - F_3'\cos30° = 0 \qquad F_5 = -10\text{kN}$

$\sum F_x = 0 \qquad F_1' - F_4 + F_3'\sin30° - F_5\sin30° = 0 \qquad F_4 = 30\text{kN}$

2. 截面法

截面法是假想用一个截面将桁架切开，任取一半为研究对象；在切开处画出杆件的内力，分离体上受平面任意力系作用，它可解三个未知力。解题时应注意两点：

1）截面必须将桁架切成两半，不能有一根杆件相连。

2）每取一次截面，一般情况下截开的杆件中未知力不应超过三个。

例 2-11 试用截面法求出例 2-10 中 4、5、6 三杆的内力。

解 取截面 S 将桁架截开，留右侧如图 2-16c 所示。

列平衡方程如下

$\sum M_C(F) = 0 \qquad -GAB - F_6BC = 0 \qquad F_6 = -17.3\text{kN}$

$\sum M_A(F) = 0 \qquad F_5h + GAB = 0 \qquad F_5 = -10\text{kN}$

$\sum F_y = 0 \qquad F_4\sin30° - F_5\sin30° - 2G = 0 \qquad F_4 = 30\text{kN}$

第四节　考虑摩擦时的平衡问题

摩擦是一种普遍的现象。在一些问题中，由于其不成为主要因素，故设想了一种理想化的状态，常将摩擦忽略不计。但在很多工程技术问题中，它可能成为一个不容忽略的重要因素。

摩擦广泛存在于实际生活和生产中。如人靠摩擦行走，车靠摩擦制动，螺钉无摩擦将自动松开，带轮无摩擦将无法传动，这些都是摩擦有利的一面；但是，摩擦还会损坏机件、降低效率、消耗能量等，这些又是摩擦有害的一面。

摩擦机理是一门学科，非本书所能论述。本节仅在古典摩擦理论的基础上讨论摩擦现象，认识其力学规律，从而达到兴利除弊的目的。

一般可将摩擦现象作如下分类：

1）按照物体接触部分可能存在的相对运动，分为滑动摩擦与滚动摩擦。

2）按照两接触体之间是否发生相对运动，分为静摩擦与动摩擦。

3）按接触面之间是否有润滑，可分为干摩擦与湿摩擦。

本节重点介绍无润滑的静滑动摩擦的性质，以及考虑摩擦时力系平衡问题的分析方法。

一、滑动摩擦

两个相互接触的物体发生相对滑动，或存在相对滑动趋势时，彼此之间就有阻碍滑动的力存在，此力称为滑动摩擦力。滑动摩擦力作用于接触处的公切面上，并与物体间的滑动方向或滑动趋势的方向相反。

图 2-17 所示推土机在推土工程中，履带有沿地面向后滑动的趋势，但滑动未产生，故地面给予履带的静滑动摩擦力 $\boldsymbol{F}_f$ 的方向向前；铲土板上泥土已沿板面向斜上方滑动，故泥土给铲土板的摩擦力 $\boldsymbol{F}_{f2}'$ 为动滑动摩擦力，其方向沿板面的切向。

1. 静滑动摩擦

从限制物体运动的作用而言，静摩擦力也是一种被动的、未知的约束力，它可以通过平衡条件求得。但与一般的约束作用不同之处在于静摩擦力是有一定限额的，这一点可通过库

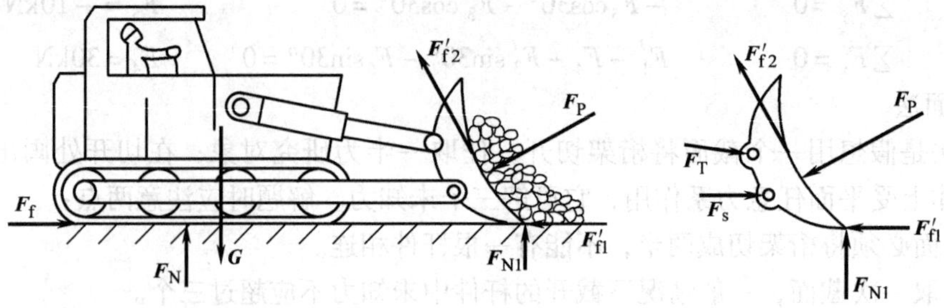

图 2-17　推土机

仑所做的摩擦试验（见图 2-18）予以说明。

当用一个较小的力 $\boldsymbol{F}_T$ 去拉重力为 $\boldsymbol{W}$ 的物体时，物体保持平衡。摩擦力 $\boldsymbol{F}_f$ 与主动力 $\boldsymbol{F}_T$ 等值而反向。当 $\boldsymbol{F}_T$ 逐渐增大，平衡仍将维持，摩擦力随主动力同步增长，直至增加到某一临界值 $\boldsymbol{F}_{fm}$时，就不会再增加；若 $\boldsymbol{F}_T$ 继续增加，物体就要开始滑动。因此，静摩擦力 $\boldsymbol{F}_f$ 也可称为切向有限约束力。

库仑通过大量比较简单的试验，归纳出临界摩擦力 $\boldsymbol{F}_{fm}$ 约为

$$\boldsymbol{F}_{fm} = f_s \boldsymbol{F}_N \tag{2-9}$$

即临界摩擦力的大小与物体间的正压力成正比，式(2-9)称为库仑定律或静摩擦定律。

式(2-9)中的比例常数 f_s 称静摩擦因数。它的大小与两接触物体的材料及表面情况（表面粗糙度、干湿度、温度等）有关。常用材料的静摩擦因数 f_s 可从一般工程手册中查得。表 2-1 列出了部分材料的静摩擦因数，以供参考。

表 2-1　f_s 的参考值

钢　对　钢	钢对铸铁	钢　对　铜
0.1 ~ 0.2	0.2 ~ 0.3	0.1 ~ 0.15

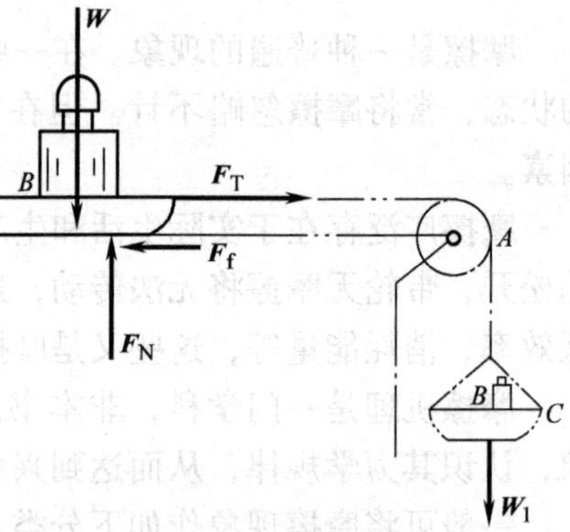

图 2-18　摩擦试验

应当注意到，库仑通过试验只是给出了摩擦力的极限值，或者说只是给出了摩擦力可能发生的范围。至于在物体平衡时具体摩擦力 $\boldsymbol{F}_f$ 之值，应在 $0 < F_f \leqslant F_{fm}$ 范围内，由物体平衡条件来确定。

还应注意到，库仑定律指出了利用和减少摩擦的途径，即可以从影响摩擦力的两个主因（即摩擦因数与正压力）同时入手。例如，自行车以后轮为驱动轮，故设计时应使重心靠近后轮，以增加后轮的正压力。同时在轮胎表面压出各种花纹，以增大摩擦因数。

综上所述，静摩擦力 $\boldsymbol{F}_f$ 的三要素为

1）大小：$0 < F_f \leqslant F_{fm}$。由物体的平衡条件来决定。在临界状态下，有 $F_f = F_{fm} = f_s F_N$。

2）方向：与物体间相对滑动趋势的方向相反，并沿接触表面作用点的切向。

3）作用点：接触点或接触面上摩擦力的合力作用点。

2. 动滑动摩擦

继续图 2-18 的试验。当力 $\boldsymbol{F}_T$ 超过 $\boldsymbol{F}_{fm}$时，物体开始滑动，此时物体所受的摩擦阻力已

由静摩擦力转化为动摩擦力 $\boldsymbol{F}_f'$。

大量试验证明，动摩擦力 $\boldsymbol{F}_f'$ 的大小与接触面之间的正压力的大小成正比，即

$$F_f' = fF_N \tag{2-10}$$

式中，f 称为动摩擦因数。它是与接触材料和表面情况有关的常数，通常 f 值小于 f_s 值。

动摩擦力 $\boldsymbol{F}_f'$ 与静摩擦力 $\boldsymbol{F}_f$ 相比，有两个显著的不同点：①动摩擦力一般小于临界静摩擦力。这就说明维持一个物体的运动要比使它由静止进入运动要容易。②静摩擦力之值要由与主动力有关的平衡条件来决定；而动摩擦力则不论主动力存在与否，只要相对运动存在，它就是一个定值。

3. 摩擦角与自锁

当考虑摩擦时，物体所受到的接触面的约束力包括法向约束力 $\boldsymbol{F}_N$（正压力）和切向约束力 $\boldsymbol{F}_f$（摩擦力）。将此两力合成为 $\boldsymbol{F}_R$，合力 $\boldsymbol{F}_R$ 代表了约束面对物体的全部作用，故称之为有限全约束力，有时也简称为全反力。

全约束力 $\boldsymbol{F}_R$ 与接触面公法线的夹角为 α，如图 2-19 所示。显然，夹角 α 随静摩擦力的变化而变化。当静摩擦力达到最大值时，夹角 α 也达到最大值 φ，称为临界摩擦角，简称摩擦角，如图 2-19 所示，由图可知

$$\tan\varphi = \frac{F_{fm}}{F_N} = \frac{F_s}{F_N} = f_s \tag{2-11}$$

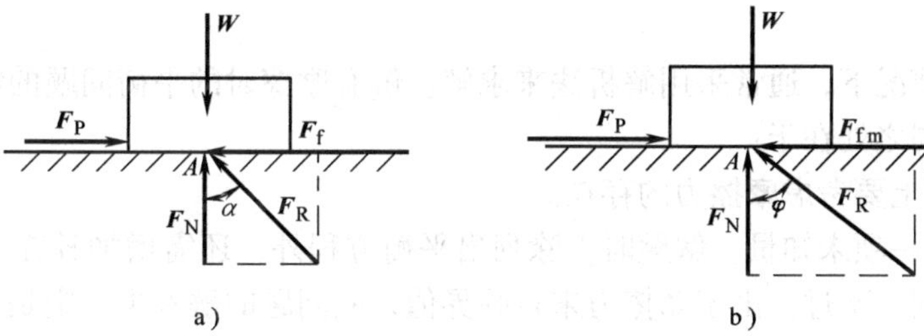

图 2-19 摩擦角

因此，摩擦角也是表示材料和表面摩擦性质的物理量。它表示全约束力能够偏离法向的范围。如物体与支承面的摩擦因数在各个方向都相同，则这个范围在空间就形成一个锥体，称为摩擦锥。如图 2-20 所示，全约束力的作用线不能超出这个摩擦锥。

若主动力 $\boldsymbol{F}_Q$ 作用在摩擦锥范围内，则约束面必产生一个与之等值、反向且共线的全约束力 $\boldsymbol{F}_R$ 与之平衡。不论怎样增加 $\boldsymbol{F}_Q$ 的大小，物体总能保持平衡，这种现象称为自锁。

由图 2-20 显见，自锁的条件应为

$$\alpha \leqslant \varphi \tag{2-12}$$

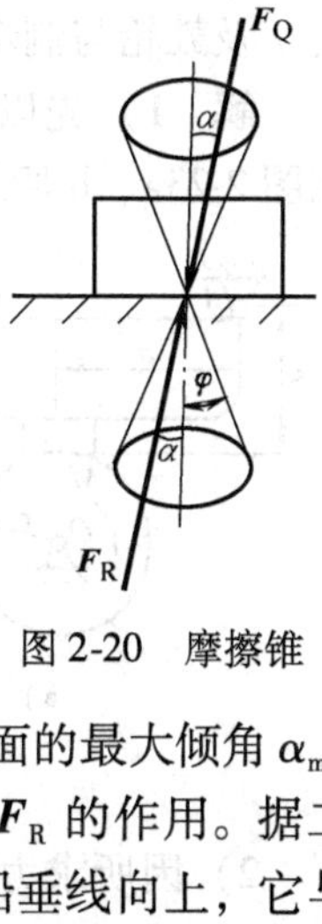

图 2-20 摩擦锥

例 2-12 在倾角为 α 的斜面上放一物体（见图 2-21a），物体只受一个重力 $\boldsymbol{W}$ 的作用，物体与斜面间的静摩擦因数为 f_s。求物体保持平衡时，斜面的最大倾角 α_m。

解 画出物体的受力图（见图 2-21），物体受到主动力 $\boldsymbol{W}$ 及全约束力 $\boldsymbol{F}_R$ 的作用。据二力平衡公理，此二力必须等值、反向、共线，故全约束力 $\boldsymbol{F}_R$ 的方向应沿铅垂线向上，它与

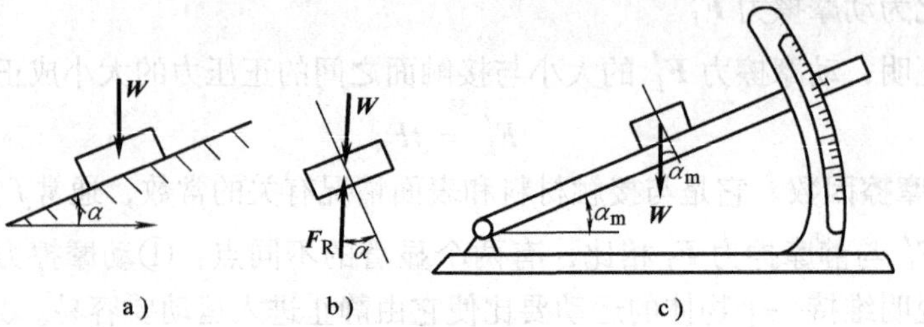

图 2-21　摩擦因数的测定

斜面法线间的夹角等于 α。根据静摩擦自锁条件，α 不能大于静摩擦角 φ，故能保持物体平衡的斜面最大倾角为 φ。

摩擦角与自锁原理在工程实际中常常得到广泛的应用。例 2-12 的结果就可用来测定两种材料间的摩擦因数。又如在堆放松散物质，如砂、土、煤或粮食时，能够堆起的最大坡角 α 称为休止角。休止角就是松散物质间的摩擦角。铁路路基侧面与道旁斜坡的最大倾角一定要小于摩擦角，以防止滑坡。

自锁原理常可用来设计某些机构和夹具，例如，脚套钩在电线杆上不会自行下滑就是自锁现象；而在另外一些情况下，则要设法避免自锁现象的发生，例如，变速箱中滑移齿轮的拨动就绝对不允许自锁，否则变速箱就无法工作。

二、考虑滑动摩擦时的平衡问题

1. 解析法

涉力较多的情况下，通常采用解析法来求解。解有摩擦时的平衡问题的解析法与解一般静力学问题的不同之处在于：

1）在受力图上要考虑摩擦力的存在。

2）摩擦力是一项未知量。解题时，除列出平衡方程外，还需增加补充方程，补充方程数与摩擦力数相同。不过，由于摩擦力来自临界值，故问题的解答也一定是平衡范围的一个临界值。

例 2-13　有三种制动装置，如图 2-22 所示。已知鼓轮上的转矩为 M，几何尺寸 a、b、c、r 及鼓轮与制动片间的静摩擦因数 f_s。试求所需的最小力 $\boldsymbol{F}_1$、$\boldsymbol{F}_2$ 和 $\boldsymbol{F}_3$。

解　1）先以图 2-22a 所示的制动装置为研究对象，分别画出制动杆与鼓轮的受力图，如图 2-23a、b 所示。

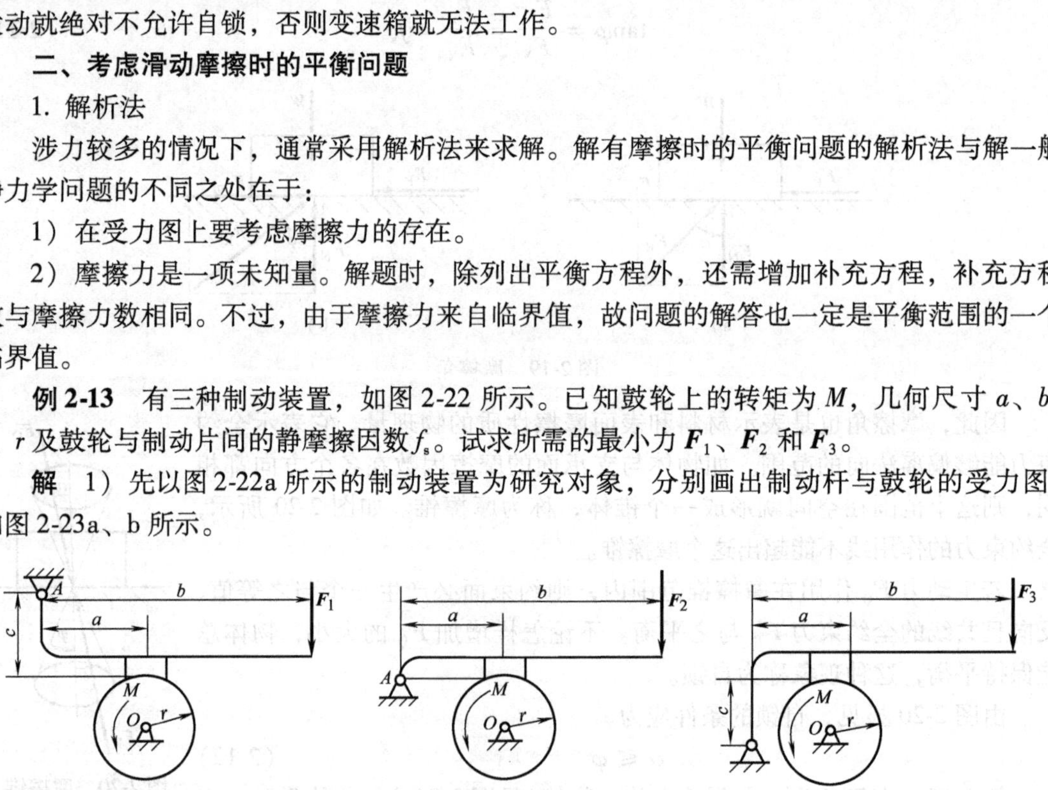

图 2-22　制动装置

2）因所求力为 F_1 的最小值，故摩擦处于临界状态，补充方程应为 $F_f = f_s F_N$，列平衡方程

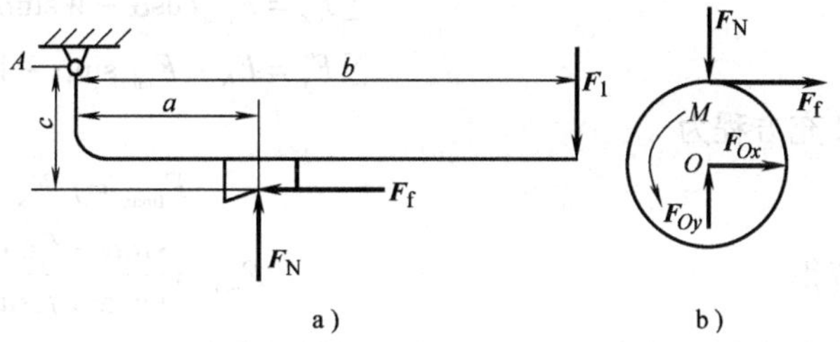

图 2-23　制动装置受力图

求解。对鼓轮(见图 2-23b)，$\sum M_O(\boldsymbol{F})=0$，$M-F_f r=0$，故

$$F_f=\frac{M}{r}$$

因　　　$F_f=f_s F_N$，

故　　　$$F_N=\frac{F_f}{f_s}=\frac{M}{rf_s}$$

对制动杆(见图 2-23)

$$\sum M_A(\boldsymbol{F})=0\quad F_N a-F_f c-F_1 b=0$$

$$F_1=\frac{(F_N a-F_f c)}{b}=(a-f_s c)\frac{M}{rbf_s}$$

如有具体数值，代入后所得的主动力 F_1 值若为零、为负，则说明不用力。甚至略微反向提一下装置都不会松开，这就是解析法的自锁条件。

3）F_1 求出后可推论出 F_2，F_3。

对图 2-22b，用 $c=0$ 即可。从图 2-22a 中 F_1 表达式推出

$$F_2=\frac{M}{rbf_s}a$$

对图 2-22c，尺寸 c 与图 2-22a 中的位置相反，用 $-c$ 取代 F_1 表达式中的 c，可推出

$$F_3=\frac{M}{rbf_s}(a+f_s c)$$

比较可得

$$F_1<F_2<F_3$$

可见，图 2-22a 的制动装置所需的力 F_1 最小，且当 $\alpha<f_s c$ 时有自锁作用，故图 2-22a 所示的结构在力学上较为合理。

例 2-14　重力为 $\boldsymbol{W}$ 的物块放在倾角为 α 的斜面上(见图 2-24a)，物块与斜面间的静摩擦因数为 f_s，且当 $\tan\alpha>f_s$ 时，求使物块静止时水平力 $\boldsymbol{F}$ 的大小。

解　要使物块静止，$\boldsymbol{F}$ 值不能太大，也不能太小。若 $\boldsymbol{F}$ 过大，物块将向上滑动；若 $\boldsymbol{F}$ 太小，则物块将向下滑动。因此，力 $\boldsymbol{F}$ 的数值必然在某一范围内。

1）首先，求出刚好足以维持物块不致下滑的 $\boldsymbol{F}$ 值，即 $\boldsymbol{F}_{min}$。当物体受力 $\boldsymbol{F}_{min}$ 时，物块处于有向下滑动趋势的临界状态，此时摩擦力沿斜面向上并达到最大值。物块受力如图 2-24b 所示。

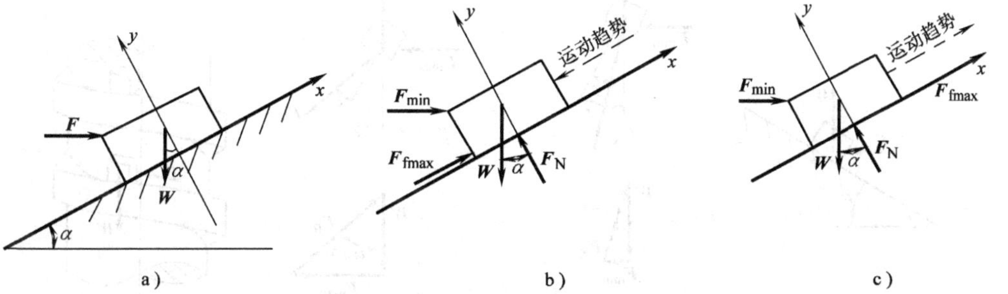

图 2-24　斜面摩擦

物块平衡方程为

$$\sum F_x = F_{\min}\cos\alpha - W\sin\alpha + F_{\mathrm{fmin}} = 0$$
$$\sum F_y = F_N - F_{\min}\sin\alpha - W\cos\alpha = 0$$

补充方程为

$$F_{\mathrm{fmax}} = f_s F_N$$

解得
$$F_{\min} = \frac{\sin\alpha - f_s\cos\alpha}{\cos\alpha + f_s\sin\alpha}W$$

若考虑到摩擦角 $\varphi = \arctan f_s$，则可以化简为

$$F_{\min} = W\tan(\alpha - \varphi)$$

2）求物块不致上移时的 $\boldsymbol{F}$ 值，即 $\boldsymbol{F}_{\max}$。物块在 $\boldsymbol{F}_{\max}$ 的作用下处于有向上滑动趋势时的临界平衡状态，所以摩擦力沿斜面向下并达到最大值，物块受力如图 2-24c 所示。

物块平衡方程为

$$\sum F_x = 0 \quad F_{\max}\cos\alpha - W\sin\alpha - F_{\mathrm{fmax}} = 0$$
$$\sum F_y = 0 \quad F_N - F_{\max}\sin\alpha - W\cos\alpha = 0$$

补充方程为

$$F_{\mathrm{fmax}} = f_s F_N$$

解得
$$F_{\max} = \frac{\sin\alpha + f_s\cos\alpha}{\cos\alpha - f_s\sin\alpha}W$$

同样可表示为
$$F_{\max} = W\tan(\alpha + \varphi)$$

综合以上结果可知，使物块静止时的水平力 $\boldsymbol{F}$ 的值应为

$$W\tan(\alpha - \varphi) \leqslant F \leqslant W\tan(\alpha + \varphi)$$

2. 几何法

将接触面的切向和法向约束力合成表示为全约束力 $\boldsymbol{F}_R$ 后，若物体平衡问题所涉及的力不超过三个，则用几何法求解比较简便。

例 2-15　用几何法解例 2-14。

解　分别画出 $\boldsymbol{F}_{\min}$ 与 $\boldsymbol{F}_{\max}$ 作用下两种临界状态的受力图（见图 2-25b、c），可作出两个封闭的力的三角形，则由图 2-25b 可得

$$F_{\min} = W\tan(\alpha - \varphi)$$

由图 2-25c 可得
$$F_{\max} = W\tan(\alpha + \varphi)$$

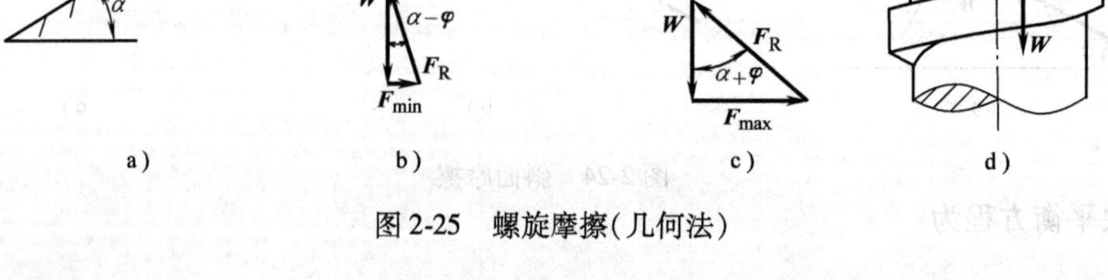

图 2-25　螺旋摩擦（几何法）

维持重块平衡的值应为

$$W\tan(\alpha-\varphi)\leqslant F\leqslant W\tan(\alpha+\varphi)$$

从上例答案中，还可得出物块不下滑的自锁条件是 $W\tan(\alpha-\varphi)\leqslant 0$，即 $\alpha\leqslant\varphi$。由于螺旋可以看作斜面在圆柱上绕卷而成(见图 2-25d)，所以本例对机械中斜楔、螺旋等自锁条件的分析十分有用。

三、滚动摩擦简介

当搬运重物时，若在重物底下垫辊轴，比直接放在地面上推动省力得多。这说明用辊轴的滚动来代替箱底的滑动，所受的阻力要小得多(见图 2-26a)。车辆用车轮，机器中用滚动轴承，就是利用了这个道理(见图 2-26b)。

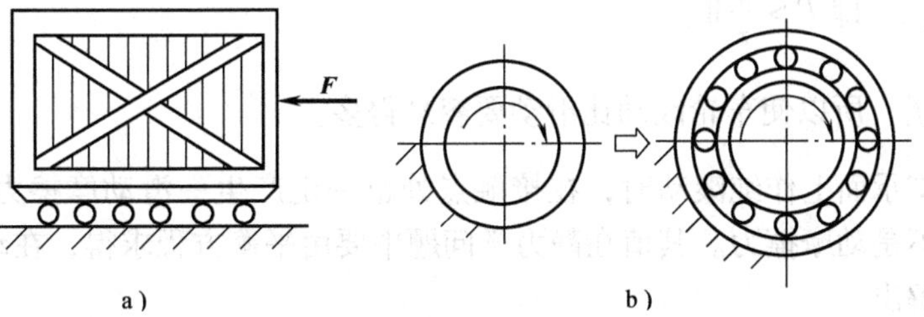

图 2-26　辊轴与轴承

将一重力为 $\boldsymbol{W}$ 的车轮放在地面上，在车轮上加一微小的水平拉力 $\boldsymbol{F}$，此时车轮与地面接触处就会产生一摩擦阻力 $\boldsymbol{F}_f$，以阻止车轮滑动。由图 2-27a 可见，主动力 $\boldsymbol{F}$ 与滑动摩擦力 F_f'组成一力偶，力偶矩为 Fr，不论它有多小，它都将驱使车轮转动。其实，若 F 不大，转动并不会发生，这说明还存在一阻止转动的力偶，这就是滚动力偶矩。实际情况是，在车轮重力作用下，车轮与地面都会产生变形。变形后，车轮在与地面接触面上的约束力分析情况如图 2-27b 所示。

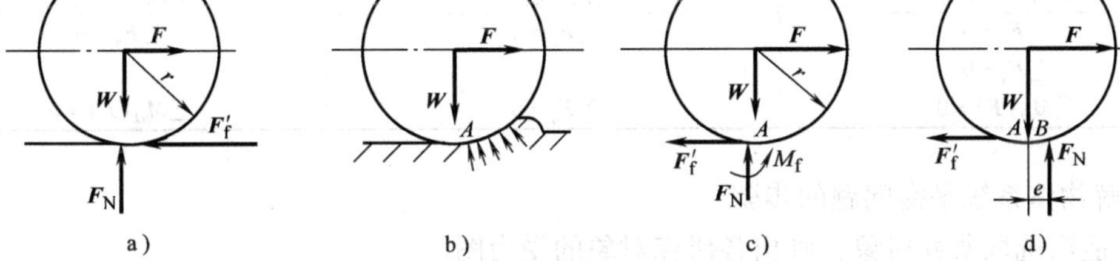

图 2-27　车轮滚动

若将这些分布约束力向点 A 简化，可得法向约束力 $\boldsymbol{F}_N$(正压力)、切向有限约束力 $\boldsymbol{F}_f'$(滑动摩擦力)及滚动摩擦力偶 M_f，如图 2-27c 所示。当 F 逐渐增加时，M_f 也会增加，但也有一最大值 M_{fmax}；当 F 再增加，滚动就开始了。

试验表明，滚动摩擦力偶的最大值 M_{fmax} 与两个互相接触物体间的法向约束力成正比，即

$$M_{fmax}=\delta F_N$$

这就是库仑滚动摩擦定理。式中，常数 δ 的单位是 mm，可视为接触面的法向约束力与理论接触点的偏离最大值 e(见图 2-27d)，称为滚动摩擦因数。该因数取决于相互接触物体

表面的材料性质和表面状况，可由试验得到。表2-2给出了几种常见材料的滚动摩擦因数参考值。通常接触处变形越小，δ值就越小。

表2-2 滚动摩擦因数δ (mm)

摩擦材料	δ	摩擦材料	δ
软钢对软钢	0.05	铸铁对铸铁	0.05
淬火钢对淬火钢	0.01	火车轮对钢轨	0.5～0.7

例2-16 试分析重力为W的车轮，在轮心受水平力F作用下的滑动和滚动条件。

解 车轮受力图如图2-27c所示。车轮的滑动条件为$F>f_sF_N$，即$F>f_sW$；车轮的滚动条件为$Fr>M_{fmax}$，即$F>\frac{\delta}{r}W$。

由于$\frac{\delta}{r}\ll f_s$，所以使车轮滚动比滑动要容易得多。

当物体在支承面上作纯滚动时，在接触点处也一定产生一滑动摩擦力$\boldsymbol{F}_f$，但它并未达到最大值，也不是动摩擦力。其值在静力学问题中要由平衡方程求得，在动力学问题中则要由动力学方程解出。

小　结

1. 平面任意力系的简化

主矢$\boldsymbol{F}'_R=\sum\boldsymbol{F}'=\sum\boldsymbol{F}$，与简化中心的位置无关。

主矩$M_O=\sum M_O(\boldsymbol{F})$，与简化中心的位置有关。

力系平衡为　$\boldsymbol{F}'_R=0$，$M_O=0$。

2. 力系的平衡方程式

平面任意力系	平面汇交力系	平面平行力系
$\sum F_x=0$ $\sum F_y=0$ $\sum M_O(\boldsymbol{F})=0$	$\sum F_x=0$ $\sum F_y=0$	$\sum F_x=0$ $\sum M_O(\boldsymbol{F})=0$

3. 解物体系统平衡问题的步骤

1）适当选取研究对象，画出各研究对象的受力图。

2）分析各受力图，确定求解顺序，按序求解。

4. 摩擦

	静滑动摩擦		动滑动摩擦	滚动摩擦
	解析法	几何法		
一般平衡状态	$0\leqslant F_f\leqslant F_{fmax}$ F_f由平衡方程确定 $F_{fmax}=f_sF_N$	$\boldsymbol{F}_R=\boldsymbol{F}_N+\boldsymbol{F}_f$ α为全约束力$\boldsymbol{F}_R$与接触点法线间的夹角 $0\leqslant\alpha\leqslant\varphi$ α由平衡条件确定	$F_f'=fF_N$ F_f'是在已发生滑动情况下的摩擦力 f近似认为是一常量	$0\leqslant M_f\leqslant M_{fmax}$ M_f由平衡条件确定 $M_f=M_{fmax}=\delta F_N$
临界状态	$F_f=F_{fmax}=f_sF_N$	$\alpha=\varphi=\arctan f_s$		$M_f=M_{fmax}=\delta F_N$

1）用解析法解静摩擦的平衡问题时，须在受力图上画出与物体运动趋势方向相反的摩擦力。在解题时，除原有平衡方程外，还可列出补充方程 $F_f \leqslant f_s F_N$，由于补充方程是不等式，所以答案是一个有范围的值。

如考虑物体处于平衡的临界状态，则补充方程可取等式 $F_f = f_s F_N$，所得答案也是所讨论问题相应的临界值。

2）用几何法解静摩擦问题时，将法向约束力 F_N 和摩擦力 F_f 合成为一个与接触面法线成 α 的全约束力 F_R，而 α 的偏转与运动趋势反向，补充条件为 $\alpha \leqslant \varphi$。$\varphi = \arctan f_s$ 是摩擦角，它是约束面上全约束力可能偏转的最大角度，临界状态时则取 $\alpha = \varphi$。

3）主动力的作用线位于摩擦锥内时，不管主动力有多大，约束面总能产生全约束力与之平衡，这称为自锁现象。自锁取决于载荷与约束的几何条件以及物体间的摩擦因数。

思　考　题

2-1　图 2-28 所示物体上有等值、互成 60°夹角的三力作用。试问此物体是否平衡？

2-2　匀质刚体 AB 的重力为 $\boldsymbol{G}$。由不计自重力的三根杆支撑在如图 2-29 所示的位置上平衡，若需求 A、B 处所受的约束力，试讨论在列平衡方程时应如何选择投影轴和矩心。

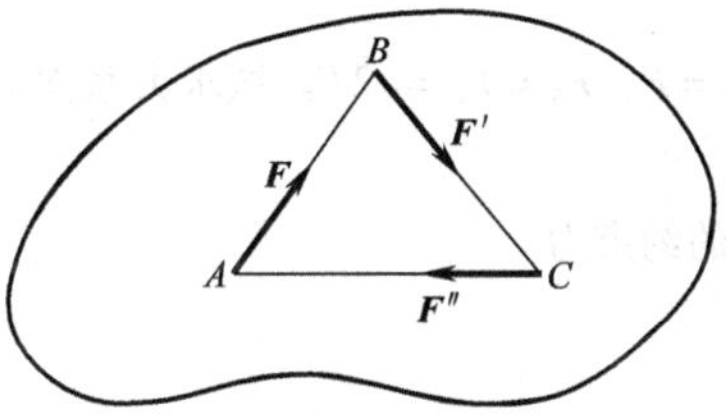

图 2-28　平衡分析

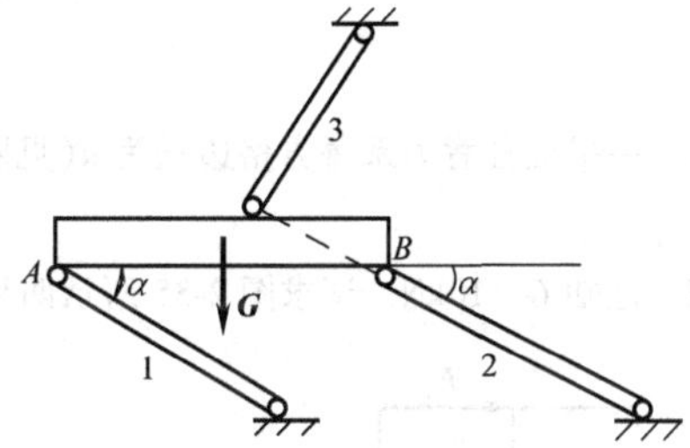

图 2-29　坐标轴的选择

2-3　试判断图 2-30 所示各结构是静定还是静不定结构，不计各杆自重力。

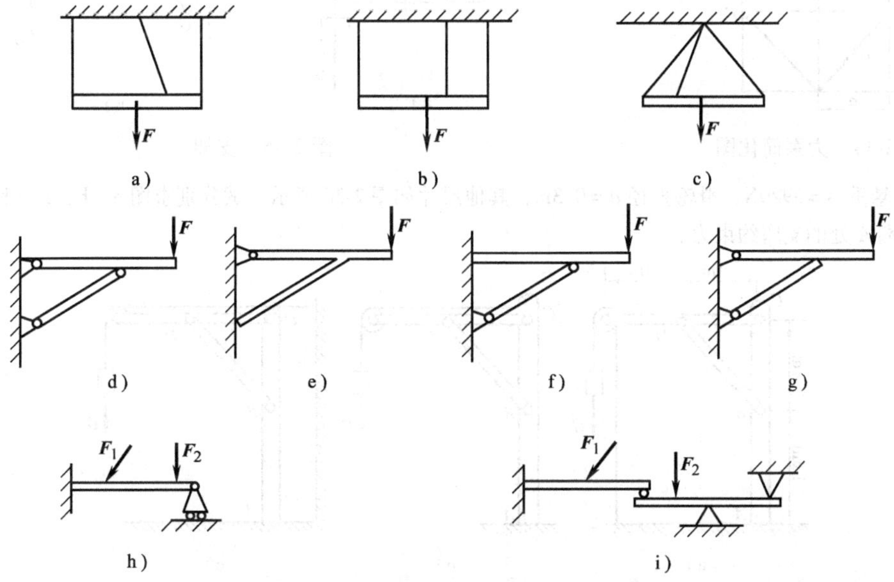

图 2-30　静定与静不定问题

2-4　摩擦力是否一定是阻力？试分析自行车向前行驶时地面给前后轮的摩擦力的方向。当自行车刹车时，摩擦力的方向是否改变？

2-5　图 2-31 所示为一重力为 $W=100\text{N}$ 的物块，在力 $F=400\text{N}$ 的作用下处于平衡。物块与墙间的摩擦因数 $f_s=0.3$，求它与墙之间的摩擦力。

2-6　重力为 $\boldsymbol{W}$ 的物块放在地面上如图 2-32 所示，有一主动力 $\boldsymbol{F}$ 作用于摩擦锥之外，此时物体是否一定移动？

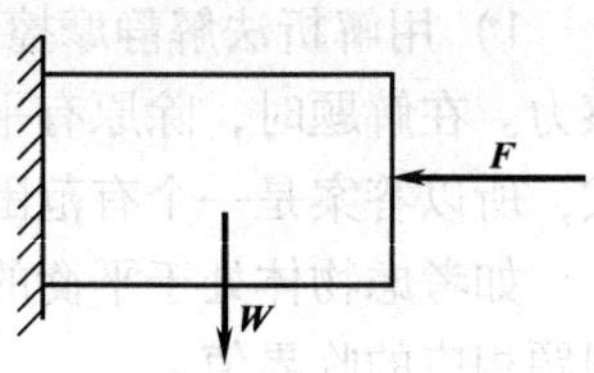

图 2-31　物块

2-7　物块重力为 W，与水平面间的摩擦因数为 f_s，如图 2-33 所示。欲使物块向右滑动，将图 2-33a 的施力方法与图 2-33b 的施力方法相比较，哪种省力？若要最省力，α 角应为多大？

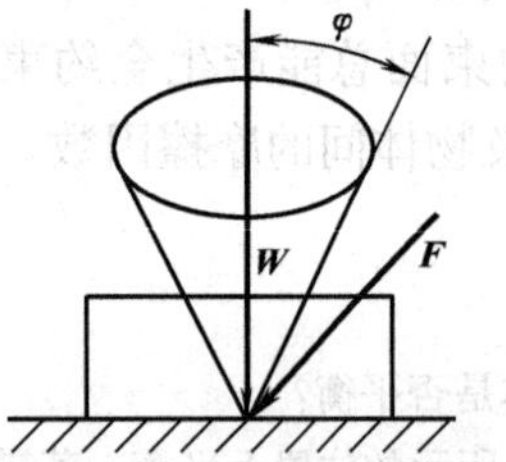

图 2-32　主动力与摩擦锥

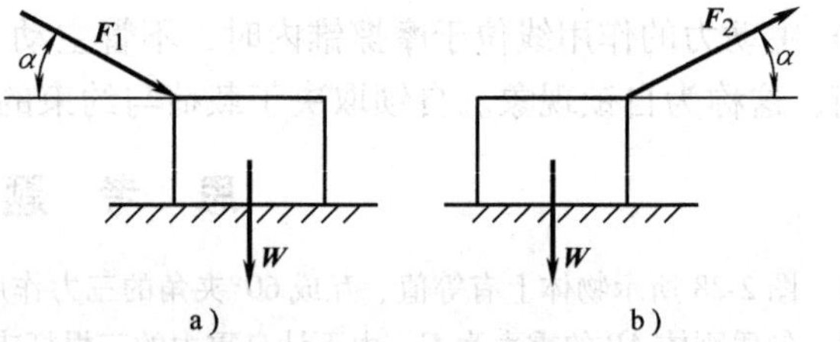

图 2-33　施力方法比较

习　题

2-1　一平面任意力系每方格边长为 a（见图 2-34），$F_1=F_2=F$，$F_3=F_4=\sqrt{2}F$。试求力系向 O 点简化的结果。

2-2　已知 $G=10\text{kN}$，试求图 2-35 所示两种支架中 A、C 处的约束力。

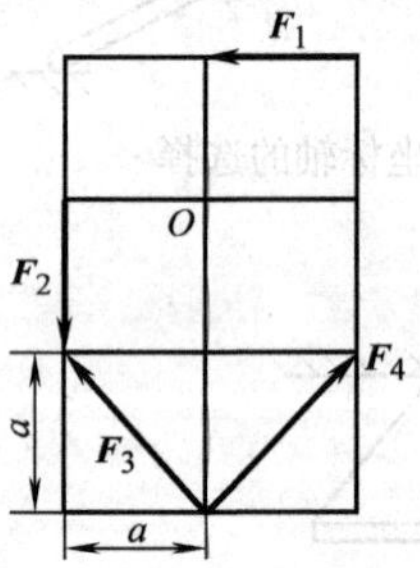

图 2-34　力系简化图

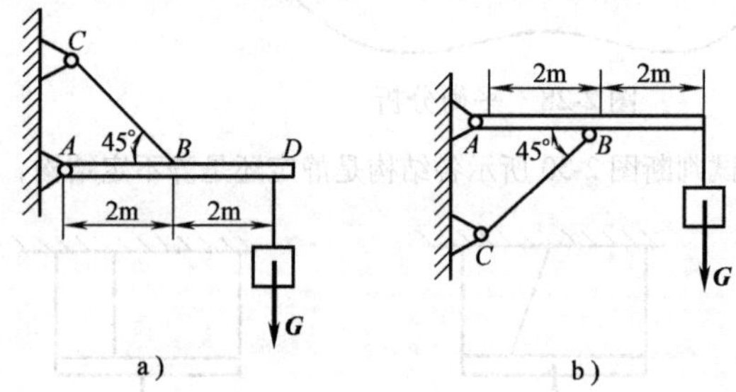

图 2-35　支架

2-3　悬重 $G=3920\text{N}$，滑轮直径 $d=0.3\text{m}$，其他尺寸如图 2-36 所示。试分别求图 a、b、c 三种情况下，立柱固定端 A 处的支座约束力。

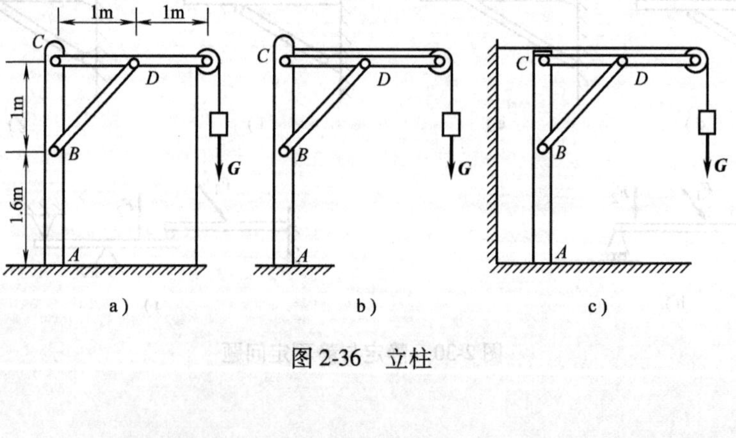

图 2-36　立柱

2-4　圆形水箱总重 $G=160\text{kN}$，固定在支架 $ABCD$ 上，A 为固定铰支座，B 为活动铰支座，水箱左侧受风压力为 $q=10\text{kN/m}$，如图 2-37 所示。为保证水塔平衡，试求支座 AB 间的最小距离。

2-5　已知如图 2-38 所示履带式起重机的机身重 $G=100\text{kN}$，起重臂重 $G_1=20\text{kN}$，悬臂重 $G_2=20\text{kN}$，$l=10\text{m}$，$b=7\text{m}$。试分析 a 值至少应为多大，才能保证此起重位置保持平衡。

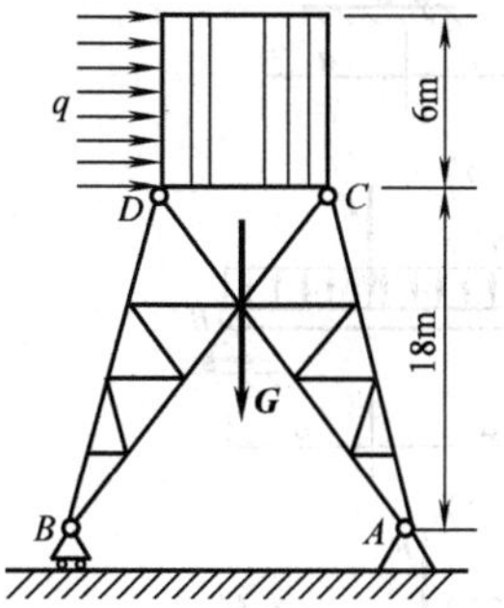

图 2-37　水箱支座

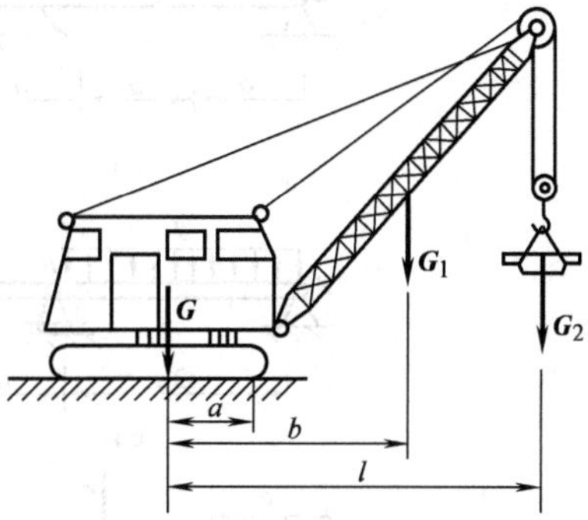

图 2-38　履带式起重机

2-6　已知 $\boldsymbol{G}=5\text{kN}$，试求图 2-39a、b 两支架各支承点的约束力。

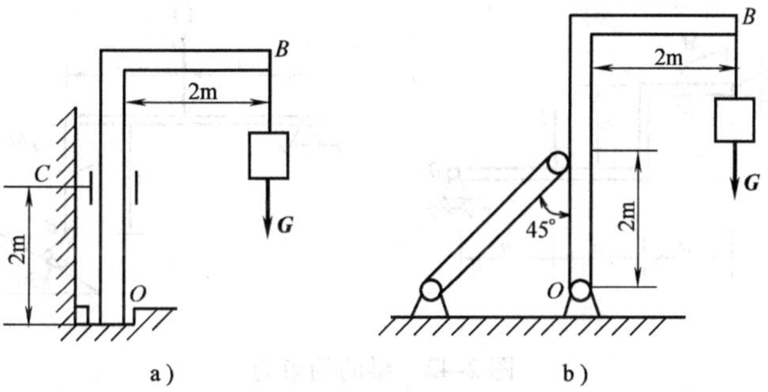

图 2-39　支架

2-7　图 2-40 中，重力为 $\boldsymbol{G}$ 的球夹在墙和匀质杆 AB 之间。AB 杆的重力为 $G_Q=4G/3$，长为 l，$AD=2l/3$。已知 G、$\alpha=30°$，求绳子 BC 的拉力和铰链 A 的约束力。

2-8　磁带绕过磁带导向装置(见图 2-41)中的滑轮 A 及 B，整个装置是平放的，$a=100\text{mm}$，$b=80\text{mm}$，在图示位置处于平衡。求 D 点铰链的约束力和 C 点处弹簧的作用力。

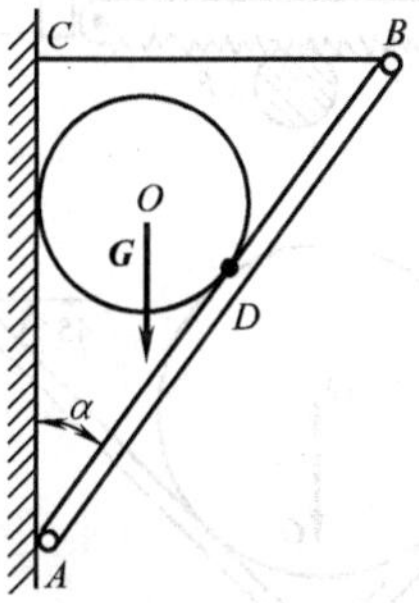

图 2-40　匀质球与杆

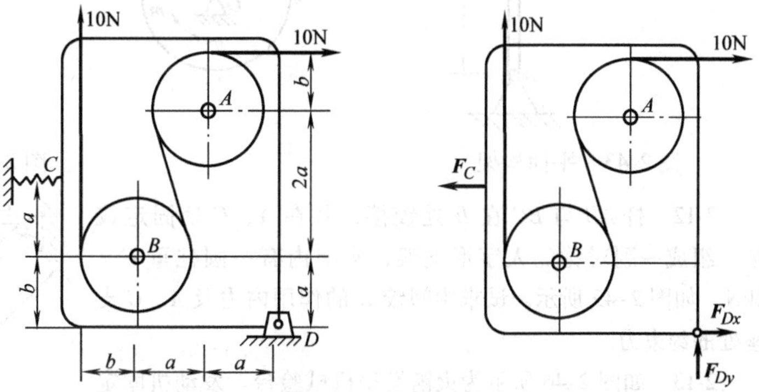

图 2-41　磁带导向

2-9　已知 q、a(见图 2-42)，且 $F=qa$，$M=qa^2$，求图示各梁的支座约束力。

2-10　在图 2-43 所示平面构架中，已知 F、a。试求 A、B 两支座的约束力。

2-11　驱动力偶矩 m 使锯床转盘旋转，通过连杆 AB 带动锯弓往复移动，如图 2-44 所示。已知锯条的切削阻力 $F=3\text{kN}$，求驱动力偶矩 m 及 O、C、D 三处支承的约束力。

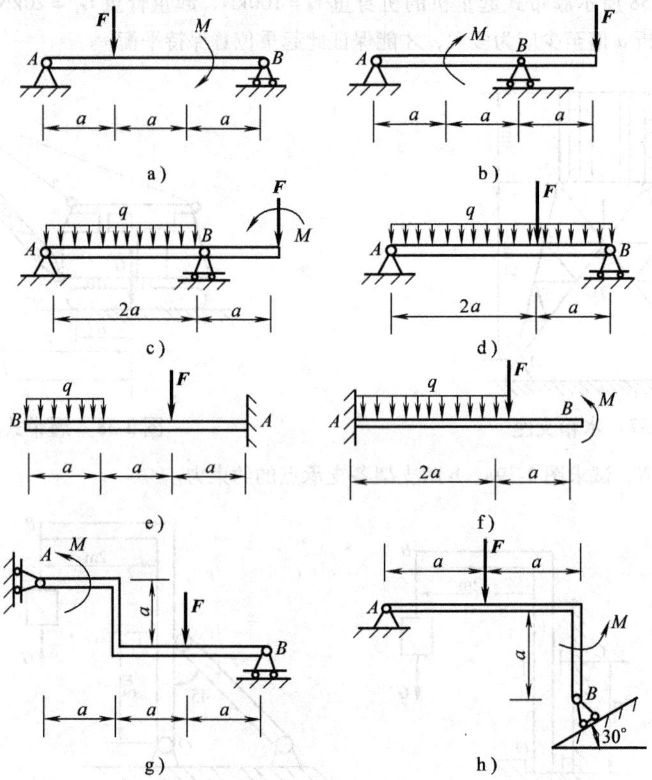

图 2-42　梁的约束力

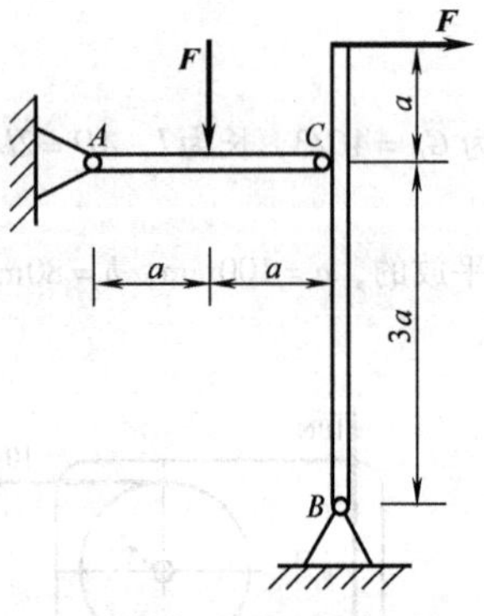

图 2-43　平面构架

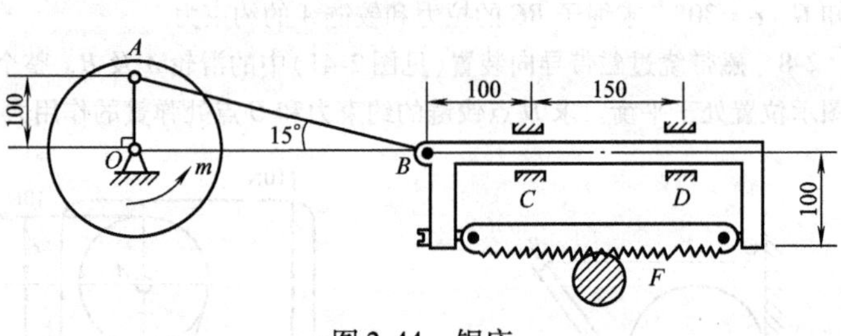

图 2-44　锯床

2-12　杆 AB 与 BC 在 B 处铰接，并在 A、C 处固定铰接，组成一副对称的人字形支架，支架内有一圆柱重 $G=2\text{kN}$，如图 2-45 所示。试求中间铰 B 的作用内力及 A、C 支座处的约束力。

2-13　如图 2-46 所示为火箭发动机试验台。发动机固定在台上，测力计 M 指示绳子的拉力为 $\boldsymbol{F}_T$，工作台和发动机的重力为 $\boldsymbol{G}$，火箭推力为 $\boldsymbol{F}$。已知 $\boldsymbol{F}_T$、$\boldsymbol{G}$ 以及尺寸 h、H、a 和 b，试求推力 $\boldsymbol{F}$ 和 BD 杆所受的力。

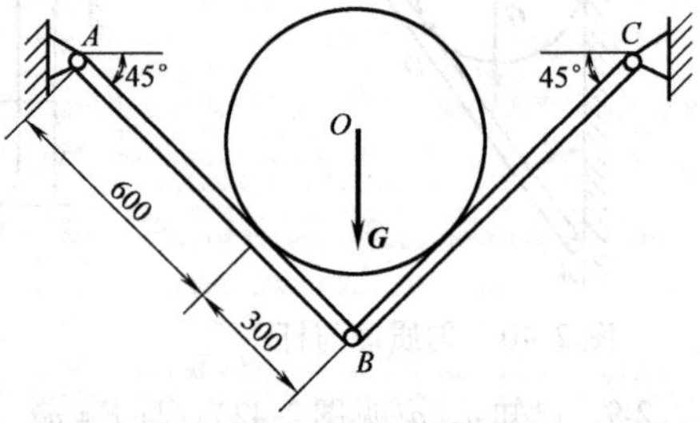

图 2-45　人字形支架

2-14　汽车地秤如图 2-47 所示，*BCE* 为整体台面，杠杆 *AOB* 可绕 *O* 轴转动，*B*、*C*、*D* 均为光滑铰链，*DC* 为水平二力构件。已知砝码重力 $\boldsymbol{G}_1$ 和构件尺寸 *l*、*a*，试求汽车重力 $\boldsymbol{G}_2$，各构件自重力不计。

2-15　重物的重力为 **G**，杆 *AB*、*CB* 与滑轮相连，如图 2-48 所示。已知 **G** 和 $\alpha = 45°$，不计滑轮的自重力，求支座 *A* 处的约束力以及 *BC* 杆所受的力。

2-16　如图 2-49 所示构架中，*DF* 杆的中点有一销钉 *E* 套在 *AC* 杆的导槽内。已知 **F**、*a*，试求 *B*、*C* 两支座的约束力。

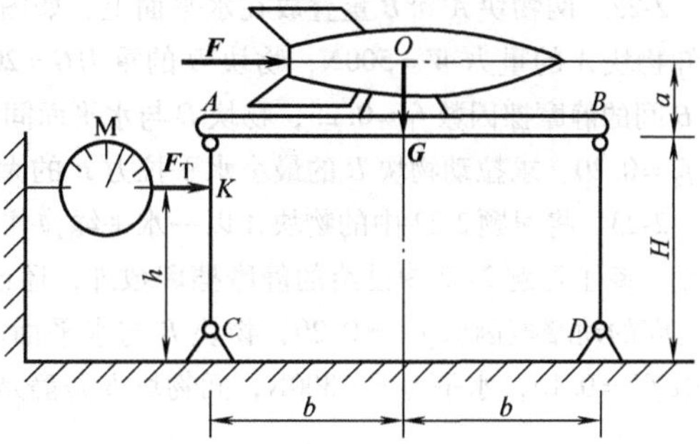

图 2-46　火箭发动机试验台

2-17　如图 2-50 所示一气动夹具中，已知气体压强 $q = 40\text{N/cm}^2$，气缸直径为 $d = 8\text{cm}$，$\alpha = 15°$，$a = 15\text{cm}$。求杠杆对工件的压力 $\boldsymbol{F}_Q$ 的值。

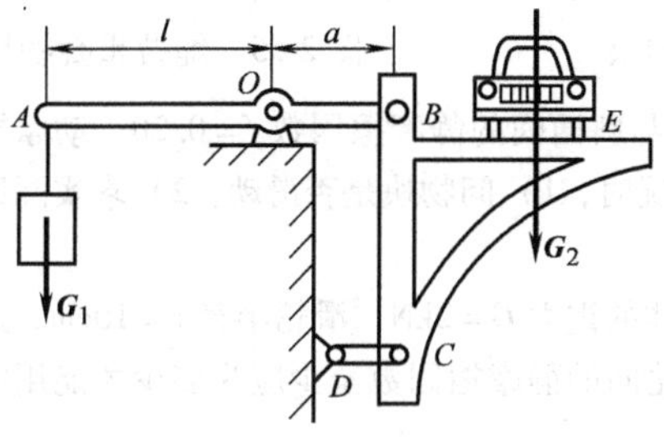

图 2-47　汽车地秤

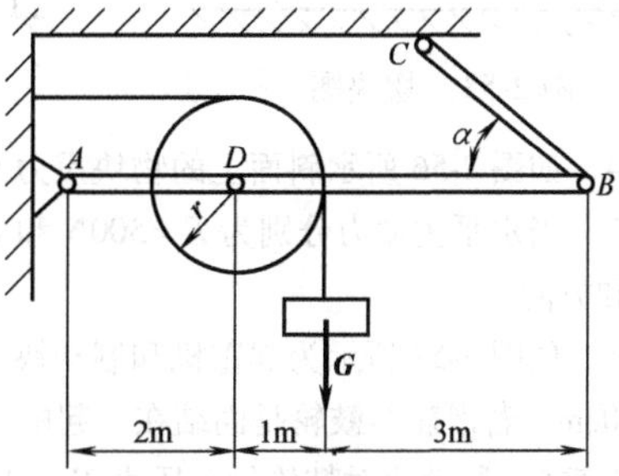

图 2-48　滑轮与杆

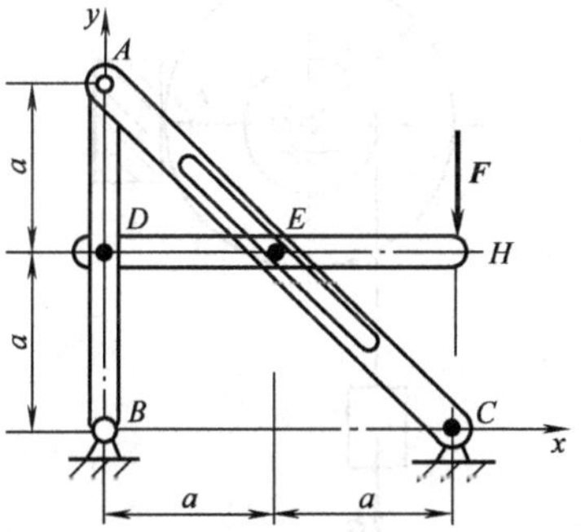

图 2-49　构架

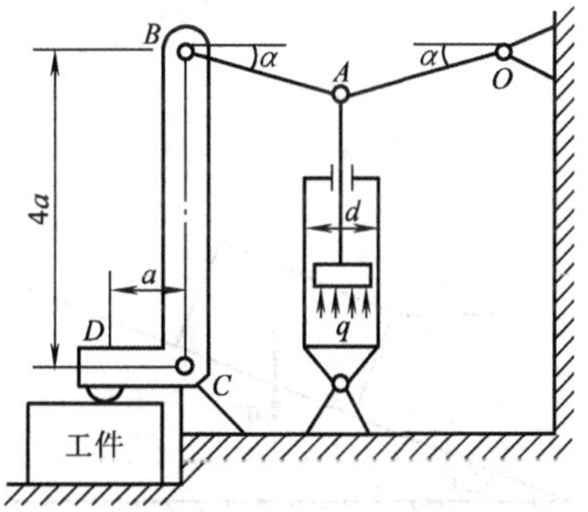

图 2-50　气动夹具

2-18　两个相同的匀质球的重力为 **W**，半径为 *r*，放在半径为 *R*、壁厚为 *a* 的两端开口的直圆筒内，如图 2-51a 所示。求圆筒不致翻倒所必需的最小的重力 *G*；又若圆筒有底，如图 2-51b 所示，那么不论圆筒多轻都不会翻倒，为什么？

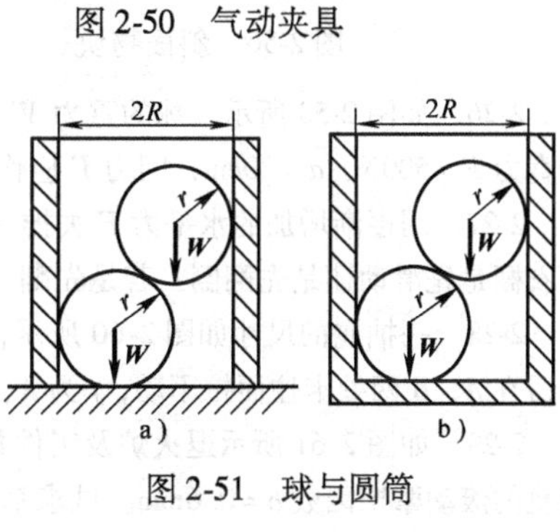

a)　　b)

图 2-51　球与圆筒

2-19　已知 $\alpha = 45°$，$F = 50\sqrt{2}\text{kN}$。试求图 2-52 所示桁架中杆 1、2、3 的内力。

2-20　试求习题 2-19 中杆 4、5 的内力。

2-21　如图 2-53 所示，重力 $W = 10\text{N}$ 的物块置于水平面上，其上作用有水平力 $F = 8\text{N}$，静摩擦因数 $f_s = 0.5$，动摩擦因数 $f' = 0.45$。判断物块处于何种状态？此时的摩擦力为多大？

2-22　两物块 A 和 B 重叠放在水平面上，如图 2-54 所示。已知物块 A 的重力 $W=500\mathrm{N}$，物块 B 的重力 $G=200\mathrm{N}$，物块 A 与 B 间的静摩擦因数 $f_1=0.25$，物块 B 与水平面间的静摩擦因数 $f_2=0.20$，求拉动物块 B 的最小水平拉力 $\boldsymbol{F}$ 的大小。

2-23　将习题 2-22 中的物块 A 以一水平绳拉住，如图 2-55 所示。除了习题 2-22 中已给的静摩擦因数外，还已知物块 A、B 之间的动摩擦因数 $f'_1=0.20$，物块 B 与水平面间的动摩擦因数 $f'_2=0.15$，水平力 $F=300\mathrm{N}$，问物块 B 是静是动？并求所有接触面间的摩擦力。

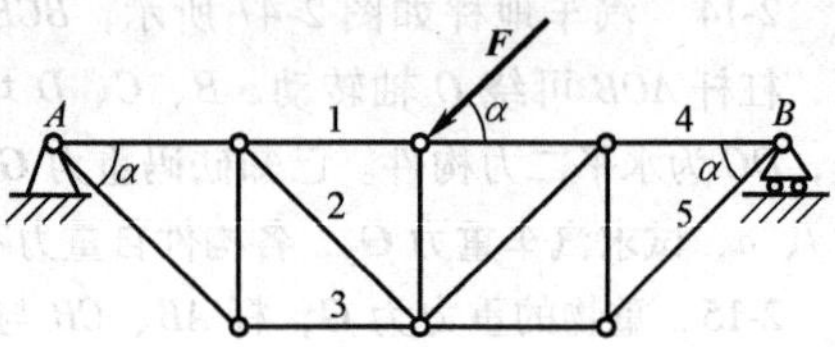

图 2-52　桁架

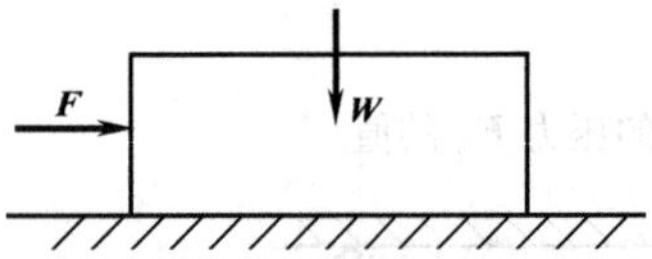

图 2-53　物块图

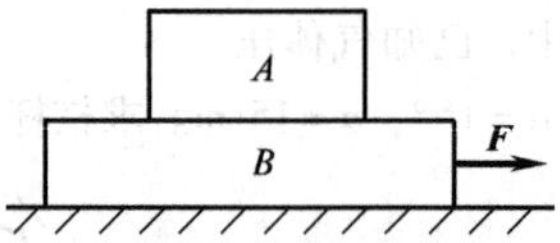

图 2-54　重叠物块

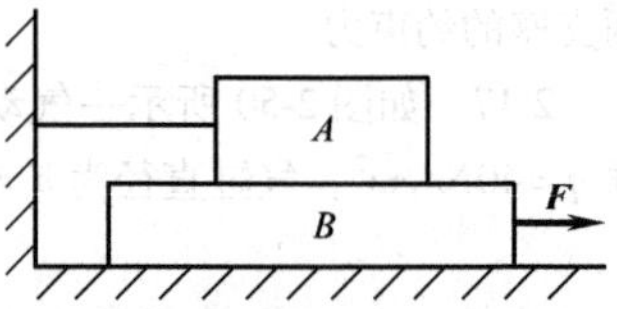

图 2-55　绳拉重叠物块

2-24　如图 2-56 所示斜面上的物块重力 $W=980\mathrm{N}$，物块与斜面间的静摩擦因数 $f=0.20$，动摩擦因数 $f'=0.17$。当水平主动力分别为 $F=500\mathrm{N}$ 和 $F=100\mathrm{N}$ 两种情况时，1）问物块是否滑动？2）求实际摩擦力的大小和方向。

2-25　如图 2-57 所示为起重机和制动块。已知被提升物体的重力 $G=2\mathrm{kN}$，滑轮半径 $r=10\mathrm{cm}$，鼓轮半径 $R=20\mathrm{cm}$。若滑轮与鼓轮是固结在一起的，问制动块与鼓轮间的静摩擦因数至少应为多少才能用制动块刹住绞车鼓轮（制动块对鼓轮的正压力 $F_N=1.5\mathrm{kN}$）？

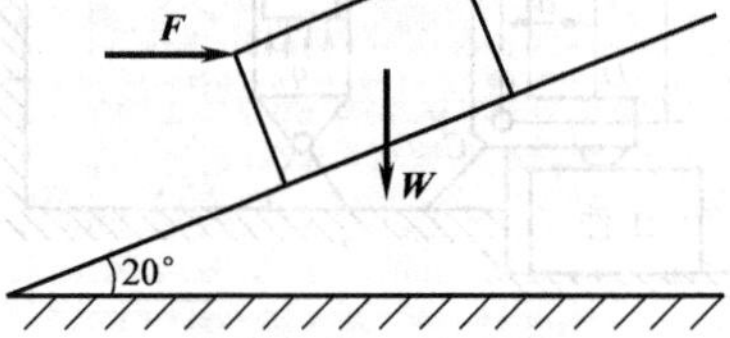

图 2-56　斜面物块

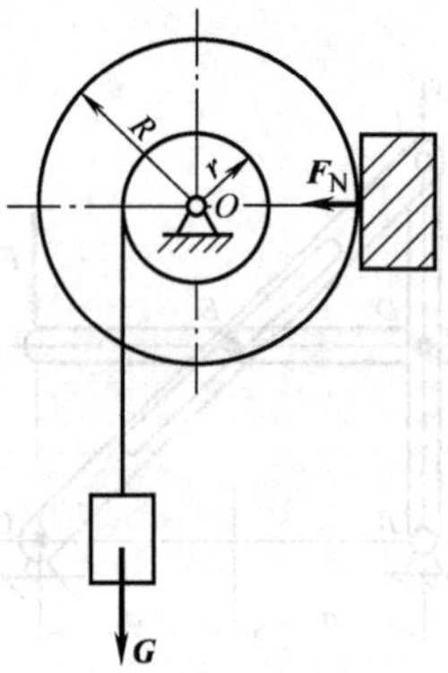

图 2-57　制动轮

2-26　如图 2-58 所示，球的重力 $W=400\mathrm{N}$，曲杆自重不计，所有接触面间的静摩擦因数为 $f=0.20$，铅直力 $F=500\mathrm{N}$，$a=20\mathrm{cm}$，问力 $\boldsymbol{F}$ 应作用在何处时，球才不致下落？

2-27　用逐渐增加的水平力 $\boldsymbol{F}$ 去推一重力 $W=500\mathrm{N}$ 的衣橱，如图 2-59 所示。已知 $h=1.3a$，$f_s=0.4$，问衣橱是先滑动还是先翻倒？若是先翻，则请调整 h 的值，使它只移不翻。

2-28　一抽屉的尺寸如图 2-60 所示，a、b 为已知，在水平面内，若拉力 $\boldsymbol{F}$ 偏离其中心线 x，使抽屉侧转后在 A、B 两处卡住而拉不动，f 为 A、B 两处的摩擦因数。试求不致被卡住的最大 x 值。

2-29　如图 2-61 所示退火炉及工件共重 100kN，置于一排滚轮上，滚轮 $d=300\mathrm{mm}$，已知滚轮与炉底、钢轨的滚动摩擦因数 $\delta=0.6\mathrm{mm}$。试求牵引退火炉炉身移动所需的力 $\boldsymbol{F}$ 之值。

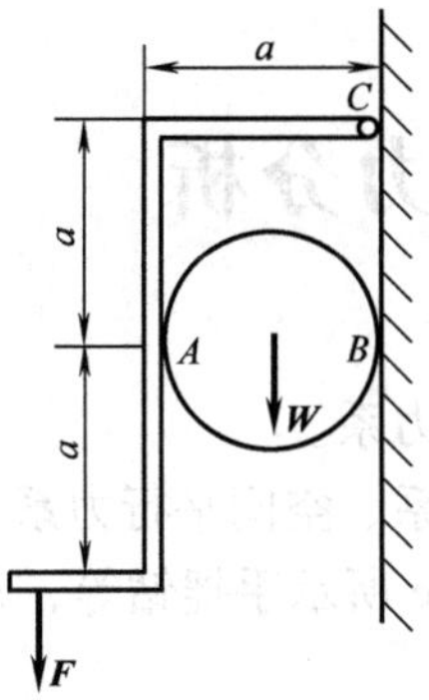

图 2-58　曲杆夹球

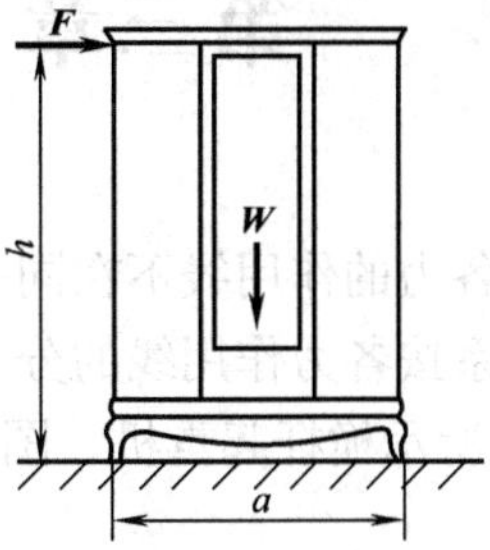

图 2-59　衣橱

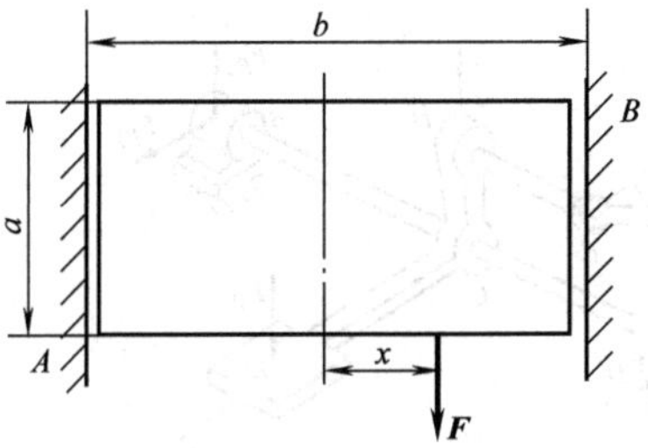

图 2-60　抽屉

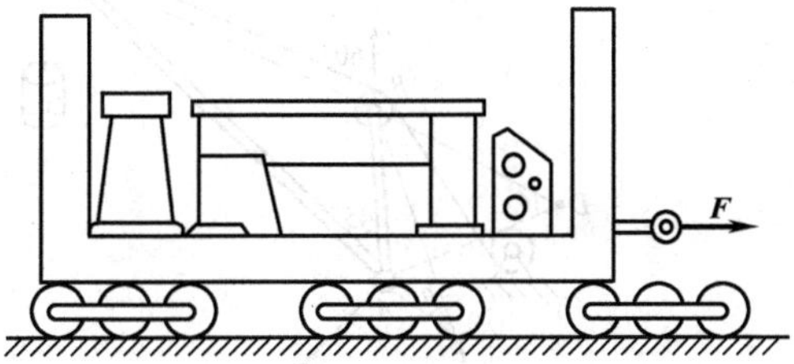

图 2-61　退火炉滚道

第三章　空间问题的受力分析

力系中各力的作用线不在同一平面内，该力系称为空间力系。

空间力系按各力作用线的分布情况，可分为空间汇交力系、空间平行力系与空间任意力系。图 3-1a 所示桅杆起重机、图 3-1b 所示脚踩杆以及图 3-1c 所示手摇钻等，都是空间力系的实例。

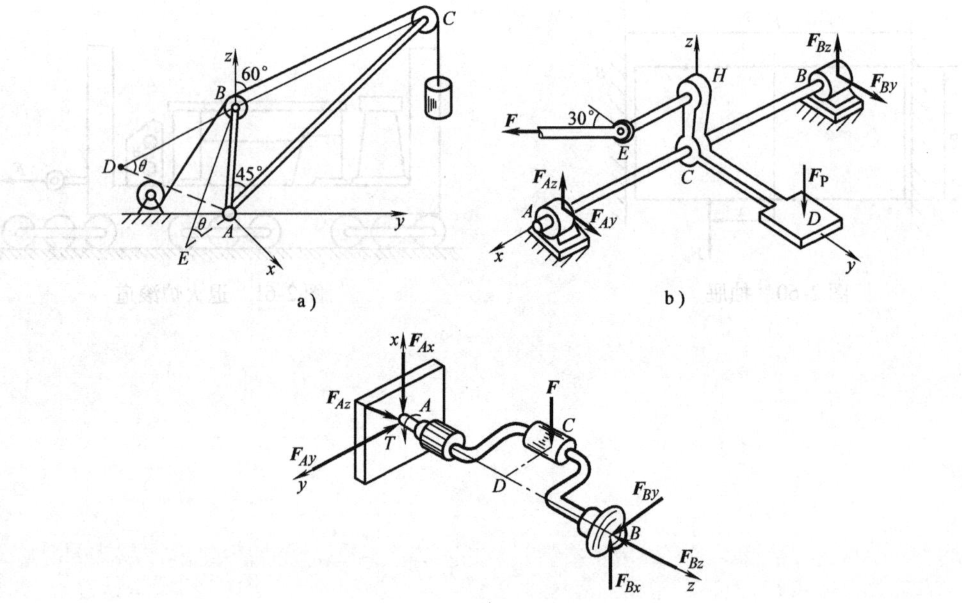

图 3-1　空间力系的实例

本章讨论力在空间直角坐标轴上的投影、力对轴之矩的概念与运算以及空间力系平衡问题的求解方法。

第一节　力在空间直角坐标轴上的投影

一、直接投影法

若力 $\boldsymbol{F}$ 与 x、y、z 轴的正向夹角 α、β、γ 中任两个为已知，则力 $\boldsymbol{F}$ 在空间的方位就已完全确定。由于图 3-2a 中，$\triangle OBA$、$\triangle OCA$、$\triangle ODA$ 均为直角三角形，所以力 $\boldsymbol{F}$ 可直接在三个坐标轴上投影，故有

$$F_x = F\cos\alpha;\quad F_y = F\cos\beta;\quad F_z = F\cos\gamma \tag{3-1}$$

二、二次投影法

若已知力 $\boldsymbol{F}$ 与 z 轴的夹角 γ、力 $\boldsymbol{F}$ 与 z 轴所组成的平面 $OA'AD$ 和 Oxy 坐标平面的夹角 φ

（见图3-2b），则力$\boldsymbol{F}$在x、y、z三轴的投影计算可分两步进行，即①先将力$\boldsymbol{F}$投影到z轴和Oxy坐标平面上，以$\boldsymbol{F}_z$和$\boldsymbol{F}_{xy}$表示；②然后再将$\boldsymbol{F}_{xy}$投影到x、y轴上，最后求出力$\boldsymbol{F}$在x、y两坐标轴上的投影。其方程为

$$F\Rightarrow\begin{cases}F_z = F\cos\gamma \\ F_{xy} = F\sin\gamma\Rightarrow\begin{cases}F_x = F_{xy}\cos\varphi = F\sin\gamma\cos\varphi \\ F_y = F_{xy}\sin\varphi = F\sin\gamma\sin\varphi\end{cases}\end{cases} \tag{3-2}$$

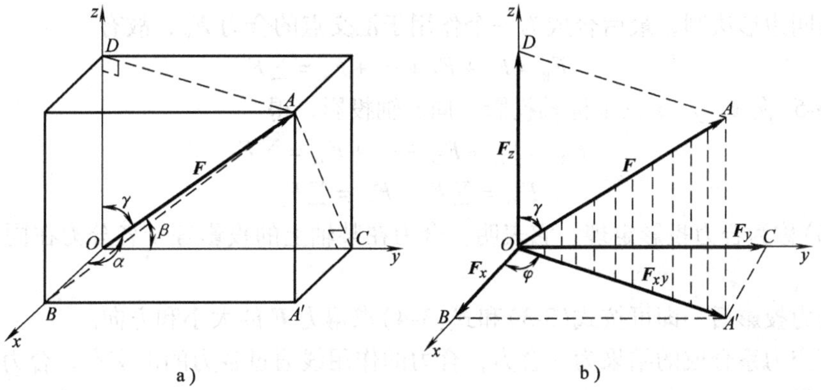

图3-2 空间力的表示

反之，如果力$\boldsymbol{F}$在x、y、z三轴的投影分别为$\boldsymbol{F}_x$、$\boldsymbol{F}_y$、$\boldsymbol{F}_z$，也可以求出力$\boldsymbol{F}$的大小和方向。其形式为

$$F = \sqrt{F_{xy}^2 + F_z^2} = \sqrt{F_x^2 + F_y^2 + F_z^2} \tag{3-3}$$

$$\cos\alpha = \frac{F_x}{F},\ \cos\beta = \frac{F_y}{F},\ \cos\gamma = \frac{F_z}{F} \tag{3-4}$$

例3-1 已知圆柱斜齿轮所受的齿合力$F_n = 1410\text{N}$，齿轮压力角$\alpha = 20°$，螺旋角$\beta = 25°$（见图3-3）。试计算斜齿轮所受的圆周力$\boldsymbol{F}_t$、轴向力$\boldsymbol{F}_n$和径向力$\boldsymbol{F}_r$。

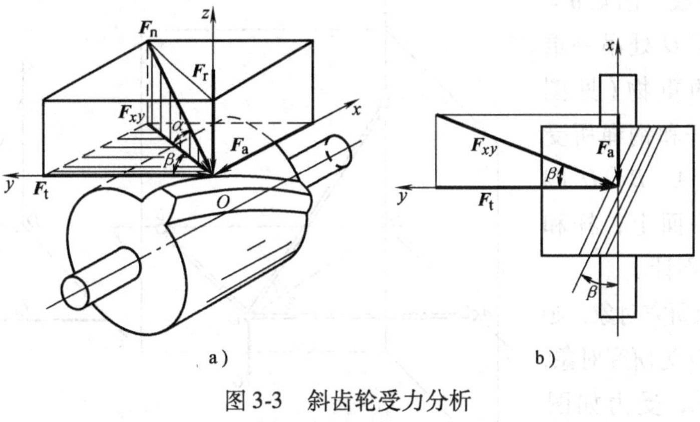

图3-3 斜齿轮受力分析

解 取坐标系如图3-3所示，使x、y、z分别沿齿轮的轴向、圆周的切线方向和径向。先把齿合力$\boldsymbol{F}_n$向z轴和Oxy坐标平面投影，得

$$F_z = -F_r = -F_n\sin\alpha = -1410\sin20°\text{N} = -482\text{N}$$

$\boldsymbol{F}_n$ 在 Oxy 平面上的分力 $\boldsymbol{F}_{xy}$，其大小为

$$F_{xy}=F_n\cos\alpha=1410\cos20°\mathrm{N}=1325\mathrm{N}$$

然后再把 F_{xy} 投影到轴 x、y，得

$$F_x=F_a=-F_{xy}\sin\beta=-F_n\cos\alpha\sin\beta=-1410\cos20°\sin25°\mathrm{N}=-560\mathrm{N}$$

$$F_y=F_t=-F_{xy}\cos\beta=-F_n\cos\alpha\cos\beta=-1410\cos20°\cos25°\mathrm{N}=-1201\mathrm{N}$$

三、空间汇交力系的合成

设在某一物体的点作用一空间汇交力系 $\boldsymbol{F}_1,\boldsymbol{F}_2,\cdots,\boldsymbol{F}_n$，其中任意二力总是共面，则可连续应用平行四边形法则，最后合成为一个作用于汇交点的合力 $\boldsymbol{F}_R$，故有

$$\boldsymbol{F}_R=\boldsymbol{F}_1+\boldsymbol{F}_2+\cdots+\boldsymbol{F}_n=\sum\boldsymbol{F} \tag{3-5}$$

将式(3-5)向 x、y、z 三坐标轴投影。向 x 轴投影，得

$$F_{Rx}=F_{1x}+F_{2x}+\cdots+F_{nx}=\sum F_x$$

同理可得

$$F_{Ry}=\sum F_y\quad F_{Rz}=\sum F_z \tag{3-6}$$

式(3-6)称为合力投影定理。它表明，合力在某轴上的投影等于各分力在同一轴上投影的代数和。

求出合力投影后，即可按式(3-3)和式(3-4)求得力 $\boldsymbol{F}$ 的大小和方向。

空间汇交力系合成的结果为一合力，合力的作用线通过各力的汇交点，合力矢量为各分力矢量的矢量和。

四、空间汇交力系的平衡条件及平衡方程式

因为空间汇交力系可以合成为一个合力，所以空间汇交力系平衡的必要和充分条件为力系的合力等于零，即

$$\boldsymbol{F}_R=\sum\boldsymbol{F}=0 \tag{3-7}$$

式(3-7)向 x、y、z 轴投影可得

$$\sum F_x=0\quad\sum F_y=0\quad\sum F_z=0 \tag{3-8}$$

式(3-8)为空间汇交力系的平衡方程式。

例 3-2 有一空间支架固定在相互垂直的墙上。支架由垂直于两墙的铰接二力杆 OA、OB 和钢绳 OC 组成。已知 $\theta=30°$，$\varphi=60°$，点 O 处吊一重力 $G=1.2\mathrm{kN}$ 的重物（见图 3-4a）。试求两杆和钢绳所受的力。图中 O、A、B、D 四点都在同一水平面上，杆和绳的重力均略去不计。

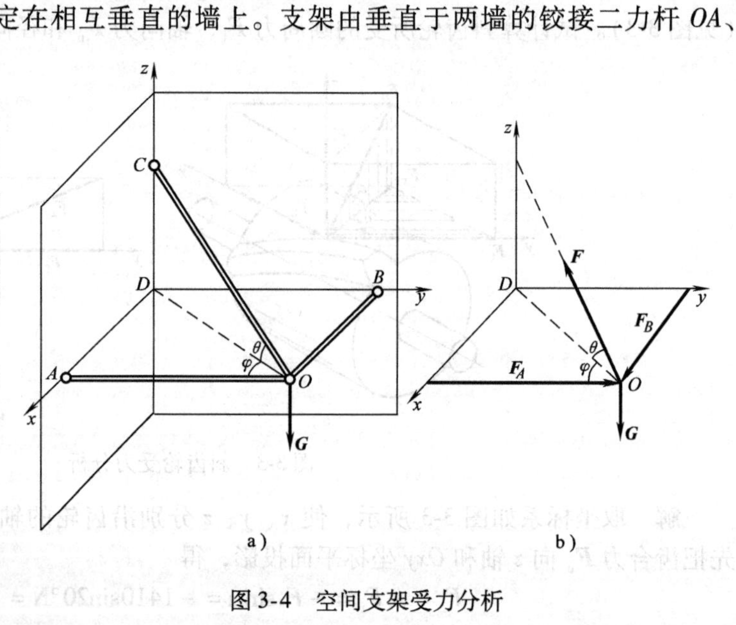

图 3-4 空间支架受力分析

解 1）选取研究对象，画受力图。取铰链 O 为研究对象，设坐标系为 $Dxyz$，受力如图 3-4b 所示。

2）列力系的平衡方程式，求未知量，即

$$\sum F_x = 0 \quad F_B - F\cos\theta\sin\varphi = 0$$
$$\sum F_y = 0 \quad F_A - F\cos\theta\cos\varphi = 0$$
$$\sum F_z = 0 \quad F\sin\theta - G = 0$$

解上述方程得

$$F = \frac{G}{\sin\theta} = \frac{1.2}{\sin30°\text{kN}} = 2.4\text{kN}$$
$$F_A = F\cos\theta\cos\varphi = 2.4\cos30°\cos60°\text{kN} = 1.04\text{kN}$$
$$F_B = F\cos\theta\sin\varphi = 2.4\cos30°\sin60°\text{kN} = 1.8\text{kN}$$

第二节　力对轴之矩

一、力对轴之矩的概念

在工程中，常遇到刚体绕定轴转动的情形。为了度量力对转动刚体的作用效应，必须引入力对轴之矩的概念。

现以关门动作为例，图 3-5a 中门的一边有固定轴 z，在 A 点作用一力 $\boldsymbol{F}$。为度量此力对刚体的转动效应，可将力 $\boldsymbol{F}$ 分解为两个互相垂直的分力：一个是与转轴平行的分力 $F_z = F\sin\beta$；另一个是在与转轴 z 垂直平面上的分力 $F_{xy} = F\cos\beta$。由经验可知，$\boldsymbol{F}_z$ 不能使门绕 z 轴转动，只有分力 $\boldsymbol{F}_{xy}$ 才对门有绕 z 轴的转动作用。

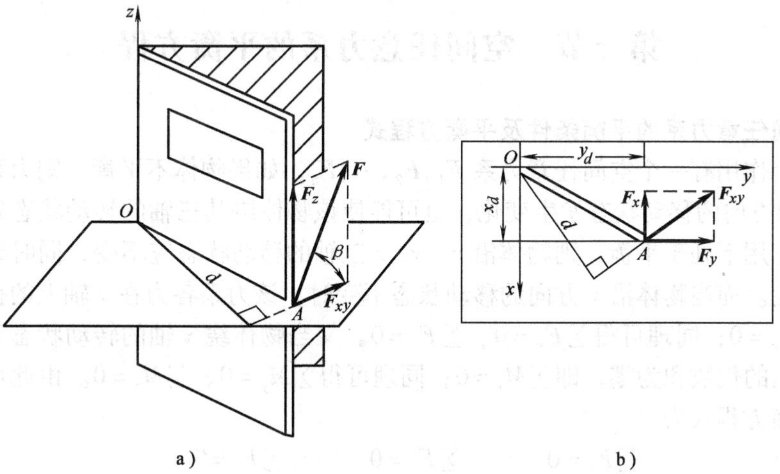

图 3-5　力对轴之矩

如以 d 表示 z 轴与 xy 平面的交点 O 到 $\boldsymbol{F}_{xy}$ 作用线的垂直距离，则 $\boldsymbol{F}_{xy}$ 对 O 点之矩，就可以用来度量 $\boldsymbol{F}$ 对门绕 z 轴的转动作用，故可记作

$$M_z(\boldsymbol{F}) = M_O(\boldsymbol{F}_{xy}) = \pm F_{xy}d \tag{3-9}$$

力对轴之矩是代数量，其值等于此力在垂直该轴平面上的投影对该轴与此平面的交点之矩。力矩的正负代表其转动作用的方向。当从轴正向看，逆时针方向转动为正，顺时针方向转动为负。当力的作用线与转轴平行时，或者与转轴相交时，即当力与转轴共面时，力对该轴之矩等于零。力对轴之矩的单位为 N · m。

二、合力矩定理

设有一空间力系 $\boldsymbol{F}_1,\boldsymbol{F}_2,\cdots,\boldsymbol{F}_n$，其合力为 $\boldsymbol{F}_R$，则可证明合力对某轴之矩等于各分力对同轴力矩的代数和，故写成

$$M_z(\boldsymbol{F}_R)=\sum M_z(\boldsymbol{F}) \qquad (3\text{-}10)$$

式(3-10)常被用来计算空间力对轴之矩。

例 3-3 计算图3-6所示手摇曲柄上力 $\boldsymbol{F}$ 对过点 A 的 x、y、z 轴之矩。已知 $F=100\text{N}$，且力 $\boldsymbol{F}$ 平行于 Axz 平面，$\alpha=60°$，$AB=20\text{cm}$，$BC=40\text{cm}$，$CD=15\text{cm}$，A、B、C、D 处于同一水平面上。

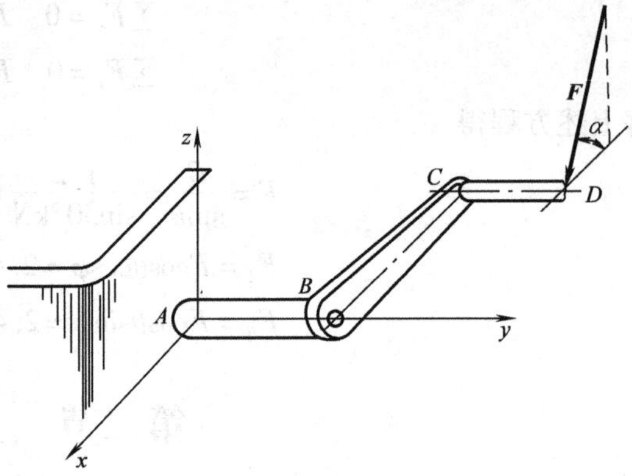

图3-6 手摇曲柄

解 力 $\boldsymbol{F}$ 为平行于 Axz 平面的平面力，在 x 和 z 轴上有投影，其值为

$$F_x=F\cos\alpha,\ F_y=0,\ F_z=-F\sin\alpha$$

力 $\boldsymbol{F}$ 对 x、y、z 轴之矩为

$$M_x(\boldsymbol{F})=-F_z(AB+CD)=-100\sin60°\times35\text{N}\cdot\text{cm}=-3031\text{N}\cdot\text{cm}$$

$$M_y(\boldsymbol{F})=-F_zBC=-100\sin60°\times40\text{N}\cdot\text{cm}=-3464\text{N}\cdot\text{cm}$$

$$M_z(\boldsymbol{F})=-F_x(AB+CD)=-100\cos60°\times35\text{N}\cdot\text{cm}=-1750\text{N}\cdot\text{cm}$$

第三节 空间任意力系的平衡方程

一、空间任意力系的平衡条件及平衡方程式

某物体上作用有一个空间任意力系 $\boldsymbol{F}_1,\boldsymbol{F}_2,\cdots,\boldsymbol{F}_n$，如果物体不平衡，则力系可能使物体沿 x、y、z 轴方向的移动状态发生变化，也可能使该物体绕其三轴的转动状态发生变化；若物体在力系作用下处于平衡，则物体沿 x、y、z 三轴的移动状态应不变，同时绕该三轴的转动状态也不变。而当物体沿 x 方向的移动状态不变时，该力系各力在 x 轴上的投影的代数和为零，即 $\sum F_x=0$；同理可得 $\sum F_y=0$、$\sum F_z=0$。又当物体绕 x 轴的转动状态不变时，该力系对 x 轴力矩的代数和为零，即 $\sum M_x=0$；同理可得 $\sum M_y=0$、$\sum M_z=0$。由此可见，空间任意力系的平衡方程式为

$$\begin{matrix}\sum F_x=0 & \sum F_y=0 & \sum F_z=0\\ \sum M_x(\boldsymbol{F})=0 & \sum M_y(\boldsymbol{F})=0 & \sum M_z(\boldsymbol{F})=0\end{matrix} \qquad (3\text{-}11)$$

式(3-11)表达了空间任意力系平衡的必要和充分条件为：各力在三个坐标轴上投影的代数和以及各力对三个坐标轴之矩的代数和都必须同时为零。

利用该六个独立平衡方程式，可以求解六个未知量。

二、空间平行力系的平衡方程式

设某一物体受一空间平行力系作用而平衡，令 z 轴与该力系的各力平行，则有 $\sum F_x\equiv0$、$\sum F_y\equiv0$ 和 $\sum M_z\equiv0$。因此，空间平行力系只有三个平衡方程式，即

$$\sum F_z=0 \quad \sum M_y(\boldsymbol{F})=0 \quad \sum M_x(\boldsymbol{F})=0 \qquad (3\text{-}12)$$

因为只有三个独立的平衡方程式，故它只能解三个未知量。

例 3-4 三轮推车如图 3-7 所示。若已知 $AH=BH=0.5\text{m}$，$CH=1.5\text{m}$，$EH=0.3\text{m}$，$ED=0.5\text{m}$，载荷 $G=1.5\text{kN}$，试求 A、B、C 三轮所受到的压力。

解 1）取小车为研究对象，并作其分离体受力图，如图 3-7b 所示。车板受已知载荷 $\boldsymbol{G}$ 及未知的 A、B、C 三轮的约束力 $\boldsymbol{F}_A$、$\boldsymbol{F}_B$ 和 $\boldsymbol{F}_C$ 作用。这些力的作用线相互平行，构成一空间平行力系。

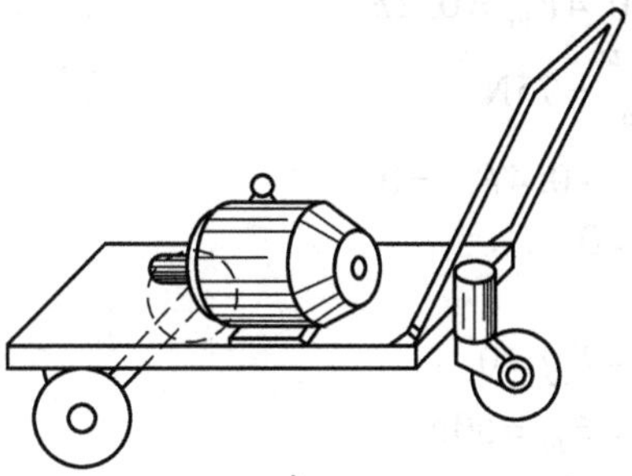

a）

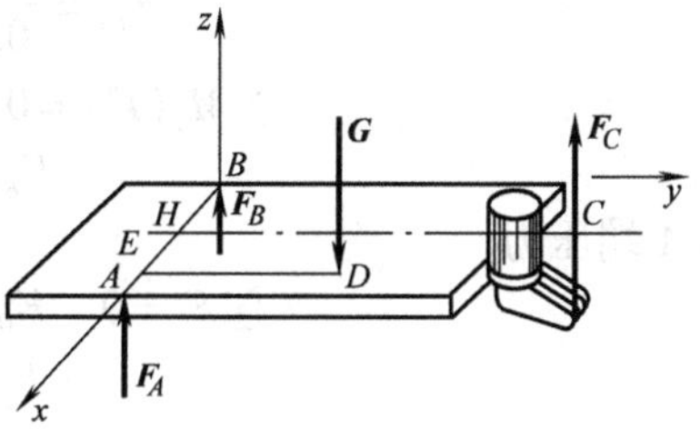

b）

图 3-7 三轮推车

2）按力作用线的方向和几何位置，取 z 轴为纵坐标，平板为 xy 平面，B 为坐标原点，BA 为 x 轴。

3）列力系的平衡方程式求解，即

$$\sum M_x(\boldsymbol{F})=0 \quad F_C HC-GDE=0$$

$$F_C=\frac{GDE}{HC}=\frac{1.5\times 0.5}{1.5}\text{kN}=0.5\text{kN}$$

$$\sum M_y(\boldsymbol{F})=0 \quad GEB-F_C HB-F_A AB=0$$

$$F_A=\frac{GEB-F_C HB}{AB}$$

$$=\frac{1.5\times 0.8-0.5\times 0.5}{1\text{kN}}=0.95\text{kN}$$

$$\sum F_z=0 \quad F_A+F_B+F_C-G=0$$

$$F_B=G-F_C-F_A=(1.5-0.95-0.5)\text{kN}=0.05\text{kN}$$

若重物放置过偏，致使 $\boldsymbol{F}_B$ 为负值，则小车将会翻倒。

例 3-5 图 3-8 所示手摇钻由支点 B、钻头 A 和一个弯曲的手柄组成。当支点 B 处加压力 $\boldsymbol{F}_{Bx}$、$\boldsymbol{F}_{By}$、$\boldsymbol{F}_{Bz}$ 和手柄上加力 $\boldsymbol{F}$ 后，即可带动钻头绕 AB 转动而钻孔。已知 $\boldsymbol{F}_{Bz}=50\text{N}$，$\boldsymbol{F}=150\text{N}$，尺寸如图 3-8 所示。求：1）钻头受到的阻抗力偶矩 M；2）材料给钻头的反力 $\boldsymbol{F}_{Ax}$、$\boldsymbol{F}_{Ay}$、$\boldsymbol{F}_{Az}$；3）压力 $\boldsymbol{F}_{Bx}$、$\boldsymbol{F}_{By}$ 的值。

解 手摇钻受力情况属于空间任意力系。

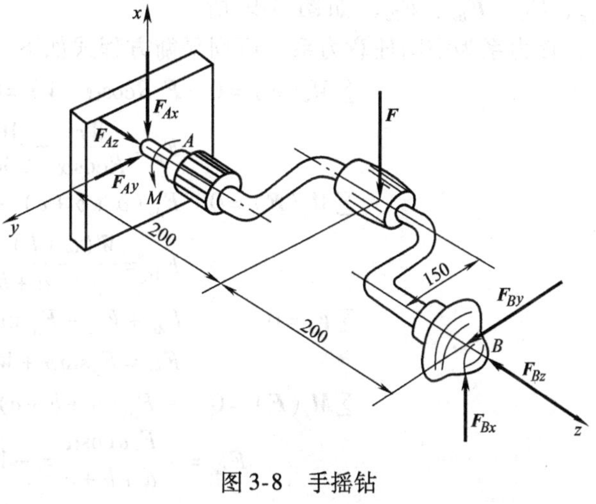

图 3-8 手摇钻

1）求钻头的阻抗力偶矩 M

$$\sum M_z(\boldsymbol{F})=0 \quad M-0.15F=0$$

$$M=0.15F=22.5\mathrm{N\cdot m}$$

2）计算 B 端压力

$$\sum M_y(\boldsymbol{F})=0 \quad 0.4F_{Bx}=0.2F$$

$$F_{Bx}=\frac{0.2F}{0.4}=75\mathrm{N}$$

$$\sum M_x(\boldsymbol{F})=0 \quad -0.4F_{By}=0$$

$$F_{By}=0$$

3）计算 A 端压力

$$\sum F_z=0 \quad F_{Bz}-F_{Az}=0$$

$$F_{Az}=F_{Bz}=50\mathrm{N}$$

$$\sum F_y=0 \quad F_{By}-F_{Ay}=0$$

$$F_{Ay}=F_{By}=0$$

$$\sum F_x=0 \quad F_{Bx}-F_{Ax}-F=0$$

$$F_{Ax}=F_{Bx}-F=-75\mathrm{N}$$

例 3-6 有一起重绞车的鼓轮轴如图 3-9 所示。已知 $W=10\mathrm{kN}$，$b=c=30\mathrm{cm}$，$a=20\mathrm{cm}$，大齿轮半径 $R=20\mathrm{cm}$，在最高处 E 点受 $\boldsymbol{F}_\mathrm{n}$ 的作用，$\boldsymbol{F}_\mathrm{n}$ 与齿轮分度圆切线的夹角为 $\alpha=20°$，鼓轮半径 $r=10\mathrm{cm}$，A、B 两端为深沟球轴承。试求齿轮作用力 $\boldsymbol{F}_\mathrm{n}$ 以及 AB 两轴承受的压力。

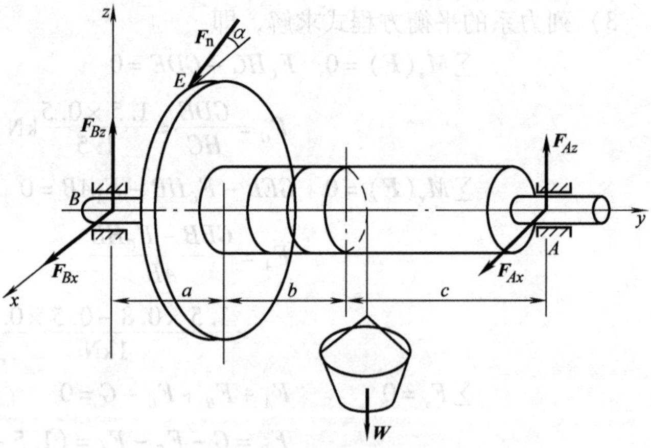

图 3-9 起重绞车的鼓轮轴

解 取鼓轮轴为研究对象，其上作用有齿轮作用力 $\boldsymbol{F}_\mathrm{n}$、起重物重力 $\boldsymbol{W}$ 和轴承 A、B 处的约束力 $\boldsymbol{F}_{Ax}$、$\boldsymbol{F}_{Az}$、$\boldsymbol{F}_{Bx}$、$\boldsymbol{F}_{Bz}$，如图 3-9 所示。该力系为空间任意力系，可列平衡方程式如下

$$\sum M_y(\boldsymbol{F})=0 \quad F_\mathrm{n}R\cos\alpha-Wr=0$$

$$F_\mathrm{n}=\frac{Wr}{R\cos\alpha}=\frac{10\times10}{20\cos20°}\mathrm{kN}=5.32\mathrm{kN}$$

$$\sum M_x(\boldsymbol{F})=0 \quad F_{Ax}(a+b+c)-W(a+b)-F_\mathrm{n}a\sin\alpha=0$$

$$F_{Ax}=\frac{W(a+b)+F_\mathrm{n}a\sin\alpha}{a+b+c}=6.7\mathrm{kN}$$

$$\sum F_z=0 \quad F_{Az}+F_{Bz}-F_\mathrm{n}\sin\alpha-W=0$$

$$F_{Bz}=F_\mathrm{n}\sin\alpha+W-F_{Az}=5.12\mathrm{kN}$$

$$\sum M_z(\boldsymbol{F})=0 \quad -F_{Ax}(a+b+c)-F_\mathrm{n}a\cos\alpha=0$$

$$F_{Ax}=-\frac{F_\mathrm{n}a\cos\alpha}{a+b+c}=-1.25\mathrm{kN}$$

$$\sum F_x = 0 \qquad F_{Ax} + F_{Bx} + F_n\cos\alpha = 0$$

$$F_{Bx} = -F_{Ax} - F_n\cos\alpha = -3.75\text{kN}$$

机械工程中，尤其是对轮轴类零件进行受力分析时，常将空间受力图投影到三个坐标平面上，得到三个平面力系，分别列出它们的平衡方程，同样可解出所有的未知量。这种方法称为空间力系的平面解法。

例 3-7 用空间力系的平面解法解例 3-6。

解 1）取鼓轮轴为研究对象，并画出它在三个坐标平面上的受力投影图，如图 3-10 所示。一个空间力系的问题就转化为三个平面力系问题。本题投影到 *xz* 面的力系为平面任意力系，在 *yz* 与 *xy* 面的投影则为平面平行力系。

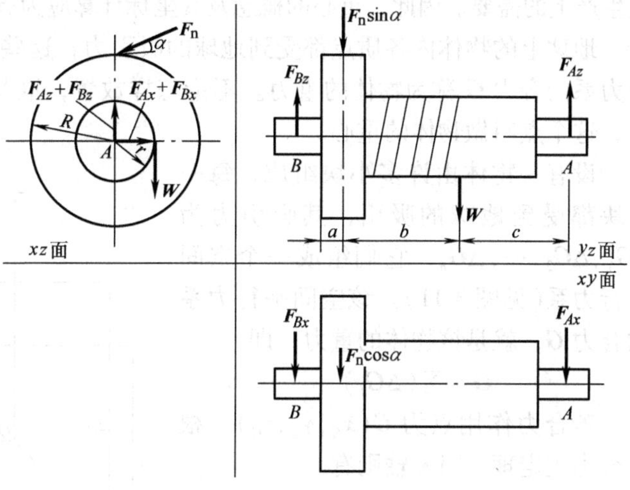

图 3-10 鼓轮受力投影

2）按平面力系的解题方法，逐个审议三个受力投影图，发现本题应从 *xz* 面先解。

xz 面：
$$\sum M_A(\boldsymbol{F}) = 0$$

$$F_nR\cos\alpha - Wr = 0$$

$$F_n = \frac{Wr}{R\cos\alpha} = 5.32\text{kN}$$

yz 面：
$$\sum M_B(\boldsymbol{F}) = 0 \qquad F_{Az}(a+b+c) - W(a+b) - F_na\sin\alpha = 0$$

$$F_{Az} = \frac{W(a+b) + F_na\sin\alpha}{a+b+c} = 6.7\text{kN}$$

$$\sum F_z = 0 \qquad F_{Az} + F_{Bz} - F_n\sin\alpha - W = 0$$

$$F_{Bz} = F_n\sin\alpha + W - F_{Az} = 5.12\text{kN}$$

xy 面：
$$\sum M_B(\boldsymbol{F}) = 0 \qquad F_{Ax}(a+b+c) + F_na\cos\alpha = 0$$

$$F_{Ax} = -\frac{F_na\cos\alpha}{a+b+c} = -1.25\text{kN}$$

$$\sum F_x = 0 \qquad F_{Ax} + F_{Bx} + F_n\cos\alpha = 0$$

$$F_{Bx} = -F_{Ax} - F_n\cos\alpha = -3.75\text{kN}$$

本方法提供了一个用解平面力系问题的方法去解决空间力系问题的途径。在实际解题时，也可作出三个受力投影图中的一个或两个与空间受力图结合起来使用，以使空间力系问题得到简化。

第四节 重心与形心

一、重心的概念及重心坐标

在日常生活与工程实际中都会遇到重心问题。例如，当我们用两轮手推车推重物时，只有重物的重心正好与车轮轴线在同一铅垂面内时，才能比较省力。起重机吊起重物时，吊钩必须位于被吊物体重心的上方，才能在起吊过程中保持物体的平衡稳定。机械设备中高速旋转的构件，如电动机转子、砂轮、飞轮等，都要求其重心位于转动轴线上，否则就会使机器产生剧烈振动，甚至引起破坏，造成事故。因此，重心与平衡稳定、安全生产有着密切的关系。另一方面，有时也利用重心的偏移形成振源来制造振动打夯机、混凝土捣实机等，从而满足生产上的需要。因此，重心的概念及其坐标计算应为有关工程技术人员所必备的知识之一。

地球上的物体内各质点都受到地球的吸引力，这些力可近似地看成一个空间平行力系。该力系的合力 $\boldsymbol{G}$ 称为物体的重力。不论怎样放置，这些平行力的合力作用点总是一个确定点，这个点叫做物体的重心。

设有一物体由许多小块组成，每一小块都受到地球的吸引，其吸引力为 $\Delta\boldsymbol{G}_1,\Delta\boldsymbol{G}_2,\cdots,\Delta\boldsymbol{G}_n$，它们组成一个空间平行力系(见图 3-11)。该空间平行力系的合力 $\boldsymbol{G}$，就是该物体的重力，即

$$\boldsymbol{G}=\sum(\Delta\boldsymbol{G}_k)$$

若合力作用点为 $C(x_C,y_C,z_C)$，根据合力矩定理，对 x 轴则有

$$Gx_C=\sum(\Delta G_k)x_k$$

所以
$$x_C=\frac{\sum(\Delta G_k)x_k}{G}$$

同理，对 y 轴则有

$$y_C=\frac{\sum(\Delta G_k)y_k}{G}$$

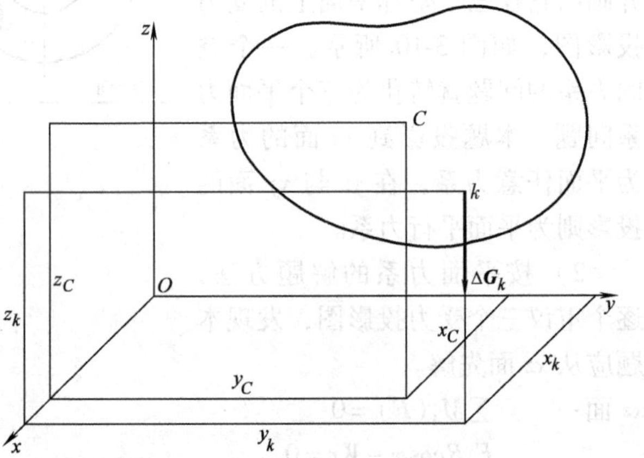

图 3-11 空间平行力系的中心坐标

若将物体连同坐标系绕 x 轴逆时针方向转过 90°，再对 x 轴应用合力矩定理，则可得

$$z_C=\frac{\sum(\Delta G_k)z_k}{G} \tag{3-13}$$

点 C 为重力作用点，就是物体的重心。式(3-13)即为重心的坐标公式。

若物体为均质体，密度为 ρ，体积为 V，则 $G=\rho gV$，$\Delta G_k=\rho g\Delta V_k$，代入式(3-13)，并消去 ρg，可得

$$x_C=\frac{\sum(\Delta V_k)x_k}{V}\quad y_C=\frac{\sum(\Delta V_k)y_k}{V}\quad z_C=\frac{\sum(\Delta V_k)z_k}{V} \tag{3-14}$$

可见，均质物体的重心位置完全取决于物体的形状。于是，均质物体的重心也就改称为形心。

如果物体不仅是均质的，而且是等厚平板，消去式(3-14)中的板厚，则其形心坐标为

$$x_C=\frac{\sum(\Delta A_k)x_k}{A}\quad y_C=\frac{\sum(\Delta A_k)y_k}{A}\quad z_C=\frac{\sum(\Delta A_k)z_k}{A} \tag{3-15}$$

式(3-15)也可写成 $\sum(\Delta A_k)y_k=Ay_C$ 的形式，称为图形对 x 轴的静矩。式(3-15)表明，图形对某轴的静矩等于该图形的各部分对此轴静矩的代数和；还可知，若 x 轴通过图形的形心，即 $y_C=0$，则该图形对 x 轴的静矩为零。相反，若图形对 x 轴的静矩为零，则必有 $y_C=$

0，即 x 轴通过图形的形心。由此可得出结论：

1）若某轴通过图形的形心，则图形对该轴的静矩必为零。

2）若图形对某轴的静矩为零，则该轴必通过图形的形心。

二、重心及形心位置的求法

1. 对称法(图解法)

对于均质物体，若在几何形体上具有对称面、对称轴或对称点，则物体的重心或形心亦必在此对称面、对称轴或对称点上。

例如，球心是圆球的对称点，也就是它的重心或形心；矩形的形心就在它的两个对称轴的交点上。

运用此法时，应善于在不对称的图形上找到对称的因素。例如，对任意△*ABD*，可将图形分隔成无数平行于底边 *AB* 的直线，每一条直线的形心在其对称点——中点上，这些中点连起来形成一条形心迹线 *DE*；若以 *BD* 为底边，则又可找到另一条形心迹线 *AH*；依对称律，△*ABD* 的形心必在 *DE* 与 *AH* 的交点 *C* 上，如图 3-12a 所示。

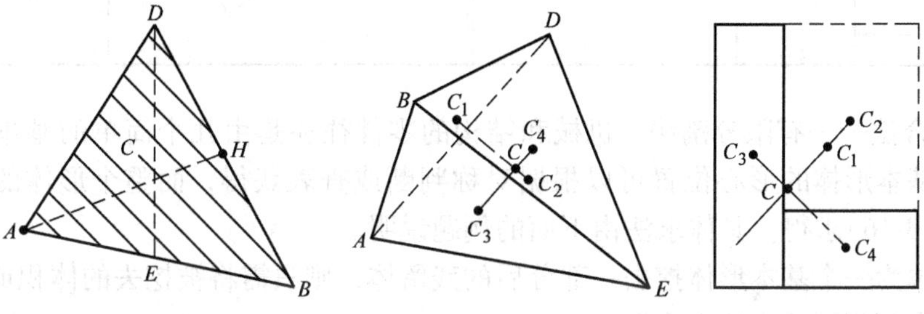

图 3-12　平面图形的形心

又如，对任意四边形 *ABDE*(见图 3-12b)，第一次将其分成了△*ABD* 和△*ADE*，分别找出形心 C_1 和 C_2，连接 C_1C_2 得到一条迹线；第二次将其分成△*ABE* 和△*ADE*，分别找出形心 C_3 和 C_4，连接 C_3C_4 又得到一条迹线，两条迹线的交点 *C* 即为四边形 *ABDE* 的形心。

对有些图形进行划分时，还可采用负面积法。如图 3-12c 所示角钢的横截面，第一次将它划成以 C_3 和 C_4 两个形心为代表的矩形面积之和；第二次将它划成整个矩形 C_1 和虚线矩形 C_2 之差；连接 C_1C_2 迹线和 C_3C_4 迹线相交于 *C* 点，*C* 点即为角钢截面的形心。

2. 分割法

(1) 积分法——无限分割法　在求基本规则形体的形心时，可将形体分割成无限多块微小的形体。在此极限情况下，式(3-13)、式(3-14)和式(3-15)均可写成积分形式。

重心公式为

$$x_C = \frac{\int_C x\mathrm{d}G}{G} \quad y_C = \frac{\int_C y\mathrm{d}G}{G} \quad z_C = \frac{\int_C z\mathrm{d}G}{G} \tag{3-16}$$

体积、面积等形心公式可依此类推。其中，d*V*、d*A* 分别称为体元、面元。此法称为积分法，是计算物体重心及形心的基本方法。

在《机械设计手册》中，可查得用此法求出的常用基本几何形体的形心位置，表 3-1 列出了其中最常用的一小部分。

表 3-1　基本形体的形心位置表

图　　形	形 心 位 置	图　　形	形 心 位 置
三角形 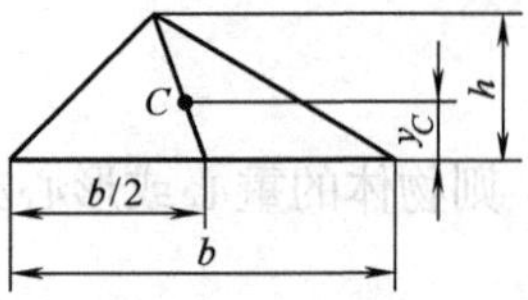	$y_C=\dfrac{h}{3}$ $A=\dfrac{1}{2}bh$	抛物线 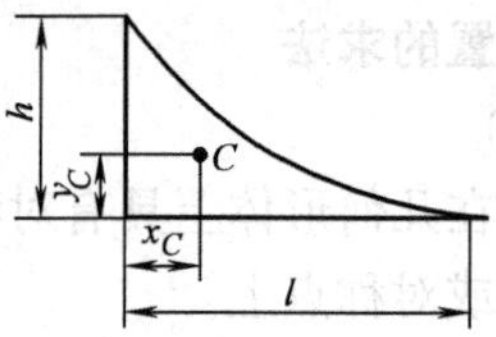	$x_C=\dfrac{1}{4}l$ $y_C=\dfrac{3}{10}h$ $A=\dfrac{1}{3}hl$
梯形 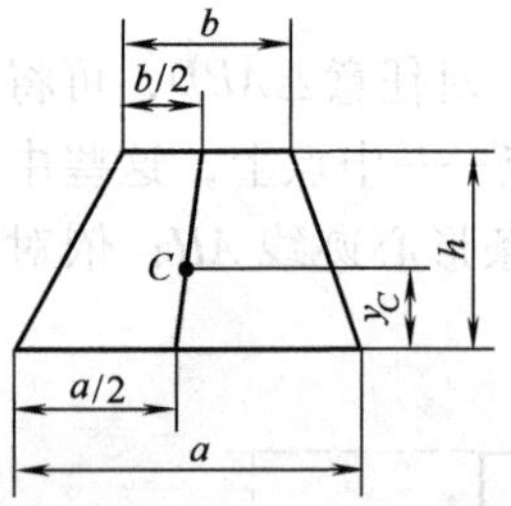	$y_C=\dfrac{h(a+2b)}{3(a+b)}$ $A=\dfrac{h}{2}(a+b)$	扇形 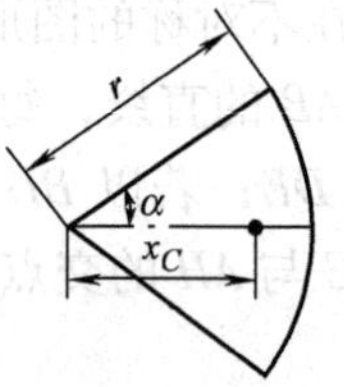	$x_C=\dfrac{2r\sin\alpha}{3\alpha}$ $A=\alpha r^2$ 半圆的 $\alpha=\dfrac{\pi}{2}$ $x_C=\dfrac{4r}{3\pi}$

（2）组合法——有限分割法　机械和结构的零件往往是由几个简单的基本形体组合而成的，每个基本形体的形心位置可以根据对称判断或查表获得，而整个形体的形心可用式(3-15)和式(3-16)求得。具体求法由下面的例题说明。

若某物体为一个基本形体挖去一部分后的残留体，则只需将被挖去的体积或面积看成负值，仍然可应用相同的方法求出形心。

例 3-8　试求打桩机中偏心块(见图 3-13)的形心。已知$R=10\text{cm}$，$r_2=3\text{cm}$，$r_3=1.7\text{cm}$。

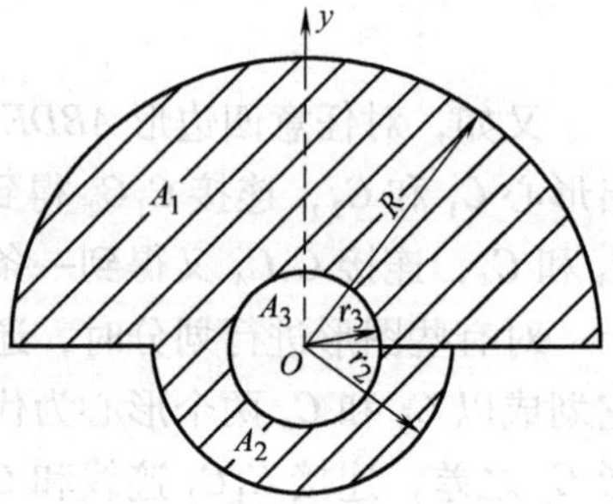

图 3-13　偏心块

解　将偏心块看成由三部分组成：

1）半圆面A_1，半径为R，$A_1=\dfrac{\pi R^2}{2}=157\text{cm}^2$，$y_1=\dfrac{4R}{3\pi}=4.24\text{cm}$

2）半圆面A_2，半径为r_2，$A_2=\dfrac{\pi r_2^2}{2}=14\text{cm}^2$，$y_2=-\dfrac{4r_2}{3\pi}=-1.27\text{cm}$

3）挖去圆面积A_3，半径为r_3，$A_3=-\pi r_3^2=-9.1\text{cm}^2$，$y_3=0$。

因为y轴为对称轴，重心C必在y轴上，所以$x_C=0$，应用式(3-15)则可得

$$y_C=\frac{\sum(\Delta A_k)y_k}{A}=\frac{A_1y_1+A_2y_2+A_3y_3}{A_1+A_2+A_3}=\frac{157\times4.24-14\times1.27}{157+14-9.1}\text{cm}=4\text{cm}$$

3. 平衡法(试验法)

如物体的形状复杂或质量分布不均匀，其重心常由试验来确定。

（1）悬挂法　对于形状复杂的薄平板，求形心位置时，可将板悬挂于任一点A(见图3-14)。根据二力平衡公理，板的重力与绳的张力必在同一直线上，故形心一定在铅垂的挂绳延长线AB上；重复施用上述方法，将板挂于D点，可得DE线。显而易见，平板的重心

即为 AB 和 DE 的交点 C。

（2）称重法　对于形状复杂的零件、体积庞大的物体以及由许多构件组成的机械，常用此法确定其重心的位置。

例如，连杆本身具有两个互相垂直的纵向对称面，其重心必在这两个对称平面的交线上，即连杆的中心线 AB 上，如图 3-15 所示。其重心在 x 轴上的位置可用下述方法确定：先称出连杆重力 $\boldsymbol{G}$，然后将其一端支于固定点 A，另一端支承于磅秤上，使中心线 AB 处于水平位置，读出磅秤读数 $\boldsymbol{F}_B$，并量出两支点间的水平距离 l，则由

$$\sum M_A(\boldsymbol{F})=0 \quad F_B l - G x_C = 0$$

可得

$$x_C = \frac{F_B l}{G}$$

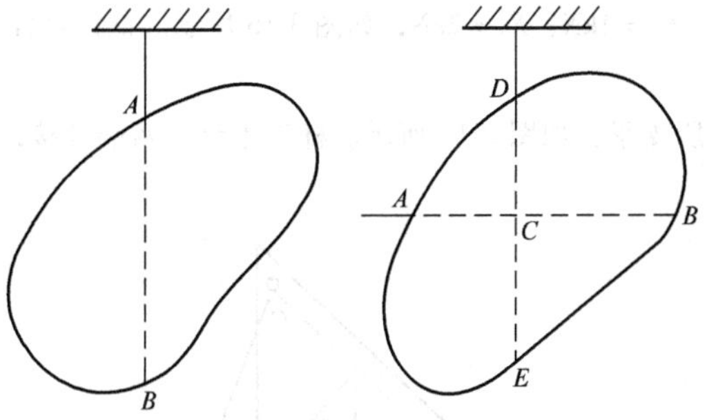

图 3-14　悬挂法求重心

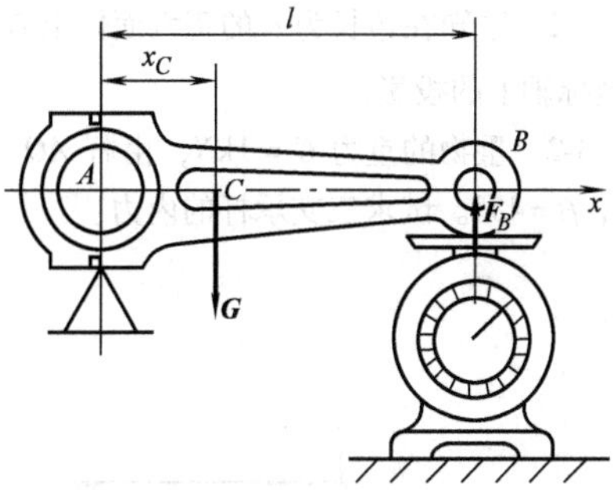

图 3-15　称重法求重心

小　　结

1. 空间力系的两项基本运算

（1）计算力在直角坐标上的投影

1）直接投影法　如已知力 $\boldsymbol{F}$ 及其与 x、y、z 轴之间的夹角分别为 α、β 和 γ，则有

$$F_x = F\cos\alpha;\ F_y = F\cos\beta;\ F_z = F\cos\gamma$$

2）二次投影法　通过 $\boldsymbol{F}$ 向坐标面上的投影，再向坐标轴投影。

（2）计算力对轴之矩

应用式 $M_z(\boldsymbol{F}) = M_O(\boldsymbol{F}_{xy})$，将空间问题中力对轴之矩转化为与轴垂直平面内的分力对轴与该面交点之矩来计算。

力线与轴线共面，则力对该轴无矩。

2. 空间力系平衡问题的两种解法

1）应用空间力系的六个平衡方程式，直接求解。

2）空间问题的平面解法。将物体与力一起投影到三个坐标平面，化为三个平面力系去求解。可视具体情况分别选用。

3. 物体重心与图形形心的求法

1）重心与形心的基本公式均由合力矩定理导出。

2）匀质物体在地球表面附近的重心和形心是合一的。规则形状匀质形体的重心与形心可在有关工程手册中查取；组合图形的形心可用图解法或组合法的计算公式来求解。

3）非匀质、形状复杂的物体，或多件组合的物体，一般采用试验法来确定其重心位置。

思　考　题

3-1　如力 $\boldsymbol{F}$ 与 x 轴的夹角为 α，在什么情况下 $F_z = F\sin\alpha$？此时 F_y 又为多少？

3-2　已知力 $\boldsymbol{F}$ 及其与 x 轴的夹角为 α 以及它与 y 轴的夹角 β，能不能算出 $\boldsymbol{F}_z$？

3-3　一个空间力系问题可转化为三个平面力系问题，每个平面力系问题都可列出三个平衡方程式，为什么空间力系问题解决不了 9 个未知量？

3-4　物体的重心是否一定在物体的内部？

3-5　将物体沿着过重心的平面切开，两边是否等重？

习　　题

3-1　已知在边长为 a 的正六面体上有 $F_1 = 6\text{kN}$，$F_2 = 4\text{kN}$，$F_3 = 2\text{kN}$，如图 3-16 所示。试计算各力在三坐标轴上的投影。

3-2　重物的重力 $G = 1\text{kN}$，由杆 AO、BO、CO 所支承，如图 3-17 所示。杆重不计，两端铰接，$\alpha = 30°$，$\beta = 45°$。试求三支承杆的内力。

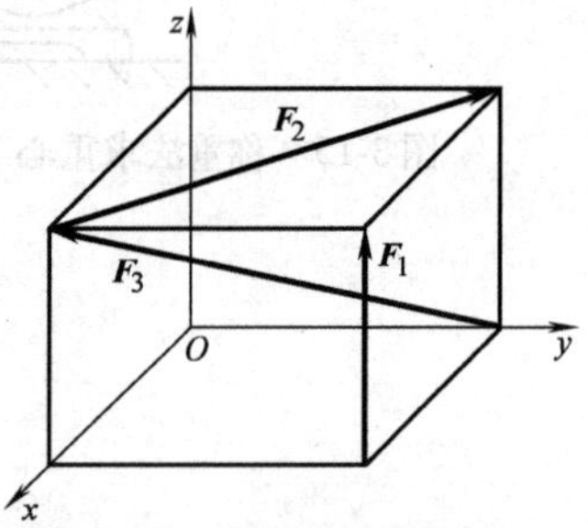

图 3-16　计算力的投影

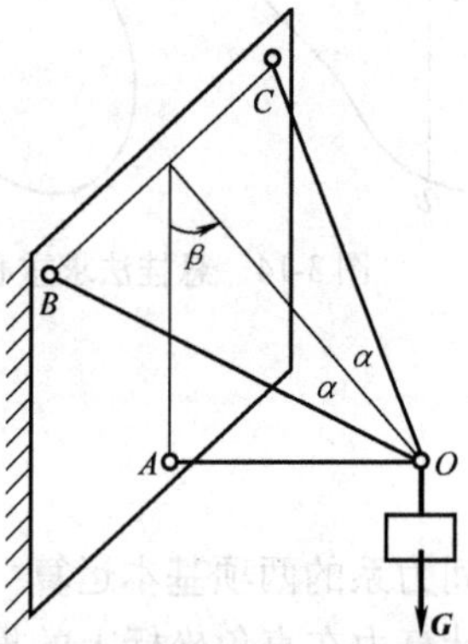

图 3-17　支架

3-3　如图 3-18 所示为一空间桁架，由两端铰接杆 1、2、3、4、5 和 6 构成。已知 $\alpha = 45°$，节点 A 上的作用力 $F = 10\text{kN}$。试求各杆的内力。

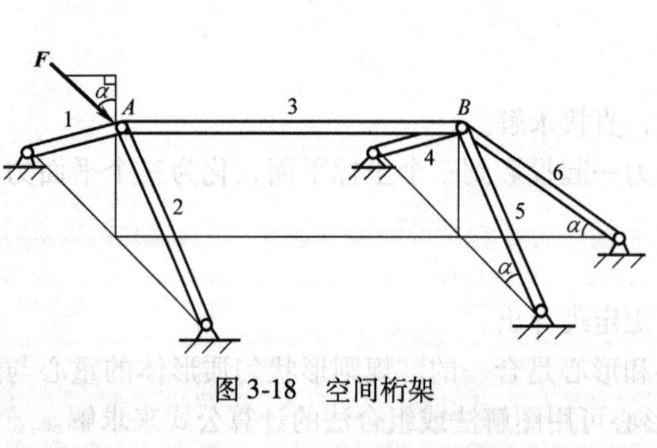

图 3-18　空间桁架

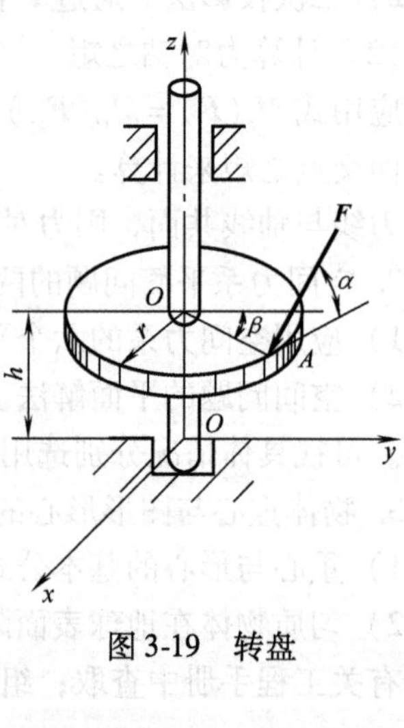

图 3-19　转盘

3-4　水平转盘上 A 处有一力 $F=1\text{kN}$ 作用，$\boldsymbol{F}$ 在垂直平面内，且与过 A 点的切线成夹角 $\alpha=60°$，OA 与 y 轴方向的夹角 $\beta=45°$，$h=r=1\text{m}$，如图 3-19 所示。试计算力 $\boldsymbol{F}_x$、$\boldsymbol{F}_y$、$\boldsymbol{F}_z$ 及 $M_z(\boldsymbol{F})$ 的值。

3-5　简易起重机如图 3-20 所示，已知 $AD=BD=1\text{m}$，$CD=1.5\text{m}$，$CM=1\text{m}$，$ME=4\text{m}$，$MS=0.5\text{m}$，机身的重力 $G_1=100\text{kN}$，起吊重物的重力 $G_2=10\text{kN}$。试求 A、B　C 三轮对地面的压力。

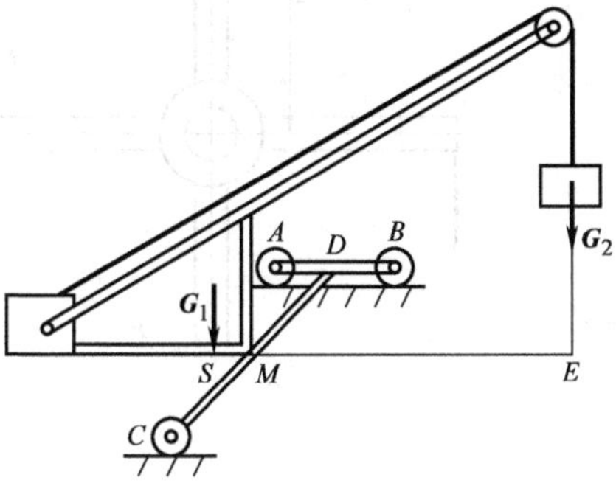

图 3-20　简易起重机

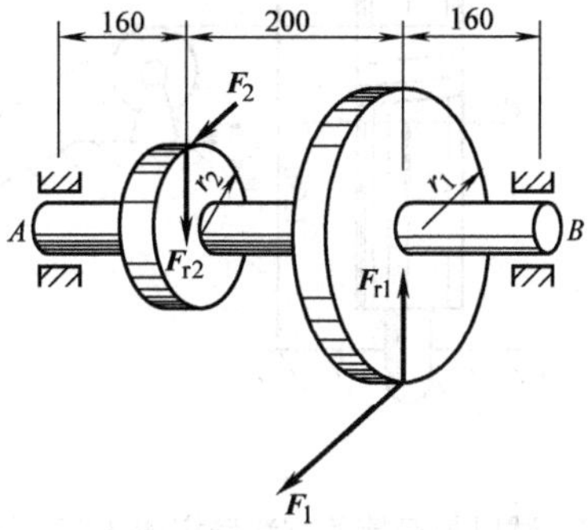

图 3-21　变速箱轮轴

3-6　变速箱中间装有两直齿圆柱齿轮，其分度圆半径 $r_1=100\text{mm}$，$r_2=72\text{mm}$，啮合点分别在两齿轮的最低与最高位置，如图 3-21 所示。已知齿轮压力角 $\alpha=20°$，在齿轮 1 上的圆周力 $F_1=1.58\text{kN}$。试求当轴平衡时作用于齿轮 2 上的圆周力 $\boldsymbol{F}_2$ 及 A、B 轴承的约束力。

3-7　电动卷扬机如图 3-22 所示。胶带与水平线的夹角为 30°，鼓轮半径 $r=10\text{cm}$，带轮半径 $R=20\text{cm}$，重物的重力为 10kN。设胶带紧边拉力为松边拉力的两倍，即 $F_{T1}=2F_{T2}$，其余尺寸如图 3-22 所示。试求胶带的拉力及 A、B 两轴承的约束力。

3-8　图 3-23 所示为一绞车的正、侧视图。已知 $G=2\text{kN}$，试问垂直作用于手柄的力 F 应多大才能保持平衡，并求两轴承的约束力。

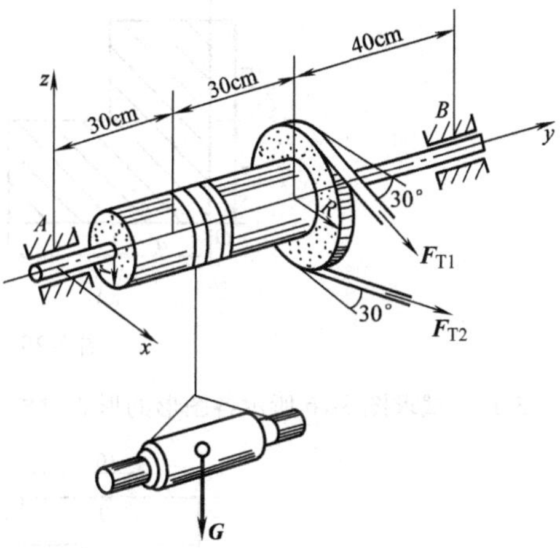

图 3-22　电动卷扬机

3-9　货车的重力 $G_1=10\text{kN}$，利用图 3-24 所示绞车匀速地沿斜面提升，绞车鼓轮的重力 $G_2=1\text{kN}$，直径 $d=24\text{cm}$，A 为径向推力轴承，B 为径向轴承，十字杠杆的四臂各长 1m，在每臂端点作用一圆周力 $\boldsymbol{F}$。试求 $\boldsymbol{F}$ 的大小及 A、B 两轴承的约束力。

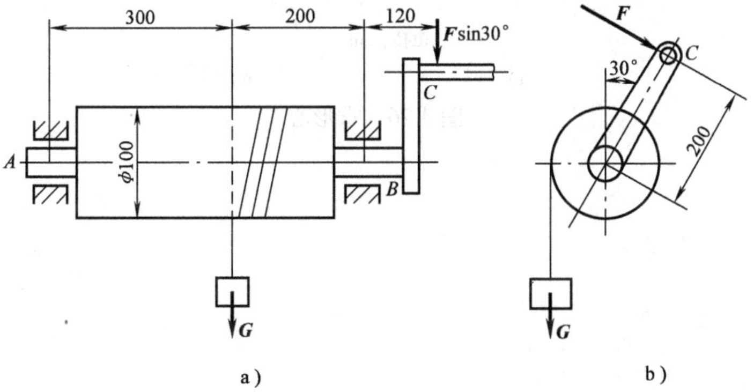

图 3-23　绞车(一)

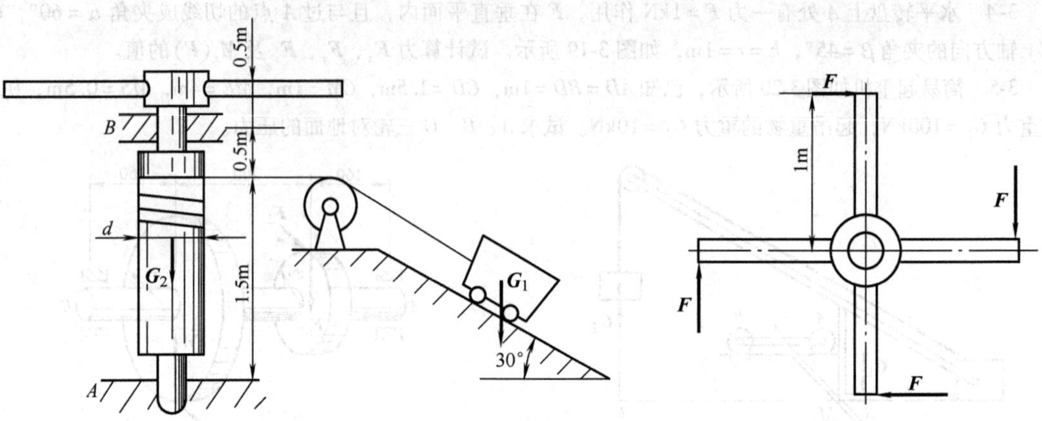

图 3-24　绞车(二)

3-10　试以最简捷的方法确定图 3-25 所示形心的坐标。

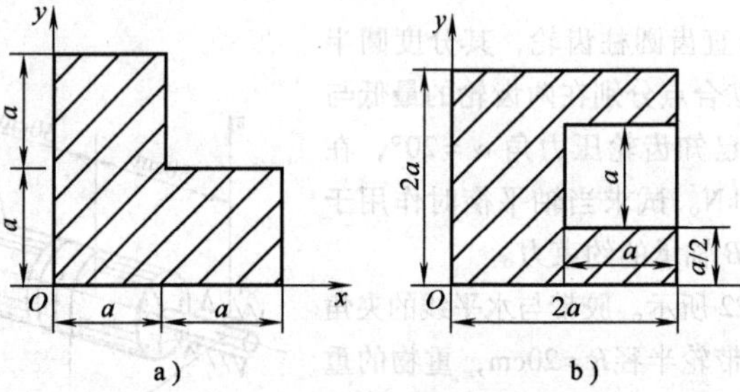

图 3-25　确定平面图形的形心

3-11　试求图 3-26 所示各图形的形心位置，单位为 cm。设 O 点为坐标原点。

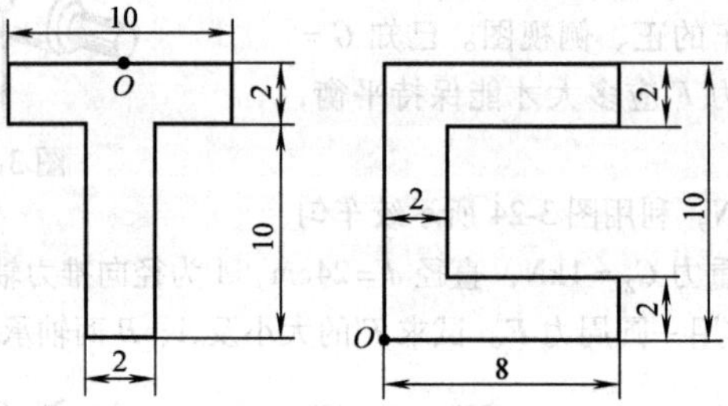

图 3-26　求形心

※第四章　运动力学简介

本书第一、二、三章均为理论力学中静力学的主要内容。为使读者对理论力学有一个较为全面的认识，本章简要地介绍理论力学中其余两部分(运动学与动力学)的基本理论。

运动学的任务是研究点和刚体在空间的位置随时间变化的规律，而不涉及其运动状态发生变化的原因。只有到了动力学才对点与刚性的运动变化和它们的受力状态之间的关系作进一步的探讨。

第一节　用解析法研究点的运动

一、用自然坐标法确定点的位置、速度和加速度

描述点在空间的位置一定要采用合适的坐标工具，工程上常用两种坐标，即自然坐标轴系与直角坐标系。

1. 弧坐标与自然坐标轴系

当点的运动轨迹 AB 为已知时，**工程上常以轨迹为坐标轴，并用动点到设定原点的距离 s(弧坐标)来确定点的位置**(见图 4-1)。

当点 M 沿已知轨迹运动时，弧坐标 s 是时间 t 的单值连续函数，记为

$$s=f(t) \tag{4-1}$$

式(4-1)称为以弧坐标表示的点的运动方程。

如图 4-1 所示，动点 M 沿已知轨迹 AB 运动。**以动点 M 为坐标原点，以轨迹上过 M 点的切线和法线为坐标轴，此正交坐标系称为自然坐标轴系**，简称自然轴系，矢量在自然轴系上的投影为其自然坐标。切向轴和法向轴的单位矢量分别用 $\boldsymbol{\tau}$ 和 $\boldsymbol{n}$ 表示。

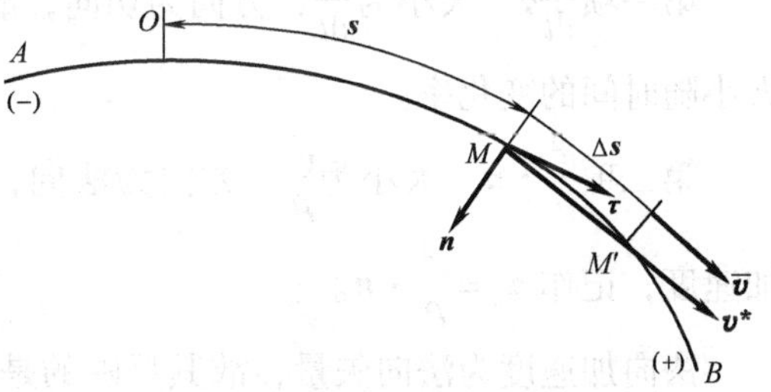

图 4-1　弧坐标与自然坐标轴系

显然，自然轴系是随动点沿已知轨迹运动的。单位矢量 $\boldsymbol{\tau}$ 和 $\boldsymbol{n}$ 的大小为 1，但方向随点在轨迹上的位置变化而变化。因此，在曲线运动中，$\boldsymbol{\tau}$ 和 $\boldsymbol{n}$ 为变矢量。用弧坐标表示点的位置，用自然坐标的投影表示点的速度、加速度，这种研究点的运动的方法称为自然法。

2. 用自然坐标表示点的速度

速度是表示动点位置随时间变化快慢程度的物理量。

按图 4-1 可见动点位置变化量为矢量 $\boldsymbol{MM'}$，称为位移，而 Δs 则为动点弧坐标的增量，是标量。

按速度的定义，在 MM'间动点的平均速度$\bar{v}^*$为

$$\bar{v}^*=\frac{\boldsymbol{MM'}}{\Delta t}$$

当 $\Delta t \to 0$ 时，平均速度 $\bar{v}^*$ 的极限即为动点在 t 瞬时的瞬时速度，并注意到 $|\boldsymbol{MM'}|$ 的大小与 Δs 无限接近和它的方向与过点 M 的切向无限靠拢，因此可以认为 $\boldsymbol{MM'} = \Delta s \boldsymbol{\tau}$，故点 M 在瞬时 t 的速度为

$$v = \lim_{\Delta t \to 0} \frac{\boldsymbol{MM'}}{\Delta t} = \lim_{\Delta t \to 0} \frac{\Delta s}{\Delta t} \cdot \boldsymbol{\tau} = \frac{\mathrm{d}s}{\mathrm{d}t} \cdot \boldsymbol{\tau} = v \cdot \boldsymbol{\tau}$$

$$v = \frac{\mathrm{d}s}{\mathrm{d}t} \tag{4-2}$$

速度是一个矢量，其大小为点 M 的弧坐标 s 对时间 t 的一阶导数，其方向为轨迹在点 M 处的切线方向，速度的单位一般为 m/s 或 km/h。速度指向由 $\frac{\mathrm{d}s}{\mathrm{d}t}$ 的正负号确定，若 $\frac{\mathrm{d}s}{\mathrm{d}t} > 0$，则 v 指向弧坐标的正向，反之则为负。

3. 用自然坐标表示点的加速度

加速度表示动点速度的大小与方向随时间改变的快慢程度。按定义，点的加速度应为

$$\boldsymbol{a} = \frac{\mathrm{d}}{\mathrm{d}t} v = \frac{\mathrm{d}}{\mathrm{d}t}(v \cdot \boldsymbol{\tau}) = \frac{\mathrm{d}v}{\mathrm{d}t}\boldsymbol{\tau} + v\frac{\mathrm{d}\boldsymbol{\tau}}{\mathrm{d}t}$$

可以导出

$$\frac{\mathrm{d}\boldsymbol{\tau}}{\mathrm{d}t} = \frac{v^2}{\rho} \cdot \boldsymbol{n} \quad (\rho \text{ 为动点处轨迹的曲率半径})$$

于是上式可写成

$$\boldsymbol{a} = \frac{\mathrm{d}v}{\mathrm{d}t}\boldsymbol{\tau} + \frac{v^2}{\rho} \cdot \boldsymbol{n} \tag{4-3}$$

由式(4-3)可见，动点的加速度由两项组成：

第一项 $\frac{\mathrm{d}v}{\mathrm{d}t}\boldsymbol{\tau}$　大小为 $\frac{\mathrm{d}v}{\mathrm{d}t}$，方向为切向，故称为切向加速度，记作 $\boldsymbol{a}_\tau = \frac{\mathrm{d}v}{\mathrm{d}t}\boldsymbol{\tau}$，它反映了速度大小随时间的变化率。

第二项 $\frac{v^2}{\rho} \cdot \boldsymbol{n}$　大小为 $\frac{v^2}{\rho}$，方向为法向，并始终指向该点轨迹的曲率中心，故称为法向加速度，记作 $\boldsymbol{a}_\mathrm{n} = \frac{v^2}{\rho} \cdot \boldsymbol{n}$。

法向加速度为法向矢量，故其反映的是速度方向的瞬时变化率。法向加速度越大，速度的方向变化得越快；反之亦然。当点作直线运动时，点的法向加速度恒为零，点的速度方向将保持不变。

$\boldsymbol{a}_\tau$ 与 $\boldsymbol{a}_\mathrm{n}$ 两项之和即为动点的加速度 $\boldsymbol{a}$(有时也被称为全加速度)，它反映了速度矢量 v 的瞬时变化率。根据矢量运算，存在

$$\begin{cases} a = \sqrt{a_\tau^2 + a_\mathrm{n}^2} \\ \tan\beta = \dfrac{|a_\tau|}{a_\mathrm{n}} \end{cases} \tag{4-4}$$

式(4-4)中，β 为 $\boldsymbol{a}$ 与 $\boldsymbol{n}$ 所夹的锐角，至于 $\boldsymbol{a}$ 在 $\boldsymbol{n}$ 的哪一侧则由 $\boldsymbol{a}_\tau$ 的正负决定，如图 4-2 所示。加速度的单位一般为 m/s² 或 km/s²。

4. 点运动的几种特殊情况

（1）匀速直线运动　当点作匀速直线运动时，由于 v 为常量，$\rho \to 0$，故 $a_\tau = 0$，$a_n = 0$。此时 $a = 0$。

（2）匀速曲线运动　当点作匀速曲线运动时，由于 v 为常量，故 $a_\tau = 0$，$a_n \neq 0$。此时 $a = a_n$。

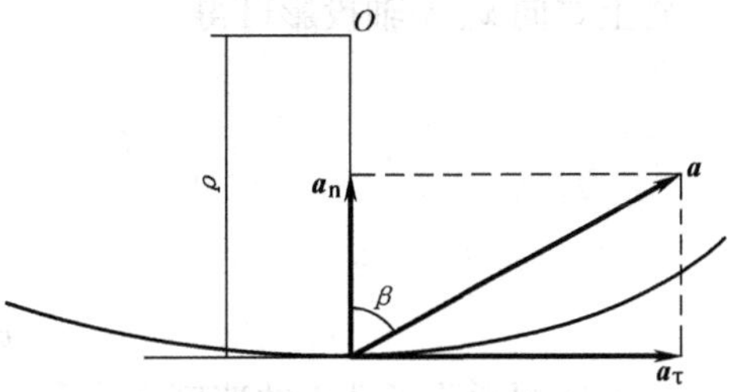

图 4-2　全加速度

（3）匀变速直线运动　当点作匀变速直线运动时，a_τ 为常量，$a_n = 0$。若已知运动的初始条件，即当 $t = 0$ 时，$v = v_0$、$s = s_0$。由 $dv = a dt$、$ds = v dt$，积分可得其速度与运动方程为

$$v = v_0 + at \tag{4-5}$$

$$s = s_0 + v_0 t + \frac{1}{2}at^2 \tag{4-6}$$

由式(4-5)和式(4-6)消去 t 得

$$v^2 = v_0^2 + 2a(s - s_0) \tag{4-7}$$

（4）匀变速曲线运动　当点作匀变速曲线运动时，a_τ 为常量，$a_n = v^2/\rho$。若已知运动的初始条件，即当 $t = 0$ 时，$v = v_0 t$、$s = s_0$。由 $dv = a dt$、$ds = v dt$，积分可得其速度与运动方程为

$$v = v_0 + a_\tau t \tag{4-8}$$

$$s = s_0 + v_0 t + \frac{1}{2}a_\tau t^2 \tag{4-9}$$

由式(4-8)和式(4-9)消去 t 得

$$v^2 = v_0^2 + 2a_\tau(s - s_0) \tag{4-10}$$

式(4-5)～式(4-10)早已为大家所熟悉。引入它们的目的在于说明在研究点的运动时，已知运动方程，可应用求导的方法求点的速度和加速度；反之，已知点的速度和加速度，如果初始条件已知的话，亦可用积分法求得点的运动方程。总之，本节所介绍的方法是一种普遍的方法，可应用于各种点的运动分析，而中学时期所学式(4-5)～式(4-10)等公式不过是在一定前提下的特例而已。

二、用直角坐标法确定点的位置、速度和加速度

当点的运动轨迹未知时，常利用直角坐标投影原理将矢量关系转变成代数量关系来方便运算。

1. 动点的直角坐标形式的运动方程

设有一动点 M 在某曲线轨迹上运动，它在坐标轴 x、y 上两相应的投影点 A、B 亦在各自坐标轴上作直线运动。显而易见，点 A、B 位置的 x、y 一旦确定，动点 M 的位置也就确定，故点 M 的运动方程为

$$\begin{cases} x = f_1(t) \\ y = f_2(t) \end{cases} \tag{4-11}$$

2. 点的速度与加速度在直角坐标轴上的投影

根据式(4-2)存在

$$v = \frac{ds}{dt} \cdot \boldsymbol{\tau}$$

将上式向 x、y 轴投影可得

$$\begin{cases} v_x = \dfrac{dx}{dt} \\ v_y = \dfrac{dy}{dt} \end{cases} \tag{4-12}$$

$$v = v_x \boldsymbol{i} + v_y \boldsymbol{j} \tag{4-13}$$

以上证明说明了动点的速度在直角坐标轴上的投影等于其相应坐标对时间的一阶导数，故动点速度 v 的大小和方向（α 为速度 v 与 x 轴的夹角）为

$$\begin{cases} v = \sqrt{v_x^2 + v_y^2} = \sqrt{\left(\dfrac{dx}{dt}\right)^2 + \left(\dfrac{dy}{dt}\right)^2} \\ \alpha = \arctin \left| \dfrac{v_y}{v_x} \right| \end{cases} \tag{4-14}$$

同理，动点的加速度在直角坐标轴上的投影等于其相应的速度对时间的一阶导数，或等于其相应的坐标对时间的二阶导数，故动点的加速度 $\boldsymbol{a}$ 的大小和方向为

$$a_x = \frac{dv_x}{dt} = \frac{d^2x}{dt^2} \quad a_y = \frac{dv_y}{dt} = \frac{d^2y}{dt^2}$$

$$\begin{cases} a = \sqrt{a_x^2 + a_y^2} = \sqrt{\left(\dfrac{dv_x}{dt}\right)^2 + \left(\dfrac{dv_y}{dt}\right)^2} \\ \beta = \arctin \left| \dfrac{a_y}{a_x} \right| \end{cases} \tag{4-15}$$

式(4-15)中 β 为 $\boldsymbol{a}$ 与 x 轴所夹的锐角，$\boldsymbol{a}$ 的指向由 a_x、a_y 的正负号确定。

例 4-1 杆 AB 的 A 端铰接，小环 M 将 AB 杆与半径为 R 的固定圆环套在一起，杆 AB 与垂线的夹角为 $\varphi = \omega t$，如图 4-3 所示。求套环 M 的运动方程、速度和加速度。

解一 以套环 M 为研究对象。由于环 M 的运动轨迹为已知，故采用自然坐标法求解。以圆环上 O' 点为弧坐标原点，顺时针为弧坐标正向，建立弧坐标轴。

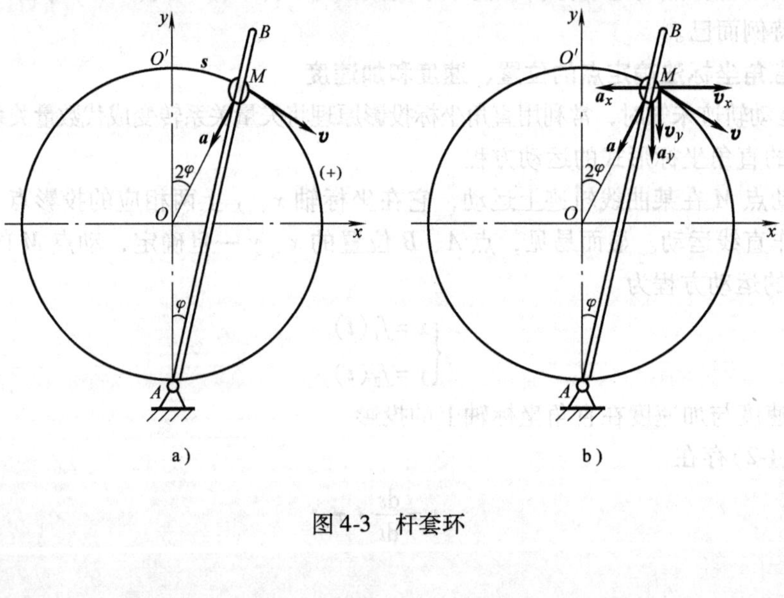

图 4-3 杆套环

1）建立点的运动方程。由图中几何关系建立运动方程为

$$s = R(2\varphi) = 2R\omega t$$

2）求点 M 的速度。由式(4-2)可知，点 M 的速度为

$$v = \frac{\mathrm{d}s}{\mathrm{d}t} = 2R\omega$$

3）求点 M 的加速度。由式(4-3)可知，点 M 的切向加速度为

$$a_\tau = \frac{\mathrm{d}v}{\mathrm{d}t} = \frac{\mathrm{d}}{\mathrm{d}t}(2R\omega) = 0$$

由式(4-3)可知，点 M 的法向加速度为

$$a_\mathrm{n} = \frac{v^2}{\rho} = \frac{(2R\omega)^2}{R} = 4R\omega^2$$

由式(4-4)可知，点 M 的全加速度为

$$a = \sqrt{a_\tau^2 + a_\mathrm{n}^2} = 4R\omega^2$$

其方向沿 MO 且指向 O，可知套环 M 沿固定圆环作匀速圆周运动。

解二 用直角坐标法求解，建立如图 4-3b 所示的直角坐标系 Oxy。

1）建立点 M 的运动方程。由图中几何关系建立运动方程为

$$\begin{cases} x = R\cos(90° - 2\varphi) = R\sin 2\omega t \\ y = R\cos 2\varphi = R\cos 2\omega t \end{cases} \tag{a}$$

2）求点 M 的速度。由式(a)求导得速度在 x、y 轴上的投影为

$$\begin{cases} v_x = \dfrac{\mathrm{d}x}{\mathrm{d}t} = 2R\omega\cos 2\omega t \\ v_y = \dfrac{\mathrm{d}y}{\mathrm{d}t} = -2R\omega\sin 2\omega t \end{cases} \tag{b}$$

由式(4-14)可知点 M 的速度大小和方向余弦为

$$v = \sqrt{v_x^2 + v_y^2} = 2R\omega$$

$$\cos(\boldsymbol{v}, \boldsymbol{i}) = \frac{v_x}{v} = \cos 2\omega t$$

3）求点 M 的加速度。点 M 的加速度为

$$a_x = \frac{\mathrm{d}v_x}{\mathrm{d}t} = -4R\omega^2\sin 2\omega t$$

$$a_y = \frac{\mathrm{d}v_y}{\mathrm{d}t} = -4R\omega^2\cos 2\omega t$$

由式(4-15)可知，点 M 的加速度大小和方向余弦为

$$a = \sqrt{a_x^2 + a_y^2} = 4R\omega^2$$

$$\cos(\boldsymbol{a}, \boldsymbol{i}) = \frac{a_x}{a} = -\sin 2\omega t$$

或

$$\boldsymbol{a} = a_x\boldsymbol{i} + a_y\boldsymbol{j} = -4R\omega^2(\sin 2\omega t\boldsymbol{i} + \cos 2\omega t\boldsymbol{j})$$

由上式可以算出 $a = 4R\omega^2$，其方向沿 MO 且指向 O。

经比较不难看出，两种解法计算的结果是一致的；也可看出，用自然坐标法解题简便，

结果清晰，但只适用于点的运动轨迹已知的情况。在机械工程中，多数物体处于被约束状态，其运动轨迹是确定的，故自然坐标法得到普遍采用。用直角坐标法，解题较繁，但它既适用于点的运动轨迹已知时，也适用于点的运动轨迹未知的情况。

第二节　刚体的基本运动

一、刚体的平行运动

刚体在运动过程中，**若其上任一直线始终平行于它的初始位置，则这种运动称为刚体的平行移动，简称平动**。例如，直线轨道上车厢的运动，摆式输送机送料槽的运动(见图 4-4)等都是刚体平动的实例。

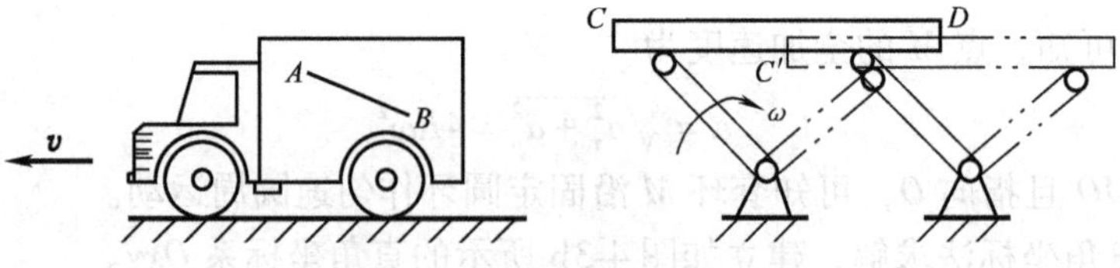

图 4-4　刚体平动的实例

刚体平动时，其上各点的轨迹若是直线，则称刚体作直线平动。其上各点的轨迹若是曲线，则称刚体作曲线平动。

下面研究平动刚体上各点的轨迹、速度、加速度的特征。

在平动刚体上任取两点 A、B，作矢量 $\boldsymbol{BA}$，如图 4-5 所示。

根据刚体不变形的性质和刚体平动的特征，矢量 $\boldsymbol{BA}$ 的长度和方向始终不变，故 $\boldsymbol{BA}$ 是常矢量。如将点 B 的轨迹沿 $\boldsymbol{BA}$ 方向平行移动 $\boldsymbol{BA}$ 的距离，则必然与 A 点轨迹重合。

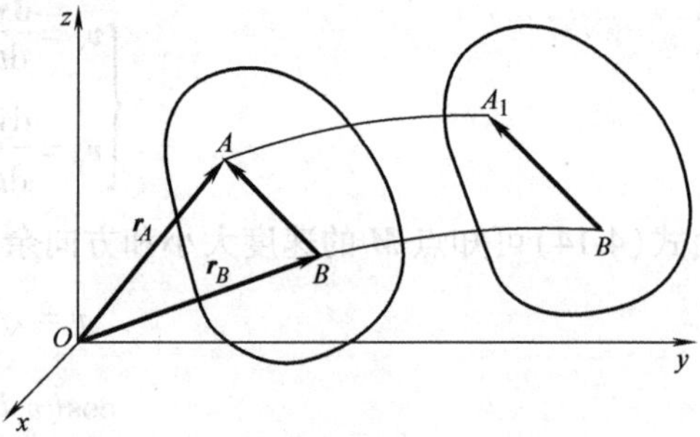

图 4-5　刚体平动

动点 A、B 位置的变化用矢径的变化表示。由图 4-5 得

$$\boldsymbol{r}_A=\boldsymbol{r}_B+\overrightarrow{BA}$$

对时间 t 求导得

$$\frac{\mathrm{d}}{\mathrm{d}t}\boldsymbol{r}_A=\frac{\mathrm{d}}{\mathrm{d}t}\boldsymbol{r}_B+\frac{\mathrm{d}\overrightarrow{BA}}{\mathrm{d}t}$$

由于$\overrightarrow{BA}$是常矢量，因此$\dfrac{\mathrm{d}\overrightarrow{BA}}{\mathrm{d}t}=0$，于是

$$v_A=v_B$$

再对时间 t 求导可得

$$\boldsymbol{a}_A=\boldsymbol{a}_B$$

因为 A、B 是刚体上任意两点，所以上述结论对刚体上所有点都成立，**即刚体平动时，其上各点的运动轨迹形状相同且彼此平行，在每一瞬时，各点的速度、加速度也都相同。**

上述结论表明，刚体的平动可以用其上任一点的运动来代替，即刚体平动的运动学问题可以归结为点的运动学问题来研究。

刚体的平动在工程实际中应用很广，如图 4-6 所示仿形车床上刀架 A_0A 作平动，A_0 与靠模板接触，刀尖 A 切削工件。由于 A_0 与 A 的运动轨迹相同，从而保证了工件形状与靠模板形状一致。

例 4-2 曲柄导杆机构如图4-7所示，曲柄 OA 绕固定轴 O 转动，通过滑块 A 带动导杆 BC 在水平导槽内作直线往复运动。已知 $OA=r$，$\varphi=\omega t$（ω 为常量），求导杆在任一瞬时的速度和加速度。

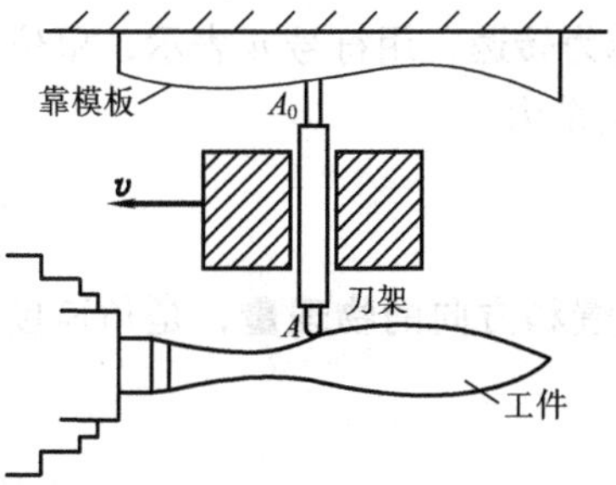

图 4-6 仿形车床上刀架

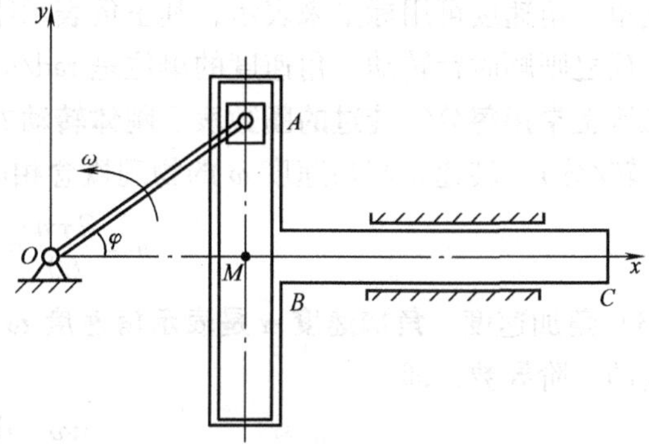

图 4-7 曲柄导杆机构

解 由于导杆在水平直线导槽内运动，所以其上任一直线始终与它的最初位置相平行，且其上各点的轨迹均为直线。因此，导杆作直线平动。导杆的运动可以用其上任一点的运动来表示。选取导杆上 M 点进行分析，M 点沿 x 轴作直线运动，其运动方程为

$$x_M = OA\cos\varphi = r\cos\omega t$$

则 M 点的速度、加速度分别为

$$v_M = \frac{\mathrm{d}x_M}{\mathrm{d}t} = -r\omega\sin\omega t$$

$$a_M = \frac{\mathrm{d}v_M}{\mathrm{d}t} = -r\omega^2\cos\omega t$$

二、刚体绕定轴的转动

刚体在运动过程中，**其上或其延伸部分有一条直线，始终固定不动，这种运动称为刚体绕定轴的转动，简称转动**。位置保持不变的直线称为转轴。工程中齿轮、带轮、飞轮的转动，电动机转子、机床主轴、转动轴的转动等，都是刚体绕定轴转动的实例。

（1）转动方程 为确定转动刚体在空间的位置，过转轴 z 作一固定平面Ⅰ为参考面。在图 4-8 中，半平面Ⅱ过转轴 z 且固连在刚体上，初始半平面Ⅰ、Ⅱ共面。当刚体绕 z 轴转动的任一瞬时，**刚体在空间的位置都可以用固定的半平面Ⅰ与Ⅱ之间的夹角 φ 来表示，φ 称为转角**。刚体转动时，转角 φ 随时间 t 变化，是时间 t 的单值连续函数，即

$$\varphi = \varphi(t) \tag{4-16}$$

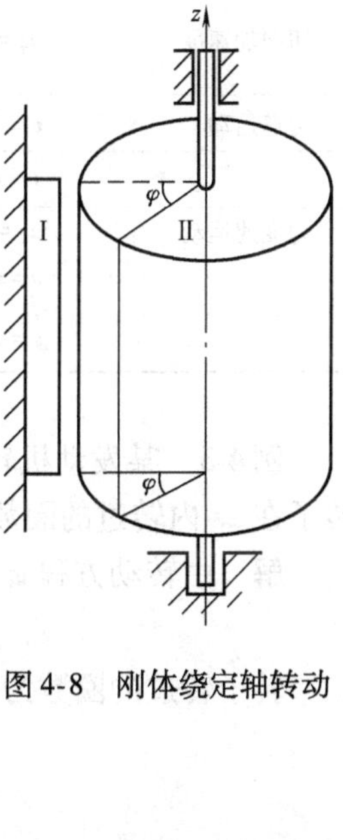

图 4-8 刚体绕定轴转动

式(4-16)为刚体的转动方程，它反映了转动刚体任一瞬时在空

间的位置，即刚体转动的规律。

转角 φ 是标量，规定从转轴的正向看，逆时针转向的转角为正，反之为负。转角 φ 的单位是 rad。

（2）角速度 ω　**角速度是描述刚体转动快慢和转动方向的物理量**。角速度常用符号 ω 来表示，它是转角 φ 对时间 t 的一阶导数，即

$$\omega=\frac{d\varphi}{dt} \tag{4-17}$$

这里，角速度可用标量来表示，其正负表示刚体的转动方向。当 $\omega>0$ 时，刚体逆时针转动；反之则顺时针转动。角速度的单位是 rad/s。

工程上常用每分钟转过的圈数表示刚体转动的快慢，称为转速，用符号 n 表示，单位是 r/min（转/分）。转速 n 与角速度 ω 的物理概念相同，两者关系为

$$\omega=\frac{2\pi n}{60}=\frac{\pi n}{30}$$

（3）角加速度　**角加速度 α 是表示角速度 ω 变化的快慢和方向的物理量**，是角速度 ω 对时间的一阶导数，即

$$\alpha=\frac{d\omega}{dt}=\frac{d^2\varphi}{dt^2} \tag{4-18}$$

这里，角加速度 α 可用代数量表示。当 α 与 ω 同号时，表示角速度的绝对值随时间增加而增大，刚体作加速转动；反之，则作减速转动。角加速度的单位是rad/s^2。

虽然刚体的定轴转动与点的曲线运动的运动形式不同，但它们相对应的变量之间的关系却是相似的，其相似关系如表 4-1 所列。

表 4-1　点的曲线运动与刚体定轴转动变量之间的关系比较

点的曲线运动		刚体的定轴转动	
运动方程	$s=s(t)$	转动方程	$\varphi=\varphi(t)$
速度	$v=\frac{ds}{dt}$	角速度	$\omega=\frac{d\varphi}{dt}$
切向加速度	$a_\tau=\frac{dv}{dt}=\frac{d^2s}{dt^2}$	角加速度	$\alpha=\frac{d\omega}{dt}=\frac{d^2\varphi}{dt^2}$
匀速运动	$v=$常数	匀速转动	$\omega=$常数
	$s=s_0+vt$		$\varphi=\varphi_0+\omega t$
匀变速运动	$a_\tau=$常数 $v=v_0+a_\tau t$ $s=s_0+vt+\frac{1}{2}a_\tau t^2$	匀变速转动	$\alpha=$常数 $\omega=\omega_0+\alpha t$ $\varphi=\varphi_0+\omega t+\frac{1}{2}\alpha t^2$

例 4-3　某发动机转子在起动过程中的转动方程为 $\varphi=t^3$，φ 以 rad 计，t 以 s 计。试计算转子在 2s 内转过的圈数和 $t=2$s 时转子的角速度和角加速度。

解　由转动方程 $\varphi=t^3$ 可知：$t=0$ 时，$\varphi_0=0$，转子在 2s 内转过的角度为

$$\varphi-\varphi_0=t^3-0=2^3\text{rad}=8\text{rad}$$

转子转过的圈数为

$$N=\frac{\varphi-\varphi_0}{2\pi}=\frac{8}{2\pi}=1.27$$

由式(4-17)和式(4-18)得转子的角速度和角加速度为

$$\omega=\frac{d\varphi}{dt}=3t^2$$

$$\alpha=\frac{d\omega}{dt}=6t$$

当 $t=2s$ 时

$$\omega=3t^2=12rad/s$$

$$\alpha=6t=12rad/s^2$$

(4) 定轴转动刚体上各点的速度、加速度　前面研究了定轴转动刚体整体的运动规律，在工程实际中，往往还需要了解刚体上各点的运动情况。例如，车床切削工件时，为提高加工精度和表面质量，必须选择合适的切削速度，而切削速度就是转动工件表面上点的速度。下面将讨论转动刚体上各点的速度、加速度与整个刚体的运动之间的关系。

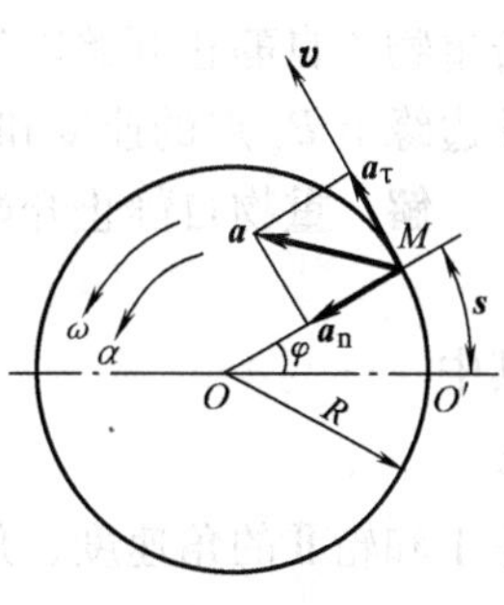

图 4-9　转动刚体上 M 点的速度与加速度

刚体绕定轴转动时，除了转轴以外的各点都在垂直于转轴的平面内作圆周运动，圆心是该平面与转轴的交点，转动半径是点到转轴的距离。

设刚体绕 z 轴转动，其角速度为 ω，角加速度为 α，如图 4-9 所示。

在刚体转角 $\varphi=0$ 时，M 点的位置为弧坐标原点 O'，以转角 φ 的正向为弧坐标 s 的正向，然后用自然法确定 M 点的运动方程、速度、切向加速度、法向加速度分别为

$$\begin{aligned} s &= R\varphi \\ v &= \frac{ds}{dt} = R\frac{d\varphi}{dt} = R\omega \\ a_\tau &= \frac{dv}{dt} = R\frac{d\omega}{dt} = R\alpha \\ a_n &= \frac{v^2}{R} = R\omega^2 \end{aligned} \tag{4-19}$$

全加速度的大小和方向为

$$\begin{cases} a=\sqrt{a_\tau^2+a_n^2}=R\sqrt{\alpha^2+\omega^4} \\ \tan\theta=\dfrac{|a_\tau|}{a_n}=\dfrac{|\alpha|}{\omega^2} \end{cases} \tag{4-20}$$

由以上分析可得如下结论：

1）转动刚体上各点的速度、切向加速度、法向加速度、全加速度的大小，分别与其转动半径成正比。同一瞬时转动半径上各点的速度、加速度分布规律如图 4-10 所示，呈线性分布。

2）转动刚体上各点的速度方向垂直于转动半径，其指向与角速度的转向一致。

3）转动刚体上各点的切向加速度垂直于转动半径，其指向与角加速度的转向一致。

4）转动刚体上各点的法向加速度均沿半径指向转轴。

5）任一瞬时刚体上各点的全加速度与转动半径的夹角 θ 均相同。

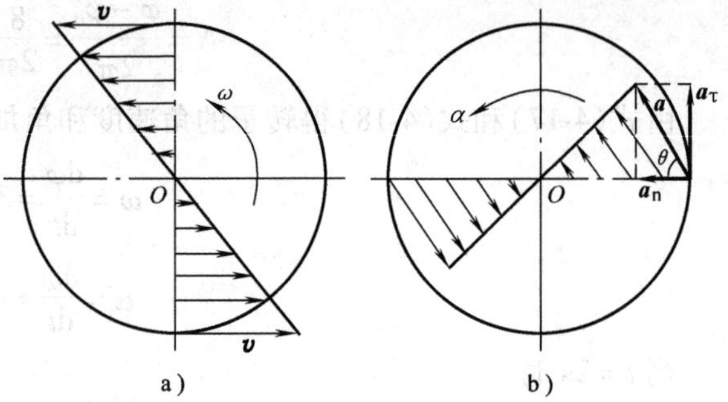

图 4-10　转动刚体上各点速度与加速度分析

例 4-4　轮Ⅰ和轮Ⅱ固连，半径分别为 R_1 和 R_2，在轮Ⅰ上绕有不可伸长的细绳，绳端挂重物 A，如图 4-11 所示。若重物 A 自静止开始以匀加速度 a 下降，带动轮Ⅰ和轮Ⅱ转动。求当重物下降 h 高度时，轮Ⅱ边缘上 B_2 点的速度和加速度的大小。

解　重物自静止开始下降 h 高度时，其速度大小为

$$v^2 = v_0^2 + 2ah$$

其中

$$v_0 = 0$$

故

$$v = \sqrt{2ah}$$

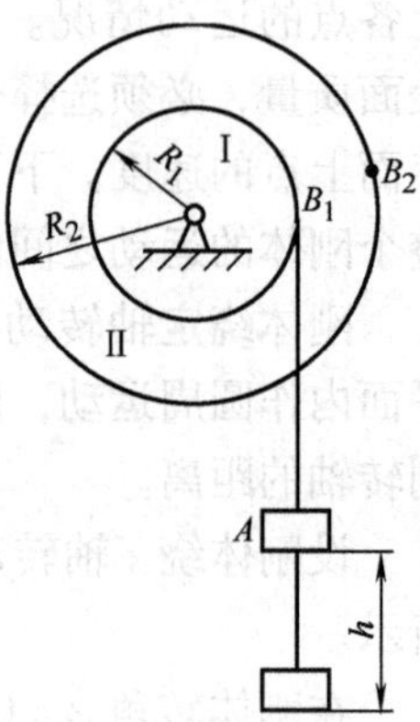

图 4-11　鼓轮

轮Ⅰ和轮Ⅱ的角速度、角加速度为

$$\omega = \frac{v_1}{R_1} = \frac{v}{R_1} = \frac{\sqrt{2ah}}{R_1}$$

$$\alpha = \frac{a_\tau}{R_1} = \frac{a}{R_1}$$

轮Ⅱ边缘上 B_2 点的速度和加速度为

$$v_{B2} = R_2\omega = \frac{R_2}{R_1}\sqrt{ah}$$

$$a_{B2\tau} = R_2\alpha = \frac{R_2}{R_1}a$$

$$a_{B2n} = R_2\omega^2 = R_2\left(\frac{\sqrt{2ah}}{R_1}\right)^2 = \frac{2R_2}{R_1^2}ah$$

$$a_{B2} = \sqrt{a_{B2\tau}^2 + a_{B2n}^2} = \sqrt{\left(\frac{R_2}{R_1}a\right)^2 + \left(\frac{2R_2}{R_1^2}ah\right)^2} = \frac{R_2}{R_1^2}a\ \sqrt{R_1^2 + 4h^2}$$

第三节　用几何法研究点与刚体的平面运动

一、点的合成运动

上节用解析法分析了点与刚体的基本运动全过程，而本节则提出了一个用几何法即运动的合成与分解的方法，去了解物体与机构上某一点，在特定位置时瞬间的运动情况。如果引入可变几何参量也能全过程地分析动点的运动，则此法在工程技术中将具有极其重要的实用意义。

1. 点的合成运动概念

在点的运动学中，我们研究了动点对于一个参考系的运动。但是在工程中常常遇到同时用两个不同的参考系去描述同一个点的运动情况。同一个点对于不同的参考系，所表现的运动特征显然是不同但又是有关联的。例如，无风下雨时雨滴的运动(见图 4-12)，对于地面上的观察者来说，雨滴是铅垂向下的；但是对于正在行驶的车上的观察者来说，雨滴便是倾斜向后的。

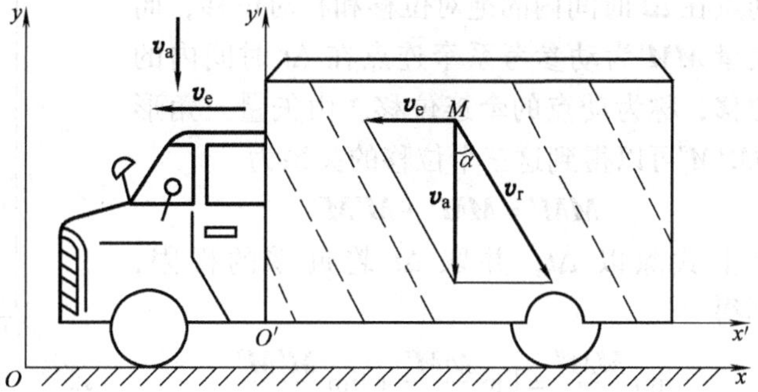

图 4-12　车厢和雨滴

产生这种差别是由于观察者所在的参考系不一样。但是，两者得出的结论不但全都正确，且可互相沟通。

为了便于研究，将所**研究的点 *M* 称为动点；将固结在地球表面上的参考系称为定参考系，并以 *Oxyz* 表示；把相对于地球运动的参考系(如固结在行驶的车上的参考系)称为动参考系，并以 *O′x′y′z′*表示**。

为了区别动点对于不同参考系的运动，规定**动点相对于定参考系的运动为绝对运动，动点相对于动参考系的运动为相对运动，而动参考系相对于定参考系的运动为牵连运动**。如上面所举的例子中，如果把行驶的车取为动参考系，则雨滴相对于车沿着与铅直线成 α 角的直线运动是相对运动，相对于地面的铅直线运动是绝对运动，而车对地面的直线平动则是牵连运动。

显然，如果没有牵连运动，则动点的相对运动就是它的绝对运动；如果没有相对运动，则动点随动参考系所作的牵连运动就是它的绝对运动。由此可见，动点的绝对运动可看成是动点的相对运动与动点随动参考系的牵连运动的合成。因此，这类运动就称为点的合成运动或复合运动。本节就是要研究绝对、相对、牵连这三种运动之间的关系。

2. 点的速度合成定理

动点对于动参考系的速度，称为动点的相对速度，用 v_r表示。动点对于定参考系的速度，称为动点的绝对速度，用 v_a表示。

特指的动点牵连速度则是动点随动参考系一起运动的速度。由于动参考系的运动是刚体的运动而不是点的运动，所以必须进一步指出，在某瞬时，动参考系上与动点相重合的那一点才“牵连”着动点的运动。因此，**把动系上与动点发生重合的点，称为牵连点，牵连点的速度才称为牵连速度，用v_e表示**。

下面讨论动点的绝对速度、相对速度和牵连速度三者之间的关系。

设动点 M 按某一规律沿已知曲线 K 运动，而曲线 K 又随动参考系 $O'x'y'z'$运动(见图 4-13)。曲线 K 即为动点的相对轨迹。

设在瞬时 t，动点位于相对轨迹上的 M 点，经过时间间隔 Δt 之后，相对轨迹随同动参考系一起运动到一新位置 K'。假如动点不作相对运动，则动点随参考系运动到 M'点，曲线 MM'称为动点的牵连轨迹。但由于有相对运动，在 Δt 时间间隔内，动点沿曲线 K 作相对运动，最后到达 M''点。曲线 MM''称为动点的绝对轨迹。显然，矢量 $\boldsymbol{MM''}$、$\boldsymbol{M'M''}$分别代表了

动点在 Δt 时间内的绝对位移和相对位移，而矢量 $\boldsymbol{MM'}$ 为动参考系牵连点在 Δt 时间内的位移，称为动点的牵连位移。由矢量三角形 $MM'M''$ 可以得到这三个位移的关系为

$$\boldsymbol{MM''}=\boldsymbol{MM'}+\boldsymbol{M'M''}$$

将上式除以 Δt，并取 Δt 趋近零的极限，则得

$$\lim\frac{\boldsymbol{MM''}}{\Delta t}=\lim\frac{\boldsymbol{MM'}}{\Delta t}+\lim\frac{\boldsymbol{M'M''}}{\Delta t}$$

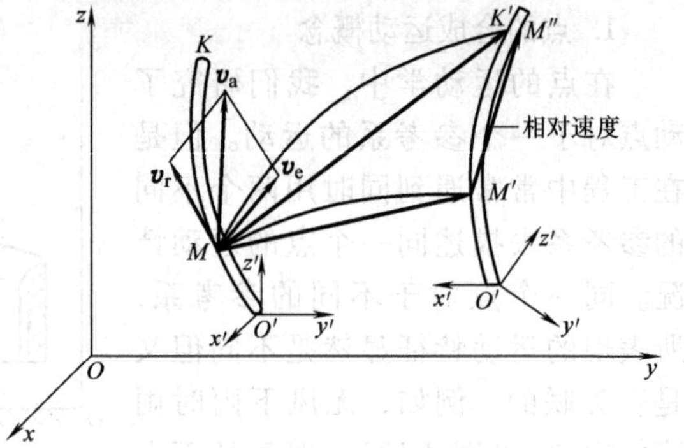

图 4-13　速度合成定理

上式可写成

$$v_a=v_e+v_r \tag{4-21}$$

式(4-21)称为点的速度合成定理。它表明：**动点的绝对速度等于它的牵连速度和相对速度的矢量和。**

速度合成定理中，包括三种速度的大小及方向共有6个量，通过式(4-21)用几何法或解析法可求解其中任两个未知量。

恰当地选择动点和动系，会使相对运动轨迹易于辨认。机械中两构件在传递运动中，常以点相接触，有的点在运动中始终处于接触位置，称为常接触点，有的只是瞬间接触一下；一般在瞬时接触点所在的物体上固连动系，而以常接触点为动点，有利于进一步分析。

例 4-5　半圆形凸轮(见图4-14)，其半径为 R。若已知凸轮的移动速度为 v，从动杆 AB 被凸轮推起。试求图示位置时从动杆 AB 的移动速度。

解　1）选取动点和动参考系。设凸轮为构件2，从动杆为构件1，两点在点 A 处相接触，显见 A_1 为常接触点，A_2 为瞬时接触点。因此，可选取杆1上的 A_1 点为动点；动参考系上固结于点 A_2 所在的凸轮2上，这样做易于观察相对运动。本题动点 A_1 相对于动系凸轮的相对运动轨迹，即为凸轮的轮廓曲线。

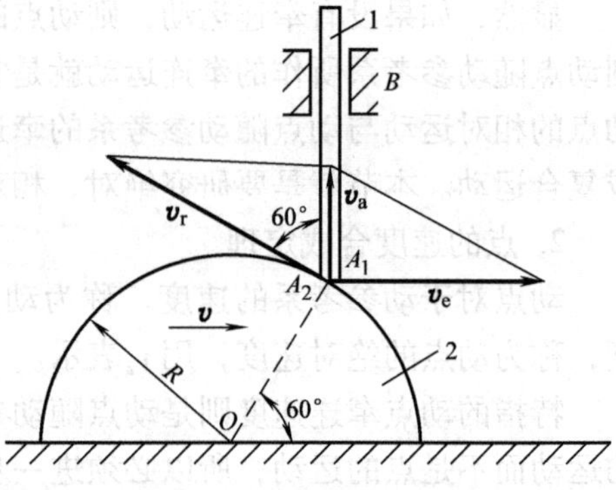

图 4-14　半圆形凸轮机构图

2）分析运动和速度。可以看出，动点 A_1 相对于地面铅垂向上的运动为绝对运动。点 A_1 的绝对速度 v_a 的方向铅垂向上，大小待求。点 A_1 相对于凸轮的运动为相对运动，它是动点 A_1 沿着凸轮轮廓曲线的运动，故点 A_1 的相对速度 v_r 的方向将沿着凸轮半圆轮廓在 A_2 点的切线方向，大小未知。动参考系随凸轮一起向右的平动为牵连运动，凸轮(动系)上与动点 A_1 相接触的点 A_2 称为牵连点，牵连点 A_2 的速度就是动点 A_1 的牵连速度 v_e。由于凸轮作平行移动，其上各点的速度都相同，因此牵连速度的方向向右，大小为 $v_e=v$。

3）由速度合成定理，作出速度平行四边形，如图4-14所示。由几何关系求得点 A_1 在图示位置时的速度为

$$v_{A1} = v_a = v_e \cot 60° = \frac{\sqrt{3}}{3} v$$

由于 AB 杆作平行移动，故点 A_1 的速度即为从动杆 AB 的速度。

例 4-6 图4-15所示的曲柄摇杆机构中，曲柄 $O_1A = r$，以角速度 ω_1 绕 O_1 转动，通过滑块 A 带动摇杆 O_2B 绕 O_2 往复摆动。当曲柄水平时，摇杆与垂线 O_1O_2 之夹角为 θ。求图示瞬间时摆杆 O_2B 的角速度 ω_2。

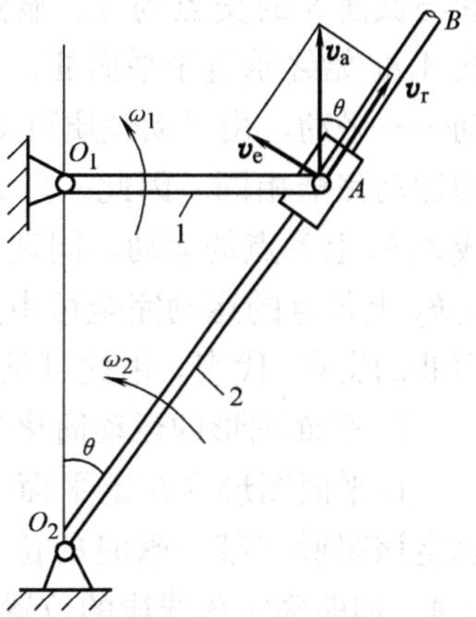

图 4-15 曲柄摇杆机构

解 1）选动点和动参考系。定 A_1 为动点，动坐标固结在摇杆 O_2B 上。

2）运动和速度分析。A_1 的绝对运动为绕 O_1 的圆周运动，绝对速度 $v_a = r\omega_1$，方向垂直于 O_1A 向上。点 A_1 的相对运动为沿 O_2B 的直线运动，相对速度的方向沿直线 O_2B，大小未知。牵连运动为 O_2B 的定轴转动，牵连点为该瞬时 O_2B 上的 A 点，牵连速度 $v_e = O_2A\omega_2$，但由于 ω_2 未知，故 v_e 大小未知，方向垂直于 O_2B。

3）完成速度平行四边形，由几何关系得

$$v_e = v_a \sin\theta = r\omega_1 \sin\theta$$

$$\omega_2 = \frac{v_e}{O_2A} = \frac{r\omega_1 \sin\theta}{\dfrac{r}{\sin\theta}} = \omega_1 \sin^2\theta$$

ω_2 的转向为逆时针方向。

二、刚体的平面运动

刚体的平面运动在工程上是常见的。例如，车轮沿直线轨道滚动(见图 4-16a)、曲柄连杆机构中的连杆的运动(见图 4-16b)等，都是刚体的平面运动。这些刚体的运动具有一个共同的特征，即：**刚体在运动过程中，其上的任意一点与某一固定平面始终保持相等的距离。刚体的这种运动称为平面运动。**

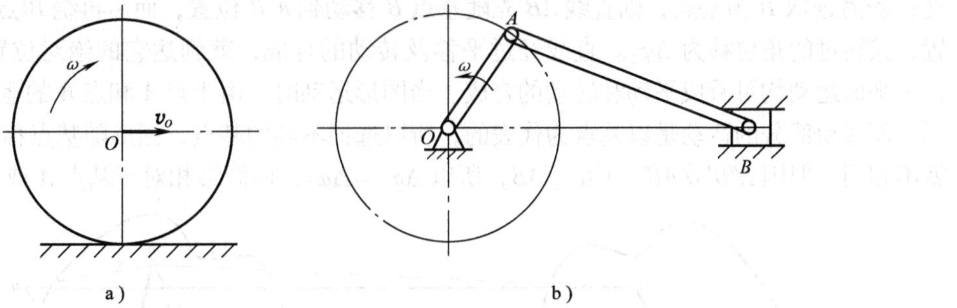

图 4-16 平面运动

a）车轮 b）曲柄连杆机构

在研究刚体的平面运动时，可作如下简化。

1. 简化为平面图形的运动

设平面Ⅰ(见图 4-17)为某一固定平面。作平行于平面Ⅰ的平面Ⅱ，此平面横截该物体而得到一个平面图形 S。由平面运动定义知，刚体运动时，此图形必在平面Ⅱ内运动。

在刚体内取任意一垂直于截面 S 的直线 A_1A_2，它与截面 S 的交点为 A。显然，刚体运动时，直线 A_1A_2 始终垂直于平面Ⅱ，而作平行于自身的运动——平动。由平动性质可知，直线 A_1A_2 上各点的运动完全相同。因此，点 A 的运动即可代表直线 A_1A_2 上各点的运动。同理，作垂直线 B_1B_2，则 B_1B_2 上各点的运动完全可由点 B(直线 B_1B_2 与平面Ⅱ的交点)代表。由此可见，刚体的平面运动可以简化为平面 S 在其自身平面内的运动。

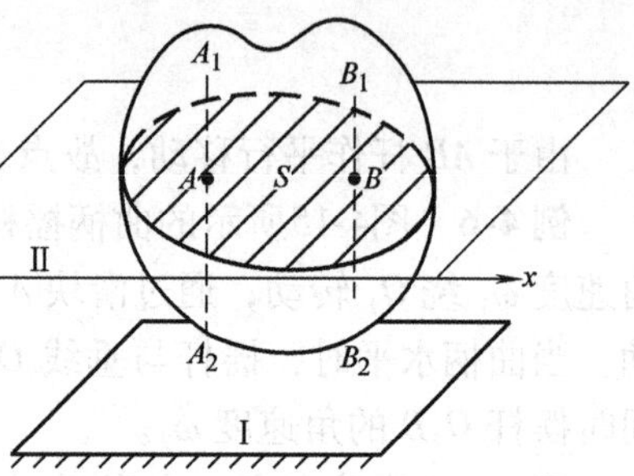

图 4-17　平面图形

2. 平面图形的运动简化为平动与转动的合成

设平面图形 S 在定平面 Oxy 内运动(见图 4-18)，现欲确定该图形在某一瞬时的位置。在平面图形上任取一线段 $O'A$，如能确定该线段的位置，则图形 S 的位置显然也就确定了。线段 $O'A$ 的位置可以由点 O'的两个坐标 $x_{o'}$、$y_{o'}$ 及该线段与 x 轴的夹角 φ 来决定。点 O'称为基点。图形 S 的运动可以视为随基点 O'的平动和绕基点 O'转动的合成，运动时坐标 O'和角 φ 都将随时间而改变，它们可以表示为时间 t 的单值连续函数

$$x_{o'}=f_1(t),\ y_{o'}=f_2(t),\ \varphi=f_3(t) \tag{4-22}$$

若这些函数是已知的，则图形 S 在每一瞬间 t 的位置都可以确定。式(4-22)称为刚体的平面运动方程。

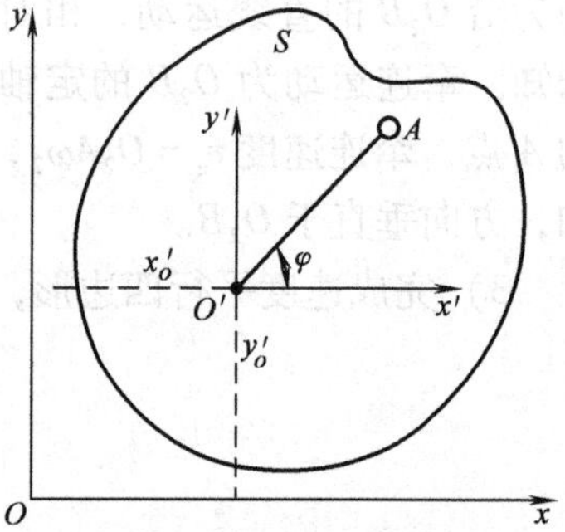

图 4-18　平面图形的位置

3. 选择不同基点的讨论

设平面 S(见图 4-19)在 Δt 时间内从位置Ⅰ运动到位置Ⅱ。现以图形中任一直线 AB 的运动为例进行分析。若选点 A 为基点，在 A 处设一个作平动的动系，此即牵连运动，则直线 AB 的运动可看做先随基点 A 移动到 $A'B''$位置，再转过 $\Delta\varphi_1$ 到达 $A'B'$，转动部分即为相对运动；若另选取 B 为基点，则直线 AB 先随基点 B 移动到 $A''B'$位置，而后再绕 B'点转动到 $A'B'$位置，其转过的角位移为 $\Delta\varphi_2$。直线经过平移及转动的合成，就到达它的绝对位置 $A'B'$。因此，任一平面运动均可看成平动和转动的合成。当图形运动时，由于点 A 和点 B 的运动情况并不相同，而移动部分的运动是以基点为代表的，所以选择不同的基点，图形随基点移动的规律显然就不相同。但因 $A''B'/\!/AB$，$A'B''/\!/AB$，所以 $\Delta\varphi_1=\Delta\varphi_2$，即图形相对于基点 A 或 B 转动的角度

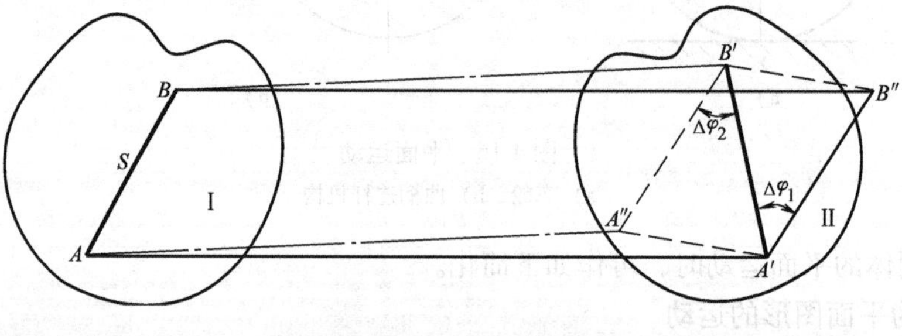

图 4-19　平动和定轴转动

相等，且转向亦相同(均为逆时针方向)，由此则可得其瞬时的 ω、α 亦必相同。

从上可知，**平面运动的平动部分的运动规律与基点的选择有关，而其转动部分的运动规律与基点的选择无关。**

虽然基点可以任意选取，但在解决实际问题时，往往选取运动情况已知的点作为基点。

三、求平面图形上各点速度的基点法与速度投影法

现在讨论平面图形上各点速度的求法。

1. 基点法(速度合成法)

设已知在某一瞬时平面图形 S 内某一点的速度 v_A 和图形的角速度 ω，如图 4-20 所示。现求平面图形上点 B 的速度 v_B。为此，取点 A 为基点。由前述内容可知，平面图形 S 的运动可以看成随基点 A 的平动(牵连运动)和绕基点 A 的转动(相对运动)的合成。因此，可用速度合成定理求点 B 的速度，即

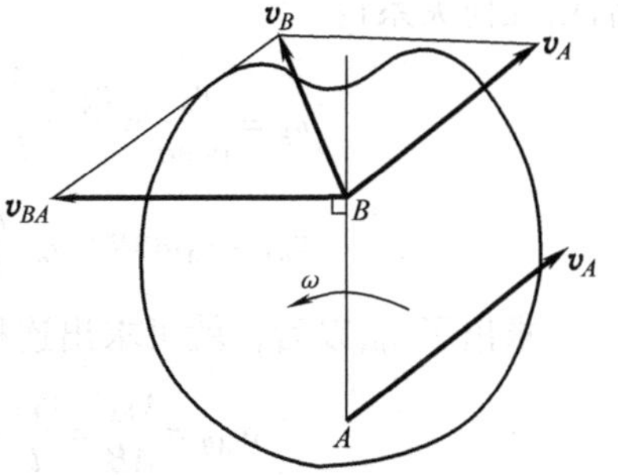

图 4-20　基点法

$$v_B = v_e + v_r \quad \text{(a)}$$

因为点 B 的牵连运动为随基点 A 的平动，故点 B 的牵连速度 v_e 就等于基点 A 的速度 v_A，即

$$v_e = v_A \quad \text{(b)}$$

又因为点 B 的相对运动为绕基点 A 的转动，所以点 B 的相对速度 v_r 就是点 B 绕基点 A 转动的速度，用 v_{BA}表示，即

$$v_r = v_{BA} \quad \text{(c)}$$

v_{BA}的大小为 $v_{BA} = \omega AB$。AB 为点 B 绕点 A 的转动半径。v_{BA}的方向与 AB 垂直且指向转动的方向。

将式(b)和式(c)代入式(a)，得

$$v_B = v_A + v_{BA} \quad (4\text{-}23)$$

这就是说：**平面图形上任一点的速度等于基点的速度与该点绕基点转动速度的矢量和，**这就是基点法，它是求平面运动图形上任一点速度的基本方法。

例 4-7　发动机的曲柄连杆机构如图 4-21 所示。曲柄 OA 长为 $r=200\text{mm}$，以等角速度 $\omega=2\text{rad/s}$ 绕点 O 转动，连杆 AB 长 $l=990\text{mm}$。试求当$\angle OAB=90°$时，滑块 B 的速度及连杆 AB 的角速度。

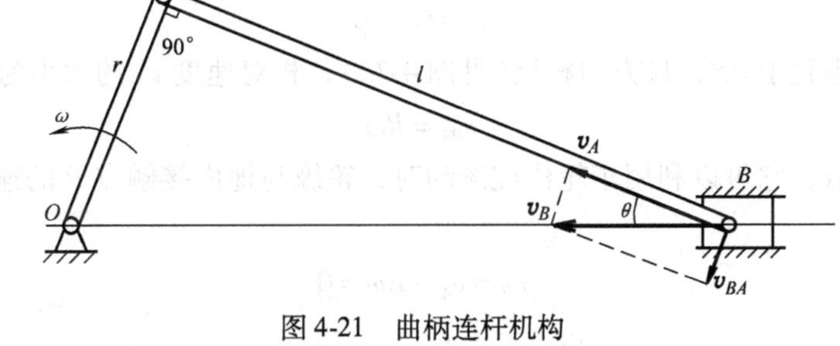

图 4-21　曲柄连杆机构

解 连杆 AB 作平面运动，选 AB 杆为研究对象。由于连杆上点 A 的速度已知，所以选点 A 为基点。这样，点 B 的运动可以视为随基点 A 的平动与绕基点 A 的转动的合成运动。

根据基点法，有

$$v_B = v_A + v_{BA}$$

式中，$v_A = r\omega = 200\times 2\text{mm/s} = 400\text{mm/s}$，方向垂直 OA。点 B 相对点 A 的转动速度 v_{BA}垂直 AB，指向和大小未知。点 B 的绝对速度 v_B沿水平方向。这样即可作出速度平行四边形。最后由几何关系得

$$v_B = \frac{v_A}{\cos\theta} = \frac{v_A\sqrt{r^2+l^2}}{l} = 408\text{mm/s} \quad （其方向为水平方向）$$

$$v_{BA} = v_A\tan\theta = v_A\frac{r}{l} = 80.8\text{mm/s} \quad （其方向如图 4-21 所示）$$

求出了 v_{BA}以后，就可求出连杆 AB 的角速度为

$$\omega_{AB} = \frac{v_{BA}}{AB} = \frac{v_{BA}}{l} = 0.08\text{rad/s} \quad （其转向为逆时针方向）$$

例 4-8 车轮沿直线轨迹作纯滚动。已知轮心 A 的速度 v_A 及车轮半径 R，求轮缘上 P、B、C、D 各点的速度(见图 4-22)。

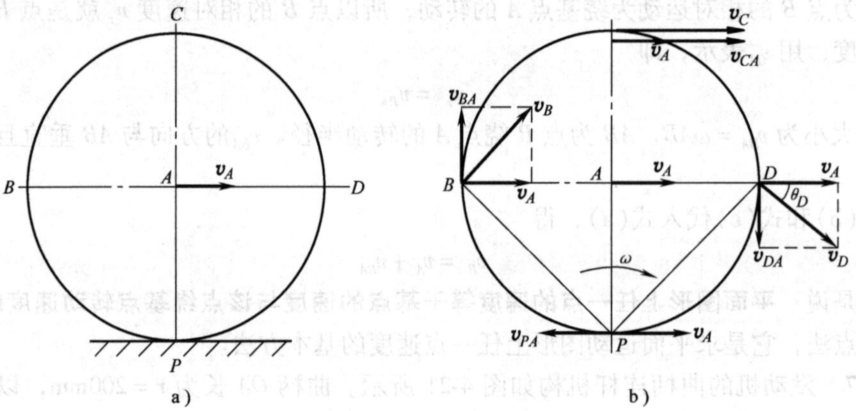

图 4-22 车轮

解 车轮作平面运动，轮心 A 的速度已知，可选点 A 为基点，用基点法分析各点速度。点 P 的速度为

$$v_P = v_A + v_{PA}$$

式中，v_A、v_P 均垂直于 AP，且方向相反(见图 4-22)，相对速度 v_{PA}的大小为

$$v_{PA} = R\omega$$

式中，ω 是未知数，它可以利用车轮作纯滚动时，轮缘与地面接触点 P 的速度为零的条件来确定，因

$$v_P = v_A - R\omega = 0$$

故 $$\omega = \frac{v_A}{R} \quad （方向为逆时针方向）$$

同理，可求出点 B、C、D 的速度分别为

$$v_B = v_A + v_{BA}$$

$$v_B = \sqrt{v_A^2 + v_{BA}^2} = \sqrt{v_A^2 + \left(\frac{v_A}{R}R\right)^2} = \sqrt{2}v_A$$

$$v_C = v_A + v_{CA}$$

$$v_C = v_A + v_{CA} = v_A + \frac{v_A}{R}R = 2v_A$$

$$v_D = v_A + v_{DA}$$

$$v_D = \sqrt{v_A^2 + v_{DA}^2} = \sqrt{v_A^2 + \left(\frac{v_A}{R}R\right)^2} = \sqrt{2}v_A$$

各速度方向如图 4-22 所示。

2. 速度投影法

根据基点法可知，同一平面图形上任意两点的速度间总存在如下关系(见图 4-22)

$$v_B = v_A + v_{BA}$$

按照矢量投影定理，将上式投影到直线 AB 上，得

$$(v_B)_{AB} = (v_A)_{AB} + (v_{BA})_{AB}$$

因为 v_{BA} 垂直于 AB，故 $(v_{BA})_{AB} = 0$，因而

$$(v_B)_{AB} = (v_A)_{AB}$$

这就是速度投影定理：同一平面图形上任意两点的速度在其连线上的投影相等。它反映了刚体上任意两点间距离保持不变的特征。应用这个定理求平面图形上任一点的速度，有时非常方便。

例 4-9 用速度投影法求解例 4-7 滑块 B 的速度。

解 如图 4-21 所示，因为点 A 的速度 v_A 的大小及方向已知，而点 B 的速度的方向已知，即沿水平方向。根据速度投影定理，即

$$(v_B)_{AB} = (v_A)_{AB}$$

得

$$v_B\cos\theta = v_A\cos0°$$

故

$$v_B = \frac{v_A}{\cos\theta} = \frac{v_A\sqrt{r^2 + l^2}}{l} = 408\text{mm/s}$$

第四节 质点动力学

一、质点的动力学基本方程

由经验可知，要改变一个物体的运动状态(即产生加速度)，必须对物体施加力。用同样大的力来推质量不同的物体，质量大的物体产生的加速度就小，而质量小的物体产生的加速度就大。它们的关系可用牛顿第二定律阐述如下：**质点受力所获得的加速度，其方向与力同向，其大小与作用力的大小成正比，与质点的质量成反比。**

设作用在质点上的力为 $\boldsymbol{F}$，质点的质量为 m，质点获得的加速度为 $\boldsymbol{a}$，牛顿第二定律可以用矢量方程表示为

$$\boldsymbol{F}=m\boldsymbol{a} \tag{4-24}$$

当质点同时受几个力作用时，方程式(4-24)中的力 $\boldsymbol{F}$ 应视为这几个力的合力。式(4-24)称为动力学基本方程。

需要指出：动力学基本方程给出了质点所受的力与质点加速度之间的瞬时关系，即任意瞬时，质点只有在力的作用下才有加速度。不受力作用(合力为零)的质点，加速度必为零。此时质点将保持原来的静止或匀速直线运动状态。古典力学认为，物体的这种保持运动状态不变的属性称为惯性。对于不同的质点，在获得相同的加速度时，质量大的质点所需施加的力大，即质点的质量越大，其惯性也越大。由此可见，质量是质点惯性的度量。

二、质量与重力的关系以及国际单位制

在地球的表面上，质量为 m 的物体，在只有重力 $\boldsymbol{W}$ 作用而自由下落时，其加速度为重力加速度 $\boldsymbol{g}$。由式(4-24)可得物体重力和质量的关系式为

$$\boldsymbol{W}=m\boldsymbol{g} \tag{4-25}$$

重力和质量是两个不同的概念。在不同地区，重力加速度稍有差异，物体的重力也略有不同。在一般计算中，可取 $g=9.8\text{m/s}^2$。而质量是物体惯性的度量，是物体的固有属性，在古典力学中，它不随物体的位置变化而改变，是一个不变的常量。

在力学的单位制中，我国采用以国际单位制为基础的法定计量单位。在国际单位制中，长度的单位是m(米)，质量的单位是kg(千克)，时间的单位是s(秒)。力的单位为导出单位，根据牛顿第二定律，力的单位是 $\text{kg}\cdot\text{m/s}^2$，称为N(牛顿)，即是使1kg质量的物体，产生 1m/s^2 的加速度所需施加力的大小为1N。对于质量为1kg的物体，它的重力就为

$$W=mg=1\text{kg}\times 9.8\text{m/s}^2=9.8\text{N}$$

我国国家标准 GB 3102.3—1986 对于表示力的量的名称规定为“重力”，而新标准 GB 3102.3—1993 则已将其改为“重量”。对物理量“重量”的定义：物体在特定参考系中获得其加速度等于当地自由落体加速度时的力。同时又指出，“重量”一词按照习惯仍可用于表示质量，但不赞成这种习惯。本书为避免混淆，表示力时均采用“重力”，而不使用“重量”一词。

三、质点的运动微分方程

设质量为 m 的质点 M，在合力 $\boldsymbol{F}$ 的作用下，以加速度 $\boldsymbol{a}$ 运动，如图4-23所示。根据动力学基本方程有

$$m\boldsymbol{a}=\boldsymbol{F} \tag{4-26}$$

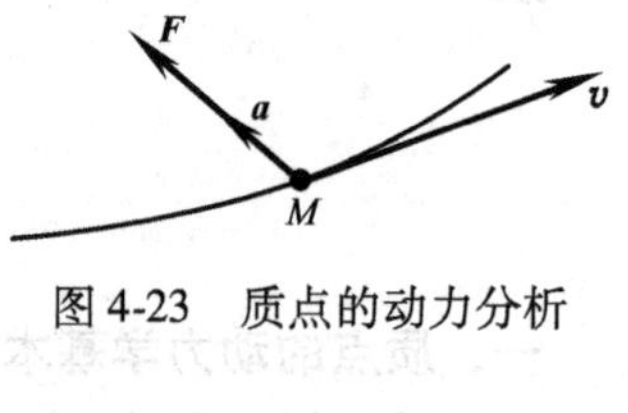

图4-23　质点的动力分析

它在自然坐标系的投影方程为

$$m\frac{\mathrm{d}^2 s}{\mathrm{d}t^2}=F_\tau,\quad m\frac{v^2}{\rho}=F_\mathrm{n}$$

它在直角坐标系的运动微分方程为

$$m\frac{\mathrm{d}^2 x}{\mathrm{d}t^2}=F_x,\quad m\frac{\mathrm{d}^2 y}{\mathrm{d}t^2}=F_y,\quad m\frac{\mathrm{d}^2 z}{\mathrm{d}t^2}=F_z$$

四、质点动力学问题的动静法

1. 惯性力的概念

当物体受到其他物体的作用而引起其运动状态发生改变时，由于它具有惯性，力图保持其原有的运动状态，因此对于施力物体有反作用力。这种反作用力称为惯性力。

例如，质量为 m 的小球用绳子系住并在水平面内作匀速圆周运动(见图4-24)，小球在绳的拉力 $\boldsymbol{F}_T$ 的作用下，产生向心的加速度 $\boldsymbol{a}_n$。由动力学基本方程可知，小球上的作用力 $\boldsymbol{F}_T = m\boldsymbol{a}_n$，称为向心力。小球由于惯性而给绳的反作用力 $\boldsymbol{F}'_T$，即为小球的惯性力。由作用与反作用公理可知，$\boldsymbol{F}'_T$ 与 $\boldsymbol{F}_T$ 大小相等、方向相反，称为离心力，故

$$\boldsymbol{F}'_T = -\boldsymbol{F}_T = -m\boldsymbol{a}_n \tag{4-27}$$

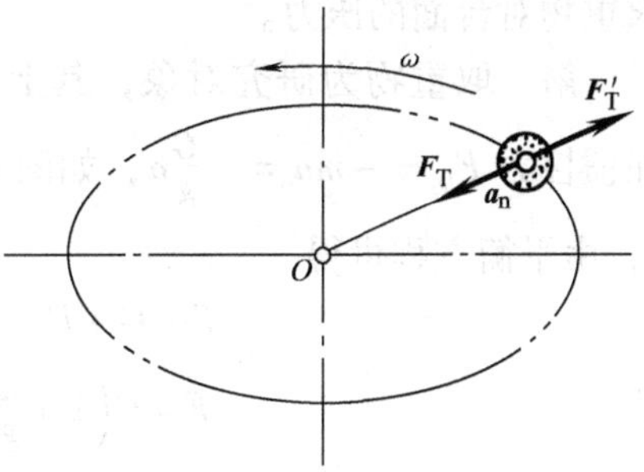

图4-24　小球的惯性力

当质点受到力的作用而产生加速度时，**质点由于惯性必然给施力物体以反作用力，该力即被称为质点的惯性力**。质点惯性力的大小等于质点的质量与其加速度的乘积，方向与加速度的方向相反，它不作用于运动质点本身，而作用于周围施力物体上。如用 $\boldsymbol{F}_Q$ 表示惯性力，则

$$\boldsymbol{F}_Q = -m\boldsymbol{a} \tag{4-28}$$

对于平动刚体，则只需设想将它的质量全部集中于其质心，这个刚体的惯性力仍可按式(4-28)计算。

2. 质点动力学问题的动静法

设一质量为 m 的质点 M，在主动力 $\boldsymbol{F}$ 和约束力 $\boldsymbol{F}_N$ 的作用下沿轨迹 AB 运动，其加速度为 $\boldsymbol{a}$(见图4-25)。根据动力学基本方程有

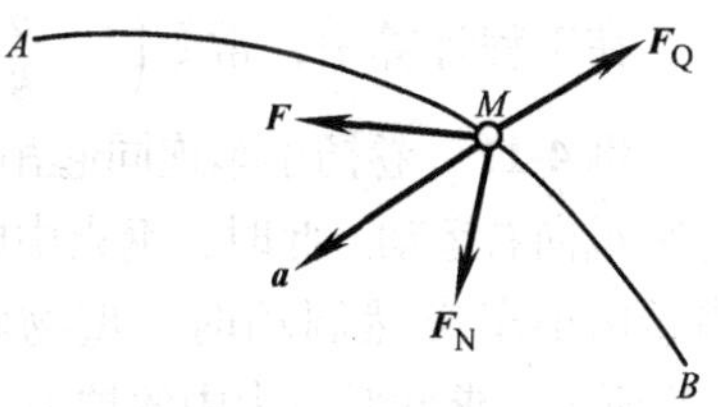

图4-25　质点的动静法

$$\boldsymbol{F} + \boldsymbol{F}_N = m\boldsymbol{a}$$

上式与式(4-28)相加，可得

$$\boldsymbol{F} + \boldsymbol{F}_N + \boldsymbol{F}_Q = 0 \tag{4-29}$$

式(4-29)表明：在质点运动的任一瞬时，作用于质点上的主动力、约束力与虚加在质点上的惯性力，在形式上组成一平衡力系。这种处理动力学问题的方法，称为动静法。

应该强调指出，质点并没有受到惯性力的作用，动静法中的“平衡力系”也是虚拟的，质点实际上处于不平衡状态。但在质点上假想地加上惯性力后，就可以将动力学的问题用静力学的理论和方法来求解。恰当地利用动静法将给解题带来很大的方便。

将式(4-29)向直角坐标轴投影，可得

$$\begin{cases} F_x + F_{Nx} + F_{Qx} = 0 \\ F_y + F_{Ny} + F_{Qy} = 0 \end{cases} \tag{4-30}$$

式中，$F_{Qx} = -ma_x$；$F_{Qy} = -ma_y$。

将式(4-29)向自然坐标轴投影，可得

$$\begin{cases} F_\tau + F_{N\tau} + F_{Q\tau} = 0 \\ F_n + F_{Nn} + F_{Qn} = 0 \end{cases} \tag{4-31}$$

式中，$F_{Q\tau} = -ma_\tau = -m\dfrac{dv}{dt}$；$F_{Qn} = -ma_n = -m\dfrac{v^2}{\rho}$。

利用动静法解题时，首先要明确研究对象，分析它所受的力，画出受力图；其次分析它的运动，确定惯性力，并虚加在质点上；最后利用静力学平衡方程去求解这个动力学问题。

例4-10　升降台以匀加速度 $\boldsymbol{a}$ 上升，台面上放置一重力为 $\boldsymbol{G}$ 的重物，如图4-26所示。

求重物对台面的压力。

解 取重物为研究对象，其上受 $\boldsymbol{G}$、$\boldsymbol{F}$ 两力作用，另虚加惯性力 $F_Q=-ma=-\frac{G}{g}a$，如图 4-26 所示。取图示坐标轴 x，由平衡方程可得

$$F-G+F_Q=0$$

故

$$F=G\left(1+\frac{a}{g}\right)$$

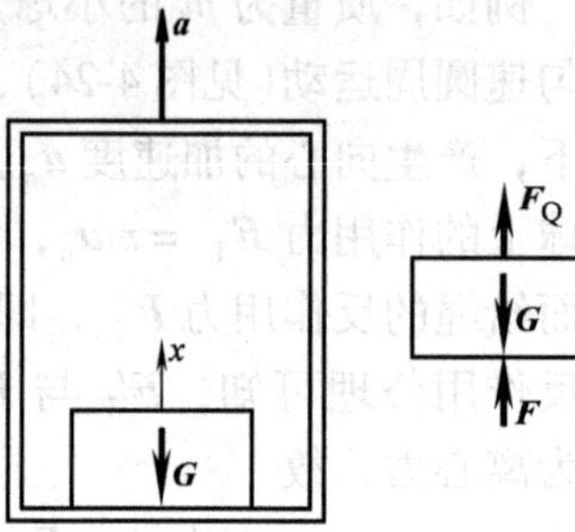

图 4-26 升降台

由此可知，重物对台面的压力为 $G\left(1+\frac{a}{g}\right)$。它由两部分组成，一部分是重物的重力 G，它是升降台处于静止或匀速直线运动时台面所受到的压力，称为静压力；另一部分为 Ga/g，它是由于物体作加速运动而附加产生的压力，即惯性力，称为附加动压力。它随着加速度的增大而增大。

在工程计算中，常令 $\left(1+\frac{a}{g}\right)=K_d$，而将 K_d 称为动荷因数，用以表示动静载荷的差别。

例 4-11 卷扬小车连同起吊重物一起沿横梁以匀速 v_0 向右运动。此时，钢索中的拉力等于重力 $\boldsymbol{G}$。当卷扬小车突然制动时，重物将向左摆动，如图 4-27所示。求此时钢索中的拉力，设钢索长为 l。

解 取自然坐标系如图 4-27 所示。重物在摆动过程中，其上作用有重力、钢索拉力。应用动静法，虚加切向与法向惯性力 $F_{Q\tau}$ 与 F_{Qn}，如图 4-27 所示。

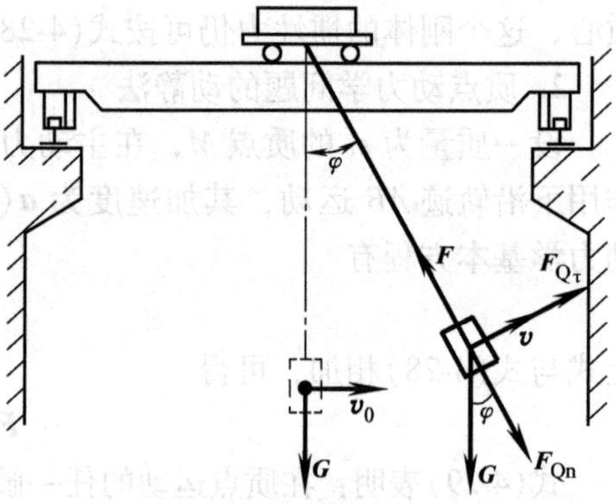

图 4-27 钢索受力分析

取 $\quad \sum F_n=0 \quad -F+G\cos\varphi+\frac{G}{g}\frac{v^2}{l}=0$

$$F=G\cos\varphi+\frac{G}{g}\frac{v^2}{l}=G\left(\cos\varphi+\frac{v^2}{gl}\right)$$

小车突然制动、重物向前摆动的瞬间 $\varphi=0$，此时钢索中的拉力为最大值

$$F=F_{max}=G\left(1+\frac{v_0^2}{gl}\right)$$

例 4-12 小物块 A 放在车的斜面上，斜面倾角为 30°(见图 4-28a)，物块 A 与斜面的摩擦因数 $f=0.2$。若车向左加速运动，试求物块不致沿斜面下滑的加速度 $\boldsymbol{a}$。

解 以小物块 A 为研究对象，并视其为质点。作物块 A 的受力图，其上作用有重力 $\boldsymbol{G}$、法向约束力 $\boldsymbol{F}_N$ 和摩擦力 $\boldsymbol{F}$。

物块随车以加速度 $\boldsymbol{a}$ 运动，其惯性力的大小为 $F_Q=(G/g)a$。将此惯性力以与 $\boldsymbol{a}$ 相反的方向加到物块上(见图 4-28b)。

取直角坐标系，建立平衡方程

$$\sum F_x=0 \quad F+F_Q\cos30°-G\sin30°=0$$

即

$$fF_N+\frac{G}{g}a\cos30°-G\sin30°=0 \tag{a}$$

$$\sum F_y=0 \quad F_N-F_Q\sin30°-G\cos30°=0$$

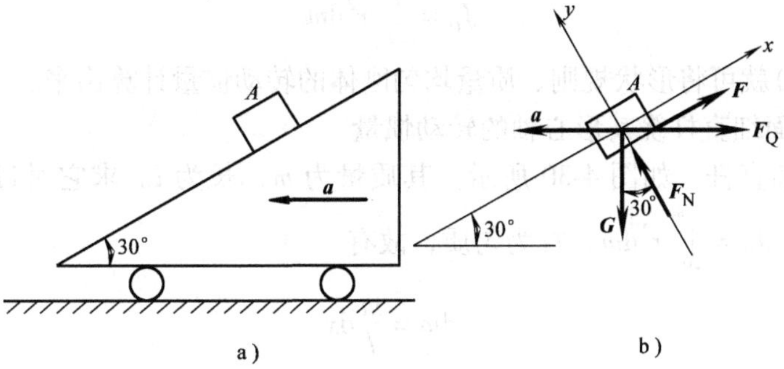

图 4-28　运动小车斜面上的物块

即

$$F_N - \frac{G}{g}a\sin30° - G\cos30° = 0 \tag{b}$$

由式(a)、式(b)联立解得

$$a = \frac{\sin30° - f\cos30°}{f\sin30° + \cos30°}g = 3.32\text{m/s}^2$$

欲使物体不沿物体下滑，必须满足 $a \geqslant 3.32\text{m/s}^2$。

第五节　刚体绕定轴转动的动力学方程

一、定轴转动刚体的动力学基本方程

设有一刚体在一力系作用下绕固定轴 O 以角加速度 α 加速转动。

取刚体上任一点 i，其质量为 m_i，作用有外力 $\boldsymbol{F}_i$，在它上面虚加 τ 向惯性力 $\boldsymbol{F}_{Qi\tau}$、法向惯性力 $\boldsymbol{F}_{Qin}$后，形成一个形式上的平衡力系(见图 4-29)，故有

$$\sum M_O = 0$$

$$M_O(\boldsymbol{F}_i) = m_i r_i^2 \alpha$$

将全部质点累计加在一起，即可得

$$\sum M_O(\boldsymbol{F}_i) = \sum m_i r_i^2 \alpha$$

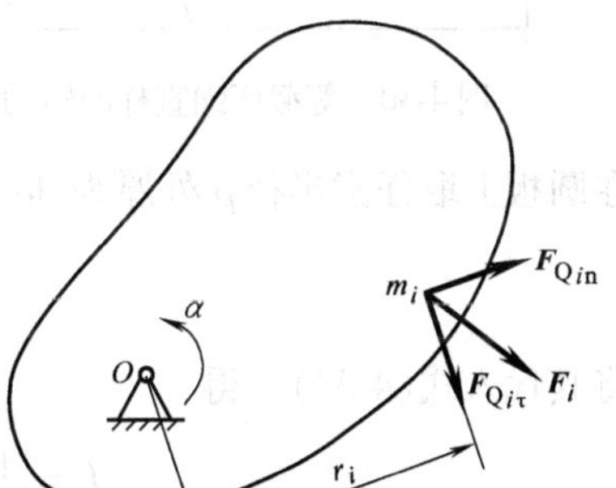

图 4-29　刚体绕定轴转动

令 $J_O = \sum m_i r_i^2$(称为刚体对轴 O 的转动惯量)，外力矩之总和用 M 替代，得

$$M = J_O \alpha \tag{4-32}$$

式(4-32)被称为**刚体绕定轴转动的动力学方程，它表明刚体绕定轴转动时，刚体对转轴的转动惯量与其角加速度的乘积，等于作用在刚体上的所有外力对转轴力矩的代数和。**

二、转动惯量

刚体绕定轴 z 的转动惯量为 $J_z = \sum m_i r_i^2$，它表明了刚体绕定轴 z 的转动时的惯性大小。从转动惯量的公式可见，影响其大小的有两个因素，**一个是它的质量大小，另一个是这些质量对转轴的分布状况，后一个因素具体反映在刚体的形状及其与转轴的相对位置上。**

$$J_O = \int_0^m r^2 \mathrm{d}m \tag{4-33}$$

利用式(4-33)就可将形状规则、质量均匀刚体的转动惯量计算出来。

1. 均质等截面细直杆绕其形心轴的转动惯量

设有等截面细直杆，如图 4-30 所示。其质量为 m，长为 l。求它对过形心轴的转动惯量。按式(4-33)，$J_O = \int_0^m r^2 \mathrm{d}m$，杆为匀质，故有

$$\mathrm{d}m = \frac{m}{l}\mathrm{d}x$$

将其代入式(4-33)，得

$$J_z = \int_0^m r^2 \mathrm{d}m = \int_{-\frac{l}{2}}^{\frac{l}{2}} x^2 \frac{m}{l}\mathrm{d}x = \frac{ml^2}{12}$$

2. 均质圆板绕圆心轴的转动惯量

设有均质薄圆板，如图 4-31 所示。其质量为 m，半径为 R。求它对圆心轴的转动惯量。

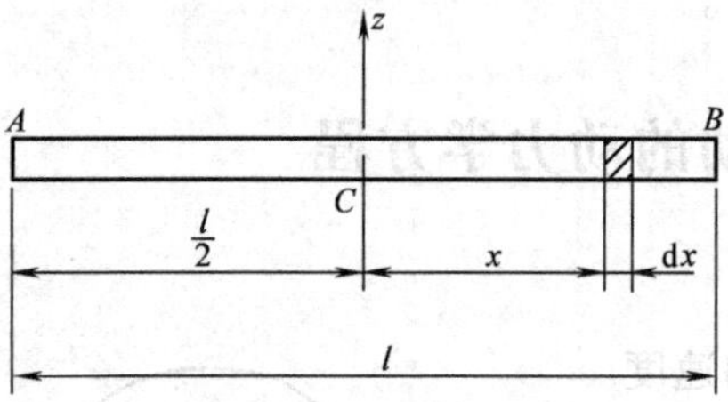

图 4-30　等截面细直杆的转动惯量

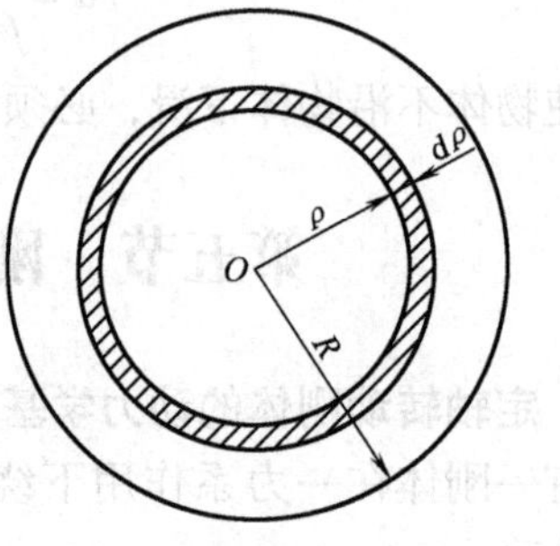

图 4-31　薄圆板的转动惯量

在圆板上取任意半径 ρ 处厚为 $\mathrm{d}\rho$ 的圆环为微元。由于圆板为匀质，故有

$$\mathrm{d}m = \frac{m}{\pi R^2}2\pi\rho\mathrm{d}\rho$$

将其代入式(4-33)，得

$$J_z = \int_0^R r^2 \mathrm{d}m = \int_0^R \rho^2 \frac{m}{\pi R^2}2\pi\rho\mathrm{d}\rho = \frac{mR^2}{2}$$

工程中几种常用简单形状均质物体的转动惯量的计算，可查表 4-2。工程中有时也把转动惯量写成刚体的总质量 m 与当量长度 ρ_z 的平方乘积的形式，即

$$J_z = m\rho_z^2 \tag{4-34}$$

式(4-34)中，ρ_z 称为刚体对于轴的回转半径。它是假想把刚体的质量集中于半径为 ρ_z 的点或圆环上，此点或圆环对于 z 轴的转动惯量在数值上等于原来刚体对于 z 轴的转动惯量。

表 4-2 仅给出了刚体对通过质心轴的转动惯量。在工程中，有时需要确定刚体对不通过质心轴的转动惯量，例如求等截面直杆 AB 对通过杆端 A 点上的横轴 z' 的转动惯量(见图 4-32)。这就需要利用如下转动惯量的平行移轴定理：刚体对于任一轴 z' 的转动惯量，等于与此轴平行的质心轴的转动惯量 J_z 加上刚体的质量与 z' 轴到质心轴 z 的距离 d 平方的乘积，即

$$J_z' = J_z + md^2 \tag{4-35}$$

例 4-13　求图 4-32 中等截面直杆 AB 对轴 z' 的转动惯量及对 z' 轴的回转半径 ρ_z'。

解 设等截面直杆的质量为 m，查表 4-2 知，直杆对质心轴的转动惯量 $J_z = ml^2/12$。根据转动惯量的平行移轴定理，直杆 AB 对 z' 轴的转动惯量为

$$J_z' = J_z + md^2$$

$$= \frac{ml^2}{12} + m\left(\frac{l}{2}\right)^2 = \frac{ml^2}{3}$$

$$\rho_z' = \sqrt{\frac{J_z'}{m}} = \frac{\sqrt{3}}{3}l$$

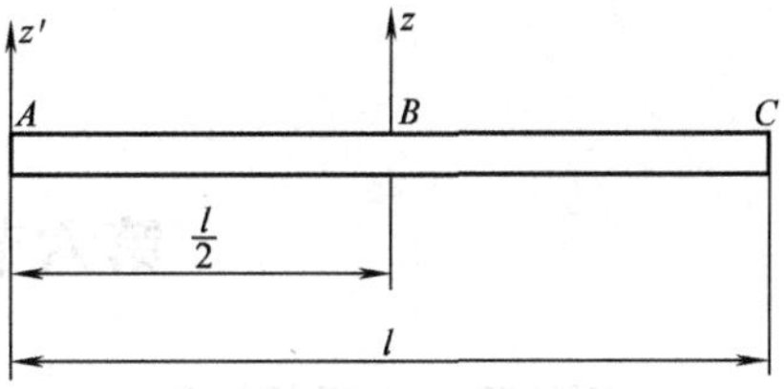

图 4-32　等截面直杆

表 4-2　简单形状均质物体的转动惯量

物体形状		转动惯量	回转半径
细长杆	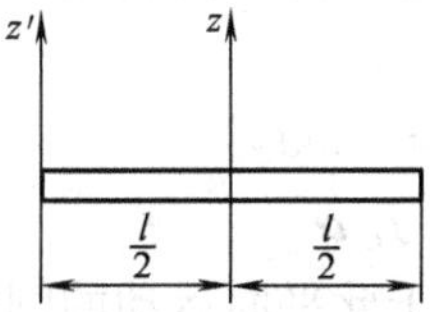	$J_z = \frac{1}{12}ml^2$ $J_z' = \frac{1}{3}ml^2$	$\rho_z = \frac{\sqrt{3}}{6}l$ $\rho_z' = \frac{\sqrt{3}}{3}l$
细圆环	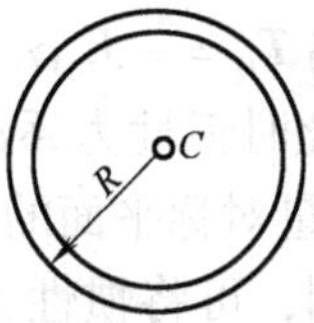	$J_C = mR^2$	$\rho_C = R$
薄圆板	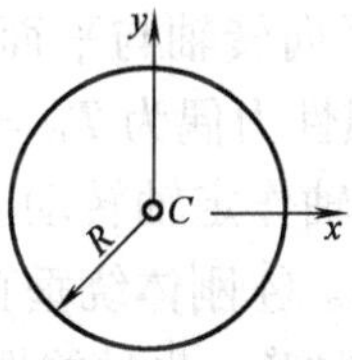	$J_C = \frac{1}{2}mR^2$ $J_x = J_y = \frac{1}{4}mR^2$	$\rho_C = \frac{\sqrt{2}}{2}R$ $\rho_x = \rho_y = \frac{1}{2}R$

例 4-14 在图 4-33 所示提升装置中，已知滚筒直径为 d，滚筒对转轴的转动惯量为 J，作用于滚筒上的主动转矩为 T，被提升重物的质量为 m。求重物上升的加速度。

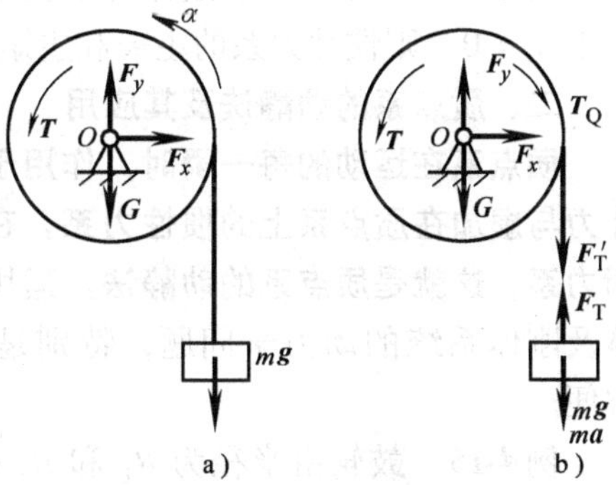

图 4-33　提升装置

解 分别取滚筒与重物为研究对象。作用于滚筒上的外力有转矩 T、绳拉力 $\boldsymbol{F}_{\mathrm{T}}$、滚筒重力 $\boldsymbol{G}$、轴承 O 处的约束力 $\boldsymbol{F}_x$、$\boldsymbol{F}_y$，及虚加的惯性力偶 $\boldsymbol{T}_{\mathrm{Q}}$（见图 4-33b），并以角加速度 α 旋转。由滚筒可列出如下方程

$$\sum M_O(\boldsymbol{F}) = 0 \quad T - T_{\mathrm{Q}} - F_{\mathrm{T}}r = 0$$

即

$$T - J\alpha - F_{\mathrm{T}}r = 0 \qquad \text{(a)}$$

由重物可列出如下方程

$$\sum F_y = 0 \quad F_{\mathrm{T}} - mg - ma = 0 \qquad \text{(b)}$$

又由运动学可知

$$a = \frac{d}{2}\alpha \qquad \text{(c)}$$

由式(a)、式(b)、式(c)联立可解出

$$a = \frac{2Td - mgd^2}{4J + md^2}$$

第六节　质点系的动静法

一、刚体惯性力系的简化

若应用静力学中力学简化的方法，将刚体上每个质点的惯性力组成的惯性力系加以简化，得到与此惯性力系等效的简化结果，则将来可直接在刚体上假想地加上此简化结果，从而省去了逐点施加惯性力的复杂过程。

下面仅讨论刚体具有质量对称平面且仅沿此面作平面运动的情况。经推导可得惯性力系的主矢 $\boldsymbol{F}_Q$ 与惯性力系对质心 C 点的主矩 $\boldsymbol{T}_Q$。

$$\boldsymbol{F}_Q = \sum \boldsymbol{F}_{Qi} = -\sum m_i \boldsymbol{a}_i = -m\boldsymbol{a}_C \tag{4-36}$$

$$T_Q = \sum M_C(\boldsymbol{F}_{Qi}) = -J_C \boldsymbol{\alpha} \tag{4-37}$$

式(4-36)、式(4-37)表明：具有质量对称平面且平行于此平面运动的刚体，惯性力系可简化为通过质心点的一个惯性力 $\boldsymbol{F}_Q = -m\boldsymbol{a}_C$ 和一个惯性力偶 $\boldsymbol{T}_Q = -J_C\boldsymbol{\alpha}$。

几种特殊情况：①刚体作平动，即 $\omega=0$、$\alpha=0$。此时惯性力系简化为一个位于质心的力，主矢 $\boldsymbol{F}_Q = -m\boldsymbol{a}_C$；主矩 $\boldsymbol{T}_Q=0$。②刚体绕垂直于质量对称平面的任一轴作定轴转动。由于刚体此时的定轴转动可以看成是上述平面运动的特例，可将惯性力系向质心 C 简化，仍得式(4-36)、式(4-37)所示的结果；也可以将惯性力系向转轴与平面的交点 O 简化，同样得到一个力和一个力偶，其中惯性力为 $\boldsymbol{F}_Q = -m\boldsymbol{a}_C$，惯性力偶为 $\boldsymbol{T}_Q = -J_C\boldsymbol{\alpha}$(读者可自行验证)。③刚体绕垂直于质量对称平面并通过质心 C 的转轴作定轴转动。由于 $a_C=0$，则惯性力系的主矢为零，刚体此时的惯性力系简化为一个力偶。④刚体绕垂直于质量对称平面的任一轴作定轴匀速转动。由于 $\alpha=0$，则惯性力系的主矩为零，此时的惯性力系简化为通过点 O 和质心 C 的一个力。⑤刚体绕垂直于质量对称平面并通过质心 C 的转轴作定轴匀速转动。由于 $a_C=0$，则惯性力系的主矢和主矩同时为零。

二、质点系的动静法及其应用

质点系在运动的每一瞬时，作用于质点系上所有的外力与虚加在质点系上的惯性力系，在形式上构成一平衡力系，这就是质点系的动静法。运用动静法来解决刚体及刚体系统的动力学问题，特别是求解约束力较为方便。

例 4-15　鼓轮由半径为 R_1 和 R_2 的两轮固连组成，它对水平固定轴 O 的转动惯量为 J_O，总重力为 $\boldsymbol{G}$。用细绳悬挂的重物 A、B 的重力分别为 $\boldsymbol{P}$ 和 $\boldsymbol{W}$($P>W$)(见图4-34)。若不计绳重及轴承摩擦，试求鼓轮的角加速度及轴承 O 的约束力。

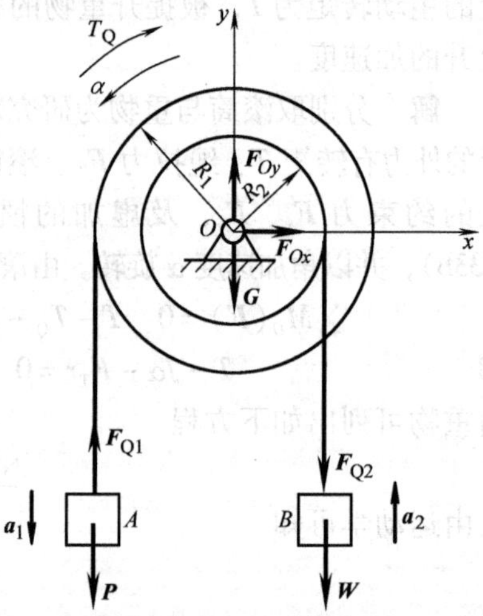

图4-34　鼓轮与重物

解　取整个系统为研究对象，系统所受的力为重力 $\boldsymbol{G}$、$\boldsymbol{P}$ 和 $\boldsymbol{W}$，约束力为 $\boldsymbol{F}_{Ox}$和 $\boldsymbol{F}_{Oy}$。

重物 A、B 作平动，鼓轮作定轴转动。设鼓轮转动

的角加速度为 α，则 A、B 重物的加速度大小分别为$a_1=R_1\alpha$，$a_2=R_2\alpha$。其虚加惯性力的大小为 $F_{Q1}=(P/g)a_1$，$F_{Q2}=(W/g)a_2$，方向与 $\boldsymbol{a}_1$ 和 $\boldsymbol{a}_2$ 相反。鼓轮的转轴通过鼓轮的质心，虚加在鼓轮上的惯性力偶矩为 $T_Q=J_O\alpha$，其转向与 α 相反。力 $\boldsymbol{G}$、$\boldsymbol{P}$、$\boldsymbol{W}$、$\boldsymbol{F}_{Ox}$、$\boldsymbol{F}_{Oy}$、$\boldsymbol{F}_{Q1}$、$\boldsymbol{F}_{Q2}$和力偶 T_Q 组成平衡力系。由静力学平衡方程

$$\sum M_A(\boldsymbol{F})=0 \quad (P-F_{Q1})R_1-(W+F_{Q2})R_2-T_Q=0$$

即

$$\left(P-\frac{P}{g}R_1\alpha\right)R_1-\left(W+\frac{W}{g}R_2\alpha\right)R_2-J_O\alpha=0$$

$$\alpha=\frac{PR_1-WR_2}{J_Og+PR_1^2+WR_2^2}g$$

$$\sum F_x=0 \quad F_{Ox}=0$$

$$\sum F_y=0 \quad F_{Oy}-G-P-W+F_{Q1}-F_{Q2}=0$$

即

$$F_{Oy}-G-P-W+\frac{P}{g}R_1\alpha-\frac{W}{g}R_2\alpha=0$$

$$F_{Oy}=G+P+W-\frac{(PR_1-WR_2)^2}{J_Og+PR_1^2+WR_2^2}$$

例 4-16 曲柄连杆机构如图 4-35 所示。曲柄 OA 长为 r，连杆 AB 长为 l，重力为 $\boldsymbol{P}$。已知在图示瞬时，连杆质心 C 的加速度为 a_{Cx}、a_{Cy}，连杆的角加速度为 α。求曲柄销 A 和滑块 B 的约束力。

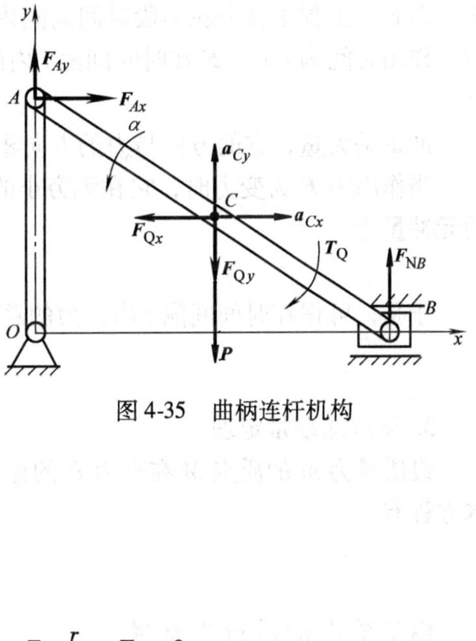

图 4-35 曲柄连杆机构

解 取连杆与滑块为研究对象。不计滑块 B 的重力，则作用在连杆上的力有 $\boldsymbol{P}$、$\boldsymbol{F}_{NB}$、$\boldsymbol{F}_{Ax}$、$\boldsymbol{F}_{Ay}$。

连杆作平面运动，惯性力系简化为通过质心的力 $\boldsymbol{F}_Q$ 和力偶 $\boldsymbol{T}_Q$。它们的方向分别如图 4-35 所示，大小为

$$F_{Qx}=\frac{P}{g}a_{Cx},\ F_{Qy}=\frac{P}{g}a_{Cy},\ T_Q=J_C\alpha$$

取直角坐标如图所示，列平衡方程

$$\sum F_x=0 \quad F_{Ax}-F_{Qx}=0$$

$$\sum F_y=0 \quad F_{Ay}+F_{NB}-P-F_{Qy}=0$$

$$\sum M_A(\boldsymbol{F})=0 \quad F_{NB}\sqrt{l^2-r^2}-(P+F_{Qy})\frac{\sqrt{l^2-r^2}}{2}-F_{Qx}\frac{r}{2}-T_Q=0$$

解得

$$F_{NB}=\frac{P}{2g}\left[g+a_{Cy}+\frac{1}{\sqrt{l^2-r^2}}\left(ra_{Cx}+\frac{l^2}{6}\alpha\right)\right]$$

$$F_{Ay}=\frac{P}{2g}\left[g+a_{Cy}-\frac{1}{\sqrt{l^2-r^2}}\left(ra_{Cx}+\frac{l^2}{6}\alpha\right)\right]$$

$$F_{Ax}=\frac{P}{g}a_{Cx}$$

第七节　动力学普遍定理

动力学基本方程及其动静法是解决动力学问题的基本方法之一，但是在实际运用中，它在各个不同方向，有些固定形式的中继形态，形成了几个动力学普遍定理，使用它们可在解决某些特定形式的动力学问题的更为直观而且简单。更何况它还形成了一些组合概念，它们不但对一些力学现象作了更为鲜活的描述，而且还为力学与其他学科的沟通提供了有利的工具。

一、质点的动量定理

1. 质点的动量

高中物理中已阐明，动量是表征质点机械运动强度的一个物理量。设质点的质量为 m，其速度为 v，则质点的动量可由质点的质量与其速度的乘积来表示，即该瞬时质点的动量为 mv。动量是矢量，它与质点的速度 v 方向相同，动量的单位是 kg · m/s。

2. 冲量

从物理中还知道，物体运动的改变，不仅取决于作用在物体上的力，而且与力所作用的时间有关。例如，杂技顶缸中的演员就是因增加头与缸之间的接触时间来降低头缸间的冲击。因此，工程中将力在一段时间间隔内作用的累积效应称为力的冲量。当作用力 $\boldsymbol{F}$ 为常力、作用时间为 t 时，$\boldsymbol{F}$ 在时间间隔 t 内的冲量 $\boldsymbol{I}$ 为

$$\boldsymbol{I}=\boldsymbol{F}t$$

冲量是矢量，它的方向与力的方向相同。冲量的单位是 N · s。

当作用力 $\boldsymbol{F}$ 为变力时，它在无穷小的时间间隔 dt 内仍可视为常量，故可得时间 dt 内力的元冲量为

$$\mathrm{d}\boldsymbol{I}=\boldsymbol{F}\mathrm{d}t$$

于是，可得在时间间隔 t 内，力的总冲量为

$$I=\int_0^t F\mathrm{d}t$$

3. 质点的动量定理

设质量为 m 的质点 M 在合力 $\boldsymbol{F}$ 的作用下运动，其速度为 v(见图 4-36)。根据动力学基本方程有

$$m\frac{\mathrm{d}v}{\mathrm{d}t}=\boldsymbol{F}$$

由于质点的质量为常量，上式亦可写成

$$\frac{\mathrm{d}}{\mathrm{d}t}(mv)=F \qquad (4\text{-}38)$$

可以看出，式中括号内为质点的动量。因此，式(4-38)表明：**质点的动量对时间的变化等于该质点所受的合力**。这就是**微分形式的质点的动量定理**。

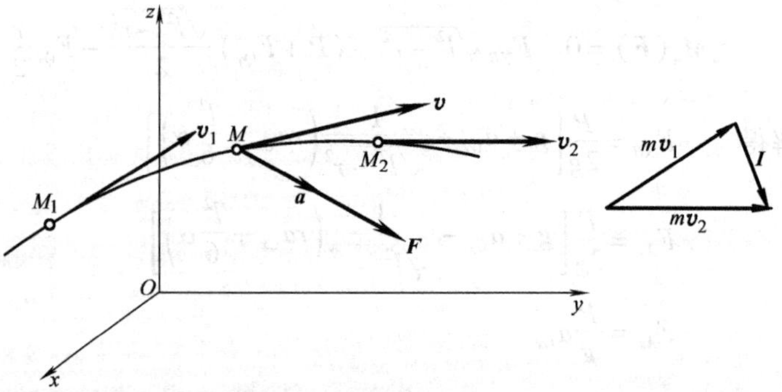

图 4-36　质点的动量定理

将式(4-38)分离变量后，两边积分可得

$$mv_2 - mv_1 = \int_{t_1}^{t_2} \boldsymbol{F}\mathrm{d}t = \boldsymbol{I} \tag{4-39}$$

式(4-39)表明：**质点的动量在任一时间间隔内的改变，等于在同一时间间隔内作用在该质点上的合力的冲量。这就是积分形式的质点的动量定理。**

二、质点系的动量定理

设质点系由 n 个质点组成；其中某质点的质量为 m_i，速度为 v_i，作用于该质点上的力有外力 $\boldsymbol{F}_i^{(e)}$ 和质点系内各质点之间相互作用的力，即内力 $\boldsymbol{F}_i^{(i)}$。由质点的动量定理，有

$$\frac{\mathrm{d}}{\mathrm{d}t}(m_i v_i) = \boldsymbol{F}_i^{(e)} + \boldsymbol{F}_i^{(i)}$$

则将各质点的动量定理相加，可得

$$\frac{\mathrm{d}}{\mathrm{d}t}(\sum m_i v_i) = \sum \boldsymbol{F}_i^{(e)} + \sum \boldsymbol{F}_i^{(i)}$$

式中，$\sum m_i v_i$ 为质点系内各质点的动量的矢量和，称为质点系的动量，并以 $\boldsymbol{p}$ 表示，则

$$\boldsymbol{p} = \sum m_i v_i$$

因为存在 $\sum m_i \boldsymbol{a}_i = m\boldsymbol{a}_C$，故有 $\sum m_i v_i = mv_C$，所以 $\boldsymbol{p} = mv_C$；又因为作用于质点系上的所有内力总是成对出现，且它们的大小相等、方向相反，所以内力的矢量和恒等于零，于是上式可简化为

$$\frac{\mathrm{d}\boldsymbol{p}}{\mathrm{d}t} = \sum \boldsymbol{F}_i^{(e)} \tag{4-40}$$

即质点系的动量对时间的变化率，等于质点系所受外力的矢量和。这就是微分形式的质点系的动量定理。

将式(4-40)两边乘以 $\mathrm{d}t$，并在时间间隔 $(t_2 - t_1)$ 内进行积分，可得

$$\boldsymbol{p}_2 - \boldsymbol{p}_1 = \sum \int_{t_1}^{t_2} \boldsymbol{F}_i^{(e)} \mathrm{d}t = \sum \boldsymbol{I}^{(e)} \tag{4-41}$$

式中，$\boldsymbol{p}_1$ 和 $\boldsymbol{p}_2$ 分别表示质点系在时间 t_1 和 t_2 的动量。

式(4-41)表明：**质点系的动量在任一时间间隔内的改变，等于在同一时间间隔内，作用在该质点系上所有外力冲量的矢量和。这就是积分形式的质点系动量定理。**

当质点系不受外力作用或作用于质点系上外力的矢量和为零，即 $\sum \boldsymbol{F}_i^{(e)} = 0$ 时，式(4-40)及式(4-41)有

$$\boldsymbol{p} = \sum m_i v_i = mv_C = \text{常矢量}$$

它表明：当作用于质点系上外力的矢量和恒等于零时，质点系的动量将保持不变。这就是质点系动量的守恒定理。

例 4-17 设作用在活塞上的合力为 $\boldsymbol{F}$，按规律 $F = 0.4mg(1 - kt)$ 变化，其中 m 为活塞的质量，$k = 1.6\mathrm{s}^{-1}$。已知 $t_1 = 0\mathrm{s}$ 时，活塞的速度 $v_1 = 0.2\mathrm{m/s}$，方向沿水平向右。试求 $t_2 = 0.5\mathrm{s}$ 时活塞的速度。

解 以活塞为研究对象。已知作用在活塞上的合力 $\boldsymbol{F}$ 随时间的变化规律及 t_2、v_1，要求 v_2，故采用积分形式的动量定理，取坐标轴 Ox 向右为正。根据式(4-39)，有

$$mv_{2x} - mv_{1x} = I_x \tag{a}$$

在给定条件下

$$I_x = \int_{t_1}^{t_2} F_x \mathrm{d}t = 0.4mg\int_{t_1}^{t_2}(1-kt)\mathrm{d}t = 0.4mg\left(t_2 - \frac{k}{2}t_2^2\right) \tag{b}$$

将式(b)及 $v_{1x}=v_1$、$v_{2x}=v_2$ 代入式(a)，得

$$m(v_2-v_1)=0.4mg\left(t_2-\frac{k}{2}t_2^2\right)$$

解得

$$v_2 = v_1 + 0.4g\left(t_2 - \frac{k}{2}t_2^2\right)$$

$$= \left[0.2+0.4\times9.8\times\left(0.5-\frac{1.6}{2}\times0.5^2\right)\right]\mathrm{m/s} = 1.38\mathrm{m/s}$$

例 4-18 有一质量 $m=10\mathrm{kg}$ 的邮包从传送带上以速度 $v_1=3\mathrm{m/s}$ 沿斜面落入一邮车内，如图 4-37 所示。已知邮车的质量 $M=50\mathrm{kg}$，原处于静止。不计车与地面间的摩擦，求邮包落入车内后，车的速度 v_2。

解 将邮包及邮车分别视为两质点，组成一质点系。由于作用于质点系上的外力在 x 轴上投影的代数和等于零，即 $\sum F_x^{(e)}=0$，所以质点系的动量在 x 轴上的投影应保持常量，即

$$mv_1\cos30° + 0 = mv_2 + Mv_2$$

得

$$v_2 = \frac{mv_1\cos30°}{m+M} = \left(\frac{10\times3\times\cos30°}{10+50}\right)\mathrm{m/s} = 0.433\mathrm{m/s}$$

三、动量矩定理

工程中，**常用动量矩的概念来表示物体绕某点(或轴)转动的运动量的大小。**

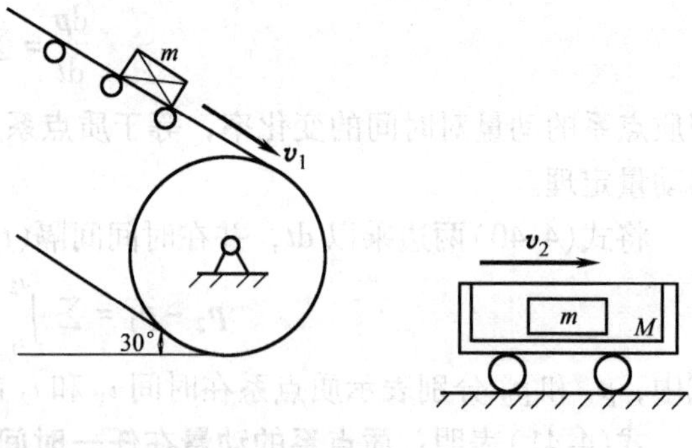

图 4-37 邮包传递

1. 质点对轴的动量矩

设有质点 M，其质量为 m，它在与轴 z 垂直的平面 N 内的速度为 v，动量为 mv(见图 4-38)，称质点的动量 mv 与质点沿速度 v 至 z 轴距离 r 的乘积为质点对固定轴 z 的动量矩，以 $M_z(mv)$ 表示，即

$$M_z(mv) = \pm mvr \tag{4-42}$$

由式(4-42)可以看出，对固定轴的动量矩是代数量。通常规定：从 z 轴的正向看去，使质点绕 z 轴作逆时针转动的动量矩为正，反之为负。图 4-38 中，质点 M 对 z 轴的动量矩为正值。在我国的法定计量单位中，动量矩的单位为 $\mathrm{kg\cdot m^2/s}$。

2. 质点系及刚体对轴的动量矩

设质点系由 n 个质点组成，称其中每一个质点对于固定轴 z 的动量矩的代数和为质点系对 z 轴的动量矩，记为 L_z，即

$$L_z = \sum M_z(mv) \tag{4-43}$$

工程中，常需计算作定轴转动的刚体对固定轴的动量矩。设刚体以匀角速度 ω 绕定轴转动，如图 4-39 所示。在刚体内任取一点 M_i，其质量为 m_i，该质点至转轴 z 的距离为 r_i，质点的速度 v_i 的大小为 $r_i\omega$，它对转轴 z 的动量矩为

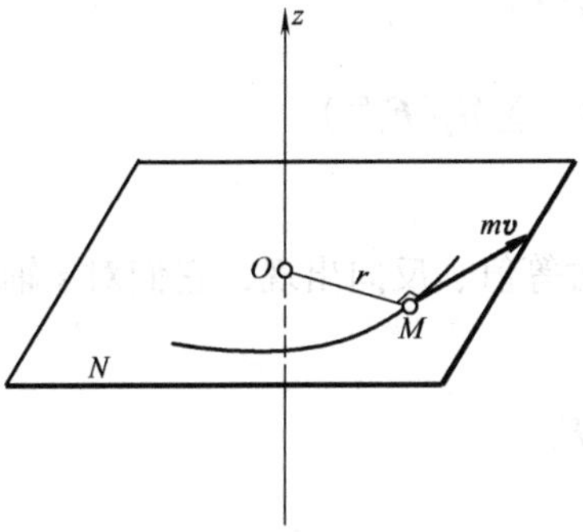

图 4-38　质点的动量矩

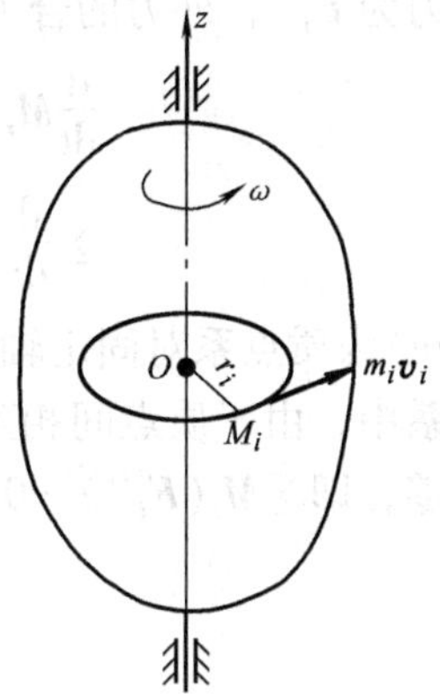

图 4-39　刚体定轴转动

$$M_z(m_i v_i) = m_i v_i r_i = m_i r_i^2 \omega$$

整个刚体对固定轴 z 的动量矩为组成刚体的各质点动量矩的代数和，即

$$L_z = \sum M_z(m_i v_i) = \omega \sum m_i r_i^2 = J_z \omega \tag{4-44}$$

式(4-44)表明：**绕定轴转动的刚体对于转轴的动量矩，等于刚体对于转轴的转动惯量与其角速度的乘积。**

3. 质点动量矩定理

设在平面内有一质点 M，此质点绕与平面 N 垂直的 z 轴作圆周运动。已知质点的质量为 m，某瞬时的速度为v，加速度为 $\boldsymbol{a}$，其动量为 mv(见图 4-40）。根据动力学基本方程$\boldsymbol{F} = m\boldsymbol{a}$，将此式向点 M 处的圆周的切线方向投影，得

$$\boldsymbol{F}_\tau = m\boldsymbol{a}_\tau$$

再将投影式两边乘以圆的半径 R，得

$$F_\tau R = m a_\tau R = m\frac{\mathrm{d}v}{\mathrm{d}t}R = \frac{\mathrm{d}}{\mathrm{d}t}(mvR)$$

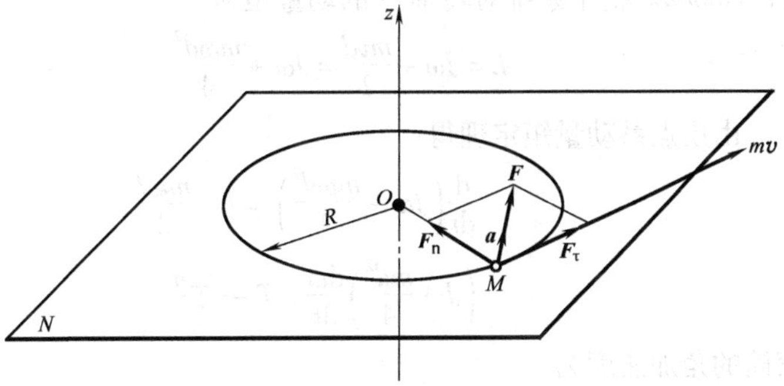

图 4-40　质点的动量矩

式中，$F_\tau R$ 表示作用于质点上的力 $\boldsymbol{F}$ 对转轴 z 之矩，mvR 表示质点的动量与它到 z 轴垂直距离的乘积，即质点对 z 轴的动量矩，表征质量点绕 z 轴转动的强度，故上式可写成

$$\frac{\mathrm{d}}{\mathrm{d}t}M_z(mv) = M_z(\boldsymbol{F}) \tag{4-45}$$

这一结论虽然是从一特例中推导出来的，但是具有普遍意义。它表明，**质点对某一固定轴的动量矩对于时间的导数，等于作用在质点上的力对同一轴之矩。这就是质点的动量矩定理。**

4. 质点系动量矩定理

设质点系由 n 个质点组成，取其中任一质点 M_i，此质点的动量为 m_iv_i，作用在该质点上内力的合力为 $\boldsymbol{F}_i^{(i)}$，外力的合力为 $\boldsymbol{F}_i^{(e)}$。由前述质点动量矩定理有

$$\frac{\mathrm{d}}{\mathrm{d}t}M_z(mv) = M_z(\boldsymbol{F}_i^{(i)}) + M_z(\boldsymbol{F}_i^{(e)})$$

$$\sum\frac{\mathrm{d}}{\mathrm{d}t}M_z(mv) = \sum M_z(\boldsymbol{F}_i^{(i)}) + \sum M_z(\boldsymbol{F}_i^{(e)})$$

式中，$M_z(mv)$为质点系对固定轴 z 的动量矩，记为 L_z。

在质点系中，由于质点间相互作用的内力总是成对等值、反向出现，它们对 z 轴力矩的代数和恒为零，即$\sum M_z(\boldsymbol{F}_i^{(i)})=0$，故上式可写成

$$\sum\frac{\mathrm{d}}{\mathrm{d}t}M_z(mv) = \sum M_z(\boldsymbol{F}_i^{(e)})$$

或

$$\frac{\mathrm{d}L_z}{\mathrm{d}t} = T_z^{(e)} \tag{4-46}$$

式(4-46)表明：**质点系对某一固定轴的动量矩对于时间的导数，等于质点系所有外力对同一轴之矩的代数和。这就是质点系的动量矩定理。**

由式(4-46)可以看出，当作用于质点系上的外力对某一固定轴之矩的代数和等于零，即$\sum M_z(\boldsymbol{F}_i^{(e)})=0$时，有

$$\sum\frac{\mathrm{d}}{\mathrm{d}t}M_z(mv) = 0$$

即

$$L_z = \sum M_z(mv) = 常量 \tag{4-47}$$

它表明：如果作用于质点系的外力对某固定轴之矩的代数和等于零，则质点系对该轴的动量矩保持不变。这就是质点系动量矩守恒定理。

例 4-19 用动量矩定理解例 4-14。

解 取滚筒与重物组成的质点系为研究对象，作用于质点系上的外力有重物的重力 mg，滚筒重力 G，轴承处的约束力 $\boldsymbol{F}_x$、$\boldsymbol{F}_y$，如图 4-41 所示，设某瞬时滚筒转动的角速度为 ω，则重物上升的速度$v=d\omega/2$。整个系统对转轴 O 的动量矩为

$$L = J\omega + \frac{mvd}{2} = J\omega + \frac{m\omega d^2}{4}$$

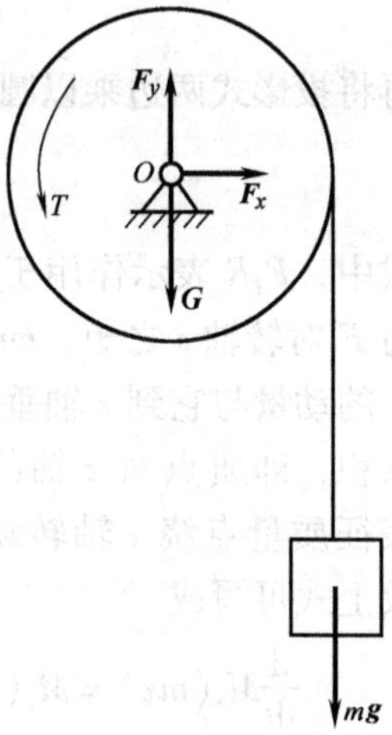

图 4-41 滚筒与重物

由质点系动量矩定理得

$$\frac{\mathrm{d}}{\mathrm{d}t}\left(J\omega + \frac{m\omega d^2}{4}\right) = T - \frac{mgd}{2}$$

$$\left(J + \frac{md^2}{4}\right)\frac{\mathrm{d}\omega}{\mathrm{d}t} = T - \frac{mgd}{2}$$

滚筒的角加速度为

$$\alpha = \frac{4T - 2mgd}{4J + md^2}$$

重物上升的加速度等于滚筒边缘上任意一点的切向加速度，故

$$a = \frac{d}{2}\alpha = \frac{2Td - mgd^2}{4J + md^2}$$

第八节　动能定理（能量法）

本节内容本应属上一节动力学普遍定理，但因其内容的重要及方法上的特殊，故单辟一节。

在以前各章中所讨论物体间的相互机械作用以及物体动量的变化，都是以矢量的形式出现的，所以有人将它称为“矢量力学”。

但是物质的运动形式是多种多样的，度量不同形式运动量的统一物理量是能量，如电能、热能等。物体机械运动的能量为机械能，它包括动能与势能。物体机械能的变化用功来度量。通过功与能的概念来研究物体的机械运动，可使它与其他运动形式联系起来，因而具有广泛的意义。同时，它还提供了一个利用标量来研究力学问题的方法，这种方法被称为能量法。能量法是一个重要的、常用的、颇具特色的方法，是工程技术人员必须深刻理解并掌握的内容。

一、力的功

在力学中，作用在物体上力的功，表征了力在其作用点的运动路程中对物体作用的累积效果，其结果是引起物体能量的改变和转化。

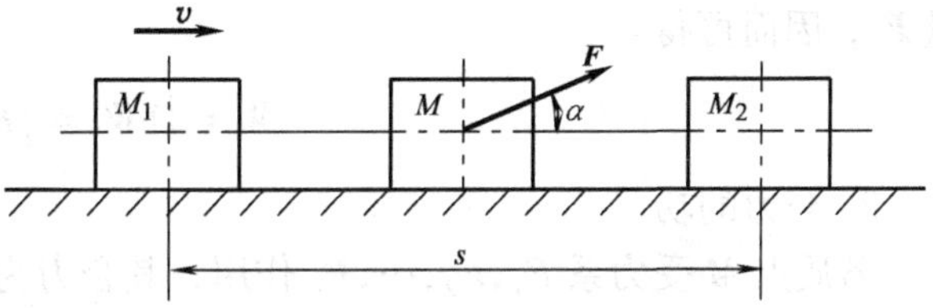

图 4-42　常力在直线运动中的功

1. 常力在直线运动中的功

设质点 M 在常力 $\boldsymbol{F}$ 作用下从 M_1 到 M_2 有一位移 s，如图 4-42 所示，则力 $\boldsymbol{F}$ 所做的功为

$$W = Fs\cos\alpha \tag{4-48}$$

式中，α 为力 $\boldsymbol{F}$ 与力的作用点的位移 s 之间的夹角。式(4-48)可写成

$$W = \boldsymbol{F} \cdot \boldsymbol{s} \tag{4-49}$$

即作用在质点上的常力沿直线路程所做的功，等于力矢与质点位移的数量积，功是代数量。

力速同向，力做正功。

力速反向，力做负功。

力速垂直，力不做功或功为零。

功的单位是 J(焦耳)，1J = 1N · m。

2. 变力在曲线运动中的功

设质点 M 在变力作用下沿曲线由 M_1 运动到 M_2，如图 4-43 所示，求变力 $\boldsymbol{F}$ 在路程 M_1M_2 中所做的功。

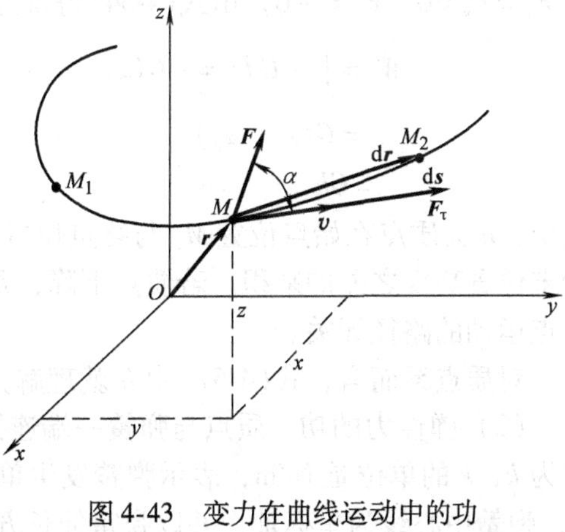

图 4-43　变力在曲线运动中的功

由于 $\boldsymbol{F}$ 是变力，因此把 M_1M_2 分成无数微小的段。在微小弧段 ds 上，力 $\boldsymbol{F}$ 可近似地看成常力，ds 也近似为直线。由式(4-48)可得力在微小弧段 ds 中的元功为

$$\delta W = F\cos\alpha \cdot \mathrm{d}s \tag{4-50}$$

式中，α 是力 $\boldsymbol{F}$ 与轨迹切向的夹角。

当 ds 足够小时，ds = d$\boldsymbol{r}$，其中 d$\boldsymbol{r}$ 是与此相对应的微小位移，则式(4-50)可写成

$$\delta W = \boldsymbol{F} \cdot \mathrm{d}\boldsymbol{r} \tag{4-51}$$

若以矢量分析式表示 $\boldsymbol{F}$ 和 d$\boldsymbol{r}$，即

$$\delta W = (F_x \boldsymbol{i} + F_y \boldsymbol{j} + F_z \boldsymbol{k}) \cdot (\mathrm{d}x\boldsymbol{i} + \mathrm{d}y\boldsymbol{j} + \mathrm{d}z\boldsymbol{k})$$

展开后可得上式的解析表达式为

$$\delta W = F_x \mathrm{d}x + F_y \mathrm{d}y + F_z \mathrm{d}z \tag{4-52}$$

变力 $\boldsymbol{F}$ 在 M_1M_2 路程上的总功，可由式(4-50)积分求得

$$W = \int \delta W = \int F\cos\alpha \mathrm{d}s \tag{4-53}$$

这是沿曲线 M_1M_2 的曲线积分，在一般情况下，其值与积分的路线有关。变力 $\boldsymbol{F}$ 在 M_1M_2 路程中的总功，也可由式(4-52)积分求得

$$W = \int (F_x \mathrm{d}x + F_y \mathrm{d}y + F_z \mathrm{d}z) \tag{4-54}$$

这是功的解析表达式。由图 4-43 与式(4-50)可知，$F\cos\alpha$ 是力 $\boldsymbol{F}$ 在轨迹切线上的投影量 $\boldsymbol{F}_\tau$，因而可得

$$W = \int \delta W = \int F_\tau \mathrm{d}s \tag{4-55}$$

3. 合力的功

若质点 M 受力系 $\boldsymbol{F}_1, \boldsymbol{F}_2, \cdots, \boldsymbol{F}_n$ 作用，其合力为 $\boldsymbol{F}_\mathrm{R}$，于是质点 M 在合力 $\boldsymbol{F}_\mathrm{R}$ 作用下沿曲线 M_1M_2 路程中的总功为

$$W = \int \boldsymbol{F}_\mathrm{R} \mathrm{d}\boldsymbol{r} = \int (\boldsymbol{F}_1 + \boldsymbol{F}_2 + \cdots + \boldsymbol{F}_n) \mathrm{d}\boldsymbol{r}$$
$$= W_1 + W_2 + \cdots + W_n = \sum W_i \tag{4-56}$$

式(4-56)表明：在任一路程中，作用于质点上合力的功等于各分力在同一路程中所做功的代数和。

4. 几种常见力的功

(1) 重力的功　设质点 M 的重力为 $\boldsymbol{G}$，沿曲线由 M_1 运动到 M_2，如图 4-44 所示，求重力所做的功。由图可知，作用在质点 M 的重力在三个坐标轴上的投影分别为 $F_x = F_y = 0$，$F_z = -G$，由式(4-54)得重力的功为

$$W = \int -G\mathrm{d}z = -G(z_2 - z_1)$$
$$= G(z_1 - z_2)$$
$$= Gh \tag{4-57}$$

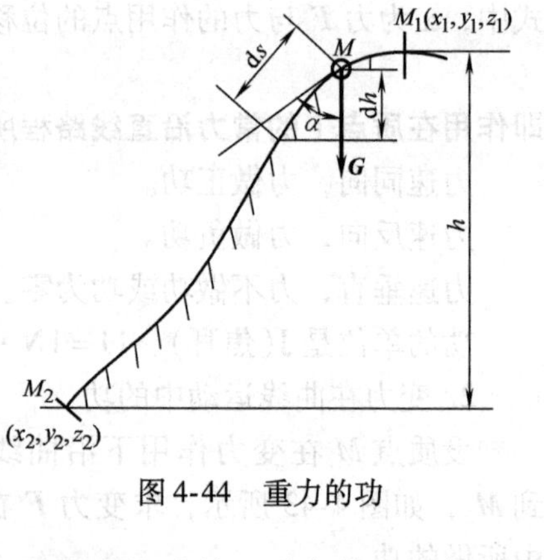

图 4-44　重力的功

式中，h 为质点在始点位置 M_1 与终点位置 M_2 的高度差，即重力的功等于质点的重力与质点始末位置高度之差的乘积。若质点下降，重力的功为正；若质点上升，重力的功为负，而与质点运动的路径无关。

对质点系而言，式(4-57)中 h 就理解为其质心始末位置之差即可。

(2) 弹性力的功　质点与弹簧一端连接，如图 4-45a 所示。设弹簧的原长为 l_0，刚度系数为 k，k 的单位是 N/m，表示弹簧发生单位变形所需的力。取自然长度的位置为坐标原点 O，弹簧中心线为坐标轴，并以弹簧伸长方向为正方向。

M 作直线运动，从 M_1 运动到 M_2，求弹性力的功。设质点位于 M 处，此时弹簧被拉长 x。根据胡克定律，在弹性极限内，弹性力与弹簧的变形成正比，即 $F = -kx$，弹性力的方向指向自然长度的 O 点，与变形方向相反。当质点 M 有一微小位移 $\mathrm{d}x$ 时，弹性力的元功为

$$\delta W = -F\mathrm{d}x = -kx\mathrm{d}x$$

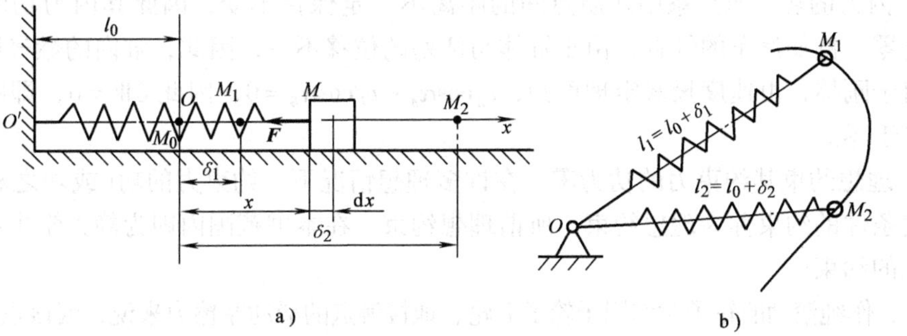

图 4-45　弹性力的功

当质点由 M_1 位置移动到 M_2，即变形(变形量 $\delta = \delta_2 - \delta_1$)的过程中，弹性力所做的功为

$$W = \int \delta W = \int -kx\mathrm{d}x = \frac{1}{2}k(\delta_1^2 - \delta_2^2) \tag{4-58}$$

式(4-58)表明：**弹性力的功等于弹簧的刚度系数与其始末位置变形的平方之差乘积的一半**。当初变形 δ_1 大于末变形 δ_2 时，弹性力的功为正，反之为负。

若弹簧端点的质点 M 作曲线运动，如图 4-45b 所示，不难证明式(4-58)仍然是适用的。由此可知，弹性力的功只和弹簧的始末变形有关，而与质点运动所经过的路径无关。

(3) 动摩擦力的功　当质点受动摩擦力作用由 M_1 运动到 M_2 时，由于动摩擦力的方向总是与质点运动的方向相反，根据摩擦定律，$F' = fF_N$，所以在一般情况下，动摩擦力的功为负，其大小与质点的运动路径有关，即

$$W = -\int fF_N \mathrm{d}s \tag{4-59}$$

(4) 作用于定轴转动刚体上力的功(即力矩的功)　设定轴转动刚体上 M 点处有一个力 $\boldsymbol{F}$，求刚体转动时力 $\boldsymbol{F}$ 所做的功。此力可分解为三个分力，如图 4-46 所示，$\boldsymbol{F}_z$ 平行于 z 轴，$\boldsymbol{F}_r$ 为垂直于转轴的径向力，$\boldsymbol{F}_\tau$ 为切于 M 点圆周运动路径的切向力。

设刚体转动 $\mathrm{d}\varphi$ 角，则 M 点的路径 $\mathrm{d}s = r\mathrm{d}\varphi$，$r$ 为 M 点离转轴的距离。由于 $\boldsymbol{F}_r$ 与 $\boldsymbol{F}_z$ 均垂直于 $\mathrm{d}s$ 不做功，故力 $\boldsymbol{F}$ 在 $\mathrm{d}s$ 上的元功为

$$\delta W = F_\tau \mathrm{d}s = F_\tau r\mathrm{d}\varphi = M\mathrm{d}\varphi$$

式中，$F_\tau r$ 是力 $\boldsymbol{F}$ 对转轴 z 的力矩 M_z。

当刚体从转角 φ_1 到 φ_2 时，力 $\boldsymbol{F}$ 所做的功为

$$W = \int M_z \mathrm{d}\varphi \tag{4-60}$$

若力矩 M_z 为常量时，有

$$W = M_z(\varphi_2 - \varphi_1) = M_z\varphi \tag{4-61}$$

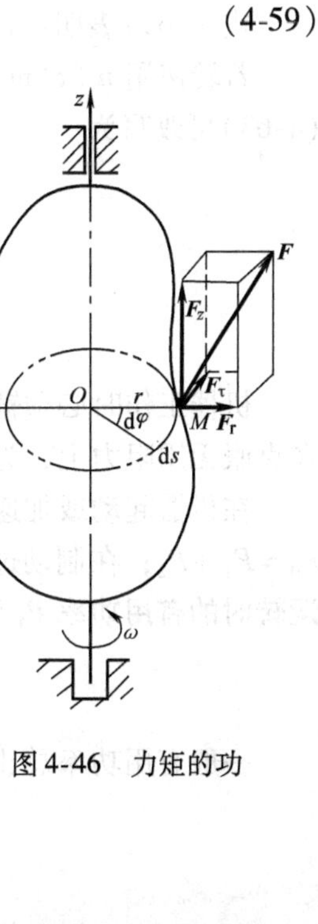

图 4-46　力矩的功

式(4-61)表明：作用于定轴转动刚体上常力矩的功，等于力矩与转角大小的乘积。当力矩与转角转向一致时，功取正值；相反时，功取负值。

如果作用在转动刚体上的是常力偶，而力偶的作用面与转轴垂直时，功的计算仍采用式(4-61)。

(5) 内力的功　质点系中两质点间的距离不一定保持不变，因此其内力功的总和一般不一定为零。例如汽车的气缸，由于缸体与活塞的位移不一，因此，缸内的燃气压力是做功的。但对于刚体，由速度投影定理可知，$v_A\cos\alpha_A - v_B\cos\alpha_B = 0$，因此 $\delta W = 0$，即刚体内力的功之和等于零。

(6) 理想约束其约束力的功为零　在许多理想情况下，约束力的功(或功之和)等于零，合乎上述条件的约束称为理想约束。所谓理想约束，在本书范围内即为静力学中已介绍过的不计摩擦的约束。

另外，作纯滚动的轮子对作用于轮子上轮、地接触点的滑动摩擦力来说，因该点为瞬心，其速度为零，任何瞬时无微位移，故其功为零。但若计滚阻力矩，因有转角，它是做功的。

二、功率与机械效率

力在单位时间内做的功称为功率。它是衡量力学性能的一项重要指标。

设作用于质点上的力为 $\boldsymbol{F}$，在 $\mathrm{d}t$ 时间内力 $\boldsymbol{F}$ 的元功为 δW，质点速度为 v，则功率 P 可表示为

$$P = \frac{\delta W}{\mathrm{d}t} = \boldsymbol{F} \cdot \frac{\mathrm{d}\boldsymbol{r}}{\mathrm{d}t} = \boldsymbol{F} \cdot v = F_\tau v \tag{4-62}$$

式(4-62)表明：作用于质点上力的功率，等于力在速度方向上的投影与速度的乘积。

功率的单位是 W(瓦特)，$1\mathrm{W} = 1\mathrm{J/s}$。

如果功是用力矩或力偶矩计算的，由元功表达式 $\delta W = M\mathrm{d}\varphi$ 的关系式有

$$P = \frac{\delta W}{\mathrm{d}t} = \frac{M\mathrm{d}\varphi}{\mathrm{d}t} = M\omega \tag{4-63}$$

式(4-63)表明：转矩的功率等于转矩与物体转动的角速度的乘积。

若转速用 n (r/min)、功率用 P (kW) 表示，力偶或力偶矩用 M (N · m) 表示，则式(4-63)可改写为

$$P = \frac{M\omega}{1000} = \frac{M\left(\frac{\pi n}{30}\right)}{1000} = \frac{Mn}{9550}$$

$$M = 9550\,\frac{P}{n} \tag{4-64}$$

机器工作时必须输入一定的功率 P_0，输入的功率一部分为有用功率 P_1，另一部分消耗在克服无用阻力上，为无用功率 P_2。

在机器起动或加速转动时，要求 $P_0 > P_1 + P_2$；当机器正常运转时(一般为匀速转动)，$P_0 = P_1 + P_2$；在制动过程中，机器作减速转动，$\mathrm{d}E_\mathrm{k}/\mathrm{d}t < 0$，这时 $P_0 < P_1 - P_2$。**机器在稳定运转时的有用功率 P_1 和输入功率 P_0 之比，称为机械效率**，用 η 表示，即

$$\eta = \frac{P_1}{P_0} \tag{4-65}$$

一般有用功率总比输入功率小，所以 $\eta < 1$；若 η 接近 1，则意味着机器的工作性能好。

因此，机械效率说明机器对输入功率的有效利用程度，是评价机器质量好坏的指标之一。

如 $\eta=0$，则机械处于自锁状态。

例 4-20 在车床上车削直径 $d=0.18\mathrm{m}$ 的工件，主轴的转速 $n=960\mathrm{r/min}$，如图 4-47 所示。车床主轴的转矩 $M=27\mathrm{N\cdot m}$，车床传动的效率 $\eta=0.8$。求切削力和电动机的输出功率。

解 先求切削力

$$F=\frac{2M}{d}=\frac{2\times27\mathrm{N\cdot m}}{0.18\mathrm{m}}=300\mathrm{N}$$

再求切削时消耗的有用功率

$$P_1=\frac{Mn}{9550}=\frac{27\times960}{9550}\mathrm{kW}=2.71\mathrm{kW}$$

电动机的输出功率(即车床的输入功率)为

$$P_0=\frac{P_1}{\eta}=\frac{2.71}{0.8}\mathrm{kW}\approx3.4\mathrm{kW}$$

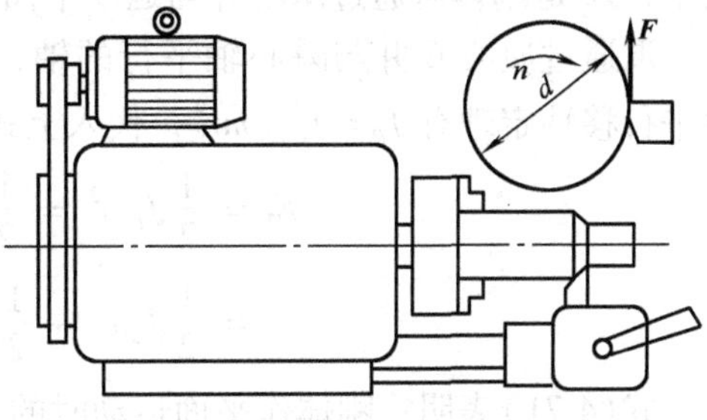

图 4-47 车削零件

三、动能

一切运动的物体都具有一定的能量。飞行的子弹能穿透钢板，运动的锻锤可以改变锻件的形状。物体由于机械运动所具有的能量称为动能。

1. 质点的动能

设质量为 m 的质点，某瞬时的速度为 v，则质点的质量与其速度平方乘积的一半，称为质点在该瞬时的动能，以 E_k 表示，即

$$E_k=\frac{1}{2}mv^2 \tag{4-66}$$

由式(4-66)可知，动能是一个永为正值的标量，其单位与功的单位相同。

2. 质点系的动能

质点系内各质点动能的总和称为质点系的动能。设质点系由 n 个质点组成，其中第 i 个质点的质量为 m_i，瞬时速度为 v_i，则质点系的动能为

$$E_k=\sum\frac{1}{2}m_iv_i^2 \tag{4-67}$$

刚体是不变质点系，其动能可用式(4-67)进行计算。由于刚体运动形式不同，其动能的计算公式亦不同，现分述如下。

(1) 刚体作平动时的动能　刚体平动时，其内各质点的瞬时速度都相同，由式(4-67)可得

$$E_k=\sum\frac{1}{2}m_iv_i^2=\sum\frac{1}{2}m_iv_C^2=\frac{1}{2}mv_C^2 \tag{4-68}$$

式(4-68)表明：刚体作平动时的动能，等于刚体的质量与其质心速度平方乘积的一半。

(2) 刚体绕固定轴转动时的动能　设刚体绕固定轴 z 转动，某瞬时的角速度为 ω，若刚体内任一质点的质量为 m_i，离 z 轴的距离为 r_i，速度 $v_i=r_i\omega$，则刚体的动能为

$$E_k=\sum\frac{1}{2}m_iv_i^2=\sum\frac{1}{2}m_ir_i^2\omega^2=\frac{1}{2}J_z\omega^2 \tag{4-69}$$

式(4-69)表明：刚体绕固定轴转动时的动能，等于刚体对转轴的转动惯量与角速度平方乘积的一半。

(3) 刚体作平面运动时的动能　设作平面运动的刚体的质量为 m，在某瞬时的速度瞬心为 P，质心为 C，角速度为 ω，此时可视刚体绕瞬心轴转动，则刚体的动能为

$$E_k = \frac{1}{2}J_P\omega^2 \tag{4-70}$$

式中，J_P 是刚体对通过瞬心并与运动平面垂直轴的转动惯量。

取通过质心 C 并与瞬心轴平行的轴，刚体对质心轴的转动惯量为 J_C，两轴距离为 r_C。由平行移轴定理有 $J_P = J_C + mr_C^2$，代入上式，得

$$E_k = \frac{1}{2}J_P\omega^2 = \frac{1}{2}(J_C + mr_C^2)\omega^2$$

$$= \frac{1}{2}J_C\omega^2 + \frac{1}{2}mr_C^2\omega^2 = \frac{1}{2}mv_C^2 + \frac{1}{2}J_C\omega^2 \tag{4-71}$$

式(4-71)表明：刚体作平面运动时的动能，等于随质心平动的动能与相对于质心转动动能之和。

例 4-21　质量为 m 的滚子 A 在倾角为 α 的斜面作纯滚动，滚子借绳子跨过滑轮 B 连接质量为 m_1 的物体，如图 4-48 所示。滚子与滑轮质量相等，半径相同，皆为均质圆盘。此瞬时物体的速度为 v，绳不可伸长，质量不计，求系统的动能。

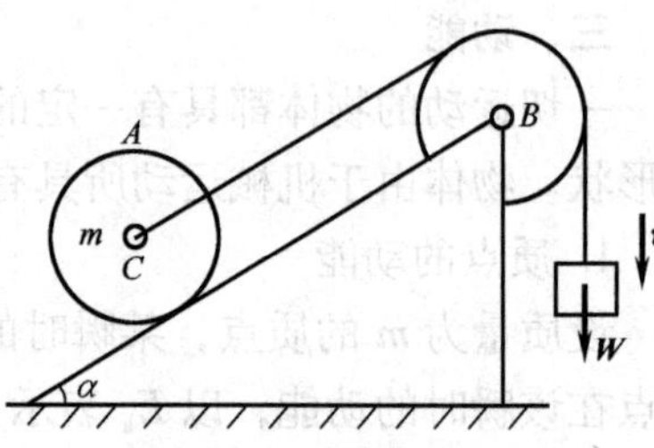

图 4-48　斜面滑轮(一)

解　取系统为研究对象，其中重物平动，滑轮定轴转动，滚子作平面运动，系统的动能为

$$E_k = \frac{1}{2}m_1v^2 + \frac{1}{2}J_B\omega^2 + \frac{1}{2}mv_C^2 + \frac{1}{2}J_C\omega^2$$

根据运动学关系，有 $v_C = v$，$v_C = r\omega$，代入得

$$E_k = \frac{1}{2}m_1v^2 + \frac{1}{2}\times\frac{1}{2}mr^2\frac{v^2}{r^2} + \frac{1}{2}mv^2 + \frac{1}{2}\times\frac{1}{2}mr^2\frac{v^2}{r^2}$$

$$= \left(\frac{1}{2}m_1 + m\right)v^2$$

例 4-22　均质细长杆长为 l，质量为 m，与水平面夹角 $\alpha = 30°$。已知端点 B 的瞬时速度为 v_B，如图 4-49 所示。求杆 AB 的动能。

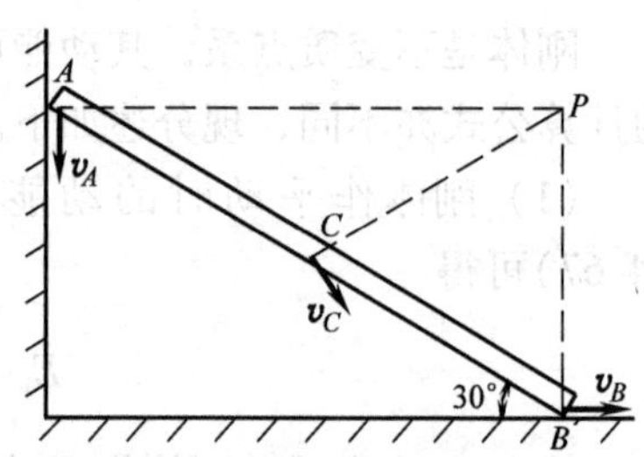

图 4-49　滑杆的动能

解　杆作平面运动，瞬时速度中心为 P，杆的角速度为 $\omega = v_B/PB = 2v_B/l$，其质心速度为 $v_C = \omega l/2 = v_B$，则杆的动能为

$$E_k = \frac{1}{2}mv_C^2 + \frac{1}{2}J_C\omega^2 = \frac{1}{2}mv_B^2 + \frac{1}{2}\left(\frac{1}{12}ml^2\right)\left(4\frac{v_B^2}{l^2}\right)$$

$$= \frac{2}{3}mv_B^2$$

此题也可用 $E_k = \frac{1}{2}J_P\omega^2$ 进行计算，其中 $J_P = J_C + m(PC)^2$。

四、动能定理

1. 质点的动能定理

设质量为 m 的质点 M 在力 $\boldsymbol{F}$ 作用下作曲线运动，由 M_1 运动到 M_2，速度由 v_1 变为 v_2，由运动学基本方程，有

$$m\frac{\mathrm{d}\boldsymbol{v}}{\mathrm{d}t}=\boldsymbol{F}$$

等式两边分别标量积 $\mathrm{d}\boldsymbol{r}$，得

$$m\frac{\mathrm{d}\boldsymbol{v}}{\mathrm{d}t}\cdot\mathrm{d}\boldsymbol{r}=\boldsymbol{F}\cdot\mathrm{d}\boldsymbol{r}$$

也可写成

$$m\boldsymbol{v}\cdot\mathrm{d}\boldsymbol{v}=\boldsymbol{F}\cdot\mathrm{d}\boldsymbol{r}$$

而 $m\boldsymbol{v}\cdot\mathrm{d}\boldsymbol{v}=\frac{m}{2}\mathrm{d}(\boldsymbol{v}\cdot\boldsymbol{v})=\mathrm{d}\left(\frac{m}{2}v^2\right)$，代入上式，有

$$\mathrm{d}\left(\frac{1}{2}mv^2\right)=\delta W \tag{4-72}$$

式(4-72)表明：质点动能的微分等于作用于质点上力的功，这就是质点动能定理的微分形式。将式(4-72)沿曲线 M_1M_2 积分，得

$$\int\mathrm{d}\left(\frac{1}{2}mv^2\right)=\int\delta W$$

即

$$\frac{1}{2}mv_2^2-\frac{1}{2}mv_1^2=W \tag{4-73}$$

式(4-73)表明：**在任一路径中质点动能的变化，等于作用于在质点上的力在同一路径中所做的功，这就是质点动能定理的积分形式。**

在动能定理中，包含质点的速度、运动的路程和力，可用来求解与质点速度、路程有关的问题，也可用来求解加速度的问题。它是标量方程，求解动力学问题时可回避矢量运算，故比较方便。

例 4-23 为测定车辆运动阻力因数 K(K 为运动阻力 $\boldsymbol{F}$ 与正压力之比)，将车辆从斜面 A 处无初速度地任其自滑。车辆滑到水平面后继续运行到 C 处停止。如已知斜面长度为 l，高度为 h，斜面(在水平面上)的投影长度为 s'，水平面上车辆的运行距离为 s，斜面倾角为 α，如图 4-50 所示。求车辆运动时的阻力因数 K 值。

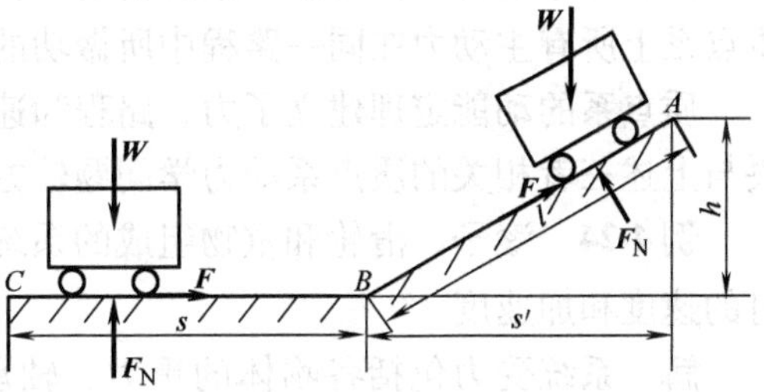

图 4-50 测定车辆运动阻力因数 K

解 车辆由静止开始，$E_{k1}=0$，运行到 C 处停止，末动能 $E_{k2}=0$。运行中受到重力 $\boldsymbol{W}$、法向约束力 $\boldsymbol{F}_N$ 和摩擦力(运行阻力)$\boldsymbol{F}$ 的作用。根据动能定理，有

$$0-0=Wh-KW\cos\alpha\cdot l-KWs$$

即

$$Wh-KWs'-KWs=0$$

解得

$$K=\frac{h}{s'+s}$$

2. 质点系的动能定理

质点动能定理可以推广到质点系。设质点系由 n 个质点组成，系内任一质点的质量为 m_i，某瞬时速度为 v_i，所受外力的合力为 $\boldsymbol{F}_i^{(e)}$，内力的合力为 $\boldsymbol{F}_i^{(i)}$。当质点有微小位移 $\mathrm{d}\boldsymbol{r}$ 时，由质点的动能定理的微分形式得

$$\mathrm{d}\left(\frac{1}{2}m_i v_i^2\right) = \delta W_i^{(e)} + \delta W_i^{(i)}$$

式中，$\delta W_i^{(e)}$ 和 $\delta W_i^{(i)}$ 表示作用于该质点上的外力和内力的元功。质点系中各个质点皆可写出这种方程，相加得

$$\sum \mathrm{d}\left(\frac{1}{2}m_i v_i^2\right) = \sum \delta W_i^{(e)} + \sum \delta W_i^{(i)}$$

或

$$\mathrm{d}\sum\left(\frac{1}{2}m_i v_i^2\right) = \sum \delta W_i^{(e)} + \sum \delta W_i^{(i)}$$

即

$$\mathrm{d}E_{\mathrm{k}} = \sum \delta W_i^{(e)} + \sum \delta W_i^{(i)} \tag{4-74}$$

式(4-74)表明：质点系动能的微分等于作用于质点系上的所有外力和内力元功的代数和，这就是质点系动能定理的微分形式。将式(4-74)积分得

$$E_{\mathrm{k2}} - E_{\mathrm{k1}} = \sum W_i^{(e)} + \sum W_i^{(i)} \tag{4-75}$$

式(4-75)表明：**质点系的动能在任一路程中的变化，等于作用在质点系上所有外力和内力在同一段路程中所做功的代数和。**

由于质点系内力功的总和在一般情况下不一定等于零，因此将作用于质点系上的力分为主动力和约束力，则质点系的动能定理可写成

$$\mathrm{d}E_{\mathrm{k}} = \sum \delta W_F + \sum \delta W_N$$

$$E_{\mathrm{k2}} - E_{\mathrm{k1}} = \sum W_F + \sum W_N$$

式中，$\sum W_F$ 和 $\sum W_N$ 分别表示作用于质点系的所有主动力和约束力在路程中做功的代数和。

对于理想约束，其 $\sum W_N = 0$，故动能定理的积分形式可写成

$$E_{\mathrm{k2}} - E_{\mathrm{k1}} = \sum W_F \tag{4-76}$$

式(4-76)表明：在理想约束的情况下，质点系的动能在任一路程中的变化，等于作用在质点系上所有主动力在同一路程中所做功的代数和。

质点系的动能定理建立了力、路程和速度之间的关系，且不是矢量方程。应用此定理解决与上述三者相关的质点系动力学问题较方便。

例 4-24 滚子、滑轮和重物组成的系统见例 4-21，求系统由静止开始到重物下降 h 高度时的速度和加速度。

解 系统受力包括各物体的重力、轴承的约束力以及斜面对滚子的法向约束力及摩擦力，如图 4-51 所示。在理想约束情况下，约束力的功为零。滚子作纯滚动，它与斜面接触处为速度瞬心、约束力的功为零，系统只有重物及滚子的重力做功，总功为

$$\sum W_F = m_1 gh - mgh\sin\alpha$$

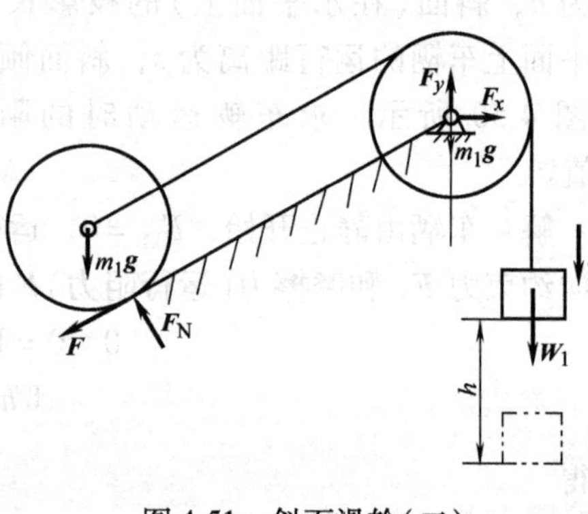

图 4-51 斜面滑轮(二)

系统的动能在例 4-21 中已求得，代入质点系的动能

定理有

$$\left(\frac{1}{2}m_1+m\right)v^2=m_1gh-mgh\sin\alpha$$

解得
$$v=\sqrt{\frac{2gh(m_1-m\sin\alpha)}{m_1+2m}}$$

求重物的加速度，可将动能定理两边对时间 t 求一阶导数，得

$$\left(\frac{1}{2}m_1+m\right)2va=(m_1g-mg\sin\alpha)v$$

解得
$$a=\frac{m_1g-mg\sin\alpha}{m_1+2m}$$

小　　结

一、运动学部分

本章运动学部分主要介绍了研究点和刚体运动学的两种基本方法。

1. 用数学分析的工具去描述点与刚体基本运动的全过程(这在对工程问题进行理论分析时是非常有用的)

(1) 点的运动

运　动　量	自　然　法	直角坐标法
位移	轨迹加运动方程 $s=f(t)$	$x=f_1(t)$ $y=f_2(t)$
速度(m/s)	$v=\frac{ds}{dt}\boldsymbol{\tau}$	$v=\frac{dx}{dt}\boldsymbol{i}+\frac{dy}{dt}\boldsymbol{j}$
加速度(m/s^2)	$\boldsymbol{a}=a_\tau\boldsymbol{\tau}+a_n\boldsymbol{n}$ $a_\tau=\frac{dv}{dt}\boldsymbol{\tau}$，$a_n=\frac{v^2}{\rho}\boldsymbol{n}$	$\boldsymbol{a}=\frac{d^2x}{dt^2}\boldsymbol{i}+\frac{d^2y}{dt^2}\boldsymbol{j}$

(2) 刚体的基本运动

1) 刚体的平动

定义：刚体在运动过程中，其上任一直线始终与其原来位置保持平行。

结论：刚体上各点具有形状相同的轨迹，且瞬时刚体上各点具有相等的速度与加速度，因此研究刚体的运动就回归到研究刚体上任一点的运动。

2) 刚体绕定轴的转动

运　动　量	方　　程	运　动　量	方　　程
角位移(rad)	$\varphi=f(t)$	角加速度(rad/s^2)	$\alpha=\frac{d\omega}{dt}$
角速度[rad/s(r/min)]	$\omega=\frac{d\varphi}{dt}$		

刚体绕定轴转动时的角量与其任一点线量之间的关系为

$$s=r\varphi,\ v=r\omega,\ a_\tau=r\alpha,\ a_n=r\omega^2$$

2. 用几何法建立一些构件在特定位置上某些特殊点的瞬时的运动状态(本法对了解工程情况与工程设计有极其重要的实用意义)

（1）点的合成运动

讨论一个动点在两种坐标系间而形成三种运动间的关系。

1）三种运动：

绝对运动——动点相对于静参考系的运动；

相对运动——动点相对于动参考系的运动；

牵连运动——动系上牵连点相对于静参考系的运动。

2）点的速度合成定理 $v_a = v_e + v_r$

（2）刚体的平面运动

1）平面运动先简化成平面图形的运动，再进而用合成运动的方法将平面图形的平面运动视为随基点的平动和绕基点的转动的合成，选择不同的基点会有不同的平动，但转动部分与基点的不同选择无关。

2）基点法 $v_B = v_A + v_{BA}$

3）速度投影法，刚体上任二点在其连线上的投影始终相等，即

$$(v_B)_{AB} = (v_A)_{AB}$$

二、动力学部分

本章动力学部分主要介绍了动力学基本方程及分析这类问题的主要方法——动静法。

动静法就是在不平衡的质点或质点系上虚加惯性力或惯性力系，利用静力学的平衡方程来求解。

质点的惯性力为 $\boldsymbol{F}_Q = -m\boldsymbol{a}$

质点系惯性力可用质心替代的惯性力主矢为 $\boldsymbol{F}_{QC} = -M\boldsymbol{a}_C$

惯性力主矩为 $T_Q = -J\alpha$

除了基本方程外，还简介了动力学普遍定理，这些定理的实质是动力学基本方程在积分过程中各种不同形式的中继形态，但它们找出了一系列由基本量组成的复合量如动量、动量矩、转动惯量、动能、功、功率、冲量、冲量矩等与工程问题密切相关的力学量及其联系，对某些问题，在应用上更加简洁明了。在使用中，如何选择不同的定理，可将题目中的有关物理量符号列出，再与普遍定理公式相对照，合则用，不合则去之。

反观全程，动力学基本方程几乎包容了动力学乃至理论力学的全部内容。

思 考 题

4-1 切向加速度和法向加速度的物理意义是什么？在运动过程中，若动点的切向加速度和法向加速度为下列四种情况：1) $a_\tau = 0$，$a_n = 0$；2) $a_\tau \neq 0$，$a_n = 0$；3) $a_\tau = 0$，$a_n \neq 0$；4) $a_\tau \neq 0$，$a_n \neq 0$。问动点作何种运动？

4-2 试指出图 4-52 中所示的点作曲线运动时，哪些是加速运动？哪些是减速运动？又有哪些是不可能实现的运动？

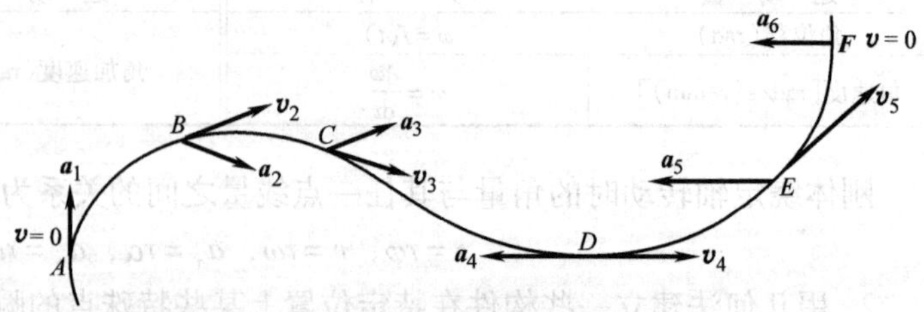

图 4-52 曲线运动

4-3 点作直线运动，某瞬时其速度 $v = 2\text{m/s}$，此时它的加速度是否为 $a = \frac{dv}{dt} = 0$，为什么？若其速度为

0，其加速度是否为零？

4-4　刚体绕定轴转动时，转轴是否一定通过物体本身？汽车在十字路口的圆形环行路上行驶时，车厢的运动是平动还是转动？

4-5　如图4-53所示，悬挂重物的绳绕在鼓轮上，设轮上点A和绳上点B在切点接触。当重物上升时，点A和B的加速度是否一样，当重物下降时，点A、B的加速度又是否相同？

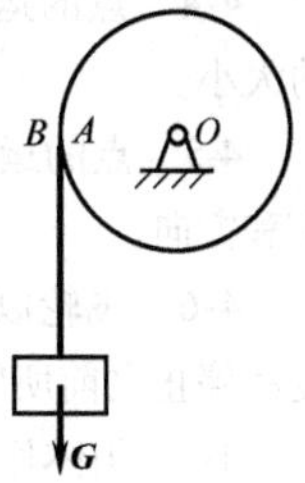

图4-53　悬挂重物

4-6　为什么平面运动刚体的转动角速度与基点的选择无关，又为什么它的平动速度却与基点选择有关？

4-7　图4-54所示为四连杆机构，在某瞬时A、B两点的速度大小相同，方向也相同。试问AB板的运动是否为平动？

4-8　何谓质量？何谓重力？重量和它们有何异同？

4-9　惯性力实际作用于何处？

4-10　内力不能改变质点系质心的运动，但汽车好像是靠发动机而开动的，如何解释？最终汽车是靠什么力前进的？

4-11　物体对通过体内的一组平行轴中哪一根轴的转动惯量最小？

4-12　有两个半径与质量相同的圆筒和圆柱，同时从一斜面无滑动地滚下，问哪个先到底？

4-13　如图4-55所示，在同一高度，以不同仰角抛出初速度均为v_0、质量都相等的质点。不计空气阻力，当它们落到同一水平面时，其速度的大小是否相等？

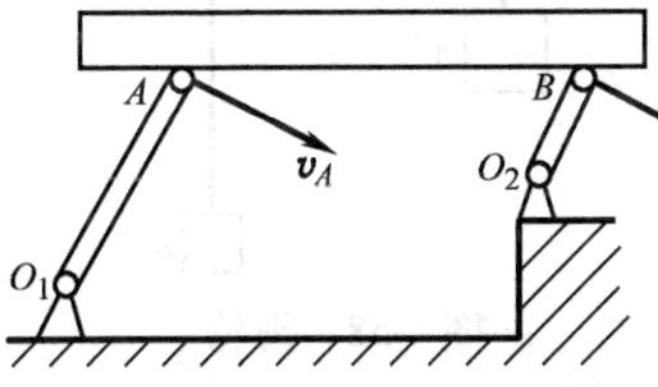

图4-54　四杆机构

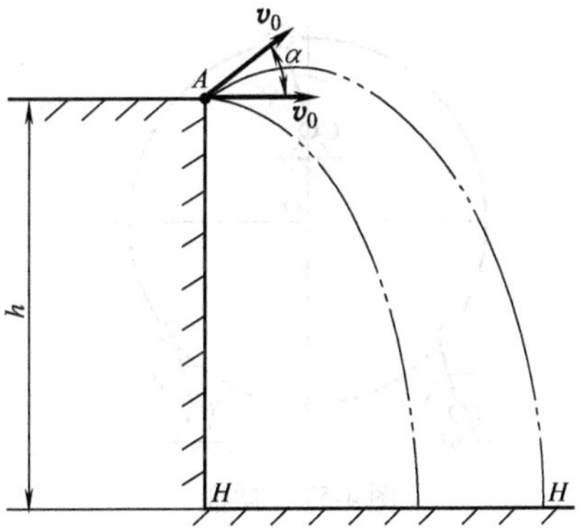

图4-55　不同仰角的斜抛

4-14　汽车在加速前进时，靠什么力增加汽车的动量？靠什么力增加汽车的动能？

习　题

4-1　一人在岸上自O点出发以匀速v_0拉着在静水中的船向前行走(见图4-56)。设$OM_0=l$，人、绳子、船均在同一铅垂面内运动，且水平段绳子距水面高度为h。试列出小船的运动方程，并求出小船的速度。

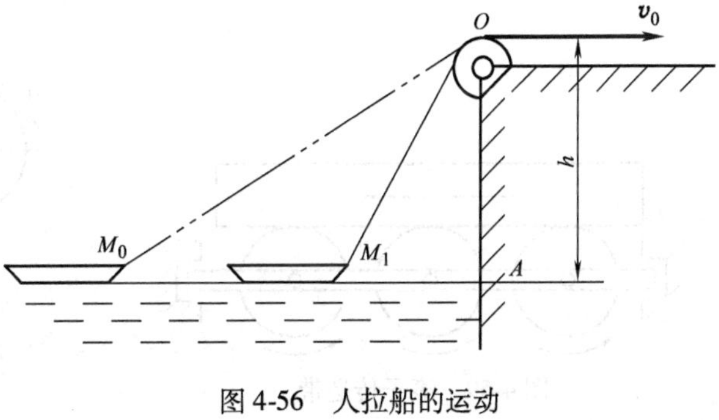

图4-56　人拉船的运动

4-2　点作直线运动，其运动方程为$s=40+2t+0.5t^2$(s以m计，t以s计)。试求经过10s时的速度与加速度的大小及所经过的路程。

4-3　一列车作直线运动，制动后，列车的运动方程$s=16t-0.2t^2$(s以m计，t以s

计)。试求制动开始时的速度、加速度、制动时间及停车前运动的距离。

4-4　点的运动方程为 $x=4t^2-3$，$y=4t^2+2$(x、y 以 cm 计,t 以 s 计)，试求 $t=4$s 时点的速度、加速度的大小。

4-5　点的运动方程为 $x=10t^2$，$y=7.5t^2$(x、y 以 cm 计,t 以 s 计)。试求 $t=4$s 时点的速度、加速度的大小和方向。

4-6　飞轮以 $n=210$r/min 转动，截断电流后，飞轮作匀减速转动，经 4min 24s 停止。试求飞轮的角速度和停止之前所转过的转数。

4-7　刚体作定轴转动，其转动方程为 $\phi=t^3$(ϕ 的单位为 rad,t 的单位为 s)。试求 $t=2$s 时刚体转过的圈数、角速度和角加速度。

4-8　揉茶机的揉桶由三个曲柄支持，如图 4-57 所示。各曲柄均长 $l=15$cm，互相保持平行，并以相同的转速 $n=45$r/min 绕各自支座转动。求揉桶中心 O 点的速度和加速度。

4-9　车刀的最佳切削速度 $v=20$m/min，工件直径 $D_1=15$mm。问车床主轴的相应转速 n_1 为多少？又若工件直径改为 $D_2=1200$mm，则相应的 n_2 为多少？

4-10　图 4-58 所示为固结在一起的两滑轮，其半径分别为 $r=5$cm，$R=10$cm，A、B 两物体与滑轮以绳相连，设物体 A 以运动方程 $s=80t^2$ 向下运动，(s 以 m 计,t 以 s 计)。试求：1)滑轮的转动方程及第 2s 末大滑轮轮缘上一点的速度、加速度。2)物体 B 的运动方程。

图 4-57　揉桶

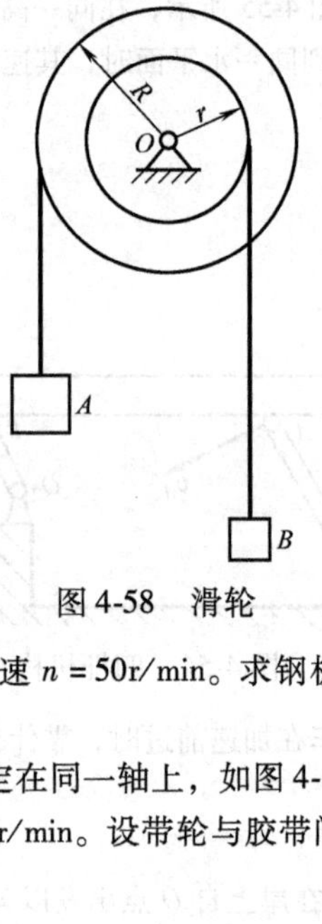

图 4-58　滑轮

4-11　滚子传送带如图 4-59 所示。已知滚轮直径 $d=200$mm，转速 $n=50$r/min。求钢板运动的速度、加速度，并求滚轮上与钢板相接触点的加速度。

4-12　电动绞车由带轮Ⅰ、Ⅱ和鼓轮Ⅲ组成，鼓轮Ⅲ与带轮Ⅱ固定在同一轴上，如图 4-60 所示。各轮的半径分别为 $R_1=30$cm、$R_2=75$cm、$R_3=40$cm，轮Ⅰ的转速$n_1=100$r/min。设带轮与胶带间无相对滑动，求重物 Q 的上升速度及胶带 A、B、C、D 各点的加速度。

图 4-59　滚子传送带

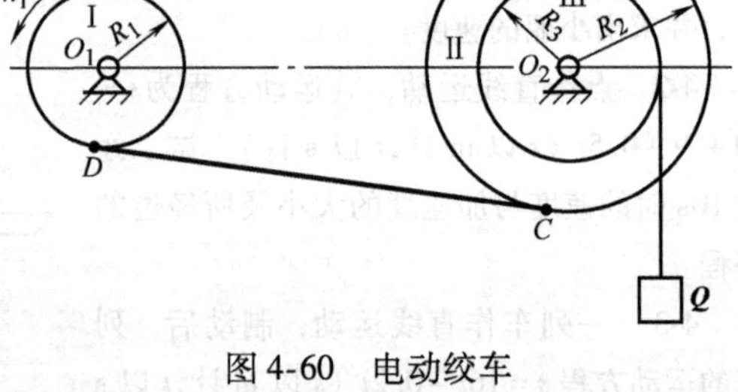

图 4-60　电动绞车

4-13　试在图 4-61 所示机构中，选取动点、动系，并指出动点的相对运动及牵连运动。

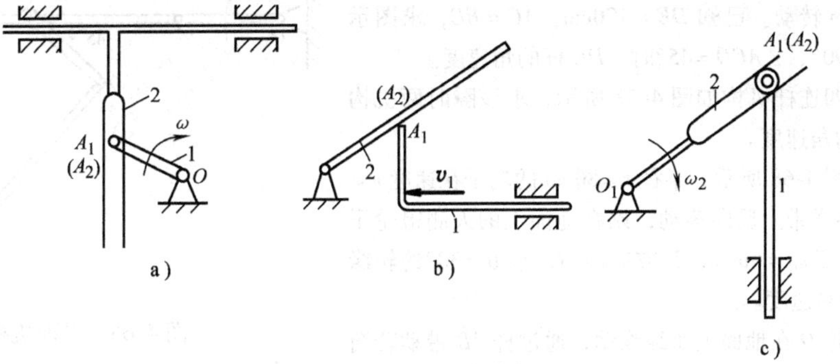

图 4-61　三种运动分析

4-14　车厢以速度 v_1 沿水平线轨道行使。雨点铅直落下，滴在车厢的玻璃上，流下与铅直线成 α 角的雨痕。求雨滴的绝对速度。

4-15　图 4-62 所示为裁纸机示意图。纸由传送带以速度 v_1 输送，裁纸刀 K 沿固定杆 AB 移动，其速度为 v_2。若 $v_1=0.5\text{m/s}$，$v_2=1\text{m/s}$，裁出矩形纸板，问杆 AB 的安装角 θ 应为何值?

4-16　图 4-63 所示盘状凸轮机构中，凸轮的半径 $R=80\text{mm}$，偏心距 $OO_1=e=25\text{mm}$。若凸轮的角速度 $\omega=0.5\text{rad/s}$，角加速度 $\alpha=0$，试求在图示位置时推杆 AB 上升的速度。

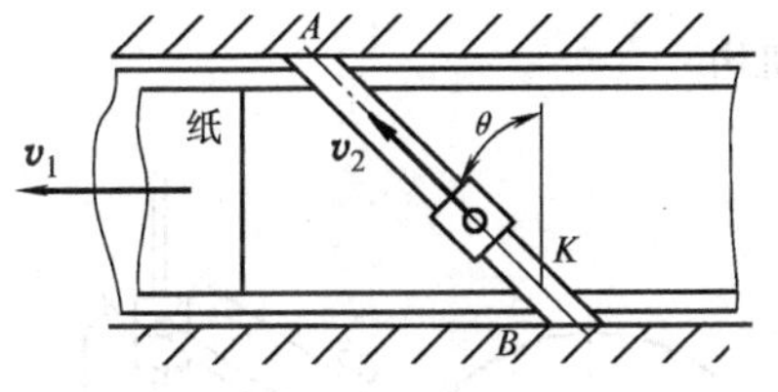

图 4-62　裁纸机

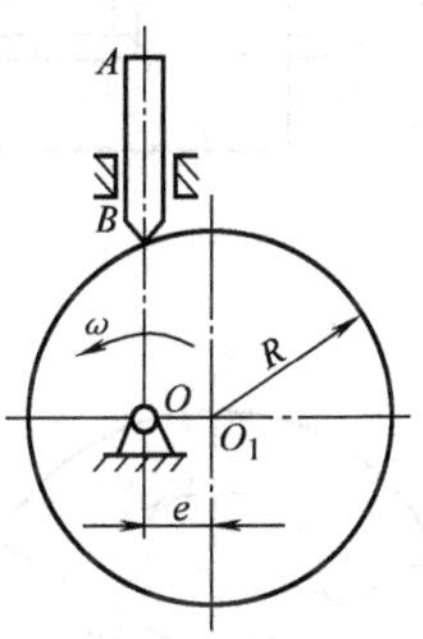

图 4-63　凸轮机构

4-17　图 4-64 所示，摇杆 OC 带动齿条 AB 上下移动，齿条又带动直径为 10cm 的齿轮绕 O_1 转动。在图示瞬时，OC 的角速度 $\omega=0.5\text{rad/s}$，角加速度 $\alpha=0$。试求此时齿轮的角速度及角加速度。

4-18　椭圆规尺 AB 由曲柄 OC 带动(见图 4-65)，曲柄以角速度 $\omega=2\text{rad/s}$ 绕 O 轴转动。已知 $OC=BC=AC=0.12\text{m}$，求当 $\varphi=45°$时 A 点与 B 点的速度。

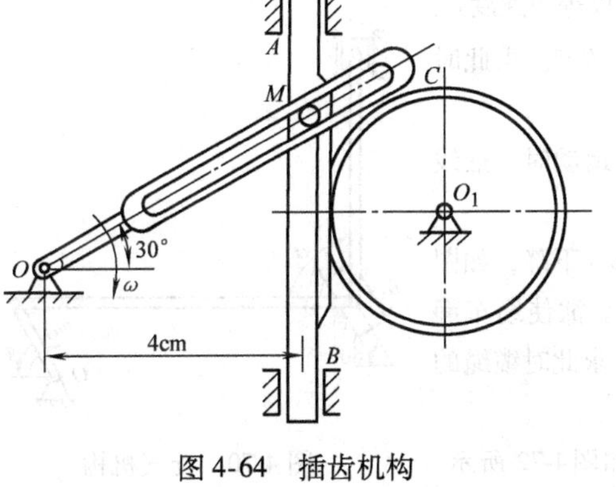

图 4-64　插齿机构

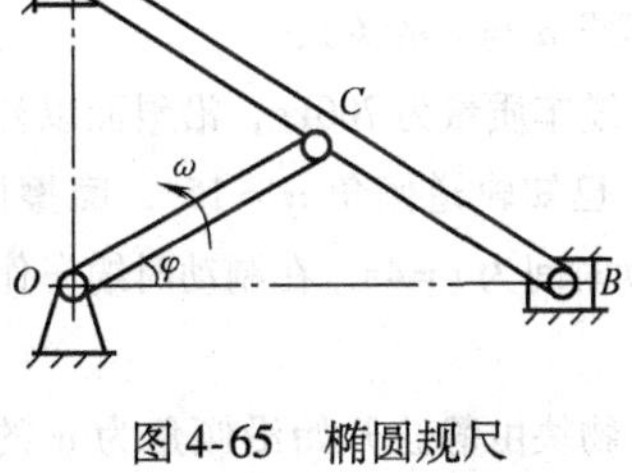

图 4-65　椭圆规尺

4-19 平面机构如图4-66所示，曲柄$OA=25\text{cm}$，以角速度$\omega=8\text{rad/s}$转动。已知$DE=100\text{cm}$，$AC=BC$，求图示位置$\angle CDE=90°$、$\angle ACD=45°$时，DE杆的角速度。

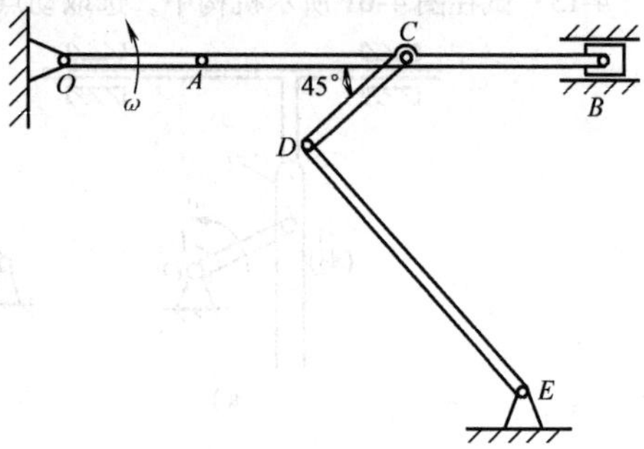

图4-66 平面机构

4-20 两四连杆机构如图4-67所示，求该瞬时两机构中AB和BC的角速度。

4-21 如图4-68所示，半径$r=80\text{cm}$的轮子在速度$v=2\text{m/s}$的水平传送带上反向滚动，站在地面上的人测得轮子中心C点的速度$v_C=6\text{m/s}$，其方向向右。求$\theta=30°$的轮缘上一点P的绝对速度。

4-22 圆轮O在地面上作纯滚动，通过杆AB带动套筒A在铅垂杆上滑动，几何尺寸如图4-69所示。当轮心O与B的连线水平时，轮心速度$v_O=120\text{cm/s}$，$\alpha=0$，$\gamma=175\text{mm}$。求此时套筒A的速度。

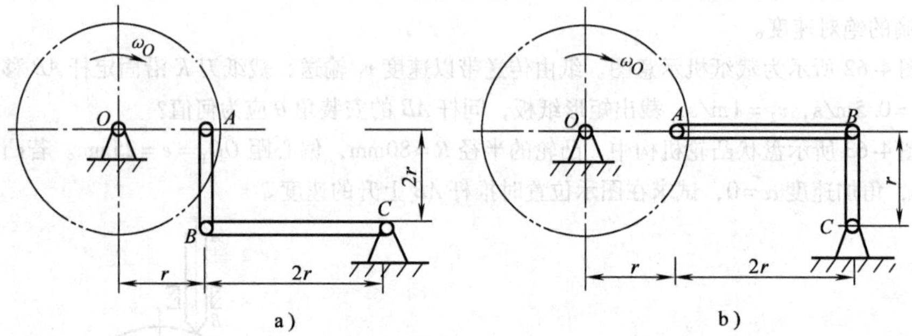

图4-67 四连杆机构

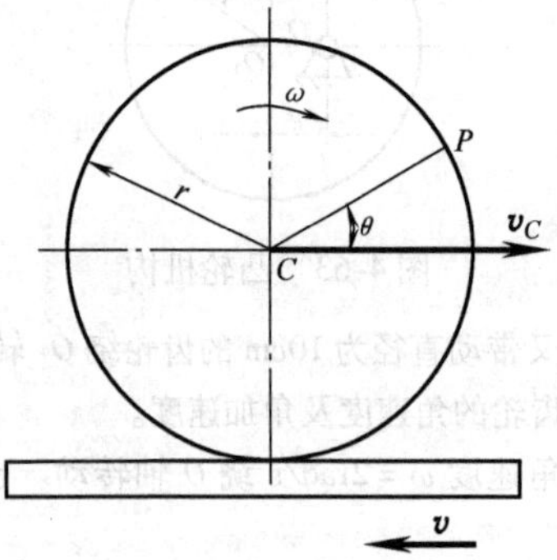

图4-68 滚动轮

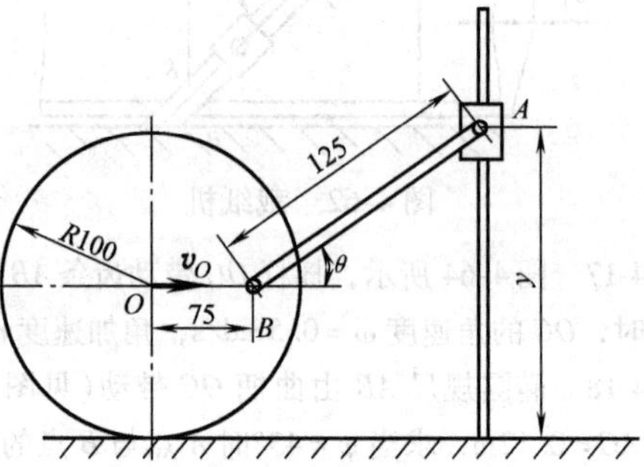

图4-69 套筒滚轮

4-23 在图4-70所示配气机构中，曲柄OA长为r，以等角速度ω_0绕轴O转动，$AB=6r$，$BC=\sqrt{3}r$。在某瞬时$\varphi=60°$，$\alpha=90°$。求此时滑块C的速度和滑块B的加速度。

4-24 在车厢上挂一单摆，当车厢以a作加速直线运动时，摆线偏θ角。试求a与θ的关系。

4-25 缆车质量为700kg，沿斜面以初速度$v=1.6\text{m/s}$下降，如图4-71所示。已知轨道倾角$\alpha=15°$，摩擦因数$f=0.015$。欲使缆车静止，设制动时间为$t=4\text{s}$，在制动时缆车作匀减速运动。求此时缆绳的拉力。

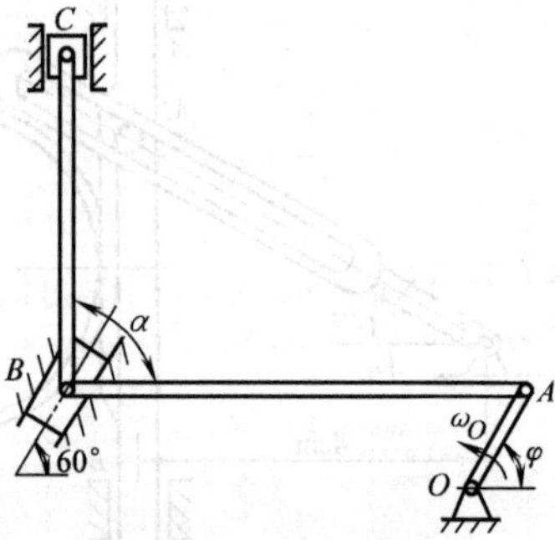

图4-70 配气机构

4-26 物块由静止开始沿倾角为α的斜面下滑，如图4-72所示。

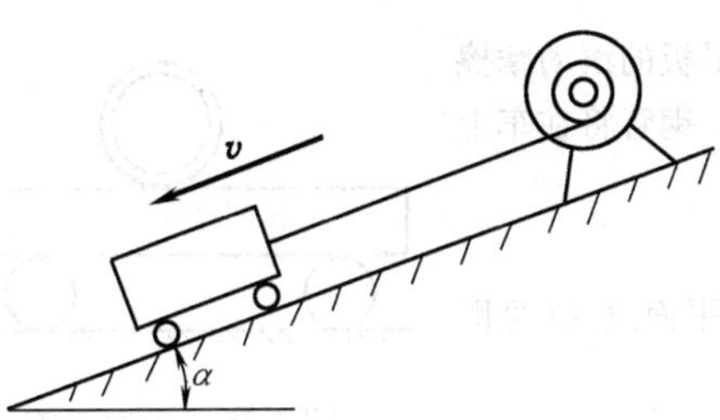

图 4-71　缆车下降

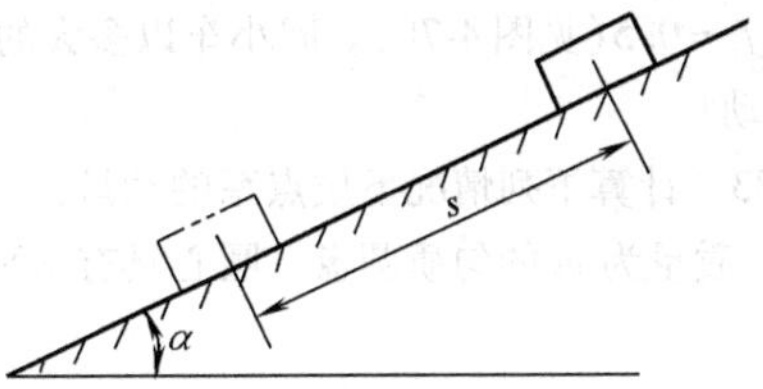

图 4-72　物块下滑

设物块重力为 G，物块与斜面间的摩擦因数 f 为常数，求物块下滑 s 距离时所需的时间。

4-27　质量为 m 的物块放在匀速转动的水平台上，其重心距转轴距离为 r，物块与台面之间的摩擦因数为 f，如图 4-73 所示。求使物体不因转台旋转而滑出的最大转速 n。

4-28　质量为 m 的小球 M 用两根长各为 l 的无重细杆支承，如图 4-74 所示。小球与细杆一起以匀角速度 ω 绕铅垂轴 AB 转动。设 $AB=l$，求两杆所受的拉力。

4-29　在空气压缩机的惯性离合器中，有四个惯性块 C，每个惯性块由弹簧拉住，但能沿着轮的径向滑动。当惯性块压紧从动轮时，活套在主动轮上的从动轮就被带动。现已知主动轮转速 $n=960\text{r/min}$，每个惯性块 C 的质量为 2kg，从动轮直径 $D=0.44\text{m}$，惯性块质心到转轴中心的距离（正常运转时）$r_C=0.19\text{m}$，惯性块与从动轮的摩擦因数 $f_s=0.3$，每根弹簧拉力为 $F=960\text{N}$（见图 4-75）。试求离合器能传递的最大转矩。又问，当主动轴转速降至何值时，离合器就不能传递转矩？

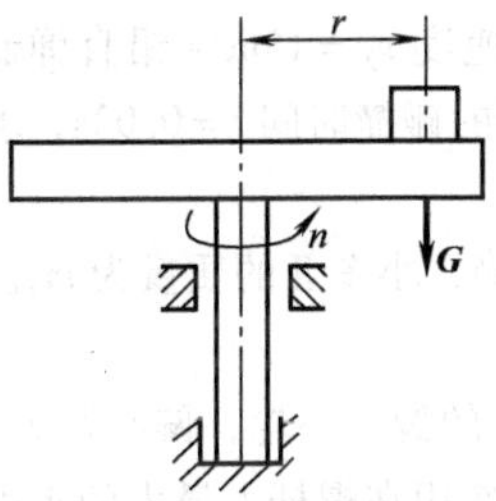

图 4-73　转台与物块

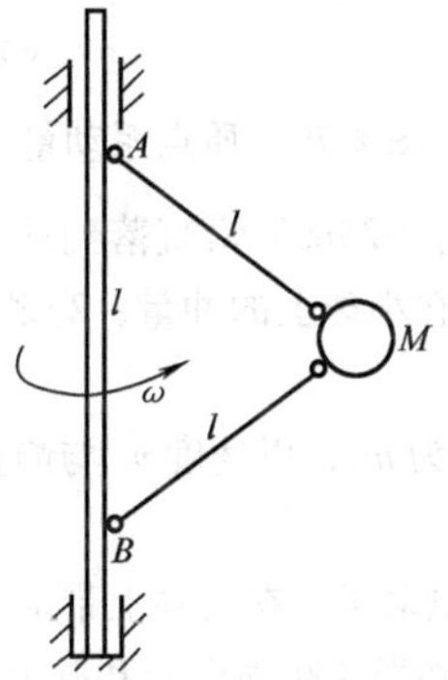

图 4-74　支承小球的细杆

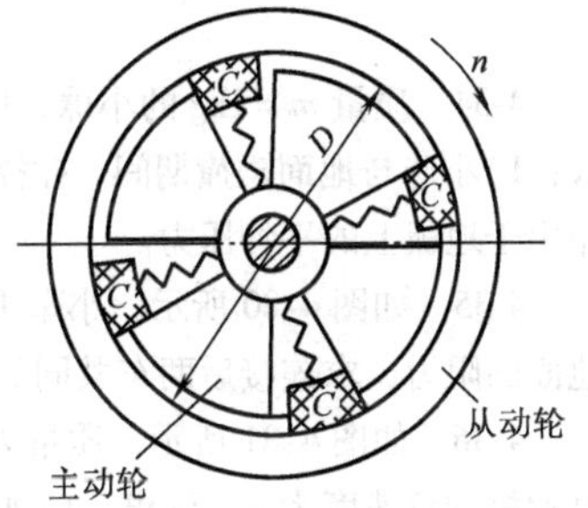

图 4-75　惯性离合器

4-30　汽车连同货物的质量总共为 8t，在直线道路上以速度 $v=36\text{km/h}$ 行驶，因遇突然情况而紧急制动，作匀减速运动后停止。路面与轮胎间的摩擦因数 $f_s=0.8$，车的重心在 C 处，$h=1.2\text{m}$，$l_1=2.6\text{m}$，$l_2=1.4\text{m}$（见图 4-76）。试求制动后前后轮对地面的压力。

4-31　一平板车运送钢锭，已知钢锭与平板间的摩擦因数 $f_s=0.2$，钢锭的重心在 C 处，其他尺寸如图 4-77 所示。求使钢锭在车上既不滑动也不翻转时，平板车的最大加速度。

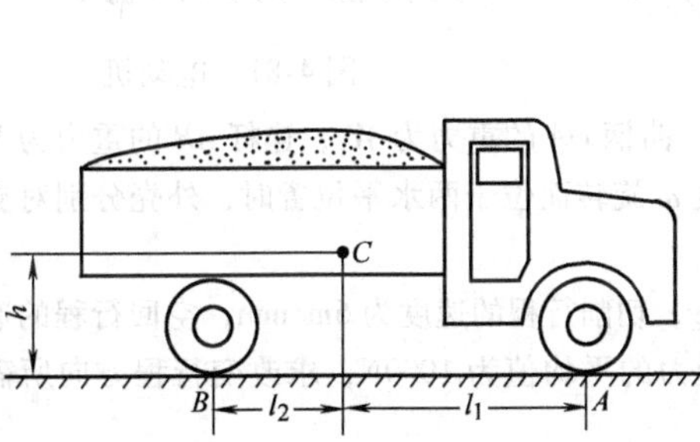

图 4-76　运货汽车

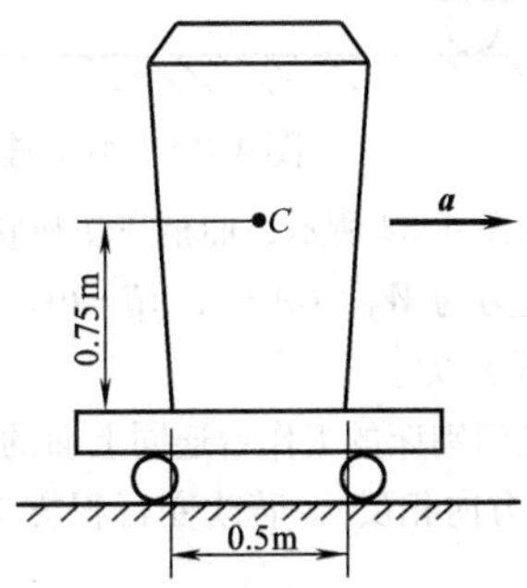

图 4-77　运送钢锭

4-32　直径为 0.2m 的钢管置于小车上，设钢管与小车平板的滚动摩擦因数为 $f_s=0.5$（见图 4-78）。问小车以多大的加速度运动时，钢管将在车上开始滚动？

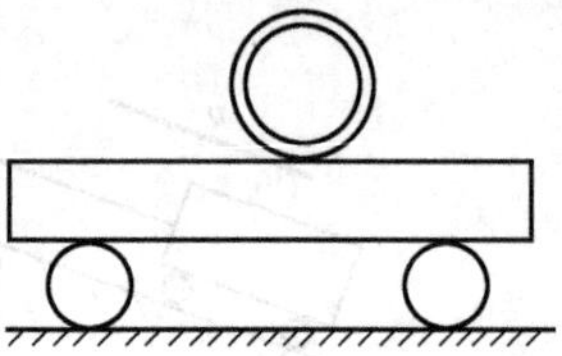

图 4-78　运送钢管

4-33　计算下列情况下质点系的动量：

1）质量为 m 的匀质圆盘，圆心具有水平速度 v_O，沿水平面滚动（见图 4-79a）；

2）非匀质圆盘，质量为 m，质心 C 距转轴 O 的距离 $OC=e$，以角速度 ω 绕 O 轴转动（见图4-79b）；

3）带传动机构中，带轮及胶带都是均质的；质量分别为 m_1、m_2 和 m，带轮半径分别为 r_1、r_2，带轮 O_1 转动的角速度为 ω（见图 4-79c）；

4）质量为 m 的匀质杆，长度为 l，角速度为 ω（见图 4-79d）。

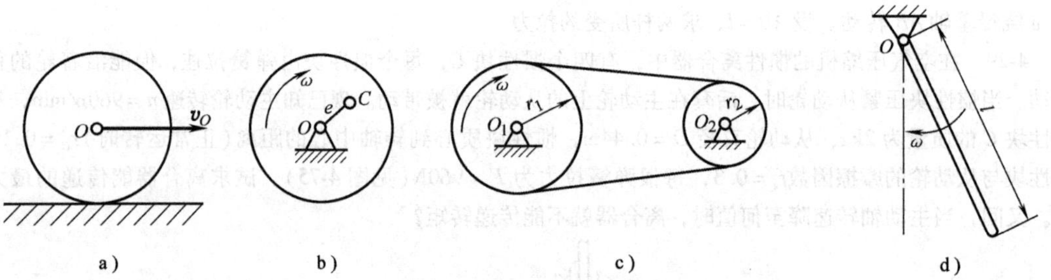

图 4-79　质点系动量

4-34　质量 $m=1$kg 的小球，以速度 $v_1=25$m/s 铅直落到地板上，又以速度 $v_2=15$m/s 铅直弹起。试求：1）小球与地面碰撞期间，碰撞力作用在小球上的冲量；2）若小球与地板的碰撞时间 $t=0.02$s，求小球作用于地板上的平均压力。

4-35　如图 4-80 所示，小车Ⅰ的质量为 m_1，以速度 v_1 与静止的小车连接，小车Ⅱ的质量为 m_2。忽略地面的阻力，求连接后两车共同的速度。

4-36　如图 4-81 所示，质量为 m_1 的电动机，在转轴上带动一质量为 m_2 的偏心小轮，偏心距为 e。如电动机的角速度为 ω，试求：1）如电动机外壳套在固定于基础上的螺杆，求作用在螺杆上最大的水平约束力 F_x；2）如不用螺母固定，求角速度 ω 为多大时，电动机会跳离地面？

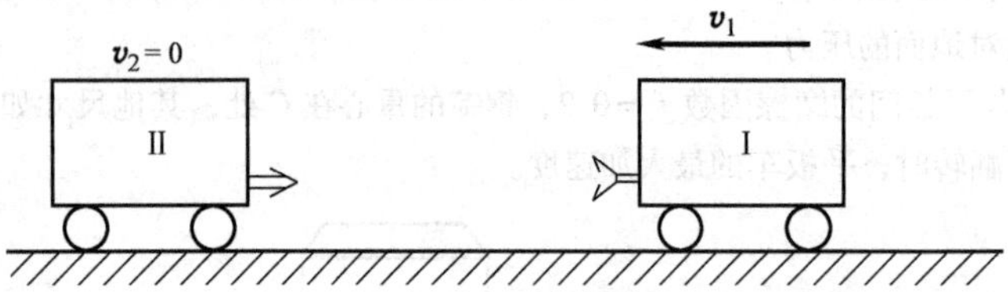

图 4-80　小车连接

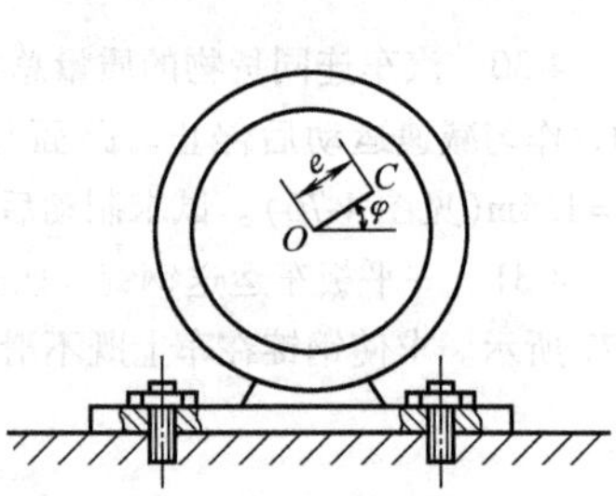

图 4-81　电动机

4-37　如图 4-82 所示，曲柄滑块机构安装在水平面内，曲柄 OA 的重力为 $\boldsymbol{W}_1$，连杆 AB 的重力为 $\boldsymbol{W}_2$，活塞 BD 的重力为 $\boldsymbol{W}_3$，$OA=r$，$AB=6r$。求当曲柄以角速度 ω 旋转而位于两水平位置时，外壳分别对支座 A_1、A_2 的水平压力。

4-38　龙门刨床的工作台连同上面的工件质量为 5000kg，切削行程的速度为 6m/min，空回行程的速度为 12m/min（方向相反）。若改变行程方向时工作台方向受力的平均值为 1000N，求改变行程方向所需的时间。

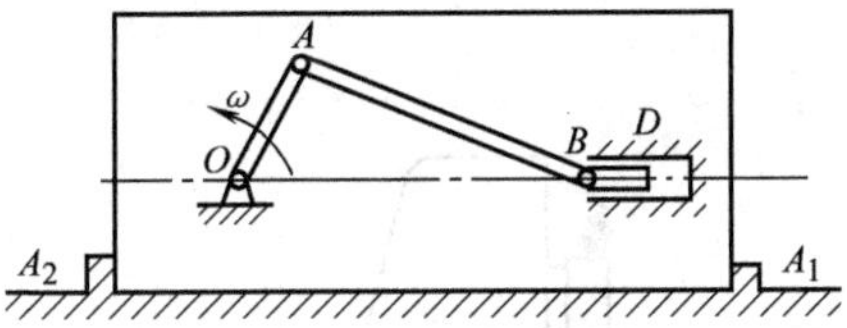

图 4-82　曲柄滑块机构

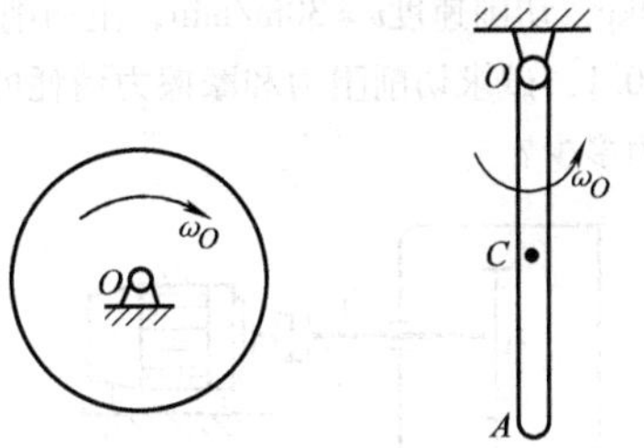

图 4-83　计算动量矩

4-39　如图 4-83 所示，分别计算质量为 m，半径为 R，以匀角速度 ω_O 转动的均质圆盘及长为 l，质量为 m_1 的直杆对定轴 O 的动量矩。

4-40　冲击摆(见图 4-84)由摆杆 OA 及摆锤组成。若将 OA 看成质量为 m_1、长为 l 的均质细长杆，将 B 看成质量为 m_2、半径为 R 的等厚均质圆盘，求整个摆对转轴 O 的转动惯量。

4-41　台阶形鼓轮(见图 4-85)装在水平轴上，已知小头重力为 $\boldsymbol{W}_2$，大头重力为 $\boldsymbol{W}_1$，半径分别为 r_2 和 r_1，分别挂一重物，物体 A 的重力为 $\boldsymbol{W}_1'$，物体 B 的重力为 $\boldsymbol{W}_2'$，且 $\boldsymbol{W}_1' > \boldsymbol{W}_2'$。求鼓轮的角加速度。

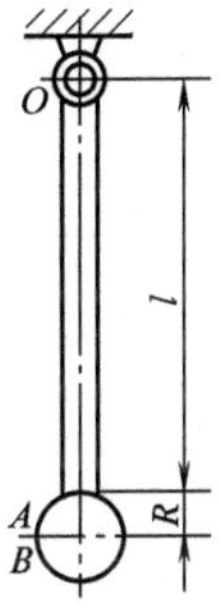

图 4-84　冲击摆

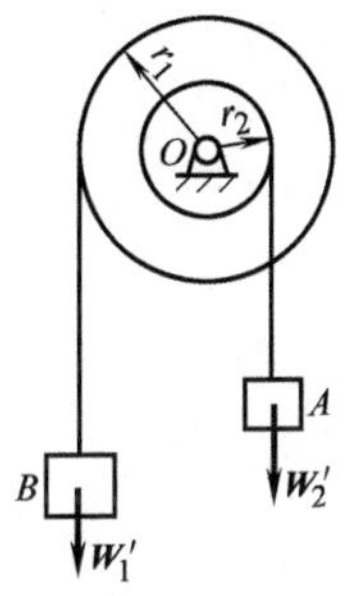

图 4-85　台阶形鼓轮

4-42　摩擦阻力等于正压力与动摩擦因数的乘积。为测定动摩擦因数，把料车置于斜坡顶 A 处，让其无初速度地下滑，料车最后停止在 C 处(见图 4-86)。已知 h，s_1，s_2，试求料车运行时的动摩擦因数 f。

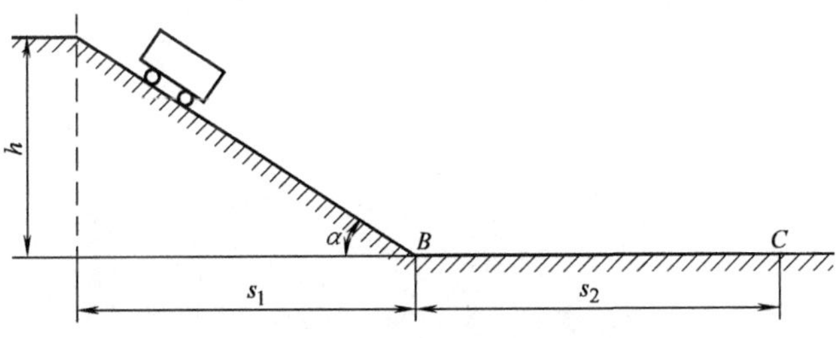

图 4-86　动摩擦因数测定装置

4-43　矿井升降机地罐笼的质量为 6t，以速度 $v = 12\text{m/s}$ 下降。由于吊起罐笼的钢绳突然断裂，问欲使罐笼在 $s = 10\text{m}$ 的路程内停止，安全装置应在矿井壁与罐笼间产生多大的摩擦力(摩擦力可视为常量)?

4-44　自动卸料车连同料的重力为 $\boldsymbol{G}$，无初速度地沿倾角 $\alpha = 30°$ 的斜面滑下，料车滑至底端时与一弹簧相撞，通过控制机构使料车在弹簧压缩至最大时就自动卸料，然后依靠被压缩弹簧的弹性力作用，又沿斜面回到原来的位置(见图 4-87)。设空车重力为 $\boldsymbol{G}_0$，摩擦阻力为车重力的 0.2 倍，问 $\boldsymbol{G}$ 与 $\boldsymbol{G}_0$ 的比值至少应为多大?

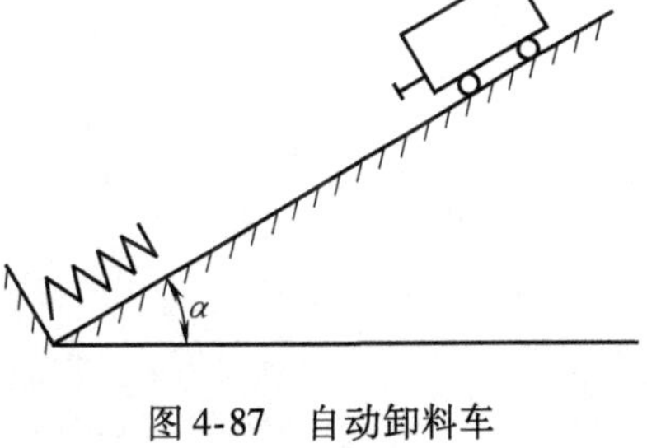

图 4-87　自动卸料车

4-45　如图 4-88 所示，单级齿轮减速箱的电动机功率 $P = 7.5\text{kW}$，转速 $n = 1450\text{r/min}$。已知齿轮的齿数 $z_1 = 20$，$z_2 = 50$，减速箱的机械效率为 $\eta = 0.7$。求输出轴Ⅱ所传递的转矩和功率。

4-46　如图 4-89 所示龙门刨床的工作台和工件的总质量

$m=1500\text{kg}$，切削速度$v=30\text{m/min}$，主切削力 $F_z=7.84\text{kN}$，$F_y=0.25F_z$。设工作台与水平导轨间的动摩擦因数$f=0.1$，试求切削阻力和摩擦力消耗的功率。如机床的总机械效率为 0.75，则刨床主电动机的实际输出功率为多少？

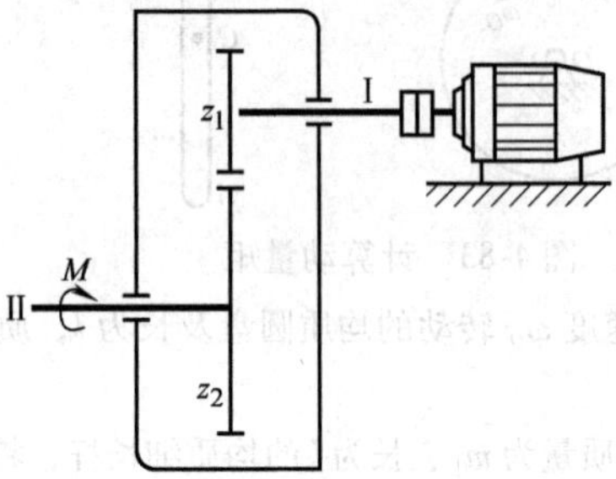

图 4-88　单级齿轮减速箱

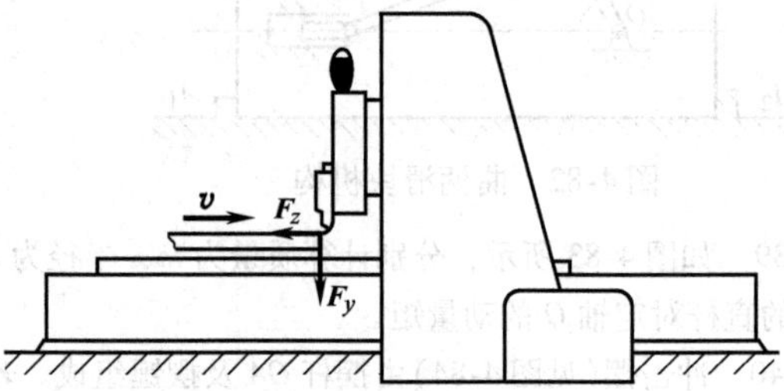

图 4-89　龙门刨床

第二篇　材 料 力 学

一、材料力学的任务

各种机械和工程结构都是由若干构件组成的。当构件工作时，都要承受力的作用。为确保构件正常工作，必须满足以下要求：

（1）有足够的强度　强度是指构件在外力作用下具有一定抵抗破坏的能力。

（2）有一定的刚度　保证构件在外力作用下不产生影响其工作的变形。

（3）有足够的稳定性　某些细长与薄壁构件在轴向压力达到一定数值时，会失去原有形态的平衡而丧失工作能力，此现象称构件丧失了稳定。因此，对这一类构件还要考虑其稳定性问题。

在构件设计中，除了上述要求外，还必须满足经济要求。构件的安全与经济是材料力学要解决的一对主要矛盾。

由于构件的强度、刚度和稳定性与构件材料的力学性能有关，而材料的力学性能必须通过试验来测定；此外，还有很多复杂的工程实际问题，目前尚无法通过理论分析来解决，也必须依赖于试验。因此，试验研究在材料力学研究中是一个重要的方面。

由上可见，材料力学的任务是：在保证构件既安全又经济的前提下，用必要的计算方法和试验技术为构件选择合适的材料，确定构件合理的尺寸和合适的截面形状。

二、变形固体及其基本假设

材料力学研究的物体均为变形固体，变形固体的变形可分为两类：其一是卸载后能消失的变形，称弹性变形；其二是卸载后不能完全消失的变形，这种残留的变形称为塑性变形。材料力学研究的变形主要是弹性变形。

为便于理论分析和简化计算，对变形固体作以下假设：

（1）均匀连续性假设　假定材料无间隙、均匀地充满物体空间，各部分的性质相同。

（2）各向同性假设　即认为材料沿各个方向的力学性能是相同的。

（3）小变形假设　设定材料在外力作用下的变形与其本身尺寸相比极小，在计算它的外力与运动时一般可略去变形的影响。

试验结果可表明，据这些假设所得到的理论，基本上是符合工程实际的。

三、材料力学研究的对象

实际构件的形状是多种多样的，按其三维尺寸的比例，大致可简化归纳为杆、板、壳和块四类。凡长度远大于其他两方面尺寸的构件称之为杆。杆的几何形状可用其轴线（截面形心的连线）和垂直于轴线的几何图形（横截面）表示。轴线是直线的杆，称为直杆；轴线是曲线的杆，称为曲杆。各横截面相同的直杆，称为等直杆。等直杆是材料力学研究的主要对象。

杠杆受力后，所发生的变形是多种多样的，其基本形式有轴向拉伸和压缩、剪切、扭转和弯曲四种。组合变形则是两种或两种以上基本变形的组合。

第五章　拉伸(压缩)、剪切与挤压的强度计算

本章通过对受拉、压、剪、挤杆件的受力分析和变形分析，介绍材料力学分析内力的基本方法，研究材料的力学性能，解决受拉、压、剪、挤杆件的有关强度和刚度问题。

第一节　轴向拉伸与压缩的概念、截面法、轴力与轴力图

在工程实际中，许多构件都会受到拉伸或压缩的作用。图 5-1 所示的起重机吊架中，BC 杆受到轴向拉伸，使轴线产生伸长变形；而 AB 杆则受到轴向压缩，使轴线产生缩短变形。

这些杆件虽然形状不同，加载和连接方式也各异，但都可简化成如图 5-2 所示的计算简图。其共同特点为：作用于直杆两端的两个外力等值、反向，且作用线与杆的轴线重合，杆件产生沿轴线方向的伸长(或缩短)。这种变形形式称为轴向拉伸(或轴向压缩)，这类杆件称为拉杆(或压杆)。

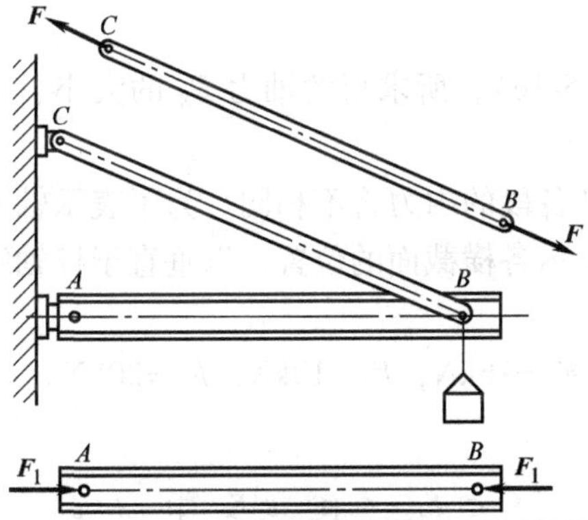

图 5-1　起重机模型

图 5-2　轴向拉伸与压缩

一、内力与用截面法求内力

构件在受外力前，其内各部分之间存在着相互作用的内力，它维持着构件的形状和尺寸。当构件受到外力作用时，将发生变形，构件内各部分之间相互作用的力也将随之改变，这个**因变形而引起构件内部的附加内力，才是材料力学中所称的内力**。内力的大小及其在构件内部的分布方式，与构件的强度、刚度和稳定性密切相关。因此，内力分析也是材料力学的重要内容之一。

通常采用截面法求构件的内力。其方法如下：

1）在需求内力处，假想地用一个垂直于轴线的截面将构件切开，分成两部分。

2）任取一部分(一般取受力情况较简单的部分)作为研究对象，在截面上用内力代替弃去部分对保留部分的作用。

3）对保留部分建立平衡方程，由已知外力求出该截面上内力的大小及其方向。

必须注意，在**使用截面法求内力时**，构件在被截开前，第一章中所述**刚体中力系的等效代换**(包括力的可传性原理)**是不适用的**。

二、轴力与轴力图

现以图5-3a所示只在两端受轴向力 $\boldsymbol{F}$ 的拉杆为例。欲求杆中任一横截面上的内力，可用截面1-1将杆假想地截开，取左段为研究对象，弃去右段。用分布内力的合力 $\boldsymbol{F}_N$ 来替代右段对左段的作用(见图5-3b)，建立平衡方程，可得 $F_N=F$。由于外力 $\boldsymbol{F}$ 的作用线是沿着杆的轴线，内力 $\boldsymbol{F}_N$ 的作用线必通过杆的轴线，故内力 $\boldsymbol{F}_N$ 又被称为轴力。

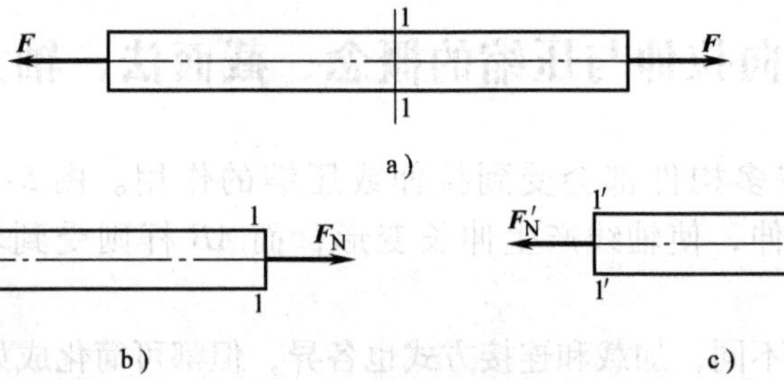

图5-3　拉杆的轴力

轴力的正负由杆的变形确定。当轴力的方向与横截面的外法线方向一致时，杆件受拉伸长，其轴力为正；反之，杆件受压缩短，其轴力为负。通常未知轴力均按正向假设。

采用这一正负号规定，如取右段为研究对象(见图5-3c)，所求得的轴力 F'_N 的大小、正负号与取左段的结果相同。

实际问题中，杆件所受外力可能很复杂，这时直杆各段的内力将不相同。为了表示轴力随横截面位置的变化情况，用平行于杆件轴线的坐标表示各横截面的位置，以垂直于杆轴线的坐标表示各截面轴力的数值，这样的图称为轴力图。

例5-1　试画出如图5-4所示直杆的轴力图。已知 $F_1=16\text{kN}$，$F_2=10\text{kN}$，$F_3=20\text{kN}$。

解　1）计算 D 端支座约束力，由整体平衡方程

$\sum F_x=0\quad F_D+F_1-F_2-F_3=0$

得
$$F_D=F_2+F_3-F_1=(10+20-16)\text{kN}=14\text{kN}$$

2）分段计算轴力。由于在横截面 B 和 C 上有外力作用，故将杆分为3段。用截面法截取如图5-4b、c、d所示的研究对象后，得

$$F_{N1}=F_1=16\text{kN}$$

$$F_{N2}=F_1-F_2=(16-10)\text{kN}=6\text{kN}$$

$$F_{N3}=-F_D=-14\text{kN}$$

式中，F_{N3} 为负值，说明实际情况与图中所设 F_{N3} 的方向相反，应为压力。

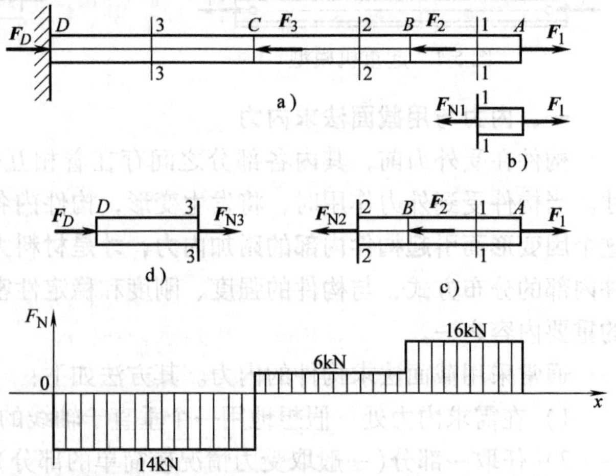

图5-4　复杂受力直杆的轴力图

3）画轴力图。根据所求得的轴力值，画出轴力图，如图5-4e所示。由图可见，F_{Nmax} = 16kN，发生在AB段内。

第二节　拉、压杆横截面上的应力、应变及胡克定理

一、杆件在一般情况下应力的概念

用同一材料制成横截面积不同的两杆，在相同拉力的作用下，随着拉力的增大，横截面小的杆件必然先被拉断。这说明，杆的强度不仅与轴力的大小有关，而且还与横截面的大小有关，即杆的强度取决于内力在横截面上分布的密集程度。**分布内力在某点处的集中度，即为该点处的应力。**

研究图5-5a所示杆件。在截面m-m上任一点O的周围取一微小面积ΔA，设在ΔA上分布内力的合力为$\Delta \boldsymbol{F}$，$\Delta \boldsymbol{F}$与ΔA的比值称为ΔA上的平均应力，用$\boldsymbol{p}_m$表示，即

$$\boldsymbol{p}_m = \frac{\Delta \boldsymbol{F}}{\Delta A}$$

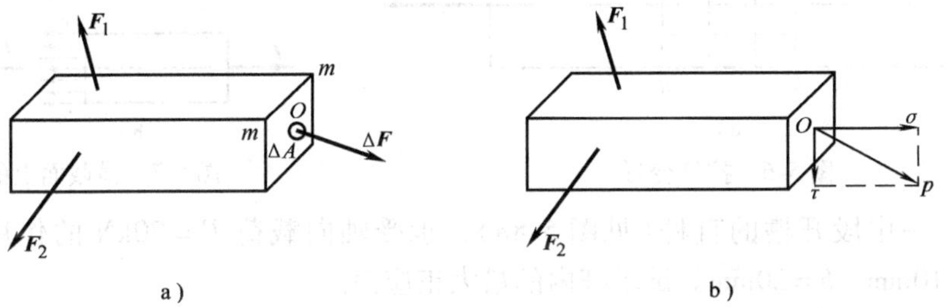

图5-5　截面应力

一般情况下，内力在截面上的分布并非均匀，为了更真实地描述内力的实际分布情况，应使ΔA面积缩小并趋近于零，则平均应力$\boldsymbol{p}_m$的极限值称为m-m截面上O点处的全应力，并用$\boldsymbol{p}$表示，即

$$\boldsymbol{p} = \lim_{\Delta A \to 0} \frac{\Delta \boldsymbol{F}}{\Delta A} = \frac{\mathrm{d}\boldsymbol{F}}{\mathrm{d}A}$$

全应力$\boldsymbol{p}$是一个矢量，使用中常常将其分解成垂直于截面的分量σ和相切于截面的分量τ。σ称为正应力，τ称为切应力，如图5-5b所示。

在我国的法定计量单位中，应力的单位为Pa(帕)，$1\mathrm{Pa} = 1\mathrm{N/m^2}$。在工程实际中，这一单位太小，常用MPa(兆帕)和GPa(吉帕)，其关系为$1\mathrm{MPa} = 10^6\mathrm{Pa}$，$1\mathrm{GPa} = 10^9\mathrm{Pa}$。

二、拉、压杆横截面上的正应力

1. 试验观察

取一等截面直杆，在杆上画出与杆轴线垂直的横向线ab和cd，再画上与杆轴向平行的纵向线(见图5-6a)，然后沿杆的轴线作用拉力$\boldsymbol{F}$，使杆件产生拉伸变形。此时可以观察到：横向线在变形前后均为直线，且都垂直于杆的轴线，只是横向线间距增大，纵向间距减小，所有正方形的网格均变成大小相同的长方形(见图5-6b)。

2. 平面截面假设

据试验观察可作如下假设：**变形前的横截面，变形后仍为平面，仅其位置略作平移而**

已，这个假设称为**平面假设**。

3. 应力分布

平面假设意味着拉杆的任意两个截面之间所有纵向线段的变形相同。由材料的均匀连续性假设，可以推断出内力在横截面上的分布是均匀的，且都垂直于横截面，故为正应力(见图5-7)，其计算式为

$$\sigma = \frac{F_N}{A} \tag{5-1}$$

σ 的正负规定与轴力的规定相同，即应力与截面外法线同向为正，反向为负。

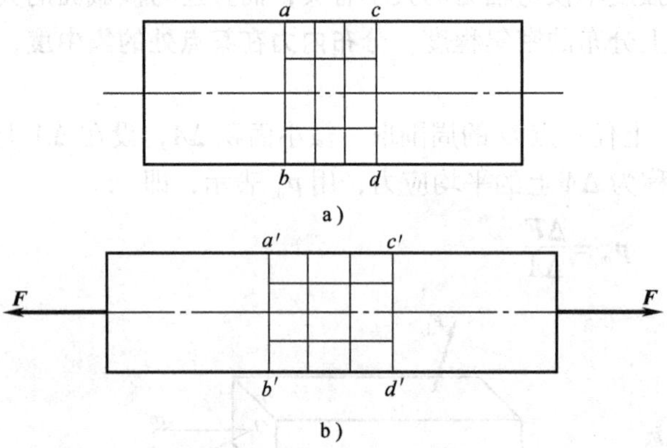

图5-6 拉杆变形

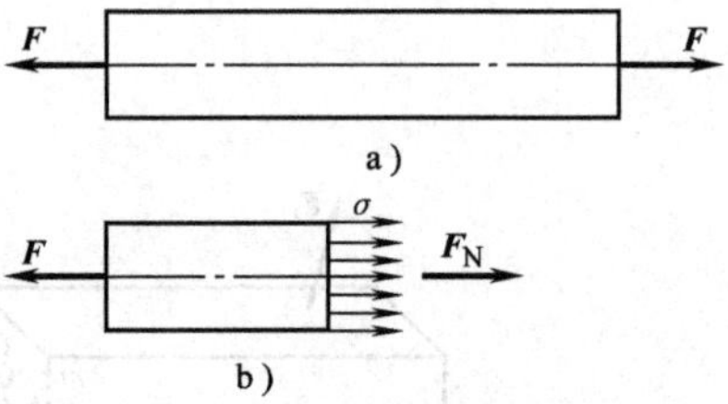

图5-7 横截面上的正应力

例5-2 一中段开槽的直杆(见图5-8a)，承受轴向载荷 $F = 20\text{kN}$ 的作用，已知 $h = 25\text{mm}$，$h_0 = 10\text{mm}$，$b = 20\text{mm}$。试求杆内的最大正应力。

解 1）计算轴力。用截面法求得杆中各处的轴力为

$$F_N = -F = -20\text{kN}$$

2）求横截面面积。该杆有两种大小不等的横截面面积 A_1 和 A_2(见图5-8b)，显然 A_2 较小，故中段正应力较大。

$$\begin{aligned} A_2 &= (h - h_0)b \\ &= (25 - 10) \times 20\text{mm}^2 = 300\text{mm}^2 \end{aligned}$$

3）计算最大正应力。

$$\begin{aligned} \sigma_{\max} &= \frac{F_N}{A_2} = -\frac{20 \times 10^3}{300}\text{N/mm}^2 \\ &= -66.7\text{MPa} \end{aligned}$$

负号表示其应力为负(压应力)。

三、斜截面上的应力

轴向拉(压)杆的破坏有时不沿着横截面，例如铸铁压缩时会沿着大致与轴线成45°的斜截面发生破坏，因此有必要研究轴向拉(压)杆斜截面上的应力。设图5-9a 所示拉杆的横截面面积为 A，任意斜截面 k-k' 的方位角为 α。用截面法可求得斜截面上的内力为

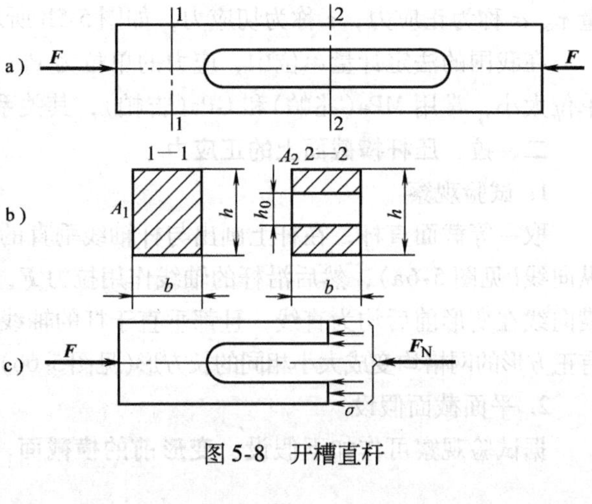

图5-8 开槽直杆

$$F_{\alpha}=F$$

斜截面上的应力显然也是均布的，故斜截面上任一点的全应力 p_{α}（见图 5-9b）为

$$p_{\alpha}=\frac{F_{\alpha}}{A_{\alpha}}=\frac{F}{A_{\alpha}}$$

式中，A_{α} 为斜截面的面积，$A_{\alpha}=\frac{A}{\cos\alpha}$，代入上式后有

$$p_{\alpha}=\frac{F}{\frac{A}{\cos\alpha}}=\frac{F}{A}\cos\alpha=\sigma\cos\alpha \tag{5-2}$$

式中，$\sigma=\frac{F}{A}$是横截面上的正应力。

将斜截面上的全应力 p_{α} 分解为垂直于斜截面的正应力 σ_{α} 和位于斜截面内的切应力 τ_{α}（见图 5-9c），由几何关系可得

$$\begin{aligned}\sigma_{\alpha}&=p_{\alpha}\cos\alpha=\sigma\cos^{2}\alpha\\ \tau_{\alpha}&=p_{\alpha}\sin\alpha=\sigma\cos\alpha\sin\alpha=\frac{\sigma}{2}\sin2\alpha\end{aligned} \tag{5-3}$$

从式(5-3)可以看出，斜截面上的正应力 σ_{α} 和切应力 τ_{α} 都是 α 的函数。这表明，过杆内同一点的不同斜截面上的应力是不同的。当 $\alpha=0°$ 时，横截面上的正应力达到最大值

$$\sigma_{\max}=\sigma$$

当 $\alpha=45°$时，切应力 τ_{α} 达到最大值

$$\tau_{\max}=\frac{\sigma}{2}$$

$\alpha=90°$时，σ_{α} 和 τ_{α} 均为零，表明轴向拉(压)杆在平行于杆轴的纵向截面上无任何应力。

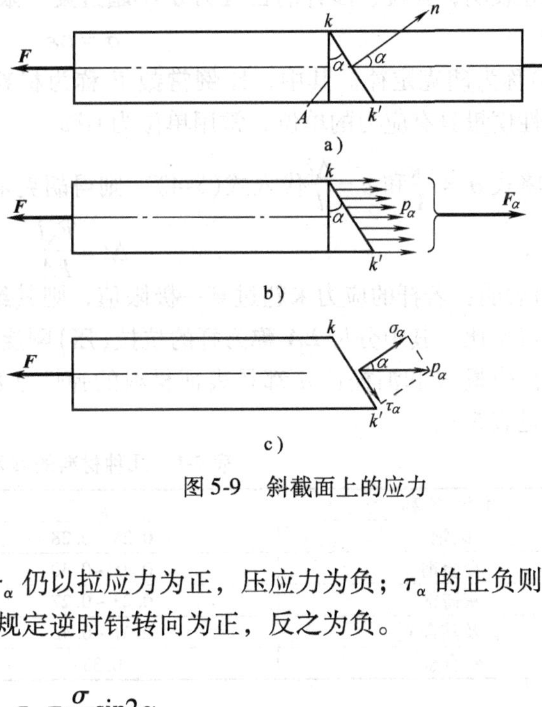

图 5-9　斜截面上的应力

在应用式(5-3)时，须注意角度 α 和 σ_{α}、τ_{α} 的正负号。现规定如下：σ_{α} 仍以拉应力为正，压应力为负；τ_{α} 的正负则由它的指向转 90°到截面外法线的转向而定，规定逆时针转向为正，反之为负。

由式(5-3)中的切应力计算公式

$$\tau_{\alpha}=\frac{\sigma}{2}\sin2\alpha$$

可以看到，必有 $\tau_{\alpha}=-\tau_{\alpha+90°}$，说明**杆件内部相互垂直的截面上，切应力必然成对出现，两者等值且反向**，此即**切应力互等定理**。

四、拉、压杆的变形及胡克定理

1. 纵向线应变和横向线应变

设圆截面拉杆原长为 l，直径为 d，受轴向拉力 F 后，变形为图 5-10 中细线所示的形状。纵向长度由 l 变为 l_1，横向尺寸由 d 变为 d_1，则

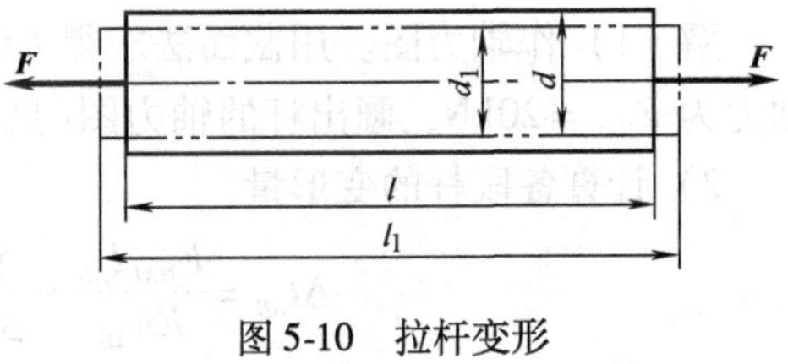

图 5-10　拉杆变形

横向变形为 $\Delta d = d_1 - d$

纵向变形为 $\Delta l = l_1 - l$

为了度量杆的变形程度，**用单位长度内杆的变形即线应变**来衡量。与上述两种绝对变形相对应的线变形为

纵向线应变 $$\varepsilon = \frac{\Delta l}{l} = \frac{l_1 - l}{l}$$

横向线应变 $$\varepsilon' = \frac{\Delta d}{d} = \frac{d_1 - d}{d}$$

线应变所表示的是杆件的相对变形。它是一个无量纲的量。

试验表明，当应力不超过某一限度时，横向线应变 ε' 和纵向线应变 ε 之间存在比例关系且符号相反，即

$$\varepsilon' = -\mu\varepsilon$$

式中，比例常数 μ 称为材料的横向变形系数，或称泊松比。

2. 胡克定律

试验表明，**当拉、压杆的正应力 σ 不超过某一限度时，其应力与应变 ε 成正比**。即

$$\sigma = E\varepsilon \tag{5-4}$$

式(5-4)称为胡克定律。其中，**比例常数 E 称为材料的弹性模量**。对同一种材料，E 为常数。弹性模量具有应力的单位，常用单位为 GPa。

若将式 $\sigma = \frac{F_N}{A}$ 和 $\varepsilon = \frac{\Delta l}{l}$ 代入式(5-4)，则得胡克定律的另一表达式

$$\Delta l = \frac{F_N l}{EA} \tag{5-5}$$

式(5-5)表明：若杆的应力未超过某一极限值，则其绝对变形 Δl 与力 F_N 成正比，而与横截面积 A 成反比。其中分母 **EA 称为杆的抗拉(压)刚度**。

弹性模量 E 和泊松比 μ 都是表征材料的弹性常数，可由试验测定。几种常用材料的 E 和 μ 值见表 5-1。

表 5-1 几种材料的 E 和 μ 值

材料名称	μ	E/GPa
碳钢	0.24 ~ 0.28	196 ~ 216
合金钢	0.25 ~ 0.30	186 ~ 206
灰铸钢	0.23 ~ 0.27	78.5 ~ 157
铜及其合金	0.31 ~ 0.42	72.6 ~ 128
铝合金	0.33	70

例 5-3 如图 5-11a 所示阶梯杆，已知横截面面积 $A_{AB} = A_{BC} = 500\text{mm}^2$，$A_{CD} = 300\text{mm}^2$，弹性模量 $E = 200\text{GPa}$。试求杆的总伸长。

解 1）作轴力图。用截面法求得 CD 段和 BC 段的轴力 $F_{NCD} = F_{NBC} = -10\text{kN}$，$AB$ 段的轴力为 $F_{NAB} = 20\text{kN}$，画出杆的轴力图(见图 5-11b)。

2）计算各段杆的变形量

$$\Delta l_{AB} = \frac{F_{NAB} l_{AB}}{EA_{AB}} = \frac{20 \times 10^3 \times 100}{200 \times 10^3 \times 500}\text{mm} = 0.02\text{mm}$$

$$\Delta l_{BC}=\frac{F_{NBC}l_{BC}}{EA_{BC}}=\frac{-10\times10^3\times100}{200\times10^3\times500}\text{mm}$$

$$=-0.01\text{mm}$$

$$\Delta l_{CD}=\frac{F_{NCD}l_{CD}}{EA_{CD}}=\frac{-10\times10^3\times100}{200\times10^3\times300}\text{mm}$$

$$=-0.0167\text{mm}$$

3）计算杆的总伸长

$$\Delta l=\Delta l_{AB}+\Delta l_{BC}+\Delta l_{CD}$$

$$=(0.02-0.01-0.0167)\text{mm}$$

$$=-0.0067\text{mm}$$

计算结果为负，说明杆的总变形为缩短。

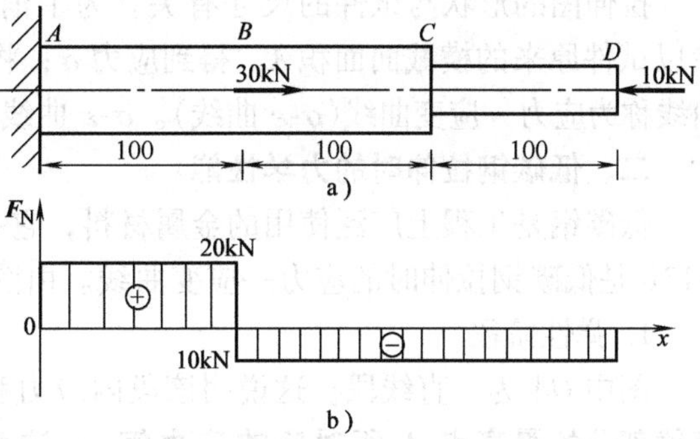

图 5-11　阶梯杆

第三节　材料在拉、压时的力学性能

材料的力学性能是指材料在外力作用下其强度和变形方面所表现的性能，它是强度计算和选用材料的重要依据，一般由试验来确定。本节只讨论在室温和静载条件下材料的力学性能。静载是指从零开始缓慢地增加到一定数值后不再改变的载荷。

一、拉伸试验和应力-应变曲线

拉伸试验是研究材料的力学性能最常用的试验。为便于比较试验结果，试件必须按照国家标准（GB/T 228—2002）加工成标准试件。圆截面的拉伸标准试件如图 5-12 所示。试件的中间等直杆部分为试验段，其长度 l 称为标距，试件较粗的两端是装夹部分。标距 l 与直径 d 之比有 $l=10d$ 和 $l=5d$ 两种。而对矩形截面试件，标距 l 与横截面面积 A 之间的关系规定为 $l=11.3\sqrt{A}$ 或 $l=5.65\sqrt{A}$。

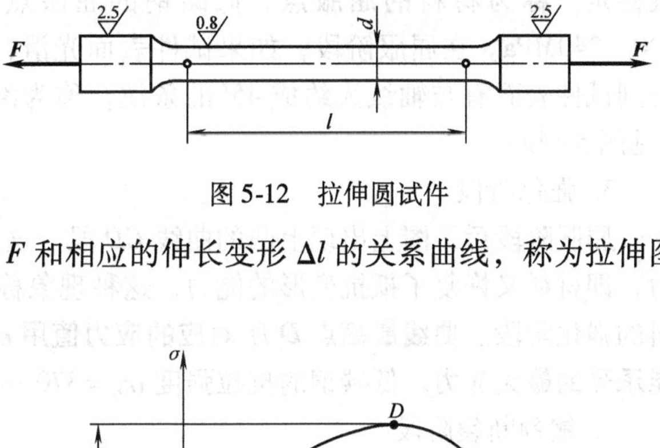

图 5-12　拉伸圆试件

拉伸试验在万能试验机上进行。先装夹试件，然后加载。试件受到由零逐渐增加的拉力 F 的作用，发生伸长变形，直到断裂。一般试验机上附有自动绘图装置，在试验过程中能自动绘出载荷 F 和相应的伸长变形 Δl 的关系曲线，称为拉伸图或 F-Δl 曲线（见图 5-13a）。

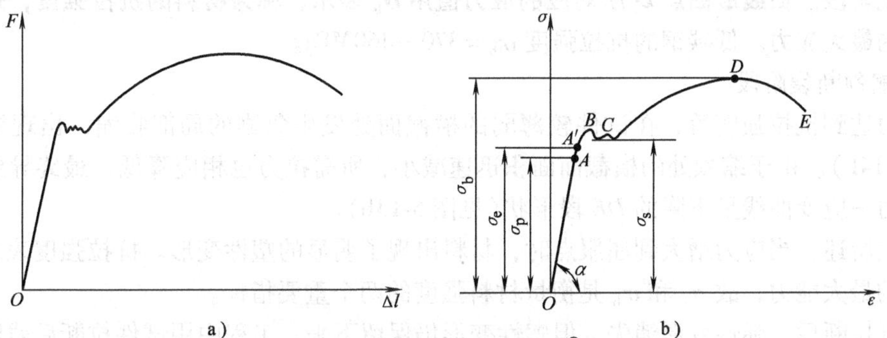

图 5-13　低碳钢的 F-Δl 和 σ-ε[⊖] 曲线

⊖　为了与力学中的应力对应，本书仍使用应力的旧符号 σ。

拉伸图的形状与试件的尺寸有关。为了消除试件横截面尺寸和长度的影响，将载荷 F 除以试件原来的横截面面积 A，得到应力 σ；将变形 Δl 除以试件原长 l，得到应变 ε，这样的曲线称为应力—应变曲线(σ-ε 曲线)。σ-ε 曲线的形状与 F-Δl 曲线相似(见图 5-13b)。

二、低碳钢拉伸时的力学性能

低碳钢是工程上广泛使用的金属材料，它在拉伸时表现出来的力学性能具有典型性。图 5-13b 是低碳钢拉伸时的应力—应变曲线。由图可见，整个拉伸过程大致可分为四个阶段：

1. 弹性阶段

图中 OA 为一直线段，这说明该段内应力和应变成正比，即为已知的胡克定律 $\sigma = E\varepsilon$。**直线部分的最高点 A 所对应的应力值 σ_p 称为比例极限**，低碳钢比例极限为 $\sigma_p = 190 \sim 200$MPa。OA 直线的倾角为 α，其斜率为 $\tan\alpha = \dfrac{\sigma}{\varepsilon} = E$，即材料的弹性模量。

当应力超过比例极限后，图中的 AA' 段已不是直线，胡克定律不再适用。但当应力值不超过 A' 点所对应的应力 σ_e 时，变形仍为弹性变形，故 σ_e 称为弹性极限。比例极限和弹性极限的概念不同，但实际上 A 点和 A' 点非常接近，通常对两者不作严格区分，泛称为弹性极限。

2. 屈服阶段

当应力超过弹性极限后，图 5-13b 上出现接近水平的小锯齿形波动段 BC，说明此时应力虽有小的波动，但基本保持不变，但应变却迅速增加。**这种应力变化不大而变形显著增加的现象称为材料的屈服或流动**。BC 段对应的过程称为屈服阶段，**屈服阶段的最低应力值 σ_s** 较稳定，**称为材料的屈服点**。低碳钢的屈服点 $\sigma_s = 220 \sim 240$MPa。在屈服阶段，如果试件表面光滑，可以看到试件表面有与轴线大约成 45°的条纹，称为滑移线(见图 5-14a)。

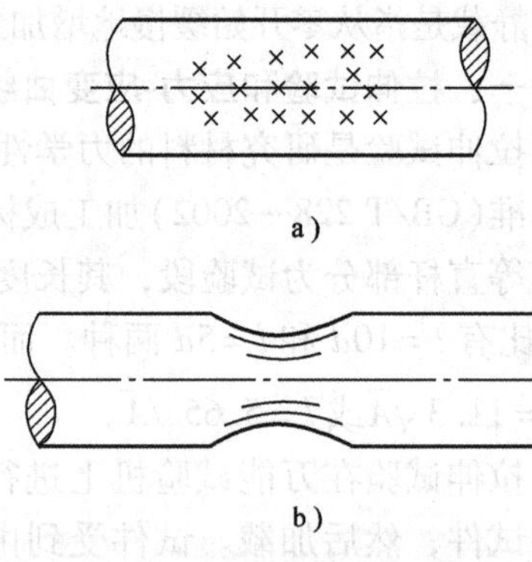

图 5-14　滑移线和缩颈现象

3. 强化阶段

屈服阶段后，图上出现上凸的曲线 CD 段。这表明，若要使材料继续变形，必须增加应力，即材料又恢复了抵抗变形的能力，这种现象称为材料的强化，CD 段对应的过程称为材料的强化阶段。**曲线最高点 D 所对应的应力值用 σ_b 表示，称为材料的抗拉强度，是材料所能承受的最大应力**。低碳钢的抗拉强度 $\sigma_b = 370 \sim 460$MPa。

4. 缩颈断裂阶段

应力达到抗拉强度后，在试件较薄弱的横截面处发生急剧的局部收缩，出现缩颈现象(见图 5-14b)。由于缩颈处的横截面面积迅速减小，所需拉力也相应降低，最终导致试件断裂，应力—应变曲线呈下降的 DE 段形状(见图 5-13b)。

综上所述，当应力增大到屈服点时，材料出现了明显的塑性变形。抗拉强度表示材料抵抗破坏的最大能力，故 σ_s 和 σ_b 是衡量材料强度的两个重要指标。

试件拉断后，弹性变形消失，但塑性变形仍保留下来。工程中用试件拉断后残留的塑性变形来表示材料的塑性性能。常用的塑性指标有两个：

伸长率 δ $$\delta=\frac{l_1-l}{l}\times100\% \tag{5-6}$$

断面收缩率 ψ $$\psi=\frac{A-A_1}{A}\times100\% \tag{5-7}$$

式中，l 是试件标距原长；l_1 是拉断后试件标距的长度；A 为试件原横截面面积；A_1 为试件断裂后缩颈处的最小横截面面积(见图 5-15)。

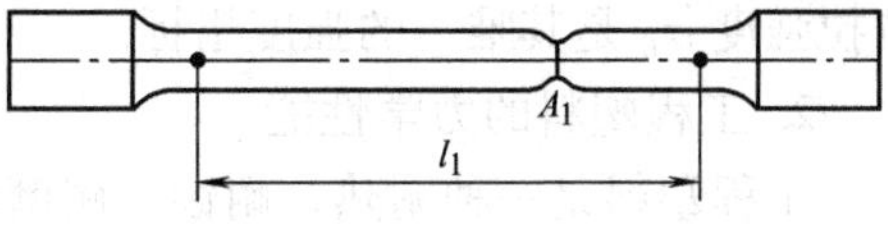

图 5-15　拉断试件图

低碳钢的伸长率在 20%~30% 之间，断面收缩率约为 60%，故低碳钢是很好的塑性材料。工程上经常用标距与直径之比为 10 的试件的伸长率区分塑性材料和脆性材料。把 $\delta_{10}\geqslant5\%$ 的材料称为塑性材料，如钢、铜和铝等；把 $\delta_{10}<5\%$ 的材料称为脆性材料，如铸铁、砖石等。

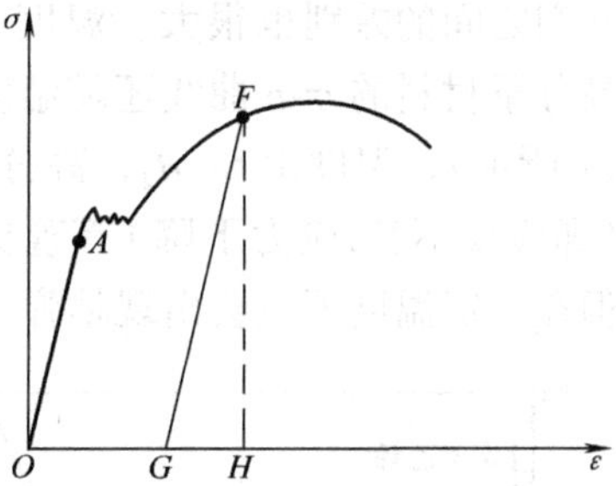

图 5-16　冷作硬化

如果将试件拉伸到超过屈服点 σ_s 后的一点，如图 5-16 中 F 点，然后缓慢地卸载。这时会发现，卸载过程中试件的应力—应变保持直线关系，沿着与 OA 近似平行的直线 FG 回到 G 点，而不是沿原来的加载曲线回到 O 点。OG 是残留的塑性应变。GH 是消失的弹性应变。如将此试件重新加载，则其 σ-ε 曲线将沿直线 GF 上升，后面的曲线和原来的 σ-ε 曲线相同，可见材料的比例极限有所提高。此现象称为冷作硬化。工程上可用冷作硬化来提高某些构件的承载能力，如预应力钢筋、钢丝绳等。

三、其他材料在拉伸时的力学性能

1. 其他金属材料在拉伸时的力学性能

其他金属材料的拉伸试验和低碳钢拉伸试验相同，但材料所显示的力学性能有很大的差异。图 5-17 给出了锰钢、硬铝、退火球墨铸铁、低碳钢和青铜的应力—应变曲线。这些都是塑性材料，但前三种材料没有明显的屈服阶段。对于没有明显屈服点的塑性材料，工程上规定，取对应于试件产生 0.2% 的塑性应变时所对应的应力值为材料的名义屈服强度，以 $\sigma_{0.2}$ 表示(见图 5-18)。

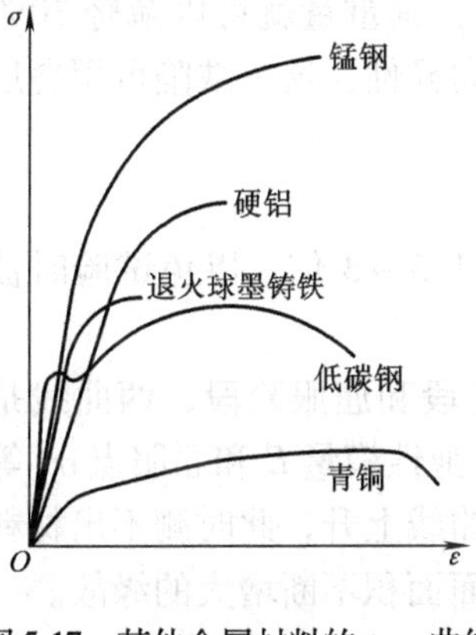

图 5-17　其他金属材料的 σ-ε 曲线

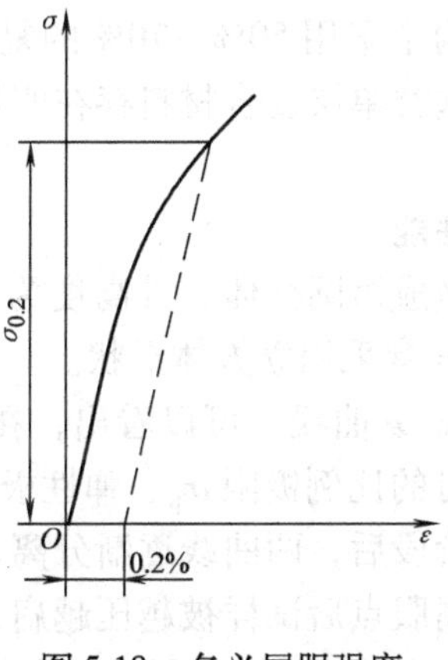

图 5-18　名义屈服强度

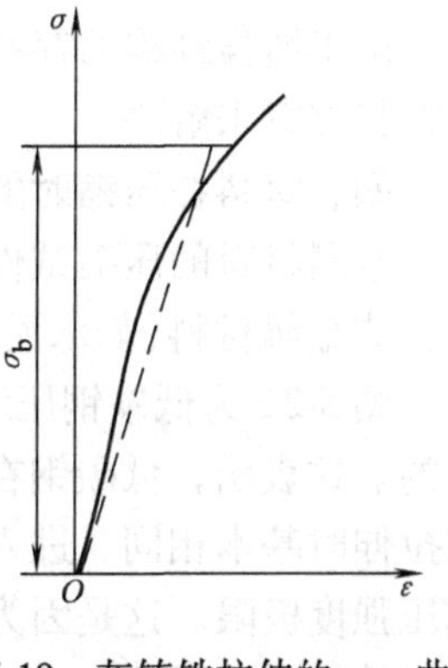

图 5-19　灰铸铁拉伸的 σ-ε 曲线

图 5-19 为灰铸铁拉伸时的应力—应变曲线。由图可见，σ-ε 曲线没有明显的直线部分，既无屈服阶段，亦无缩颈现象；断裂时应变通常只有 0.4%~0.5%，断口垂直于试件轴线。因铸铁构件在实际使用的应力范围内，其应力—应变曲线的曲率很小，实际计算时常近似地以直线（图 5-19 中的虚线）代替。铸铁的伸长率通常只有 0.4%~0.6%，是典型的脆性材料。抗拉强度 σ_b 是其唯一的强度指标。

2. 工程塑料的力学性能

工程塑料是一种耐热、耐蚀、耐磨和高强度的高分子材料，目前在各领域已广泛采用，并已在许多地方取代了金属材料，图 5-20 所示是几种高分子材料拉伸的 σ-ε 曲线，由图可知，它们之间的差别也很大。温度和时间会对高分子材料的性态产生很大的影响，图 5-21 表示高分子材料的 σ-ε 曲线还随温度而异。这种现象称为粘弹性。在温度改变的条件下（如图 5-21 所示），温度由 $t_1 \to t_2$，高分子材料还会产生明显的蠕变（即应力不变，应变增加）及松弛（即应变不变，应力下降）等现象。部分金属材料在常温的一定应力范围内表现为弹性体，但在一定温度下也会出现粘弹性的蠕变与松弛现象。

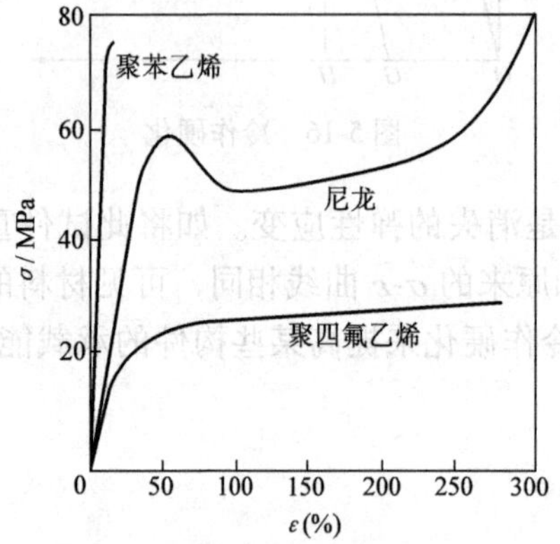

图 5-20 高分子材料拉伸的 σ-ε 曲线

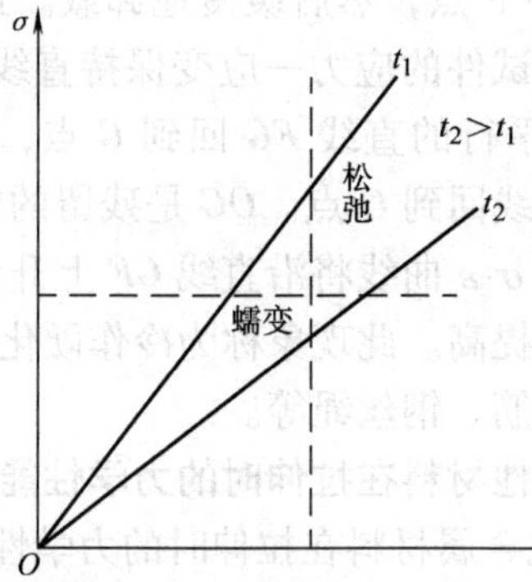

图 5-21 线性粘弹性材料在不同温度 t_1、t_2 下的 σ-ε 图

3. 复合材料的力学性能

复合材料是指由两种以上不同材质的材料通过一定复合方式组合而成的一种具有优异性能的新型材料，如众所周知的玻璃钢是由玻璃纤维与聚酯类树脂组成的复合材料，它具有强度高、重量轻、耐冲击、耐腐蚀、绝缘性好等优点。这类纤维增强的复合材料已广泛应用于各个方面。例如一架飞机的结构中采用 50%~70% 的复合材料，其重量就可以减轻 30% 以上。由于增强纤维的存在，使这类单层复合材料存在明显的各向异性，这一缺陷可用叠层复合材料方案来解决。

四、材料在压缩时的力学性能

金属材料的压缩试件一般做成短圆柱体，其高度为直径的 1.5~3 倍，以免试验时被压弯；非金属材料（如水泥）的试样常采用立方体形状。

图 5-22 为低碳钢压缩时的 σ-ε 曲线，可以看出，在弹性阶段和屈服阶段，两曲线是重合的。这表明，低碳钢在压缩时的比例极限 σ_p、弹性极限 σ_e、弹性模量 E 和屈服点 σ_s 等都与拉伸时基本相同。进入强化阶段后，两曲线逐渐分离，压缩曲线上升，此时测不出材料的抗压强度极限。这是因为超过屈服点后试样被越压越扁，横截面面积不断增大的缘故。

铸铁压缩时的应力—应变曲线如图 5-23 所示。虚线为拉伸时的 σ-ε 曲线。可以看出，

铸铁压缩时的 σ-ε 曲线也没有直线部分。因此，压缩时也只是近似地服从胡克定律。铸铁压缩时的抗压强度比抗拉强度高出 4～5 倍。对于其他脆性材料，如硅石、水泥等，其抗压能力也显著地高于抗拉能力。一般脆性材料的价格较便宜，因此，工程上常用脆性材料做承压构件。几种常用材料的力学性能见表 5-2。

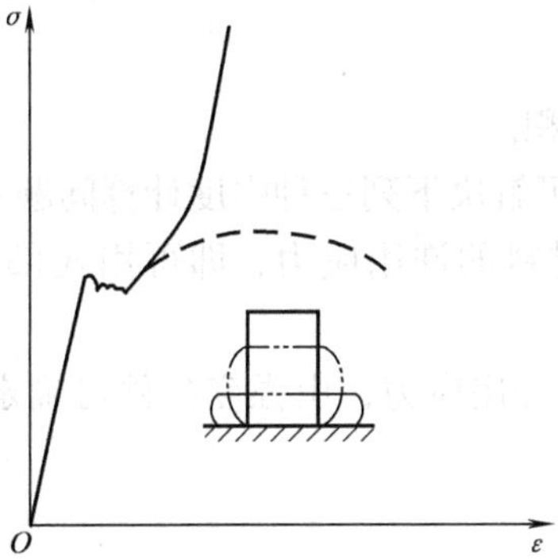

图 5-22　低碳钢压缩时的 σ-ε 曲线

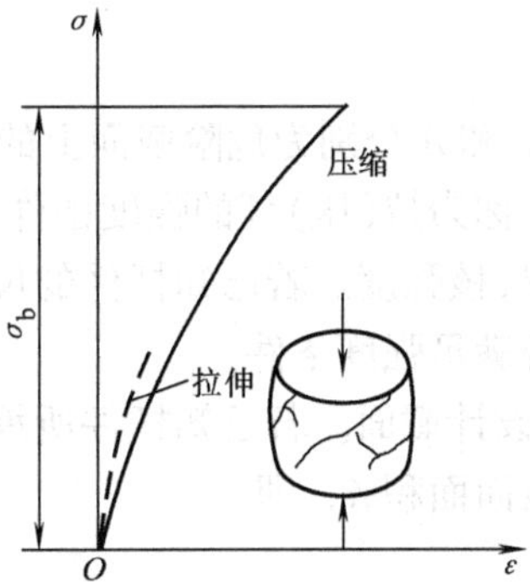

图 5-23　铸铁压缩时的 σ-ε 曲线

表 5-2　几种常用材料的力学性能

材料名称或牌号	屈服点 σ_s/MPa	抗拉强度 σ_b/MPa	伸长率 δ(%)	断面收缩率 ψ(%)
Q235A	235	390	25～27	
35 钢	314	530	20	28～45
45 钢	353	598	16	30～40
40Cr 钢	785	960	9	30～45
QT600-3	412	600	3	
HT150		拉 150 压 637 弯 330		

第四节　拉、压杆的强度计算与拉压静不定问题

一、极限应力、许用应力和安全系数

由试验和工程实践可知，当构件的应力达到了材料的屈服点或抗拉强度时，将产生较大的塑性变形或断裂，为使构件能正常工作，设定一种极限应力，用 σ^0 表示。对于塑性材料，常取 $\sigma^0=\sigma_s$；对于脆性材料，常取 $\sigma^0=\sigma_b$。

考虑到载荷估计的准确程度，应力计算方法的精确程度，材料的均匀程度以及构件的重要性等因素，为了保证构件安全可靠地工作，应使它的工作应力小于材料的极限应力，使构件留有适当的强度储备。一般把极限应力除以大于 1 的安全系数 n，作为设计时应力的最大允许值，称为许用应力，用$[\sigma]$表示，即

$$[\sigma]=\frac{\sigma^0}{n} \tag{5-8}$$

正确地选取安全系数，关系到构件的安全与经济这一对矛盾的问题。过大的安全系数会浪费材料，太小的安全系数则又可能使构件不能安全工作。各种不同工作条件下构件安全系数 n 的选取，可从有关工程手册中查到。一般对于塑性材料，取 $n=1.3～2.0$；对于脆性材

料，取 $n=2.0\sim3.5$。

二、拉(压)杆的强度条件

为了保证拉(压)杆安全正常地工作，必须使杆内的最大工作应力不超过材料的拉伸或压缩许用应力，即

$$\sigma_{max}=\frac{F_N}{A}\leqslant[\sigma] \tag{5-9}$$

式中，F_N 和 A 分别为危险截面上的轴力与其横截面面积。

该式称为拉(压)杆的强度条件。根据强度条件，可解决下列三种强度计算问题：

1）校核强度。若已知杆件的尺寸、所受载荷和材料的许用应力，即可用式(5-9)验算杆件是否满足强度条件。

2）设计截面。若已知杆件所承受的载荷及材料的许用应力，由强度条件可确定杆件的安全横截面面积 A，即

$$A\geqslant\frac{F_N}{[\sigma]}$$

3）确定承载能力。若已知杆件的横截面尺寸及材料的许用应力，可由强度条件确定杆件所能承受的最大轴力，即

$$F_{Nmax}\leqslant A[\sigma]$$

然后由轴力 F_{Nmax} 再确定结构的许用载荷。

例 5-4 某机床工作台，进给液压缸如图 5-24 所示。已知油压 $p=2\text{MPa}$，液压缸的直径 $D=75\text{mm}$，活塞杆直径 $d=18\text{mm}$，活塞杆材料的许用应力 $[\sigma]=50\text{MPa}$，试校核该活塞杆的强度。

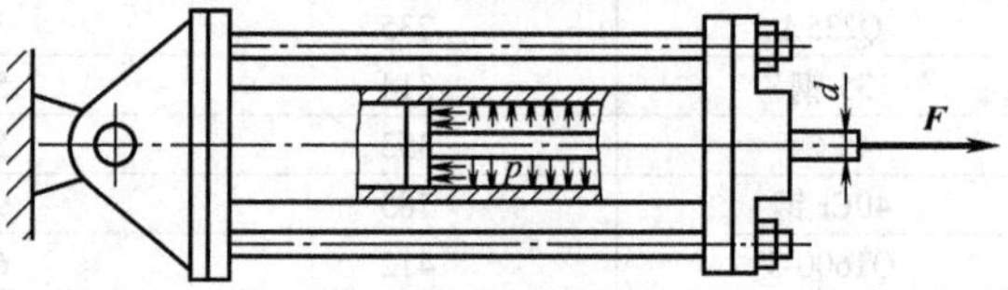

图 5-24 进给液压缸

解 1）求活塞杆的拉力。

$$F_1=p\times\frac{\pi}{4}(D^2-d^2)=2\times\frac{\pi}{4}\times(75^2-18^2)\text{N}=8.3\text{kN}$$

再由截面法求得其轴力为 $F_N=8.3\text{kN}$。

活塞杆的压力

$$F_y=p\times\frac{\pi}{4}D^2=2\times\frac{\pi}{4}\times75^2\times10^{-3}\text{kN}=8.84\text{kN}$$

则轴向压力为 $F_N=-8.84\text{kN}$。校核时可用其绝对值。本题只须对压力校核。

2）校核强度。

$$\sigma_y=\frac{F_y}{A}=\frac{8.84\times10^3}{\pi\times18^2/4}\text{MPa}=34.7\text{MPa}<[\sigma]$$

故强度足够。

例 5-5 某冷锻机的曲柄滑块机构如图 5-25 所示。锻压工作时，当连杆接近水平位置时锻压力 F 最大，$F=3780\text{kN}$。连杆横截面为矩形，高与宽之比为 $h/b=1.4$，材料的许用应力 $[\sigma]=90\text{MPa}$。试设计连杆的尺寸 h 和 b。

解 1）计算轴力。由于锻压时连杆位于水平位置，其轴力为

$$F_N = F = 3780\text{kN}$$

2）求横截面面积。

$$A \geqslant \frac{F_N}{[\sigma]} = \frac{3780 \times 10^3}{90}\text{mm}^2 = 42000\text{mm}^2$$

3）设计尺寸 h 和 b。以 $h/b = 1.4$ 代入

$$A = h \times b = 1.4b^2 \geqslant 42000\text{mm}^2$$

解之，得 $b \geqslant 173\text{mm}$，$h \geqslant 242\text{mm}$。具体设计时可将其圆整为

$$b = 175\text{mm}，h = 245\text{mm}$$

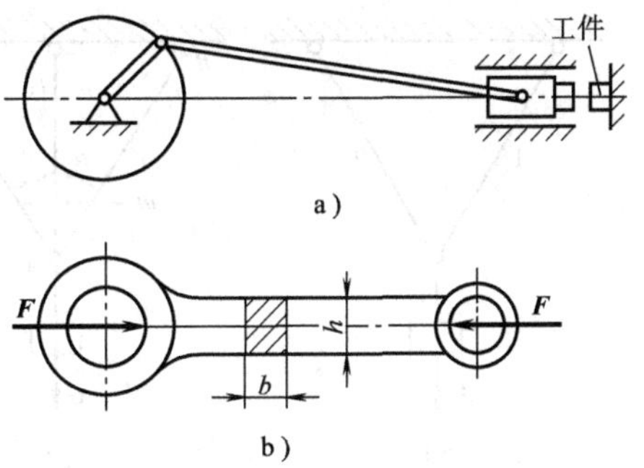

图 5-25　曲柄滑块机构

例 5-6　图 5-26 所示三角构架，AB 为圆截面钢杆，直径 $d = 30\text{mm}$；BC 为矩形木杆，尺寸 $b = 600\text{mm}$，$h = 120\text{mm}$。若钢的许用应力 $[\sigma]_G = 170\text{MPa}$，木材的 $[\sigma]_M = 10\text{MPa}$，试求该结构的许用载荷 $[F]$。

解　1）求两杆的轴力。由图 5-26 中节点 B 的两个平衡方程

$$-F_{NAB} - F_{NBC}\cos 30° = 0$$

$$-F_{NBC}\sin 30° - F = 0$$

可解得　　$F_{NAB} = \sqrt{3}F$，$F_{NBC} = -2F$（压力）

2）求各杆允许的最大轴力。

$$F_{NAB} \leqslant [\sigma]_G A_{AB} = 170 \times \frac{\pi \times 30^2}{4}\text{N} = 120.1\text{kN}$$

$$F_{NBC} \leqslant [\sigma]_M A_{BC} = 10 \times 60 \times 120\text{N} = 72\text{kN}$$

3）求结构的许用载荷。必须根据两杆允许的最大轴力分别计算结构的许用载荷，然后取其数值小的为结构的实际许用载荷。

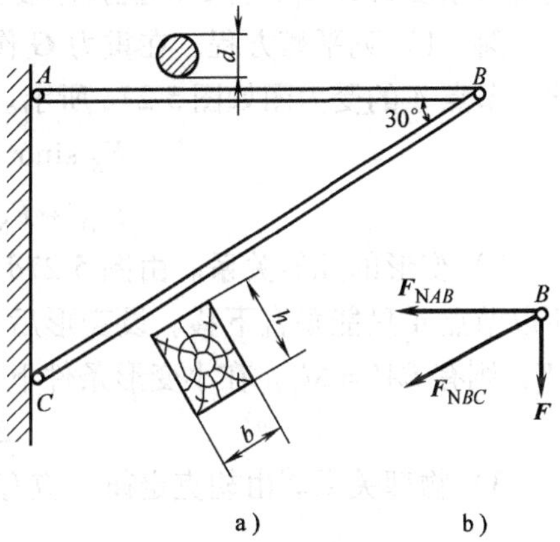

图 5-26　三角构架

$$F_{AB} = \frac{F_{NAB}}{\sqrt{3}} = \frac{120.1}{\sqrt{3}}\text{kN} = 69.3\text{kN}$$

$$F_{BC} = \frac{F_{NBC}}{2} = \frac{72}{2}\text{kN} = 36\text{kN}$$

比较之下，可知整个结构的许用载荷为 36kN。此时，BC 杆的应力恰好等于许用应力，而 AB 杆的强度还有富裕。

三、拉压静不定问题简介

1. 静不定概念及其解法

前面所讨论的问题，其约束力和内力均可由静力平衡条件求得。这类问题称为静定问题（见图 5-27a）。有时为了提高杆系的强度和刚度，可在中间增加一根杆 3（见图 5-27b），这时未知内力有三个，而节点 A 的平衡方程只有两个，因而不能解出，即仅仅根据平衡方程尚不能确定全部未知力。这类问题称为静不定问题或超静定问题。未知力个数与独立平衡方程数目之差称为静不定的次数。图 5-27b 所示为一次静不定问题。

解静不定问题时，除列出静力平衡方程外，关键在于建立足够数目的补充方程，从而联立求得全部未知力。这些补充方程，可由结构变形的几何条件以及变形和内力间的物理规律

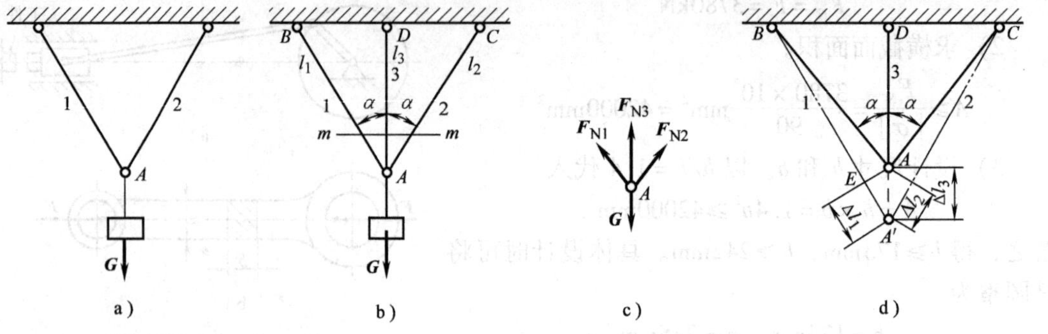

图 5-27　静定吊架和超静定吊架

来建立。下面举例说明。

例 5-7　试求图 5-27b 中杆 1 和杆 2 的轴力。已知杆 1 和杆 2 的材料与横截面均相同，其抗拉刚度为 E_1A_1，杆 3 的抗拉刚度为 E_3A_3；夹角为 α，悬挂重物的重力为 $\boldsymbol{G}$。

解　1）列平衡方程。在重力 $\boldsymbol{G}$ 作用下，三杆皆两端铰接且皆伸长，故可设三杆均受拉伸，节点 A 的受力图如图 5-27c 所示。列平衡方程有

$$F_{N1}\sin\alpha - F_{N2}\sin\alpha = 0$$

$$F_{N3} + F_{N1}\cos\alpha + F_{N2}\cos\alpha - G = 0$$

2）变形的几何关系。由图 5-27d 看到，由于结构左右对称，杆 1、2 的抗拉刚度相同，所以节点 A 只能垂直下移。设变形后各杆汇交于 A'点，则 $AA' = \Delta l_3$；由 A 点作 $A'B$ 的垂线 AE，则有 $EA' = \Delta l_1$。在小变形条件下，知 $\angle BA'A \approx \alpha$，于是变形的几何关系为

$$\Delta l_1 = \Delta l_2 = \Delta l_3 \cos\alpha$$

3）物理关系。由胡克定律，应有

$$\Delta l_1 = \frac{F_{N1} l_1}{E_1 A_1},\ \Delta l_3 = \frac{F_{N3} l_3}{E_3 A_3}$$

4）补充方程。将物理关系式代入几何方程，得到解该超静定问题的补充方程

即为

$$F_{N1} = F_{N2} = \frac{F_{N3} E_1 A_1}{E_3 A_3} \cos^2\alpha$$

5）求解各杆轴力。联立求解补充方程和两个平衡方程，可得

$$F_{N1} = F_{N2} = \frac{G\cos^2\alpha}{\dfrac{E_3A_3}{E_1A_1} + 2\cos^2\alpha}$$

由上述答案可见，杆的轴力与各杆间的刚度比有关。一般说来，增大某杆的抗拉(压)刚度 EA，则该杆的轴力亦相应增大。这是静不定问题的一个重要特点；而静定结构的内力与其刚度无关。

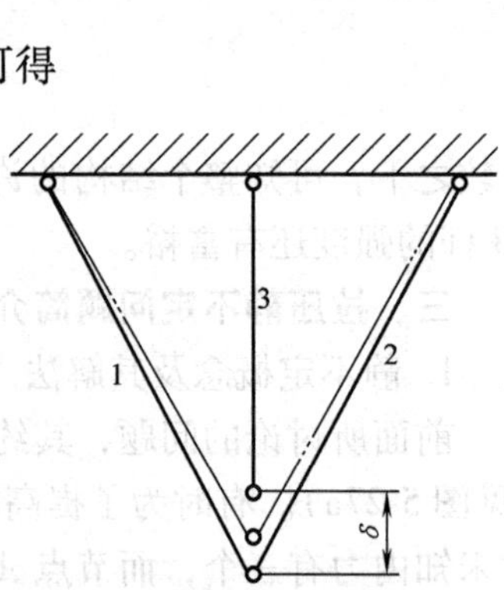

图 5-28　制造误差

2. 装配应力

所有构件在制造中都会有一些误差。这种误差在静定结构中不会引起任何内力，而在静不定结构中则有不同的特点。例如，图 5-28 所示的三杆桁架结构，若杆 3 制造时短了 δ，为了能将三根杆装配在一起，则必须将杆 3 拉长，杆 1、2 压短。这种强行装配会在杆 3 中产生拉应力，而在杆 1、2

中产生压应力。如误差 δ 较大，这种应力会达到很大的数值。这种由于装配而引起杆内产生的应力，称为装配应力。装配应力是在载荷作用前结构中已经具有的应力，因而是一种初应力。在工程中，对于装配应力的存在，有时是不利的，应予以避免；但有时我们也有意识地利用它，比如机械制造中的紧密配合和土木结构中的预应力钢筋混凝土等等。

3. 温度应力

在工程实际中，杆件遇到温度的变化，其尺寸将有微小的变化。在静定结构中，由于杆件能自由变形，不会在杆内产生应力。但在静不定结构中，由于杆件受到相互制约而不能自由变形，这将使其内部产生应力。这种因温度变化而引起的杆内应力，称为温度应力。温度应力也是一种初应力。对于两端固定的杆件，当温度升高 ΔT 时，在杆内引起的温度应力为

$$\sigma = E\alpha_1\Delta T \tag{5-10}$$

式中，E 为材料的弹性模量，而 α_1 则为材料的线膨胀系数。

在工程上常采取一些措施来降低或消除温度应力，例如蒸汽管道中的伸缩节、铁道两段钢轨间预留的适当的空隙、钢桥桁架一端采用的活动铰链支座等，都是为了减少或预防产生温度应力而常用的方法。

第五节　剪切与挤压

一、剪切的概念及剪切胡克定律

1. 剪切的概念

机械中常用的联接件，如销钉(图 5-29)、键和铆钉(图 5-30)等，都是承受剪切的零件。这类杆件的受力特点是：受一对大小相等，方向相反，作用线平行且相距很近的外力作用。这时联接件沿两个力作用线之间的截面发生相对错动。这种变形称为剪切变形，发生相对错动的面称为剪切面。图 5-30 所示的铆钉只有一个剪切面，称为单剪；而图 5-29 所示的销钉具有两个剪切面，称为双剪。

2. 剪切胡克定律

现在从某一受剪构件的剪切面处取出一个微小的正六面体——单元体，如图 5-31a 所示。在与剪力相应的切应力 τ 的作用下，单元体的右面相对左面发生错动，使原来的直角改变了一个微量 γ，这就是切应变。

试验指出：**当切应力不超过材料的剪切比例极限 τ_p 时，切应力 τ 与切应变 γ 成正比**(见图

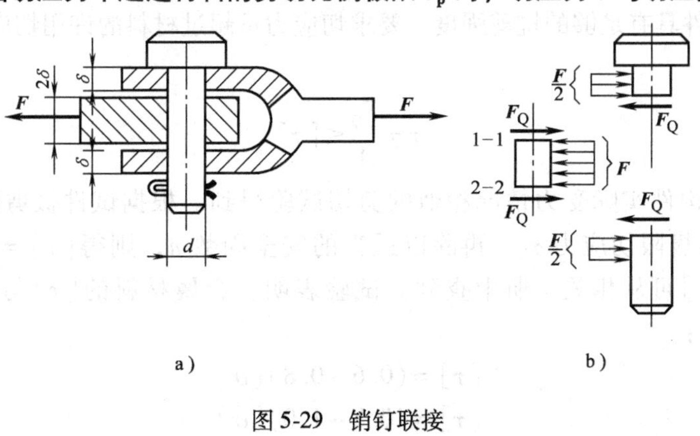

图 5-29　销钉联接

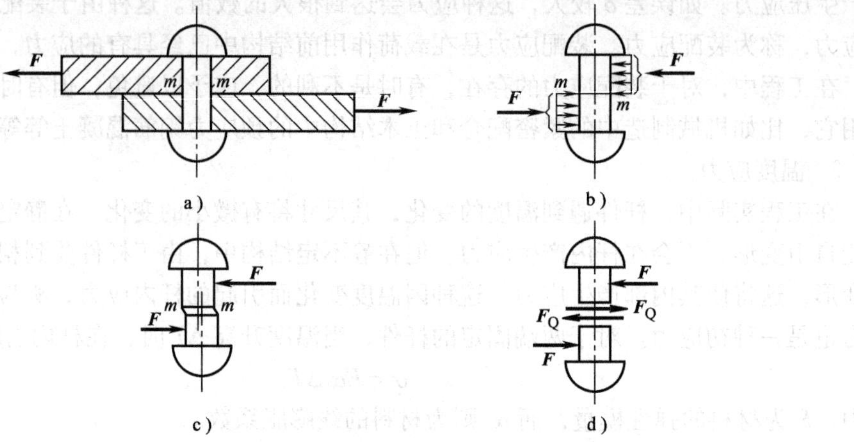

图 5-30　铆钉联接

5-31b)。这就是材料的**剪切胡克定律**，即

$$\tau = G\gamma \tag{5-11}$$

式中，比例常数 G 与材料有关，称为材料的切变模量。G 的量纲与 τ 相同，常用单位是 GPa，其数值可由试验测得。一般钢材的 G 约为 80GPa，铸铁约为 45GPa。

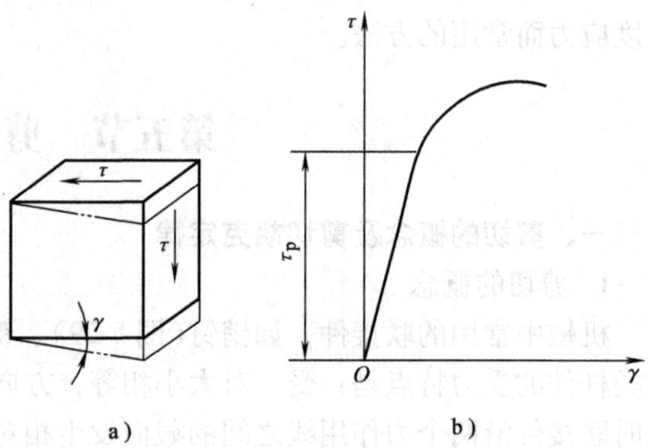

图 5-31　单元体和 τ-γ 曲线

二、剪切的实用计算

现以拖车挂钩的联接销(见图 5-29a)为例，说明剪切的实用计算方法。

销的受力如图 5-29b 所示。由截面法可知：两个截面上必有相切的内力 F_Q，且 $F_Q = F/2$，称为剪力。切应力在剪切面上的分布情况比较复杂，为计算简便，**工程上通常采用以试验、经验为基础的实用计算，即近似地认为切应力在剪切面上是分布均匀的**，则有

$$\tau = \frac{F_Q}{A} \tag{5-12}$$

式中，τ 为切应力；F_Q 为剪切面上的剪力；A 为剪切面积。

为保证联接件具有足够的抗剪强度，要求切应力不超过材料的许用切应力。由此得抗剪强度条件为

$$\tau = \frac{F_Q}{A} \leqslant [\tau] \tag{5-13}$$

$[\tau]$可以通过与构件实际受力情况相似的剪切试验得到。根据试件被剪断时的剪力 F_{Qb}，按式(5-12)算出极限切应力 τ_b，再除以适当的安全因数 n，则得$[\tau] = \tau_b/n$。常用材料的许用切应力$[\tau]$可从相关手册中查到。试验表明，金属材料的$[\tau]$与许用拉应力$[\sigma]$之间有如下关系：

塑性材料　　$[\tau] = (0.6 \sim 0.8)[\sigma]$

脆性材料　　$[\tau] = (0.8 \sim 1.0)[\sigma]$

三、挤压的实用计算

1. 挤压的概念

联接件在发生剪切变形的同时，它与被联接件传力的接触面上将受到较大的压力作用，从而出现局部变形，这种现象称为挤压。如图 5-32 所示，上钢板孔左侧与铆钉上部左侧，下钢板右侧与铆钉下部右侧相互挤压。

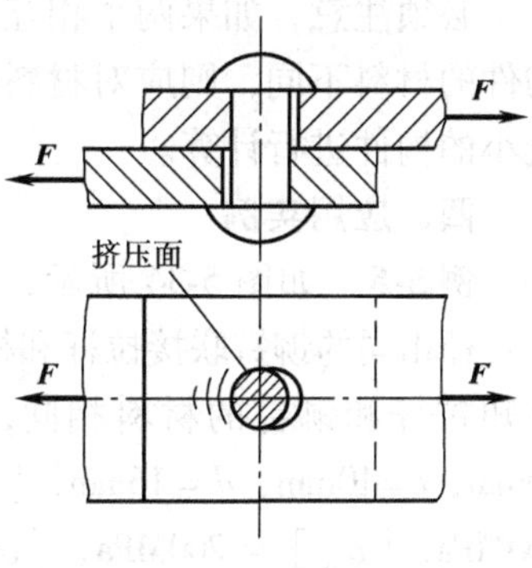

图 5-32　铆钉联接中的挤压

发生挤压的接触面称为挤压面。挤压面上的压力称为挤压力，用 F_{jy} 表示。相应的应力称为挤压应力，用 σ_{jy} 表示。

必须指出，挤压与压缩不同。挤压力作用在构件的局部表面，挤压应力也只分布在挤压面附近区域，且挤压变形情况比较复杂。当挤压应力较大时，挤压面附近区域将发生显著的塑性变形而被压溃，此时发生挤压破坏。

2. 挤压的实用计算分析

由于挤压面上的挤压应力分布比较复杂，所以与剪切一样，工程中也采用实用计算，即认为挤压应力在计算的挤压面上均匀分布，于是有

$$\sigma_{jy} = \frac{F_{jy}}{A_{jy}} \tag{5-14}$$

式中，F_{jy} 为挤压面上的挤压力，**A_{jy} 为挤压面的计算面积。**

计算面积 A_{jy} 需根据挤压面的形状来确定。如图 5-33a 所示的键联接的挤压面为平面，则该平面的面积就是挤压面积的计算面积；对于销钉、铆钉等圆柱联接件，其挤压面为圆柱面，挤压面的应力分布如图 5-33b 所示，**则挤压面的计算面积为半圆柱面的正投影面积**，即 $A_{jy} = dt$，如图 5-33c 所示。按式(5-14)计算所得的挤压应力，近似于真实应力分布状态下的最大挤压应力 σ_{jymax}。

为保证联接件具有足够的挤压强度而不破坏，挤压强度条件为

$$\sigma_{jy} = \frac{F_{jy}}{A_{jy}} \leqslant [\sigma_{jy}] \tag{5-15}$$

式中，$[\sigma_{jy}]$ 为材料的允许挤压应力，其数值可由试验获得。

常用材料的 $[\sigma_{jy}]$ 仍可从有关的手册上查得。对于金属材料，许用挤压应力和许用拉应力之间有如下关系：

塑性材料

$$[\sigma_{jy}] = (1.7 \sim 2.0)\sigma$$

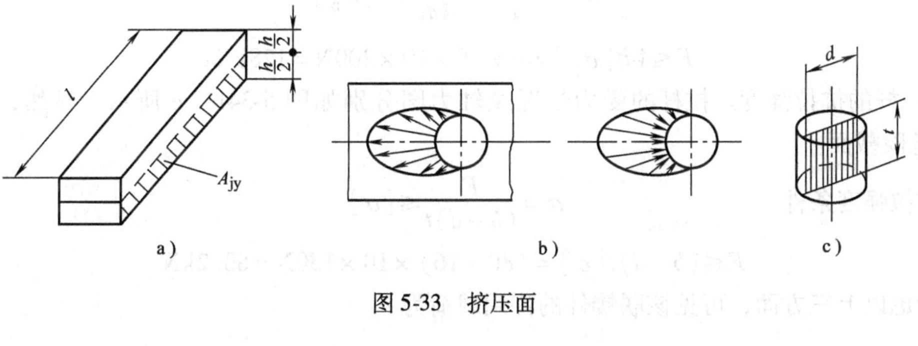

图 5-33　挤压面

脆性材料

$$[\sigma_{jy}]=(0.9\sim1.5)\sigma$$

必须注意，如果两个相互挤压构件的材料不同，则应对材料强度较小的构件进行计算。

四、应用实例

例 5-8 如图 5-34 所示，用四个直径相同的铆钉联接拉杆和格板。已知拉杆和铆钉的材料相同，$b=80\text{mm}$，$t=10\text{mm}$，$d=16\text{mm}$，$[\tau]=100\text{MPa}$，$[\sigma_{jy}]=200\text{MPa}$，$[\sigma]=130\text{MPa}$。试计算许用载荷$[F]$。

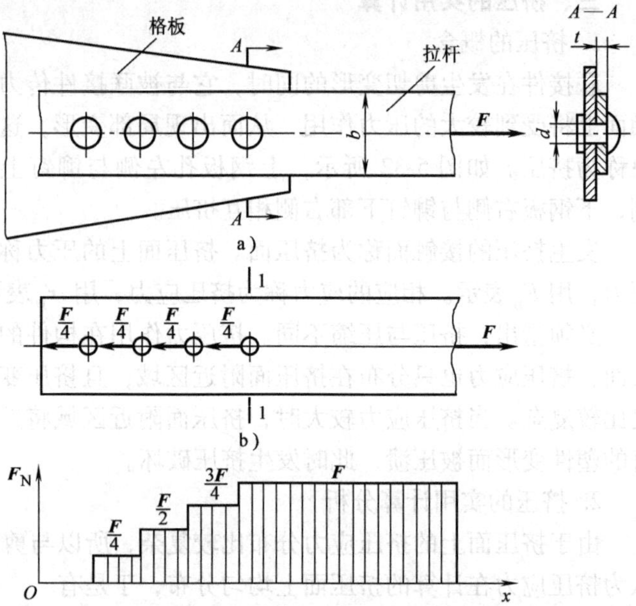

图 5-34 拉杆和格板

解 该联接件的许可载荷应根据铆钉的抗剪强度、铆钉和杆的挤压强度以及杆的抗拉强度三方面确定。

1）铆钉的抗剪强度。分析表明，各铆钉的受力大致相等，所以各铆钉剪切面上的剪力均为

$$F_Q=\frac{F}{4}$$

根据抗剪强度条件

$$\tau=\frac{F_Q}{A}\leqslant[\tau]$$

得
$$F\leqslant\pi d^2[\tau]=3.14\times16^2\times100\text{N}=80.4\text{kN}$$

2）铆钉和杆的挤压强度。由于杆和铆钉的材料相同，所以可根据铆钉挤压强度计算。本例中，铆钉所受的挤压力等于剪力，即

$$F_{jy}=F_Q=\frac{F}{4}$$

根据挤压强度条件

$$\sigma_{jy}=\frac{F_{jy}}{A_{jy}}=\frac{F}{4dt}\leqslant[\sigma_{jy}]$$

得
$$F\leqslant4dt[\sigma_{jy}]=4\times16\times10\times200\text{N}=128\text{kN}$$

3）杆的抗拉强度。拉杆的受力情况及轴力图分别如图 5-34b、c 所示。显然，横截面1-1为危险截面。

根据抗拉强度条件
$$\sigma=\frac{F}{(b-d)t}\leqslant[\sigma]$$

得
$$F\leqslant(b-d)t[\sigma]=(80-16)\times10\times130\text{N}=83.2\text{kN}$$

综合考虑以上三方面，可见该联接件的许用载荷为

$$[F]=80.4\text{kN}$$

例 5-9 冲床的最大冲力为 400kN，冲头材料的许用应力$[\sigma]=440\text{MPa}$，被冲剪的钢板的抗剪强度 $\tau_b=360\text{MPa}$。求在最大冲力作用下所能冲剪的圆孔的最小直径 d 和最大厚度 t(见图5-35)。

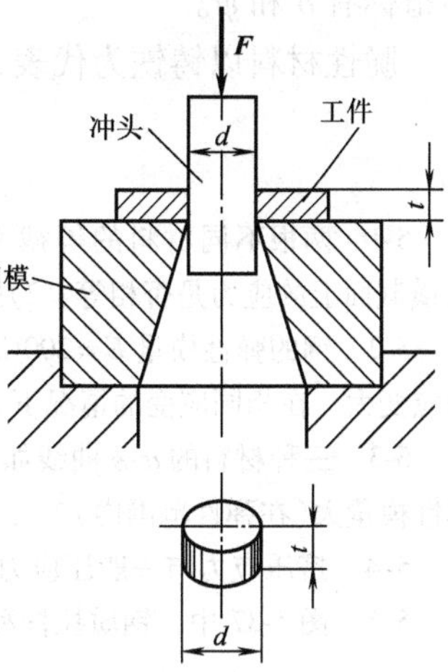

图 5-35 冲孔

解 1）确定圆孔的最小直径。冲剪的孔径等于冲头的直径，冲头工作时需满足抗压强度条件，即

$$\sigma=\frac{F_N}{A}=\frac{4F}{\pi d^2}\leqslant[\sigma]$$

得 $$d\geqslant\sqrt{\frac{4F}{\pi[\sigma]}}=\sqrt{\frac{4\times400\times10^3}{\pi\times440}}\text{mm}=34\text{mm}$$

故取最小直径为 35mm。

2）求钢板的最大厚度。钢板剪切面上的剪力 $F_Q=F$，剪切面的面积为 πdt。为能冲断圆孔，需满足下列条件

$$\tau=\frac{F_Q}{A}=\frac{F_Q}{\pi dt}\geqslant\tau_b$$

得 $$t\leqslant\frac{F}{\pi d\tau_b}=\frac{400\times10^3}{\pi\times35\times360}\text{mm}=10.1\text{mm}$$

故取钢板的最大厚度为 10mm。

小　结

本章讨论了在横截面应力均布的拉、压、剪、挤等几种基本变形的实用计算。

其主要内容为：

1）用截面法求内力。内力与横截面间有如下特征：拉、压内力 F_N 与横截面垂直，剪切内力 F_Q 与横截面平行，挤压则垂直于局部接触表面。

2）在实用计算中，近似认为这些基本变形的内力是均布的，故其应力计算及强度条件为

拉压 $$\sigma=\frac{F_N}{A}\leqslant[\sigma]$$

剪切 $$\tau=\frac{F_Q}{A}\leqslant[\tau]$$

挤压 $$\sigma_{jy}=\frac{F_{jy}}{A_{jy}}\leqslant[\sigma_{jy}]$$

对于挤压面，以实际接触面为准，如是圆弧面则采用它的投影面来计算。

3）胡克定律建立了材料的应力、应变关系，其表达式为

$$\sigma=E\varepsilon \quad（拉压）$$

$$\tau=G\gamma \quad（剪切）$$

4）常用材料中，塑性材料以低碳钢为代表，低碳钢的拉伸应力—应变曲线分为四个阶段：线弹性阶段、屈服阶段、强化阶段和断裂阶段。重要的强度指标有 σ_s 和 σ_b；重要的塑

性指标有 δ 和 ψ。

脆性材料以铸铁为代表，其特点为抗压不抗拉，其强度指标为 σ_b。

思 考 题

5-1 两根不同材料的等截面直杆，承受相同的轴向拉力，它们的横截面和长度都相等。试说明：1)横截面上的应力是否相等？2)强度是否相同？3)绝对变形是否相同？为什么？

5-2 钢的弹性模量 $E=200\text{GPa}$，铝的弹性模量 $E=71\text{GPa}$。试比较：在应力相同的情况下，哪种材料的应变大？在相同应变的情况下，哪种材料的应力大？

5-3 三种材料的 σ-ε 曲线如图 5-36 所示。试说明哪种材料的强度高？哪种材料的塑性好？哪种材料的弹性模量大(在弹性范围内)？

5-4 挤压应力与一般压应力有何区别？

5-5 图 5-37 中，钢质拉杆和木板之间放置的金属垫圈起何作用？

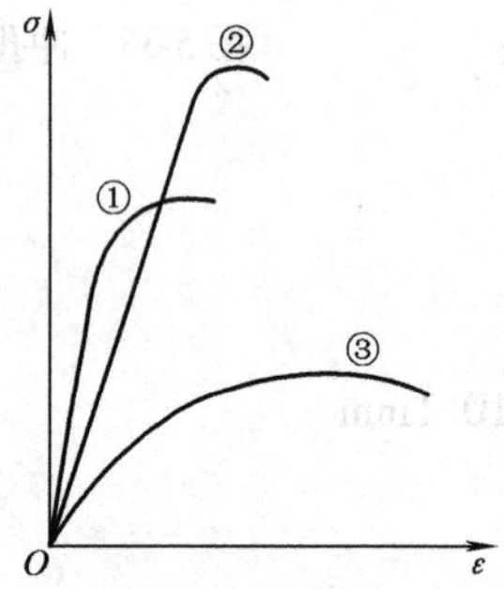

图 5-36 σ-ε 曲线

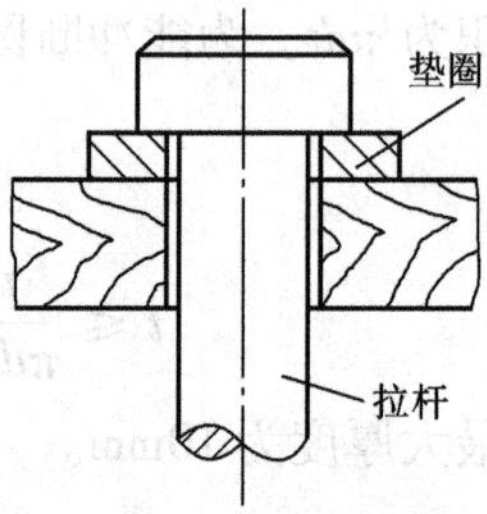

图 5-37 拉杆和垫圈

5-6 分析图 5-38 所示各零件的剪切面、挤压面和拉断面。

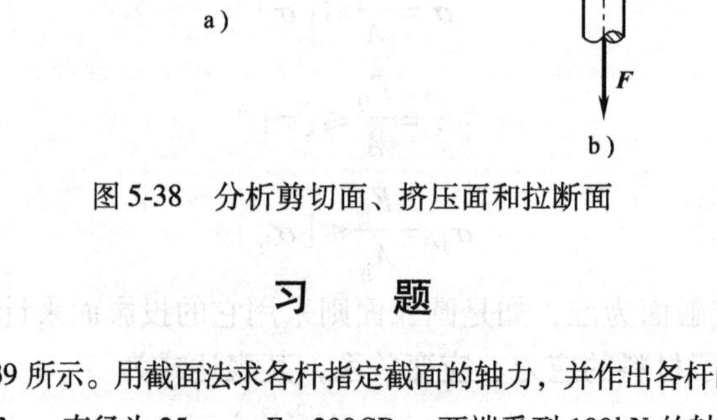

图 5-38 分析剪切面、挤压面和拉断面

习 题

5-1 拉(压)杆如图 5-39 所示。用截面法求各杆指定截面的轴力，并作出各杆的轴力图。

5-2 一根钢质圆杆长 3m，直径为 25mm，$E=200\text{GPa}$，两端受到 100kN 的轴向拉力作用。试计算钢杆的应力和应变。

5-3 圆形截面杆如图 5-40 所示。已知弹性模量 $E=200\text{GPa}$，受到轴向拉力 $F=150\text{kN}$。如果中间部分直径为 30mm，试计算中间部分的应力 σ。如杆的总伸长为 0.2mm，试求中间部分的杆长。

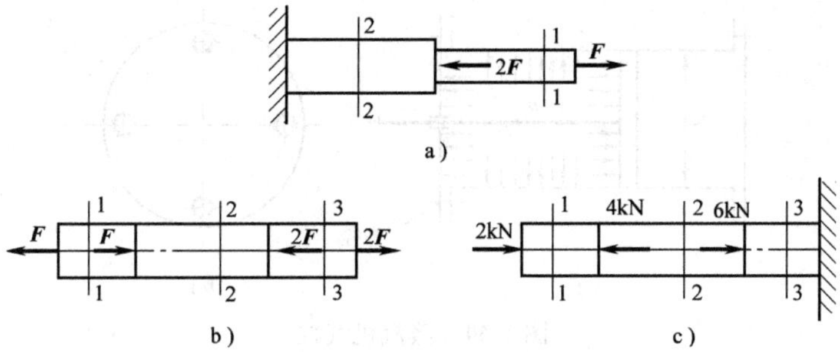

图 5-39　拉(压)杆

5-4　厂房立柱如图 5-41 所示。它受到屋顶作用的载荷 $F_1=120\text{kN}$，吊车作用的载荷 $F_2=100\text{kN}$，其弹性模量 $E=18\text{GPa}$，$l_1=3\text{m}$，$l_2=7\text{m}$，截面面积 $A_1=400\text{cm}^2$，$A_2=600\text{cm}^2$。试求其轴力，并求：1)各段横截面上的应力；2)绝对变形 Δl。

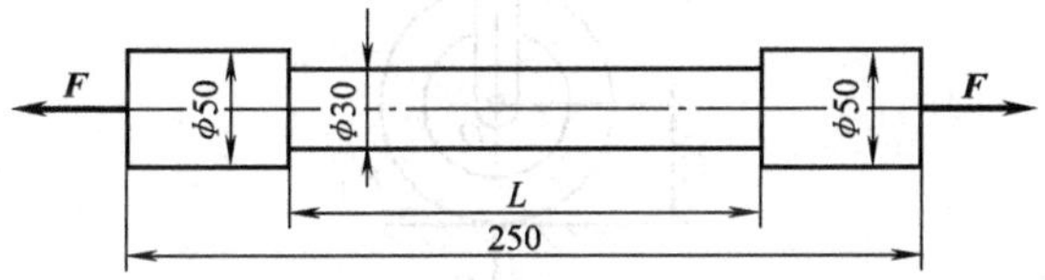

图 5-40　圆形截面杆

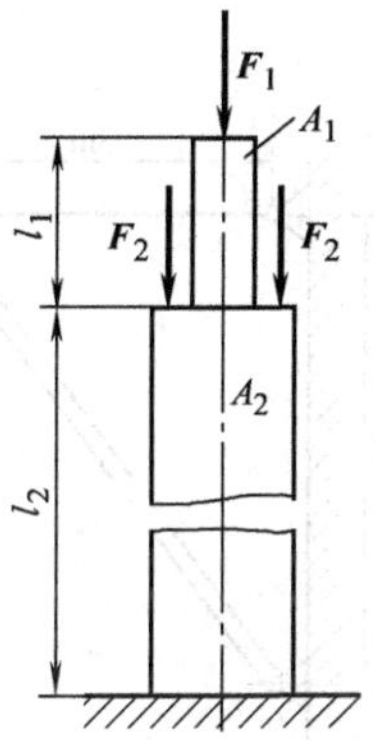

图 5-41　厂房立柱

5-5　图 5-42 所示零件受力 $F=40\text{kN}$，其尺寸如图所示。试求最大正应力。

5-6　用绳索吊起重物如图 5-43 所示。已知 $F=20\text{kN}$，绳索横截面面积为 12.6cm^2，许用应力 $[\sigma]=10\text{MPa}$。试校核 $\alpha=45°$ 及 $\alpha=60°$ 两种情况下绳索的强度。

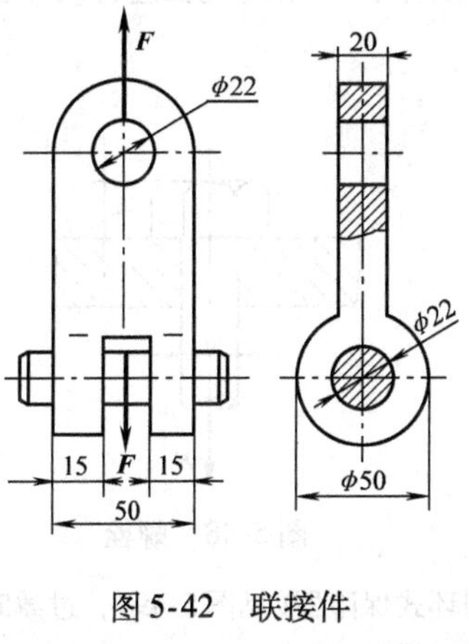

图 5-42　联接件

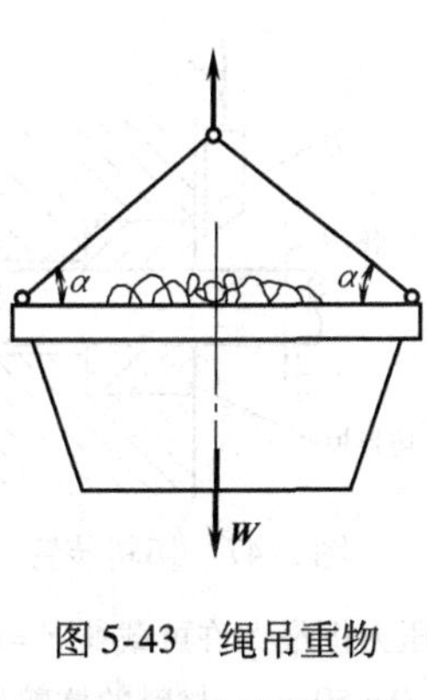

图 5-43　绳吊重物

5-7　蒸汽机气缸如图 5-44 所示。已知气缸内径 $D=350\text{mm}$，联接气缸和气缸盖的螺栓直径 $d=20\text{mm}$。如蒸汽机压力 $p=1\text{MPa}$，螺栓材料的许用应力 $[\sigma]=40\text{MPa}$，试求所需螺栓的个数。

5-8　三角架结构如图 5-45 所示。AB 杆为钢杆，其横截面面积 $A_1=600\text{mm}^2$，许用应力 $[\sigma]=140\text{MPa}$；

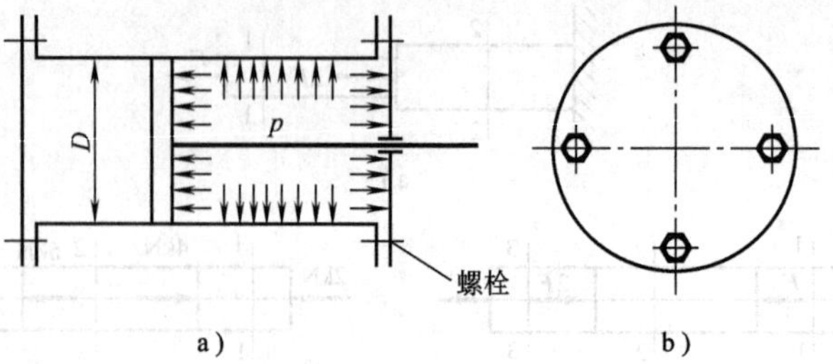

图 5-44　蒸汽机气缸

BC 杆为木杆，横截面面积 $A_2=3\times10^4\text{mm}^2$，许用应力 $[\sigma]=3.5\text{MPa}$。试求许用载荷 $[F]$。

5-9　飞机起落架尺寸如图 5-46 所示。A、B、C 均为铰链，杆 OA 垂直于 AB 连线。当飞机在跑道上等速滑行时，轮上受力 $F_V=29\text{kN}$、$F_H=0.78\text{kN}$。试求 BC 杆所受的拉力。如 BC 杆材料的许用应力 $[\sigma]=250\text{MPa}$，试求 BC 杆的横截面面积。

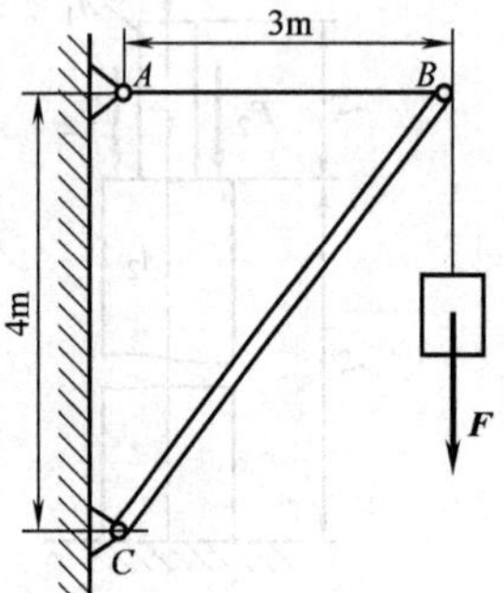

图 5-45　三角架

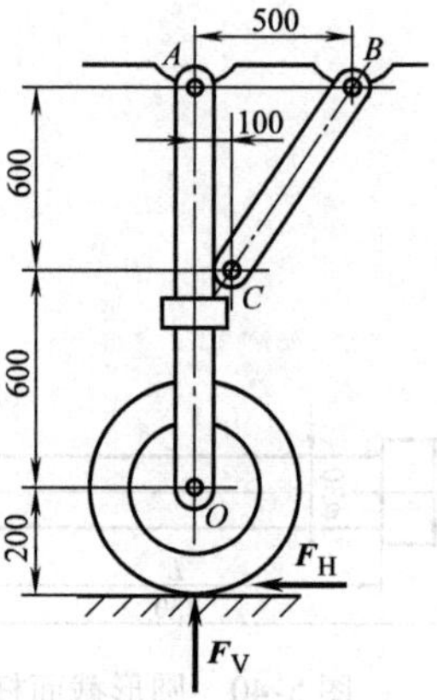

图 5-46　飞机起落架

5-10　图 5-47 所示切料装置用刀刃把切料模中 $\phi12\text{mm}$ 的棒料切断。棒料的抗剪强度 $\tau_b=320\text{MPa}$，试计算切断力 F。

5-11　图 5-48 所示螺栓受拉力 $\boldsymbol{F}$ 作用，已知材料的许用切应力 $[\tau]$ 和许用拉应力 $[\sigma]$ 之间的关系为 $[\tau]=0.6[\sigma]$。试求螺栓直径 d 与螺栓头高度 h 的合理比例。

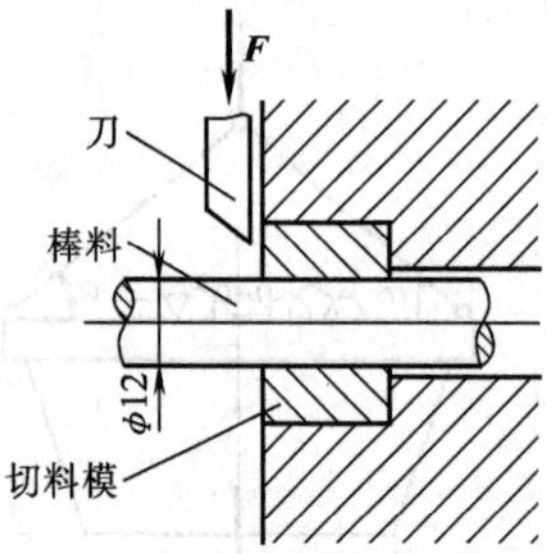

图 5-47　切料装置

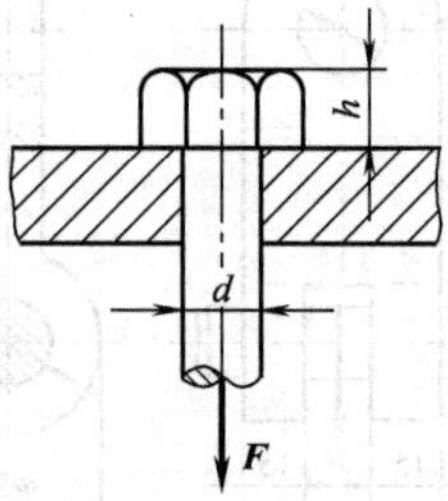

图 5-48　螺栓

5-12　压力机最大许可载荷 $F=600\text{kN}$。为防止过载而采用环式保险器（见图 5-49），过载时保险器先被剪断。已知 $D=50\text{mm}$，材料的抗剪强度 $\tau_b=200\text{MPa}$，试确定保险器的尺寸 δ。

5-13　图 5-50 所示为矩形截面的钢板拉伸试件，载荷通过销钉传至试件。若试件和销钉材料相同，$[\tau]=100\text{MPa}$，$[\sigma_{jy}]=320\text{MPa}$，$[\sigma]=160\text{MPa}$，抗拉强度 $\sigma_b=400\text{MPa}$。为保证试件在中部被拉断，试确定

试件端部尺寸 a、b 及销钉直径 d。

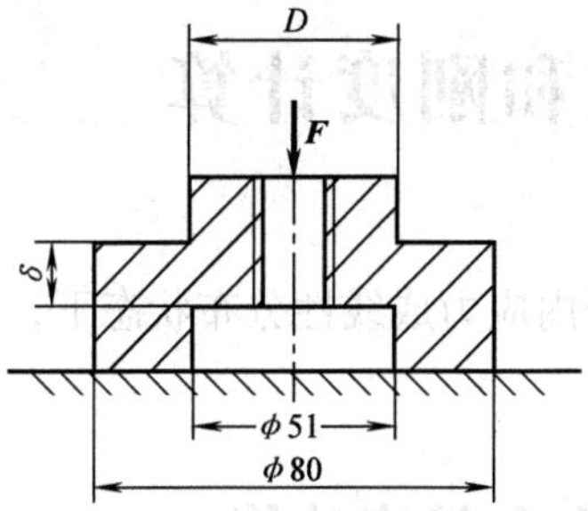

图 5-49　环式保险器

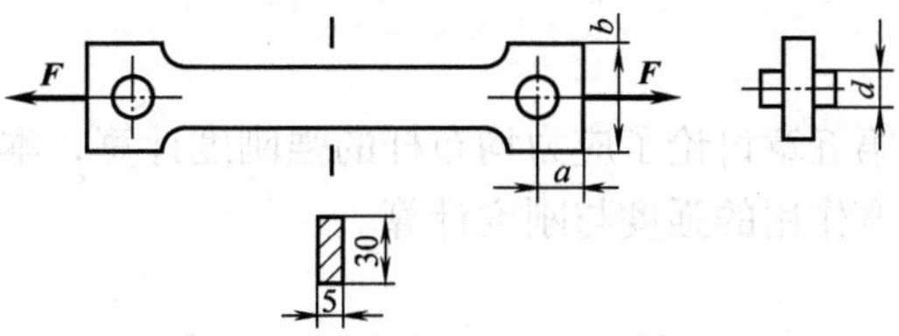

图 5-50　矩形截面试件

第六章 扭转与弯曲的强度和刚度计算

第五章讨论了应力均布杆的强刚度计算，本章则讨论杆内应力成线性分布状态下，杆受扭、弯作用的强度与刚度计算。

第一节 圆轴扭转时的内力、应力和强度计算

当钳工攻螺纹孔时（见图6-1），加在手柄上两个等值反向的力组成力偶，作用于丝锥杆的上端，工件的约束力偶作用在丝锥杆的下端；汽车转向盘的操纵杆，两端分别承受驾驶员作用在转向盘上的外力偶和转向器的约束力偶作用。这些构件的受力特点是：**两端受到一对数值相等、转向相反、作用面垂直于杆轴线的力偶作用**。它们的变形特点是：**各截面绕轴线产生相对转动（见图6-2）**，这种变形称为扭转变形，其上任意两截面间的相对转角称为扭转角。以扭转变形为主的构件称为轴。工程上轴的横截面多采用圆形截面或圆环形截面。

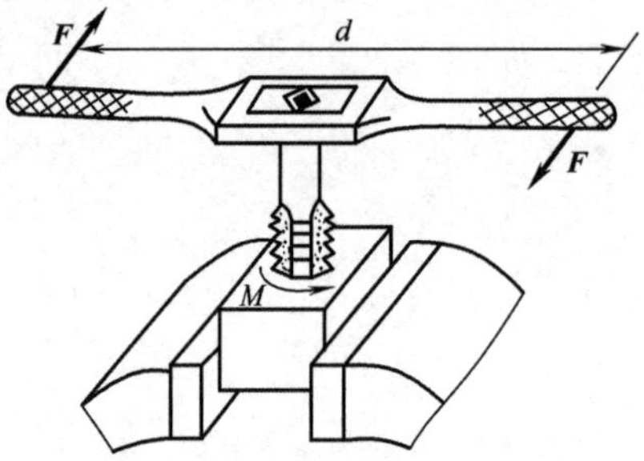

图6-1 攻螺纹孔

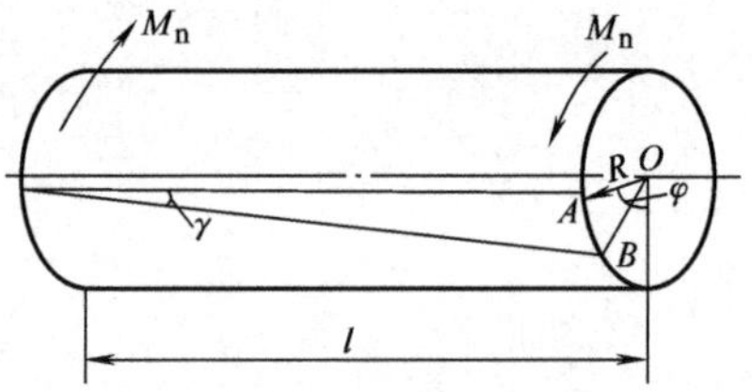

图6-2 扭转变形

一、扭矩与扭矩图

1. 外力偶矩的计算

工程中作用于轴上的外力偶矩通常并不直接给出，而给出轴的转速和轴所传递的功率，它们的换算关系为

$$M = 9550\,\frac{P}{n} \tag{6-1}$$

式中，M 为外力偶矩（N·m）；P 为轴传递的功率（kW）；n 为轴的转速（r/min）。

2. 扭矩与扭矩图

若已知轴上作用的外力偶矩，可用截面法研究圆轴扭转时横截面上的内力矩。现分析如图6-3a所示的圆轴。在任意 m-m 截面处将轴分为两段，取左段为研究对象（见图6-3b），因 A 端有外力偶的作用，为保持左段平衡，故在 m-m 截面上必有一个内力偶矩 M_n 与之平衡，M_n 称为扭矩。由平衡方程

$$\sum M_x = 0$$

可得到

$$M_n = M$$

如取右段为研究对象(见图6-3c)，求得扭矩与左端扭矩大小相等，转向相反，它们是作用与反作用的关系。

为使上述两种算法所得同一横截面处扭矩的正负号相同，特作如下规定：采用右手螺旋法则(见图6-4)，拇指指向外法线方向。扭矩的转向与四指的握向一致时为正；反之为负。

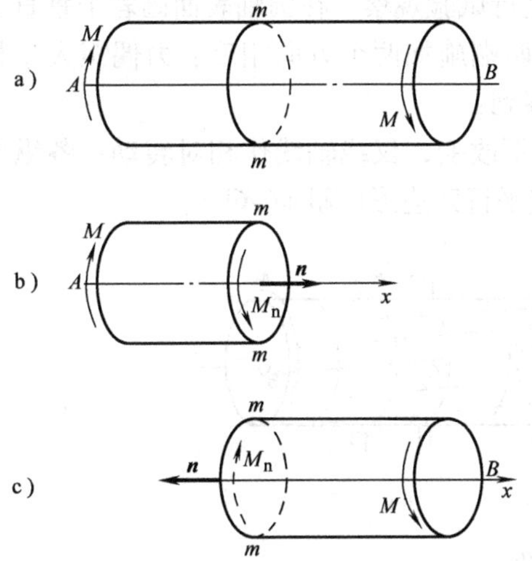

图6-3　扭轴内力分析

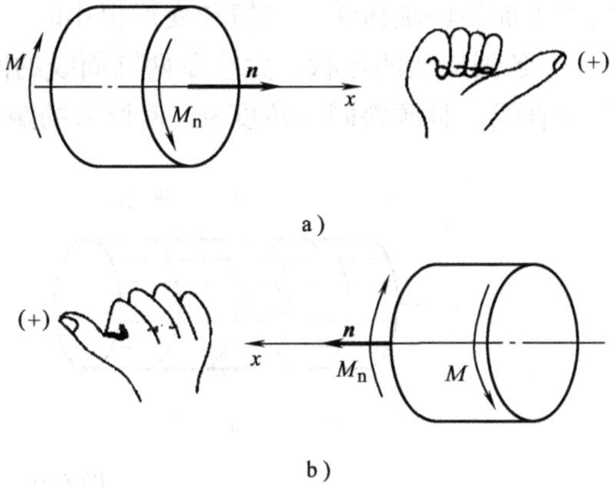

图6-4　扭矩的正负号

在求扭矩时，一般按正向假设，所得为负则说明扭矩转向与所设相反。当轴上作用有多个外力偶时，须以外力偶所在的截面将轴分成数段。逐段求出其扭矩。为形象地表示扭矩沿轴线的变化情况，可仿照轴力图的方法绘制扭矩图。作图时，沿轴线方向取坐标表示横截面的位置，以垂直于轴线的方向取坐标表示扭矩，下面举例说明之。

例6-1　一传动系统的主轴 ABC(见图6-5a)，其转速 $n=960\text{r/min}$，输入功率 $P_A=27.5\text{kW}$，输出功率 $P_B=20\text{kW}$，$P_C=7.5\text{kW}$，不计轴承摩擦等功率消耗。试作 ABC 轴的扭矩图。

解　1）计算外力偶矩。由式(6-1)得

$$M_A=9550\frac{P_A}{n}=9550\times\frac{27.5}{960}\text{N}\cdot\text{m}=274\text{N}\cdot\text{m}$$

$$M_B=9550\frac{P_B}{n}=9550\times\frac{20}{960}\text{N}\cdot\text{m}=199\text{N}\cdot\text{m}$$

$$M_C=9550\frac{P_C}{n}=9550\times\frac{7.5}{960}\text{N}\cdot\text{m}=75\text{N}\cdot\text{m}$$

式中，M_A 为主动力偶矩，与 ABC 轴转向相同；M_B、M_C 为阻力偶矩，其转向与 M_A 相反。

2）计算扭矩。将轴分为两段，逐段计算扭矩。由截面法可知(见图6-5b、c)

$$M_{n1}=-M_A=-274\text{N}\cdot\text{m}$$

$$M_{n2}=-M_A+M_B=-75\text{N}\cdot\text{m}$$

3）画扭矩图。根据以上计算结果，按比例

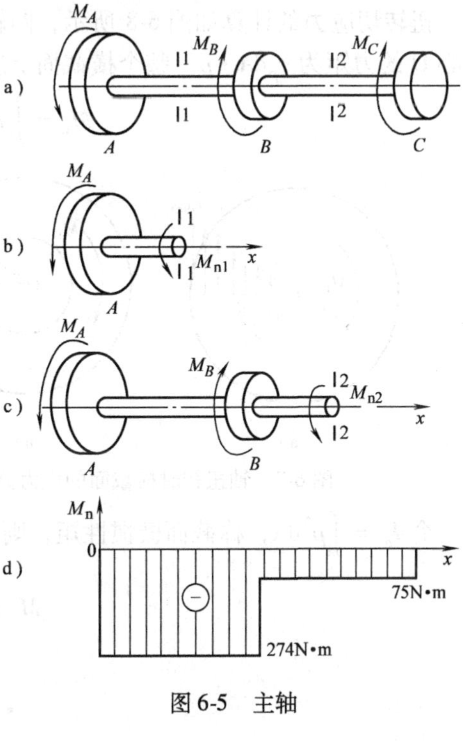

图6-5　主轴

画扭矩图(见图 6-5d)。由图可看出，在集中外力偶作用面处，扭矩值发生突变，其突变值等于该集中外力偶矩的大小。最大扭矩在 AB 段内，其值为

$$M_{\text{nmax}} = 274\text{N} \cdot \text{m}$$

二、圆轴扭转时的应力

为了研究圆轴横截面上应力分布的情况，可先进行试验观察。在圆轴表面画若干垂直于轴线的圆周线和平行于轴线的纵向线(见图 6-6a)，两端施加两个方向相反、力偶矩大小相等的外力偶使圆轴扭转。当扭转变形很小时，可观察到：

1）各圆周线的形状、大小及两圆周线的间距均不改变，仅绕轴线作相对转动；各纵向线仍为直线，且倾斜同一角度 γ，使原来的矩形变成平行四边形(见图 6-6b)。

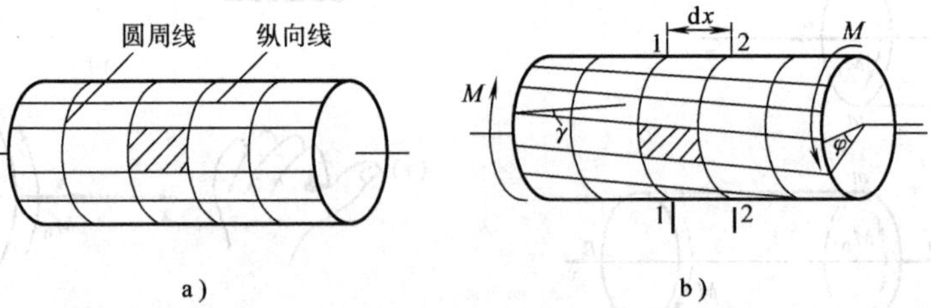

图 6-6　圆轴扭转

2）由上述现象可认为：**扭转变形后，轴的横截面仍保持平面，其形状和大小不变，半径仍为直线。这就是圆轴扭转的平面假设。**

由上述可知，圆轴扭转时，其横截面上各点的切应变与该点至截面形心的距离成正比。由剪切胡克定律可知，横截面上各点必有切应力存在，且垂直于半径呈线性分布(见图6-7)，即有 $\tau_\rho = K\rho$。

扭转切应力的计算如图 6-8 所示，圆轴横截面上微面积 dA 上的微内力为 $\tau_\rho \text{d}A$，对截面中心 O 的力矩为 $\tau_\rho \text{d}A \cdot \rho$。整个横截面上所有微力矩之和应等于该截面上的扭矩 M_n，则有

$$M_\text{n} = \int_A \tau_\rho \rho \text{d}A = K\int_A \rho^2 \text{d}A \tag{6-2}$$

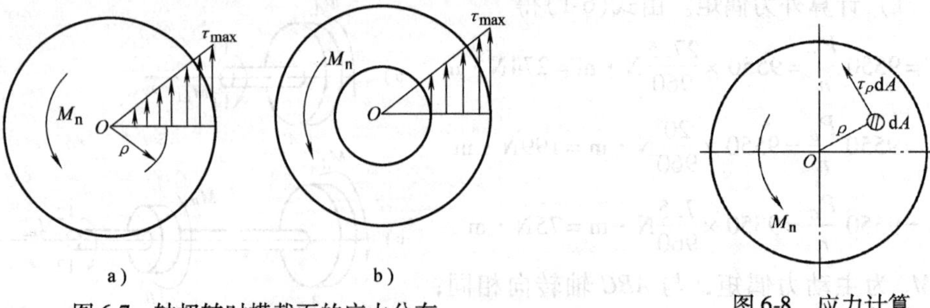

图 6-7　轴扭转时横截面的应力分布　　图 6-8　应力计算

令 $I_\rho = \int_A \rho^2 \text{d}A$，称截面极惯性矩，则

$$M_\text{n} = KI_\rho = \tau_\rho \frac{I_\rho}{\rho}$$

得

$$\tau_\rho = \frac{M_\text{n}\rho}{I_\rho} \tag{6-3}$$

显然，当 $\rho=0$ 时，$\tau=0$；当 $\rho=R$ 时，切应力最大，为 $\tau_{max}=M_nR/I_\rho$。令 $W_n=\dfrac{I_\rho}{R}$，则式(6-3)可写成

$$\tau_{max}=\frac{M_n}{W_n} \tag{6-4}$$

式中，W_n 称为抗扭截面系数。

式(6-3)及式(6-4)均以平面假设为基础推导而得，故只有当圆轴的 τ_{max} 不超过材料的比例极限时方可应用。

三、极惯性矩 I_ρ 及抗扭截面系数 W_n

在理论力学中，曾计算过均质圆盘对过圆心且垂直盘面的轴的转动惯量，其表达式为

$$J_z=\int_m \rho^2\,dm=\frac{mR^2}{2}$$

图 6-9a 所示圆截面对圆心 O 的极惯性矩可类比求出，即

$$I_\rho=\int_A \rho^2\,dA=\frac{Ar^2}{2}$$

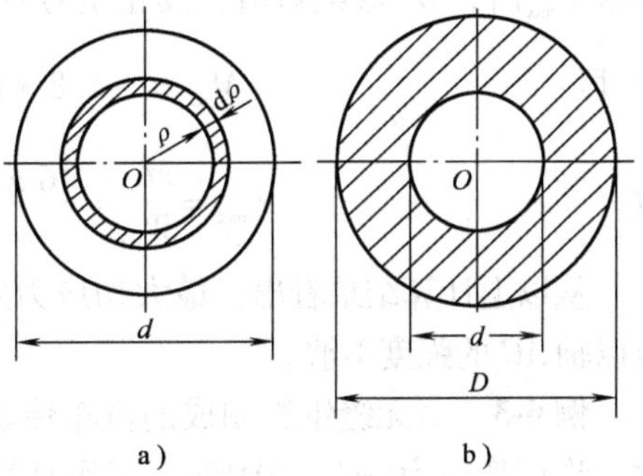

图 6-9　求极惯性矩

用 $A=\dfrac{\pi d^2}{4}$ 代入，即得 $I_\rho=\dfrac{\pi d^4}{32}$

故抗扭截面系数

$$W_n=\frac{I_\rho}{\dfrac{d}{2}}=\frac{\pi d^3}{16}$$

图 6-9b 所示空心圆截面的极惯性矩为

$$I_\rho=\frac{\pi D^4}{32}-\frac{\pi d^4}{32}=\frac{\pi}{32}(D^4-d^4)=\frac{\pi D^4}{32}(1-\alpha^4)$$

式中，$\alpha=\dfrac{d}{D}$，即为内、外径之比。空心圆截面的抗扭截面系数为

$$W_n=\frac{I_\rho}{\dfrac{D}{2}}=\frac{\pi D^3}{16}(1-\alpha^4)$$

四、圆轴扭转强度计算

由式(6-4)可知，等直圆轴最大切应力发生在最大扭矩截面的外周边各点处。为了使圆轴能正常工作，必须使最大工作切应力不超过材料的许用切应力，于是等直圆轴扭转时的强度条件为

$$\tau_{max}=\frac{M_{nmax}}{W_n}\leqslant[\tau] \tag{6-5}$$

至于阶梯轴，由于 W_n 各段不同，τ_{max} 不一定发生在 $|M_n|_{max}$ 所在的截面上，因此需综合考虑 M_n 和 W_n 两个因素来确定。

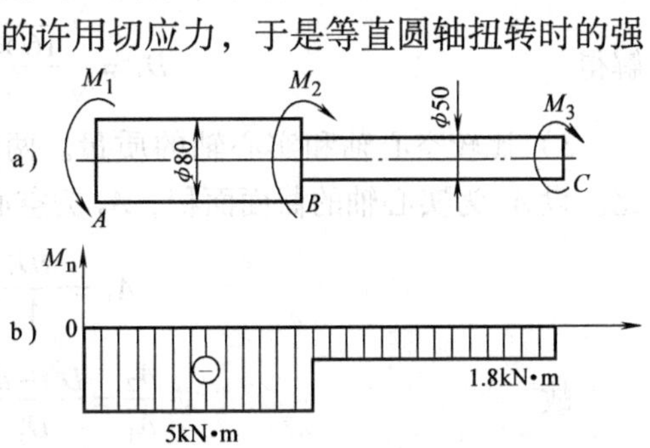

图 6-10　阶梯轴

例 6-2　阶梯轴如图 6-10a 所示，$M_1=5\text{kN}\cdot\text{m}$，$M_2=3.2\text{kN}\cdot\text{m}$，$M_3=1.8\text{kN}\cdot\text{m}$，材料的许用切

应力$[\tau]=60\text{MPa}$。试校核该轴的强度。

解 画出阶梯轴的扭矩图如图6-10b所示。因两段的扭矩、直径各不相同，需分别校核。

AB 段：
$$M_{n1}=-5\times10^3\text{N}\cdot\text{m}$$
$$W_{n1}=\frac{\pi\times80^3}{16}\text{mm}^3$$

故
$$\tau_{max}=\frac{M_{n1}}{W_{n1}}=\frac{16\times5\times10^3\times10^3}{\pi\times80^3}\text{MPa}=49.7\text{MPa}$$

在求τ_{max}时，M_n 取绝对值，其正负号对强度计算无影响。

BC 段：
$$M_{n2}=-1.8\times10^3\text{N}\cdot\text{m},\ W_{n2}=\frac{\pi\times50^3}{16}\text{mm}^3$$

故
$$\tau_{max}=\frac{M_{n2}}{W_{n2}}=\frac{16\times1.8\times10^3\times10^3}{\pi\times50^3}\text{MPa}=73.4\text{MPa}$$

从以上计算结果看出：最大切应力发生在扭矩较小的 *BC* 段。由于$\tau_{max}=73.4\text{MPa}>[\tau]$，所以轴 *AC* 的强度不够。

例 6-3 由无缝钢管制成的汽车传动轴 *AB*，外径 $D=90\text{mm}$，壁厚 $t=2.5\text{mm}$，材料为45钢，许用切应力$[\tau]=60\text{MPa}$，工作时最大外扭矩 $M_n=1.5\text{kN}\cdot\text{m}$。

1）试校核 *AB* 轴的强度。

2）如将 *AB* 轴改为实心轴，试在相同条件下确定轴的直径。

3）比较实心轴和空心轴的质量。

解 1）校核 *AB* 轴的强度。由已知条件可得
$$M_n=M=1.5\text{kN}\cdot\text{m},\ \alpha=\frac{d}{D}=\frac{90-2\times2.5}{90}=0.944$$

故
$$W_n=\frac{\pi D^3}{16}(1-\alpha^4)=\frac{\pi\times90^3}{16}(1-0.944^4)\text{mm}^3\approx29500\text{mm}^3$$
$$\tau_{max}=\frac{M_n}{W_n}=\frac{1.5\times10^3\times10^3}{29500}\text{MPa}=50.8\text{MPa}<[\tau]$$

故 *AB* 轴满足强度要求。

2）确定实心轴的直径。若实心轴与空心轴的强度相同，则两轴的抗扭截面系数必相等。设实心轴的直径为 D_1，则有
$$\frac{\pi D_1^3}{16}=\frac{\pi D^3}{16}(1-\alpha^4)=29500\text{mm}^3$$

解得
$$D_1=\sqrt[3]{\frac{16\times29500}{\pi}}\text{mm}=53.2\text{mm}$$

3）比较空心轴和实心轴的质量。两轴的材料和长度相同，它们的质量比就等于面积比。设 A_1 为实心轴的截面面积，A_2 为空心轴的截面面积，则有
$$A_1=\frac{\pi D_1^2}{4},\ A_2=\frac{\pi(D^2-d^2)}{4}$$

故
$$\frac{A_2}{A_1}=\frac{D^2-d^2}{D_1^2}=\frac{90^2-85^2}{(53.2)^2}=0.31$$

计算结果说明，在强度相同的情况下，空心轴的质量仅为实心轴质量的31%，节省材

料的效果明显。这是因为切应力沿半径呈线性分布，圆心附近处应力较小，材料未能充分发挥作用。改为空心轴后，相当于把少量轴心处的材料移向边缘，从而保证了轴的强度。但是，空心轴价格昂贵，要视具体情况采用。

※第二节　圆轴扭转时的变形与刚度计算

一、圆轴扭转时的变形计算

扭转变形是用两个横截面绕轴线的扭角 φ（见图 6-2）来表示的。对于 M_n 为常值的等截面圆轴，由于其 γ 很小，由几何关系可得

$$AB=\gamma l,\ \overline{AB}=R\varphi$$

所以

$$\varphi=\frac{\gamma l}{R}$$

将胡克定律 $\gamma=\dfrac{\tau}{G}=\dfrac{M_n\rho}{GI_\rho}$ 代入上式，得

$$\varphi=\frac{M_n l}{GI_\rho} \tag{6-6}$$

式中，GI_ρ 反映了截面抵抗扭转变形的能力，称为截面的抗扭刚度。

当两个截面间的 M_n、G 或 I_ρ 为变量时，需分段计算扭角，然后求其代数和，扭角的正负号与扭矩相同。

例 6-4　一传动轴如图 6-11 所示，直径 $d=40\text{mm}$，材料的切变模量 $G=80\text{GPa}$，载荷如图示。试计算该轴的总扭角 φ_{AC}。

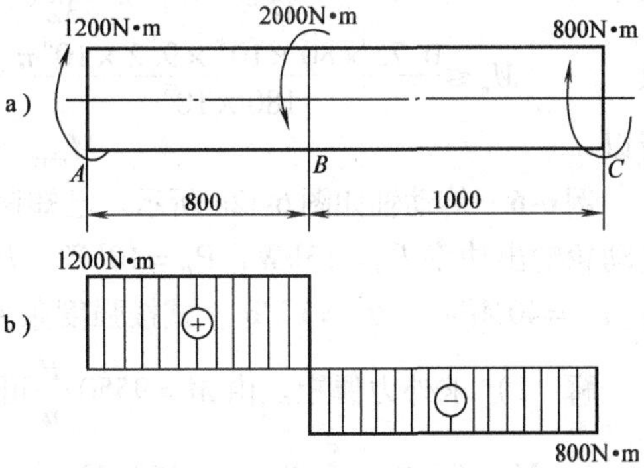

图 6-11　传动轴

解　画出轴的扭矩图（见图 6-11b），AB 和 BC 段的扭矩分别为

$$M_{n1}=1200\text{N}\cdot\text{m},\ M_{n2}=-800\text{N}\cdot\text{m}$$

圆轴截面的极惯性矩为

$$I_\rho=\frac{\pi d^4}{32}=\frac{\pi\times 40^4\times 10^{-12}}{32}\text{m}^4=0.25\times 10^{-6}\text{m}^4$$

AB 段的扭角为

$$\varphi_{AB}=\frac{M_{n1}l_{AB}}{GI_\rho}=\frac{1200\times 0.8}{80\times 10^9\times 0.25\times 10^{-6}}\text{rad}$$
$$=0.048\text{rad}$$

BC 段的扭角为

$$\varphi_{BC}=\frac{M_{n2}l_{BC}}{GI_\rho}=\frac{-800\times 1}{80\times 10^9\times 0.25\times 10^{-6}}\text{rad}=-0.04\text{rad}$$

由此得轴的总扭角

$$\varphi_{AC}=\varphi_{AB}+\varphi_{BC}=(0.048-0.04)\text{rad}=0.008\text{rad}$$

二、圆轴扭转时的刚度计算

设计轴类构件时，不仅要满足强度要求，有些轴还要考虑刚度问题。工程上通常是限制单位长度的扭角 θ，使它不超过规定的许用值$[\theta]$。由式(6-6)可知，单位长度的扭角为

$$\theta = \frac{M_n}{GI_\rho}$$

于是，建立圆轴扭转的刚度条件为

$$\theta = \frac{M_n}{GI_\rho} \leqslant [\theta]$$

式中，θ 的单位为 rad/m。

工程实际中，许用扭角$[\theta]$的单位为(°)/m，考虑单位的换算，则得

$$\theta = \frac{M_n}{GI_\rho} \times \frac{180}{\pi} \leqslant [\theta] \tag{6-7}$$

$[\theta]$值按轴的工作条件和机器的精度来确定，可查阅有关工程手册，一般规定：

精密机器的轴　$[\theta] = 0.25°/m \sim 0.5°/m$

一般传动轴　$[\theta] = 0.5°/m \sim 1.0°/m$

精度较低的轴　$[\theta] = 1.0°/m \sim 2.5°/m$

例 6-5　一空心轴外径 $D = 100mm$，内径 $d = 50mm$，$G = 80GPa$，$[\theta] = 0.75°/m$。试求该轴所能承受的最大扭矩 M_{nmax}。

解　由刚度条件式(6-7)

$$\theta = \frac{M_n}{GI_\rho} \times \frac{180}{\pi} \leqslant [\theta]$$

得
$$M_n \leqslant [\theta] \frac{GI_\rho \pi}{180}$$

式中
$$I_\rho = \frac{\pi}{32}(D^4 - d^4) = \frac{\pi}{32}(100^4 - 50^4)\,mm^4 = 9.2 \times 10^6 mm^4$$

故
$$M_n \leqslant \frac{0.75 \times 80 \times 10^3 \times 9.2 \times 10^6 \pi}{180 \times 10^3} N \cdot mm = 9.63 \times 10^6 N \cdot mm = 9.63kN \cdot m$$

所以
$$M_{nmax} = 9.63kN \cdot m$$

例 6-6　传动轴如图 6-12a 所示。已知该轴转速 $n = 300r/min$，主动轮输入功率$P_C = 30kW$，从动轮输出功率 $P_D = 15kW$，$P_B = 10kW$，$P_A = 5kW$，材料的切变模量 $G = 80GPa$，许用切应力$[\tau] = 40MPa$，$[\theta] = 1°/m$。试按强度条件及刚度条件设计此轴直径。

解　1）求外力偶矩。由 $M = 9550\,\frac{P}{n}$可得

$$M_A = 9550 \times \frac{5}{300} N \cdot m = 159.2N \cdot m$$

$$M_B = 9550 \times \frac{10}{300} N \cdot m = 318.3N \cdot m$$

$$M_C = 9550 \times \frac{30}{300} N \cdot m = 955N \cdot m$$

$$M_D = 9550 \times \frac{15}{300} N \cdot m = 477.5N \cdot m$$

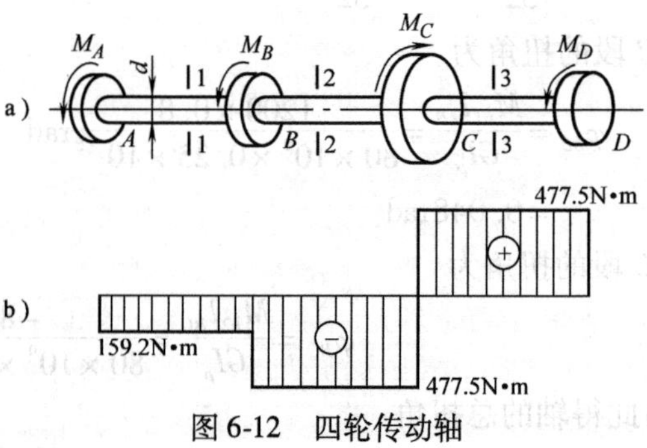

图 6-12　四轮传动轴

2）画扭矩图。首先计算各段扭矩

AB 段：　$M_{n1} = -159.2N \cdot m$

BC 段：　$M_{n2} = -477.5N \cdot m$

CD 段：　$M_{n3} = 477.5N \cdot m$

按求得的扭矩值画出扭矩图(见图 6-12b)，由图可知最大扭矩发生在 *BC* 段和 *CD* 段，即

$$M_{nmax} = 477.5N \cdot m$$

3）按强度条件设计轴的直径

由式 $W_n=\dfrac{\pi d^3}{16}$ 和强度条件 $\dfrac{M_{nmax}}{W_n}\leqslant[\tau]$，得到

$$d\geqslant\sqrt[3]{\frac{16M_{nmax}}{\pi[\tau]}}=\sqrt[3]{\frac{16\times477.5\times10^3}{\pi\times40}}\text{mm}=39.3\text{mm}$$

4）按刚度条件设计轴的直径

由式 $I_\rho=\dfrac{\pi d^4}{32}$ 和刚度条件 $\dfrac{M_n}{GI_\rho}\times\dfrac{180}{\pi}\leqslant[\theta]$，得到

$$d\geqslant\sqrt[4]{\frac{32M_{nmax}\times180}{\pi^2G[\theta]}}=\sqrt[4]{\frac{32\times477.5\times10^3\times180}{\pi^2\times80\times10^3\times10^{-3}}}\text{mm}=43.2\text{mm}$$

为使轴同时满足强度条件和刚度条件，可选取较大的值，即 $d=44$mm。

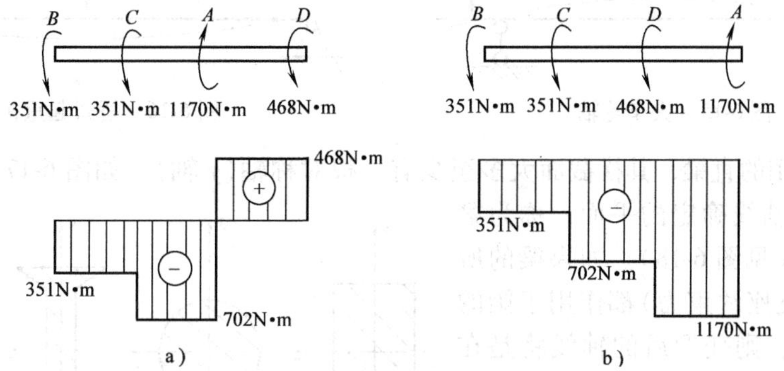

图 6-13　两种传动方案

综上所述，要提高圆轴扭转时的强度和刚度，可以从降低 M_{nmax} 和增大 I_ρ 或 W_n 等方面来考虑。为了降低 M_{nmax}，当轴传递的外力偶矩一定时，可以合理地布置主动轮与从动轮的位置。图 6-13a、b 所示是齿轮轴，A 为主动轮，B、C 和 D 是从动轮。按图 6-13a 所示方案布置，$M_{nmax}=702\text{N}\cdot\text{m}$；按图 6-13b 所示方案布置，$M_{nmax}=1170\text{N}\cdot\text{m}$。由于前者降低了 M_{nmax}，减小了 τ_{max} 和 θ，故提高了轴的强度和刚度。

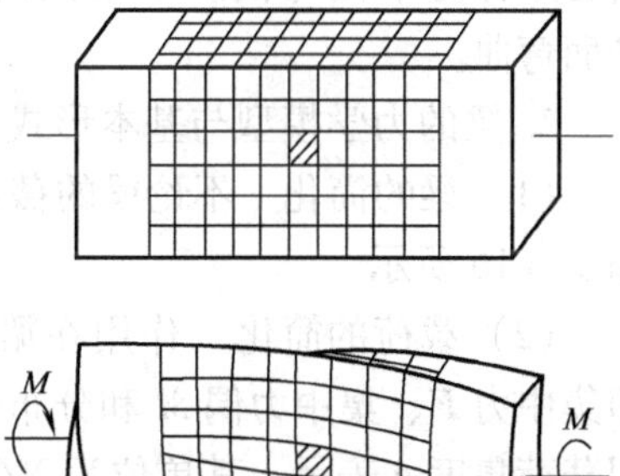

图 6-14　受扭矩形截面杆

工程上还可能遇到非圆截面杆的扭转（见图 6-14），如正多边形截面和方形截面的传动轴。非圆截面杆扭转时，横截面不再保持平面，即横截面要发生翘曲。因此，务请注意，上述根据平面假设导出的扭转圆轴的应力、变形公式，对非圆截面杆均不再适用。有关矩形截面杆和薄壁截面杆扭转的一些结论，可参阅有关资料，这里不再赘述。

第三节　弯 曲 内 力

一、直梁的平面弯曲及其简化

1. 平面弯曲的概念

工程实际中，存在大量的受弯曲的杆件，如火车轮轴（见图 6-15）、桥式起重机大梁（见

图 6-16)等。这些杆件，在杆的轴线平面内受到外力作用，使杆的轴线由直变曲，这种变形称为弯曲变形。凡以弯曲变形为主的杆件，通常称为梁。

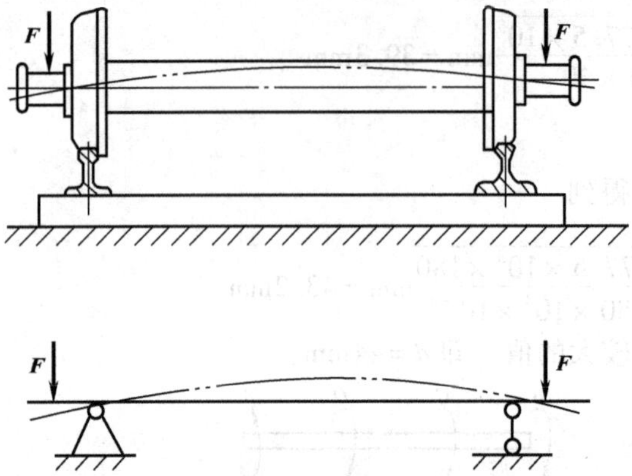

图 6-15　火车轮轴

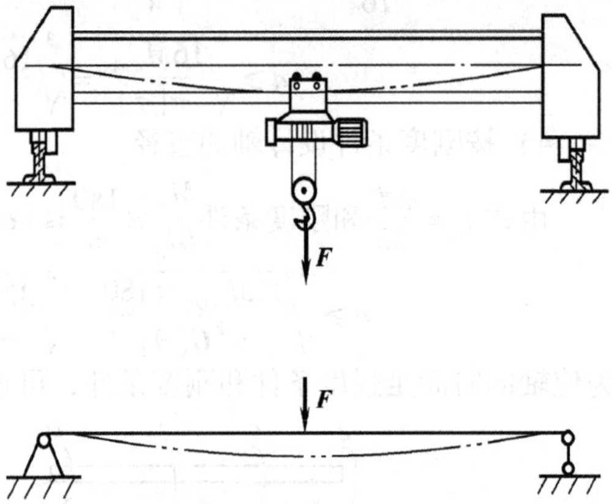

图 6-16　桥式起重机大梁

工程中使用的直梁，其横截面大多至少有一根对称轴(y 轴)，如图 6-17 所示。通过平面对称轴与梁轴线确定的平面，称为梁的纵向对称面(见图 6-18)。如果梁的所有外力(包括支座约束力)都作用于梁的纵向对称面内，则变形后的轴线将是在纵向对称面内的一条平面曲线。这种弯曲变形称为平面弯曲。本章只讨论梁的平面弯曲。

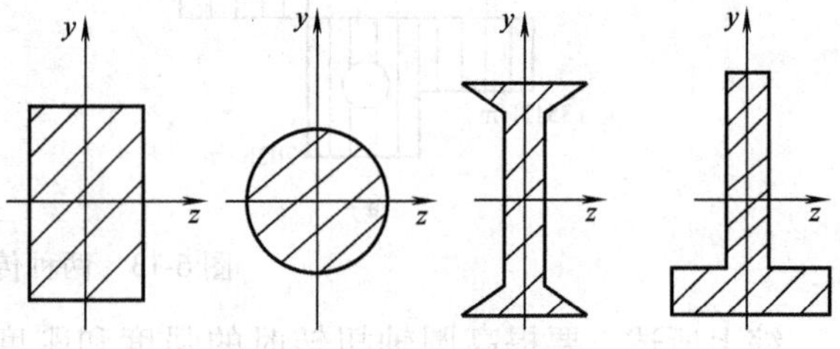

图 6-17　梁的横截面形状

2. 梁的力学模型与基本形式

(1) 梁的简化　不论梁的截面形状如何，通常取梁的轴线来代替实际的梁，如图 6-15 和图 6-16 所示。

(2) 载荷的简化　作用在梁上的外力，包括载荷和约束力，一律可简化为三种形式，即集中力 $\boldsymbol{F}$、集中力偶 M 和分布载荷 $q(x)$。分布载荷若分布均匀，则称为均布载荷，通常用载荷集度 q 表示。其单位为 N/m。

(3) 支座的简化　按支座对梁的约束作用不同，可照静力学中活动铰支座、固定铰支座及固定端支座等典型形式进行简化。

(4) 静定梁的基本形式　根据支承情况，可将梁简化为三种形式：

1) 简支梁。一端固定铰支座，一端活动铰支座的梁(见图 6-19a)。

2) 外伸梁。具有一端或两端外伸部分的简支梁(见图 6-19b)。

3) 悬臂梁。一端为固定端支座，另一端自由的梁(见图 6-19c)。

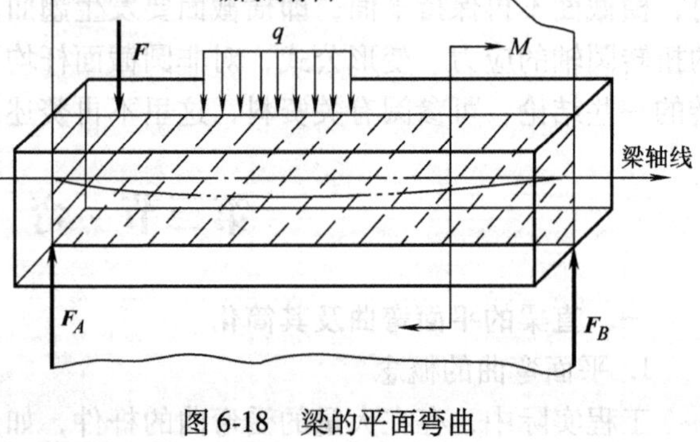

图 6-18　梁的平面弯曲

这些梁的计算简图确定后，其支座

约束力均可由静平衡条件完全确定，故称静定梁。如果梁的支座约束力数目多于静力平衡方程数目，支座约束力不能完全由静力平衡方程确定，则称为静不定或超静定梁(见图 6-20)。

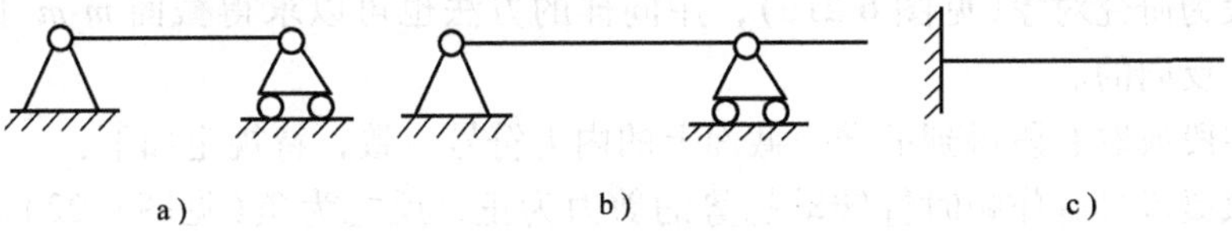

图 6-19　梁的分类

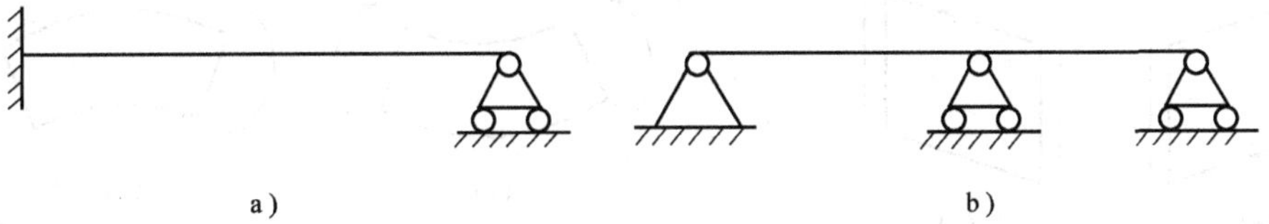

图 6-20　静不定梁

二、梁的内力(剪力与弯矩)计算

1. 用截面法分析梁截面上的内力

如图 6-21a 所示悬臂梁，若已知梁长为 l，主动力为 $\boldsymbol{F}$，则该梁的约束力可由静力平衡方程求得，即 $F_B = F$，$M_B = Fl$。现欲求任意横截面 m-m 上的内力。可在 m-m 处假想将梁截开，留左半段为研究对象，因左右两半本属固连，故其内力状况与静力学中固定端的约束作用相同，内力向截面 m-m 的形心 O 简化，为一力 F_Q 与一力偶 M，列出平衡方程，可得

$$\sum F_y = 0 \qquad F - F_Q = 0$$

$$F_Q = F \qquad (a)$$

$$\sum M_O(\boldsymbol{F}) = 0 \quad M - Fx = 0$$

$$M = Fx \qquad (b)$$

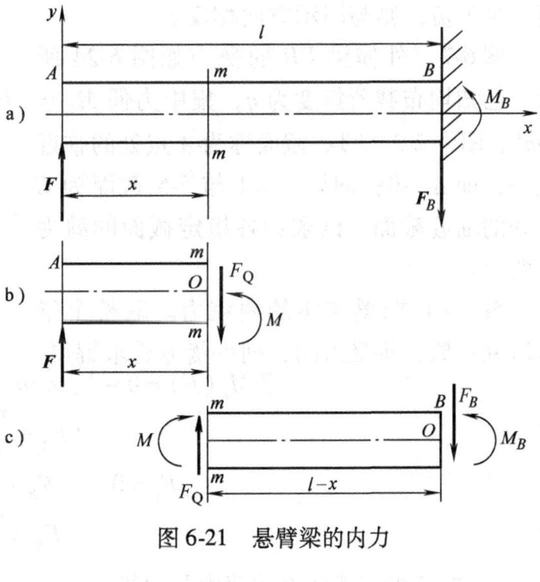

图 6-21　悬臂梁的内力

式中，F_Q 称为剪力，它是与横截面平行内力的合力。M 称为横截面上的弯矩，它是横截面上垂直内力对其形心的合力矩。

式(a)称为剪力方程，式(b)即称为弯矩方程。若梁中间还有其他载荷，因各段的分离体的受力图不同，应按载荷作用位置分段计算。故在一般情况下，所谓剪力方程只是在梁的某一外载无变化的区段内，梁任意截面上的通式。

可记为

$$F_Q = F_Q(x) \qquad (6\text{-}8)$$

式(6-8)称为梁的剪力方程。

弯矩方程也同样是梁的外载无变化的这段内，梁任意截面上弯矩的通式。

可记为

$$M = M(x) \tag{6-9}$$

式(6-9)称为梁的弯矩方程。

如取右段为研究对象(见图 6-21c)，用同样的方法也可以求得截面 m-m 上的 F_Q 和 M，二者是等值、反向的。

为使取左段或取右段得到的同一截面上的内力符号一致，特规定如下：

凡使所取梁段具有作顺时针转动趋势的剪力为正，反之为负(见图 6-22)。凡使梁段产生下凹弯曲变形的弯矩为正，反之为负(见图 6-23)。

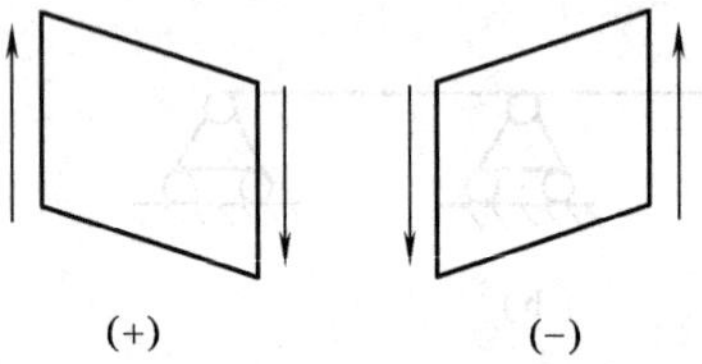

图 6-22　剪力符号表示

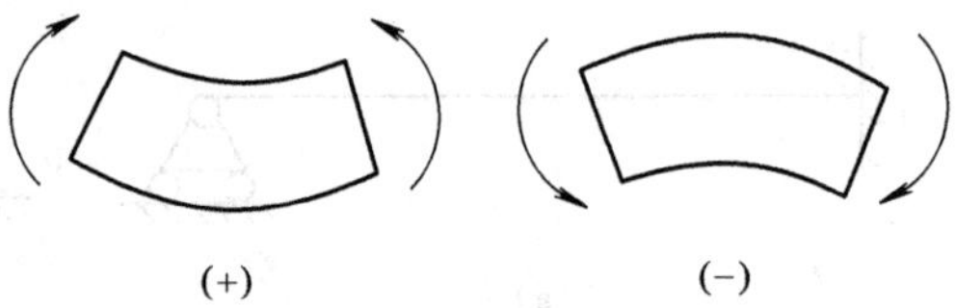

图 6-23　弯矩符号表示

计算表明：**梁上某一截面的剪力大小等于截面左(或右)段上所有外力的代数和；弯矩的大小等于截面左(或右)段上的所有外力对截面形心力矩的代数和。**在实际计算中，剪力和弯矩的符号一般皆设为正，如果计算结果为正，表明实际的剪力和弯矩与图示方向一致；若结果为负，则与图示方向相反。

例 6-7　外伸梁 DB 的受力如图 6-24 所示。已知均布载荷集度为 q，集中力偶 $M_C = 3qa^2$。图中 2-2 与 3-3 截面称为 A 点处的临近截面，即 $\Delta \to 0$；同样，4-4 与 5-5 截面为 C 点处的临近截面。试求梁各指定截面的剪力与弯矩。

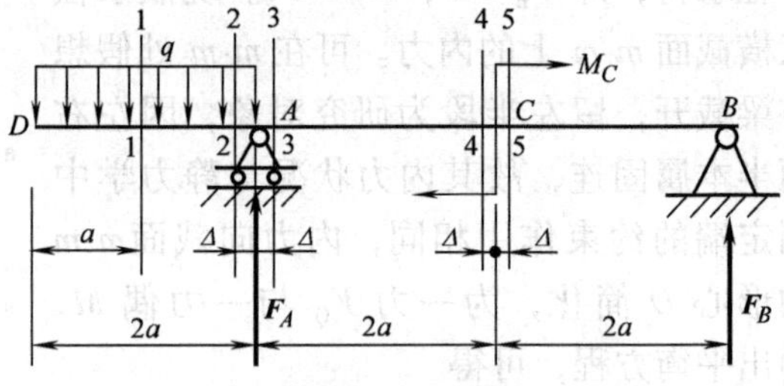

图 6-24　外伸梁

解　1) 求梁支座的约束力。取整个梁为研究对象，画受力图，列平衡方程求解得

$$\sum M_B(F) = 0 \quad -F_A \times 4a - M_C + q \times 2a \times 5a = 0$$

得

$$F_A = \frac{7qa}{4}$$

$$\sum F_y = 0 \qquad F_B + F_A - q \times 2a = 0$$

得

$$F_B = \frac{qa}{4}$$

2) 求各指定截面上的剪力与弯矩。

1-1 截面：由 1-1 截面左段梁上外力的代数和求得该截面的剪力为

$$F_{Q1} = -qa$$

由 1-1 截面左段梁上外力对截面形心力矩的代数和求得该截面的弯矩为

$$M_1 = -qa \times \frac{a}{2} = -\frac{qa^2}{2}$$

2-2 截面：取 2-2 截面左段梁计算，得

$$F_{Q2} = -q \times 2a = -2qa$$

$$M_2 = -q \times 2a \times a = -2qa^2$$

3-3 截面：取 3-3 截面左段梁计算，得

$$F_{Q3} = -q \times 2a + F_A = -2qa + \frac{7qa}{4} = -\frac{qa}{4}$$

$$M_3 = -q \times 2a \times a = -2qa^2$$

4-4 截面：取 4-4 截面右段梁计算，得

$$F_{Q4} = -F_B = -\frac{qa}{4}$$

$$M_4 = F_B \times 2a - M_C = \frac{qa^2}{2} - 3qa^2 = -\frac{5qa^2}{2}$$

5-5 截面：取 5-5 截面右段梁计算，得

$$F_{Q5} = -F_B = -\frac{qa}{4}$$

$$M_5 = F_B \times 2a = \frac{qa^2}{2}$$

由以上计算结果可以看出：

1）集中力作用处的两端临近截面上的弯矩相同，但剪力不同，说明剪力在集中力作用处产生了突变，突变的幅值等于集中力的大小。

2）集中力偶作用处的两侧临近截面上的剪力相同，但弯矩不同，说明弯矩在集中力偶作用处产生了突变，突变的幅值等于集中力偶矩的大小。

3）由于集中力的作用，截面上和集中力偶的作用截面上剪力和弯矩有突变，因此，应用截面法求任一指定截面上的剪力和弯矩时，截面应分别取在集中力或集中力偶作用截面的左右临近位置。

2. 剪力图与弯矩图

以梁的轴线作为截面位置坐标，建立各区段的剪力方程与弯矩方程，然后应用函数作图法画出 $F_Q(x)$ 与 $M(x)$ 的函数图像，即为剪力图与弯矩图。此法颇为繁琐。不过，下面将介绍通过探索梁上载荷与剪力图、弯矩图的关系而形成的一种方便的剪力图与弯矩图的作法。

三、弯矩、剪力与载荷集度间的关系

研究表明，梁上截面上的弯矩、剪力和作用于该截面处的载荷集度之间存在一定的关系。

如图 6-25a 所示，设梁上作用着任意载荷，坐标原点选在梁的左端截面形心（即支座 A 处），x 轴向右为正，分布载荷以向上为正。

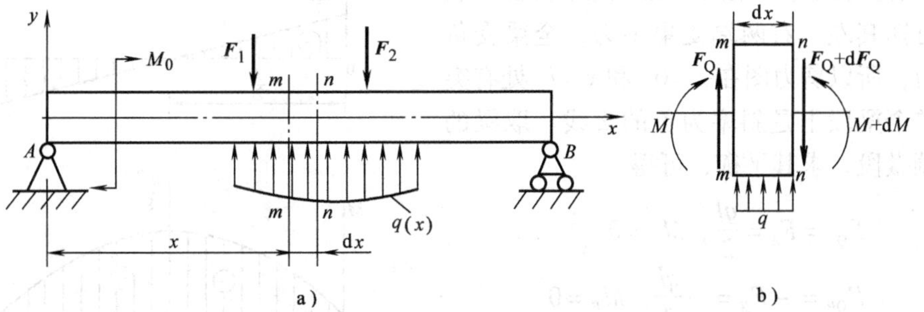

图 6-25　$M(x)$、$F_Q(x)$ 和 $q(x)$ 三者之间的关系

从 x 截面处截取微段 $\mathrm{d}x$ 进行分析(见图 6-25b)。$q(x)$ 在 $\mathrm{d}x$ 微段上可看成均布的；左截面上作用有剪力 $F_Q(x)$ 和弯矩 $M(x)$，右截面上作用有剪力 $F_Q(x)+\mathrm{d}F_Q(x)$ 和弯矩 $M(x)+\mathrm{d}M(x)$。由平衡条件可得

$$\sum F_y=0 \qquad F_Q(x)-[F_Q(x)+\mathrm{d}F_Q(x)]+q(x)\mathrm{d}x=0 \tag{a}$$

$$\sum M_C(F)=0 \quad M(x)+\mathrm{d}M(x)-M(x)-F_Q(x)\mathrm{d}x-q(x)\mathrm{d}x\frac{\mathrm{d}x}{2}=0 \tag{b}$$

将式(a)或式(b)略去二阶微量，化简可得

$$\begin{cases}\dfrac{\mathrm{d}F_Q(x)}{\mathrm{d}x}=q(x)\\ \dfrac{\mathrm{d}^2M}{\mathrm{d}x^2}=\dfrac{\mathrm{d}F_Q(x)}{\mathrm{d}x}=q(x)\\ \dfrac{\mathrm{d}M(x)}{\mathrm{d}x}=F_Q(x)\end{cases} \tag{6-10}$$

式(6-10)表明了同一截面处 $M(x)$、$F_Q(x)$ 与 $q(x)$ 三者之间的关系。

四、剪力图与弯矩图的绘制

工程上常利用剪力、弯矩和载荷三者之间的微分关系，并注意到在集中力 F 的邻域内剪力图有突变，在集中力偶 M 的邻域内弯矩图有突变的性质，列成表格来作图，见表 6-1。

表 6-1　F_Q、M 图特征表

	$q(x)=0$ 的区间	$q(x)=C$ 的区间	集中力 F 作用处	集中力偶 M 作用处
F_Q 图	水平线	$q(x)>0$，斜直线，斜率 >0	有突变 突变量 $=F$	无影响
		$q(x)<0$，斜直线，斜率 <0		
M 图	$F_Q>0$，斜直线，斜率 >0	$q(x)>0$，抛物线，下凹	斜率有突变 图形成直线	有突变 突变量 $=M$
	$F_Q<0$，斜直线，斜率 <0	$q(x)<0$，抛物线，上凸		
	$F_Q=0$，水平线	$F_Q=0$，抛物线有极值		

例 6-8　图 6-26 所示起重机大梁的跨度为 l，自重力可看做均布载荷 q。若小车所吊起物体的重力暂不考虑，试作剪力图与弯矩图。

解　1）求支座约束力。将起重机大梁简化为简支梁，如图 6-26a 所示，可得

$$F_A=F_B=\frac{ql}{2}$$

2）画剪力图与弯矩图。观察此梁所受外载情况，可知其左、右两端受集中力，全梁受负的均布力，所以剪力图在 $x=0^+$ 和 $x=l^-$ 处有突变，在整个梁段上是斜率为负的直线。取梁的左、右端微段，求其平衡，可得

$$F_{QA}=F_A=\frac{ql}{2},\ M_A=0$$

$$F_{QB}=-F_B=-\frac{ql}{2},\ M_B=0$$

连接 AB 两点即可得剪力图。

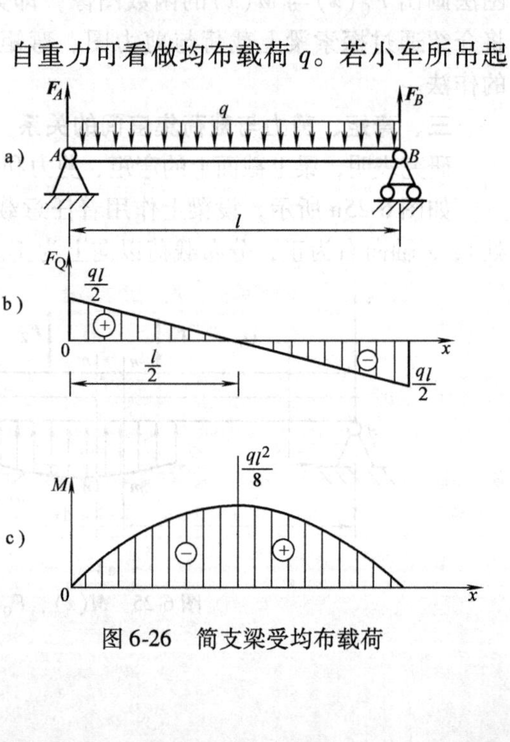

图 6-26　简支梁受均布载荷

由 $q<0$ 可知弯矩图为上凸抛物线，在 $F_Q=0$ 处截面($x=l/2$)有极值，则知

$$M_{max}=M\left(\frac{l}{2}\right)=F_A\left(\frac{l}{2}\right)-\frac{ql}{2}\ \frac{l}{4}=\frac{1}{8}ql^2$$

工程上，在弯矩图中画抛物线仅需注意极值和凸凹方向，可示意画出弯矩图，并在图上标出极值的大小。

例 6-9 简支梁受载如图 6-27 所示。若已知 F、a、b，试作梁的 F_Q 图和 M 图。

解 1）求支座约束力。以整体为研究对象，由平衡方程可得

$$F_A=\frac{Fb}{l},\ F_B=\frac{Fa}{l}$$

2）画剪力图与弯矩图。

① **分段**。由于集中力会引起剪力图突变，集中力偶会产生弯矩图的突变，所以在由集中力或集中力偶作用处，就应将梁分段计算，本题梁中 C 处有集中力 F 作用，故应将梁分为 AC 与 CB 两段研究。

② **标值**。计算各区段边界各截面的剪力与弯矩值，将结果标注在剪力图与弯矩图上的相应位置上。截面上的剪力和弯矩值可按下述进行简化计算：

a）截面上的剪力等于截面任一侧外力的总和。

b）截面上的弯矩等于截面任一侧外力对截面形心力矩的总和。

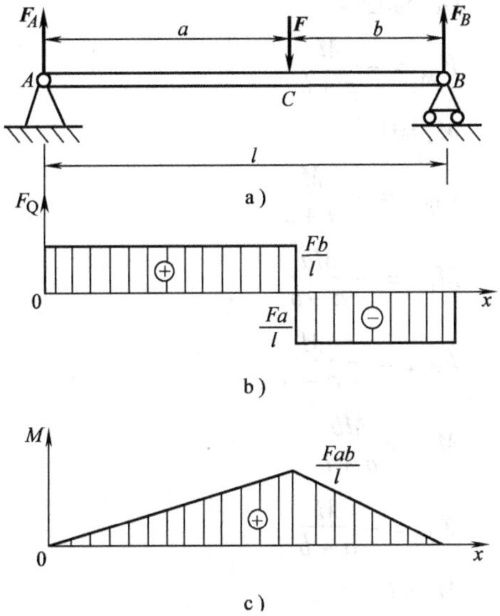

图 6-27 简支梁受集中力

本题算得结果如下：

$$F_{QA}=\frac{Fb}{l}\qquad F_{QB}=-\frac{Fa}{l}$$

$$M_A=0\qquad M_B=0$$

$$F_{QC-}=\frac{Fb}{l},\ F_{QC+}=-\frac{Fa}{l}$$

$$M_C=\frac{Fab}{l}$$

③ **连线**。按各区段有无分布载荷，连接相邻两点，即得剪力图和弯矩图。本题无分布载荷，故 F_Q 图与 M 图皆连直线，如图 6-27b、c 所示。

④ **复查**。按本节所列 F_Q、M 图特征表进行复核。如在集中力 F 作用处检查剪力图是否有突变，突变值的大小；弯矩图是否成折线等。

例 6-10 简支梁受集中力偶作用（见图 6-28）。若已知 M、a、b，试求此梁的剪力图与弯矩图。

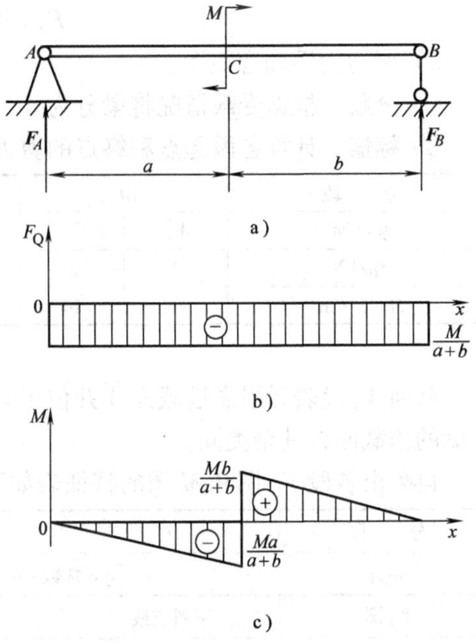

图 6-28 简支梁受集中力偶

解 1）求支座 A、B 的约束力。以整体为

研究对象，列平衡方程可解得

$$F_A = F_B = \frac{M}{a+b}$$

2）画剪力图与弯矩图。

① **分段**。分为 AC 与 CB 两段。

② **标值**。

$F_{QA} = -\frac{M}{a+b}$

$M_A = 0$

$F_{QC-} = -\frac{M}{a+b}$

$M_{C-} = -\frac{Ma}{a+b}$

$F_{QC+} = -\frac{M}{a+b}$

$M_{C+} = \frac{Mb}{a+b}$

$F_{QB} = -\frac{M}{a+b}$

$M_B = 0$

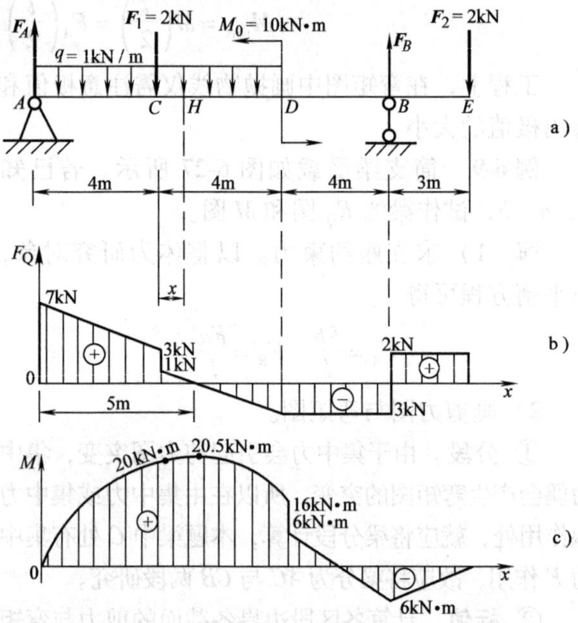

图 6-29　外伸梁

③ **连线**。F_Q 图与 M 图上相邻两点均连直线。

④ **复查**。检查点 C 处弯矩图的变化。

例 6-11　外伸梁受载荷如图 6-29a 所示。试求其梁的剪力图和弯矩图。

解　1）求支座 AB 的约束力。由静力平衡方程可解得

$$F_A = 7\text{kN} \quad F_B = 5\text{kN}$$

2）画剪力图和弯矩图。

① **分段**。根据受载情况将梁分为 AC、CD、DB、BE 四段。

② **标值**。计算各段起点和终点的剪力值和弯矩值。列表如下：

分　段	AC		CD		DB		BE	
横截面	A_+	C_-	C_+	D_-	D_+	B_-	B_+	E_-
F_Q/kN	7	3	1	−3	−3	−3	2	2
M/kN · m	0	20	20	16	6	−6	−6	0

截面 A_+ 代表无限靠近截面 A 并位于其右侧的横截面，C_- 代表无限靠近截面 C 并位于其左侧的横截面，其余类同。

再列出各段 F_Q 图和 M 图的特征表如下：

分　段	AC	CD	DB	BE
外力	q = 常数 <0		$q=0$	$q=0$
F_Q 图	下斜直线	下斜直线	水平直线	水平直线
M 图	上凸抛物线	上凸抛物线	斜直线	斜直线

由上表各段剪力的数值可画出 F_Q 图。由图可见，在 *CD* 段的横截面 *H* 处，F_Q 为零，故 *M* 图在 *H* 处有极值。设 $CH=x$，由图 6-29b 可得

$$x:(4-x)=1:3$$

$$x=1\text{m}$$

再计算截面 *H* 处的弯矩

$$M_H=\left(7\times5-2\times1-1\times5\times\frac{5}{2}\right)\text{kN}\cdot\text{m}=20.5\text{kN}\cdot\text{m}$$

③ **连线**。根据数值表和特征值，区间 *AC* 段 *M* 图为抛物线，并确定了抛物线的凸凹和极值点，得到弯矩图 6-29c。

第四节　梁弯曲时的强度计算

一、试验观察与假设

为了研究梁横截面上的正应力分布规律，可取一矩形截面等直梁，在其表面画些平行于梁轴线的纵线和垂直于梁轴线的横线，如图 6-30 所示。在梁的两端施加一对位于梁纵向对称面内的力偶，这样梁上的内力只有弯矩而无剪力，这种情况称为纯弯曲。而梁上既有弯矩又有剪力的状态称为横力弯曲。通过梁的纯弯曲试验观察到如下现象：

1）纵向线弯曲成圆弧线，其间距不变。

2）横向线仍为直线，且与纵向线正交，横向线间只是相对地转过了一个微小的角度。

根据上述现象，可对梁的变形提出如下假设：

1）**平面假设：梁弯曲变形时，其横截面仍保持平面，只是绕某轴转过了一个微小的角度。**

2）**单向受力假设：设梁由无数纵向纤维组成，则这些纤维处于单向受拉或单向受压状态。**

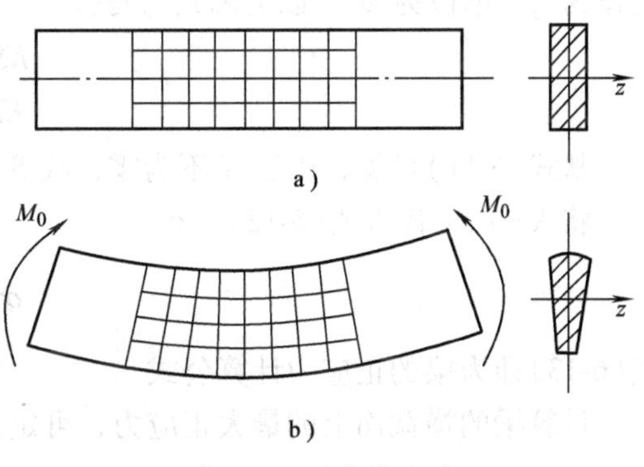

图 6-30　纯弯曲试验

从图 6-30 中可以看出，梁下部的纵向纤维受拉伸长，上部的纵向纤维受压缩短，其间必有一层纤维既不伸长也不缩短，这层纤维称为中性层，中性层和横截面的交线称为中性轴，即图中的 *z* 轴。梁在变形后梁的各横截面绕各自的 *z* 轴转动过一微小角度。

二、弯曲正应力的计算

1. 正应力的分布

由平面假设可知，矩形截面梁在纯弯曲时的应力分布有如下特点：

1）中性轴上的线应变为零，所以其正应力亦为零。

2）距中性轴距离相等的各点，其线应变相等。根据胡克定律，它们的正应力也相等。

3）在图 6-30 所示的受力情况下，中性轴上部各点正应力为负值，中性轴下部各点正应力为正值。

4）正应力沿 y 轴线性分布，即 $\sigma = Ky$ 或 $K = \sigma/y$，K 为待定常数，如图 6-31 所示。

2. 正应力的计算

在纯弯曲梁的横截面上任取一微面积 dA(见图 6-32)，微面积上的微内力为 σdA。由于横截面上的内力只有弯矩 M，所以由横截面上的微内力构成的合力必为零，而梁的横截面上的微内力对中性轴 z 的合力矩就是弯矩 M，即

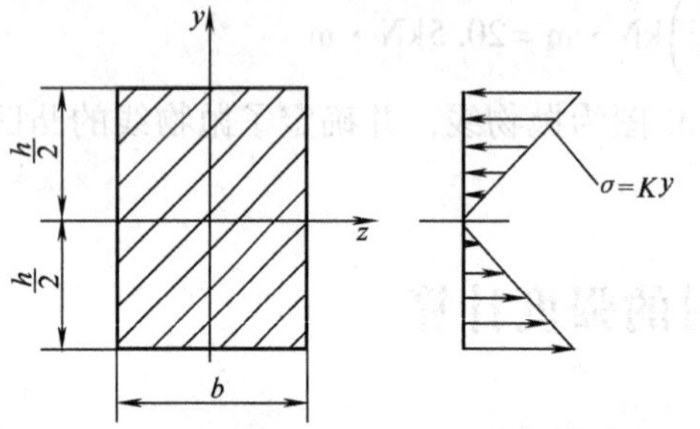

图 6-31　正应力分布图

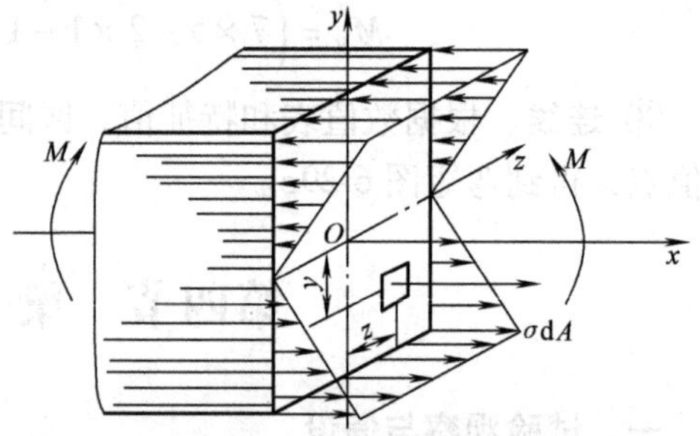

图 6-32　梁弯曲时的内力和应力

$$F_n = \int_A \sigma \mathrm{d}A \quad 和 \quad M = \int_A y\sigma \mathrm{d}A$$

将 $\sigma = Ky$ 代入以上两式，得

$$\int_A Ky\mathrm{d}A = 0 \quad 和 \quad \int_A Ky^2\mathrm{d}A = M$$

式中，$\int_A y\mathrm{d}A$ 为截面对 z 轴的静矩，记作 S^*，单位为 m^3；$\int_A y^2\mathrm{d}A$ 为截面对 z 轴的惯性矩，记作为 I_z，单位为 m^4。以上两式可写作

$$KS^* = 0 \tag{6-11}$$

$$KI_z = M \tag{6-12}$$

从式(6-11)可见，由于 K 不为零，故 S^* 必为零，说明中性轴 z 轴通过截面形心。

将 $K = \sigma/y$ 代入式(6-12)，得

$$\sigma = \frac{My}{I_z} \tag{6-13}$$

式(6-13)即为梁的正应力计算公式。

计算梁的横截面上的最大正应力，可定义抗弯截面系数 $W_z = I_z/y_{\max}$，式(6-13)可写作

$$\sigma_{\max} = \frac{M_{\max}}{W_z} \tag{6-14}$$

I_z、W_z 是仅与截面有关的几何量。常用型钢的 I_z、W_z 可在有关的工程手册中查到。

虽然式(6-11)、式(6-12)是由纯弯曲梁变形推导出的，但只要梁具有纵向对称面，且载荷作用在对称面内，当梁的跨度较大时，横力弯曲时也可应用。当梁的横截面上的最大应力大于比例极限时，此式不再适用。

3. 惯性矩的对比计算

由理论力学部分可知，对于匀质规则形状的物体，其转动惯量为 $\int_m r^2\mathrm{d}m$，它是旋转物体质量对转轴的二次矩；截面惯性矩定义为 $\int_A y^2\mathrm{d}A$，它是面积对中性轴的二次矩，它

们的表达式相似，计算方法也类同。因此，只须用面积来置换质量，就可将转动惯量改写成惯性矩。

以高为 h、宽为 b 的矩形为例（见图 6-33a），z 轴通过形心且平行于底边，y 轴过形心垂直于 z 轴，则对 z 轴的惯性矩为 $I_z = Ah^2/12$，以 $A = bh$ 代入得

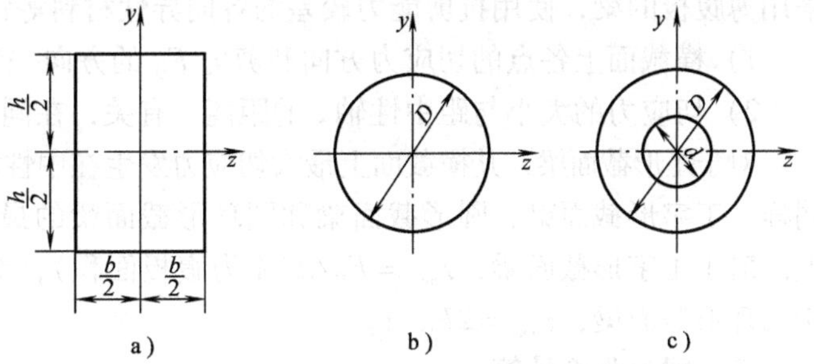

图 6-33　矩形截面圆形截面和圆环形截面

$$I_z = \frac{bh^3}{12}$$

相应地

$$W_z = \frac{bh^2}{6}$$

圆形截面和圆环形截面对任一圆心轴是对称的，所以对任一过圆心轴的惯性矩都相等，分别为

$$I_z = \frac{\pi d^4}{64} \quad I_z = \frac{\pi(D^4 - d^4)}{64} \tag{6-15}$$

若设圆环的直径比 $d/D = \alpha$，则相应的截面抗弯系数为

$$W_z = \frac{\pi d^3}{32} \quad W_z = \frac{\pi d^3}{32}(1 - \alpha^4) \tag{6-16}$$

组合截面的惯性矩也可用平行移轴定理来求。与转动惯量的平行移轴定理类似，$I_z' = I_z + Ad^2$。

例 6-12　T 形截面的尺寸如图 6-34 所示，求其对形心轴 z_C 的惯性矩。

解　1）确定截面的形心位置

$$y_C = \frac{A_1 y_1 + A_2 y_2}{A_1 + A_2} = \frac{20 \times (5+1) + 20 \times 0}{20 + 20}\text{cm} = 3\text{cm}$$

2）计算两矩形截面对 z_C 轴的惯性矩。根据平行移轴定理

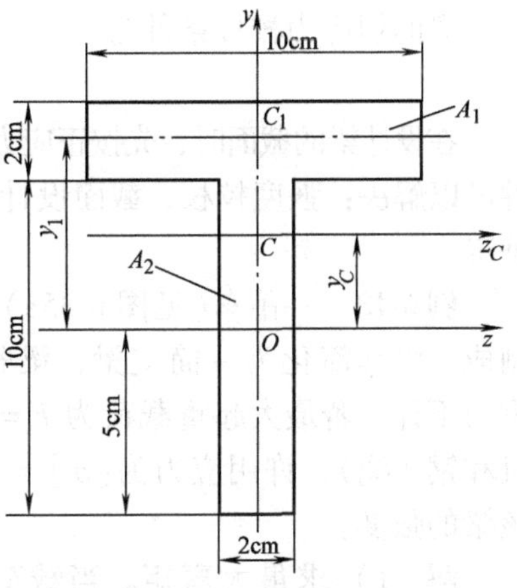

图 6-34　T 形截面

$$I_{zC2} = \frac{2 \times 10^3}{12}\text{cm}^4 + 20 \times 3^2\text{cm}^4 = 346.7\text{cm}^4$$

$$I_{zC1} = \frac{10 \times 2^3}{12}\text{cm}^4 + 20 \times (2+1)^2\text{cm}^4 = 186.7\text{cm}^4$$

$$I_{zC} = I_{zC2} + I_{zC1} = 346.7\text{cm}^4 + 186.7\text{cm}^4 = 533.4\text{cm}^4$$

在应用平行移轴定理时应注意，只能从各截面的形心轴平行地移到另一轴，反之则不可。显而易见，过形心轴惯性矩的值最小。

有关型钢的惯性矩 I_z、抗弯截面系数 W_z，在工程手册中可以查到。

4. 弯曲切应力简介

对于一般梁，横截面上的切应力远较其正应力为小，故不需校核，只有对跨度较短的，

采用薄腹板的梁，使用抗剪能力较差的各向异性材料等情况才需校核其切应力。

1）横截面上各点的切应力方向和剪力 F_Q 的方向一致。

2）切应力的大小与距中性轴 z 的距离 y 有关，在同一水平面上切应力相等。

对于矩形截面梁，其横截面上最大切应力发生在中性轴上(即 $y=0$ 处)，为$\tau_{max}=3F_Q/2A$。同样，工字形截面梁、圆形截面梁和圆环形截面梁的最大切应力，也发生在各自的中性轴上。对于工字形截面梁，$\tau_{max}=F_Q/A$(A 为腹板面积)；对于圆形截面梁，$\tau_{max}=4F_Q/3A$；对于圆环形截面梁，$\tau_{max}=2F_Q/A$。

三、梁的强度计算

在进行梁的强度计算时，首先应确定梁的危险截面和危险点。一般情况下，对于等截面直梁，其危险点在弯矩最大的截面上的上下边缘处，即最大正应力所在处；对于短梁、载荷靠近支座的梁以及薄壁截面梁，则还要考虑其最大切应力所在的部位。危险点的最大工作应力应不大于材料在单向受力时的许用应力，强度条件为

$$\sigma_{max}=\frac{M_{max}y}{I_z}\leqslant[\sigma] \tag{6-17}$$

对于许用拉应力$[\sigma^+]$和许用压应力$[\sigma^-]$不同的脆性材料，宜采用上、下不对称于中性层的截面形状，并分别计算，式(6-17)可写作

$$\sigma_{max}^{+}=\frac{M_{max}y^{+}}{I_z}\leqslant[\sigma^{+}]$$

$$\sigma_{max}^{-}=\frac{M_{max}y^{-}}{I_z}\leqslant[\sigma^{-}] \tag{6-18}$$

对于许用拉应力和许用压应力相同的塑性材料，截面宜对称于中性轴，则式(6-17)可写作

$$\frac{M}{W_z}\leqslant[\sigma] \tag{6-19}$$

梁的切应力校核条件为

$$\tau_{max}\leqslant[\tau] \tag{6-20}$$

在设计梁的截面时，先按正应力强度条件计算，必要时再进行切应力强度校核。根据强度条件可以解决：强度校核、截面设计和许用载荷的确定。

例 6-13 一吊车(见图 6-35a)用 32c 工字钢制成，将其简化为一简支梁，梁长 $l=10\text{m}$，自重力不计。若最大起重载荷为 $F=35\text{kN}$(包括吊机和钢丝绳)，许用应力为$[\sigma]=130\text{MPa}$，试校核梁的强度。

解 1）求最大弯矩。当载荷在梁中点时，该处产生最大弯矩，从图 6-35c 中可得

$$M_{max}=\frac{Fl}{4}=(35\times10)\text{kN}\cdot\text{m}/4=87.5\text{kN}\cdot\text{m}$$

2）校核梁的强度。查型钢表得 32c 工字钢的抗弯截面系数 $W_z=760\text{cm}^3$，所以

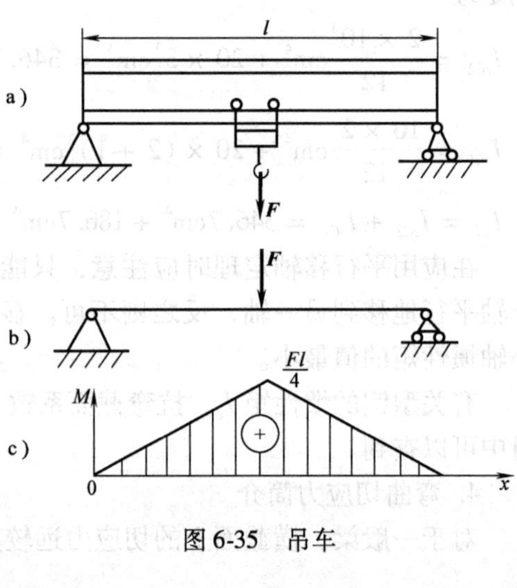

图 6-35 吊车

$$\sigma_{\max} = \frac{M_{\max}}{W_z} = \frac{87.5 \times 10^6}{(760 \times 10^3)\text{MPa}}$$
$$= 115.1\text{MPa} < [\sigma]$$

说明梁的工作是安全的。

例 6-14 T形截面外伸梁的尺寸及受载如图 6-36a、b 所示，截面对形心轴 z 的惯性矩 $I_z = 86.8\text{cm}^4$，$y_1 = 3.8\text{cm}$，材料的许用拉应力 $[\sigma_1] = 30\text{MPa}$，许用压应力 $[\sigma_y] = 60\text{MPa}$。试校核强度。

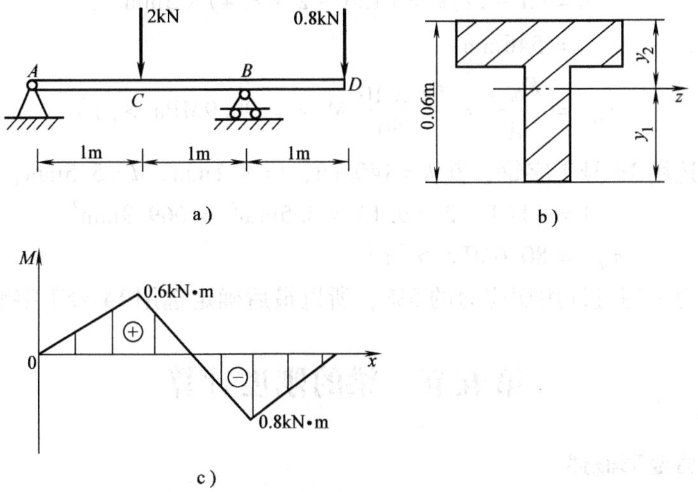

图 6-36 外伸梁

解 1）由静力平衡方程求出梁的约束力 $F_A = 0.6\text{kN}$，$F_B = 2.2\text{kN}$，并作弯矩图如图6-36c所示，得最大正弯矩在截面 C 处，$M_C = 0.6\text{kN}\cdot\text{m}$，最大负弯矩在截面 B 处，$M = -0.8\text{kN}\cdot\text{m}$。

2）校核梁的强度。显然截面 C 和截面 B 均为危险截面，都要进行强度校核。

截面 B 处：最大拉应力发生于截面上边缘各点处，得

$$\sigma^+ = 20.3\text{MPa} < [\sigma_1]$$

最大压应力发生于截面下边缘各点处，得

$$\sigma^- = 35.2\text{MPa} < [\sigma_y]$$

截面 C 处：虽然 C 处的弯矩绝对值比 B 处的小，但最大拉应力发生于截面下边缘各点处，而这些点到中性轴的距离比上边缘处各点到中性轴的距离大，且材料的许用拉应力 $[\sigma_1]$ 小于许用压应力 $[\sigma_y]$，所以还需校核最大拉应力

$$\sigma^+ = 26.4\text{MPa} < [\sigma_1]$$

所以梁的工作是安全的。

例 6-15 图 6-37a 所示为简支梁。材料的许用正应力 $[\sigma] = 140\text{MPa}$，许用切应力 $[\tau] = 80\text{MPa}$。试选合适的工字钢型号。

解 1）由静力平衡方程求出梁的约束力 $F_A =$

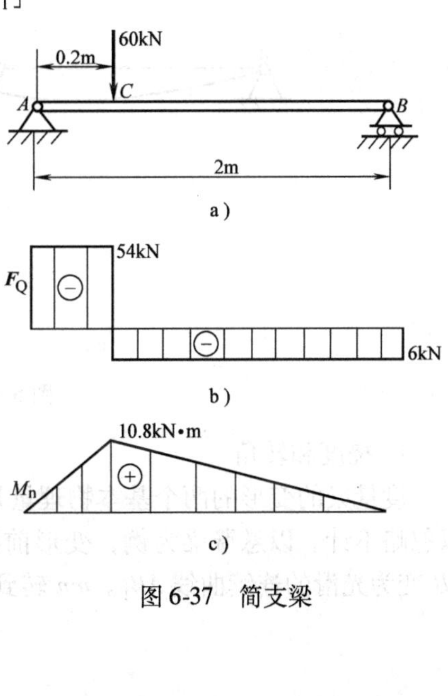

图 6-37 简支梁

54kN，$F_B=-6$kN，并作剪力图和弯矩图如图 6-37b、c 所示，得 $F_{Qmax}=54$kN，$M_{max}=10.8$kN·m。

2）选择工字钢型号。由正应力强度条件得

$$W_z \geqslant \frac{M_{max}}{[\sigma]}=77.1\times10^3\text{mm}^3$$

查型钢表，选用 12.6 号工字钢，$W_z=77.529\times10^3\text{mm}^3$；$h=126$mm，$t=8.4$mm，$d=5$mm。

3）切应力强度校核。12.6 号工字钢腹板面积为

$$A=(h-2t)d=(126-2\times8.4)\times5\text{mm}^2=546\text{mm}^2$$

$$\tau_{max}=\frac{F_{Qmax}}{A}=\frac{54\times10^3}{546}\text{MPa}=98.9\text{MPa}>[\tau]$$

故需重选。选用 14 号工字钢，其 $h=140$mm，$t=9.1$mm，$d=5.5$mm，则

$$A=(140-2\times9.1)\times5.5\text{mm}^2=669.9\text{mm}^2$$

$$\tau_{max}=80.6\text{MPa}>[\tau]$$

显然，最大切应力不超过许用切应力的 5%，所以最后确定选用 14 号工字钢。

第五节　梁的刚度计算

一、梁的弯曲变形概述

梁满足强度条件，表明它能安全地工作，但变形过大也会影响机器的正常运行。如齿轮轴变形过大，会使齿轮不能正常啮合，产生振动和噪声；机械加工中刀杆或工件的变形(见图 6-38b)，将导致一定的制造误差；起重机横梁(见图 6-38a)的变形过大会使吊车移动困难。因此，对某些构件而言，除满足强度条件外，还要将其变形限制在一定范围内，即满足刚度条件。当然，有些构件要有较大的或合适的弯曲变形，才能满足工作要求。如金属切削工艺试验中使用的悬臂梁式测力仪及车辆上使用的隔振板簧等。

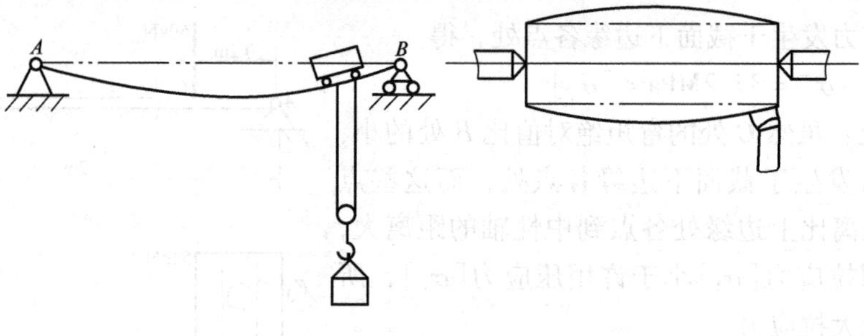

a)　　　　b)

图 6-38　吊车横梁与车削工件

1. 挠度和转角

度量梁的变形的两个基本物理量是挠度和转角。它们主要因弯矩而产生，剪力的影响可以忽略不计。以悬臂梁为例，变形前梁的轴线为直线 AB，mn 是梁的某一横截面，变形后 AB 变为光滑的连续曲线 AB_1。mn 转到了 m_1n_1 的位置。**轴线上各点在 y 方向上的位移称为挠**

度，（x方向上的位移，可忽略不计）。**各横截面相对原来位置转过的角度称为转角**。图6-39中的CC_1即为C点的挠度，如规定向上的挠度为正值，则CC_1为负值。θ为mn截面的转角，规定逆时针转向的转角为正，反之为负。可以看出，转角的大小与挠曲线上的C_1点的切线与x轴的夹角相等。

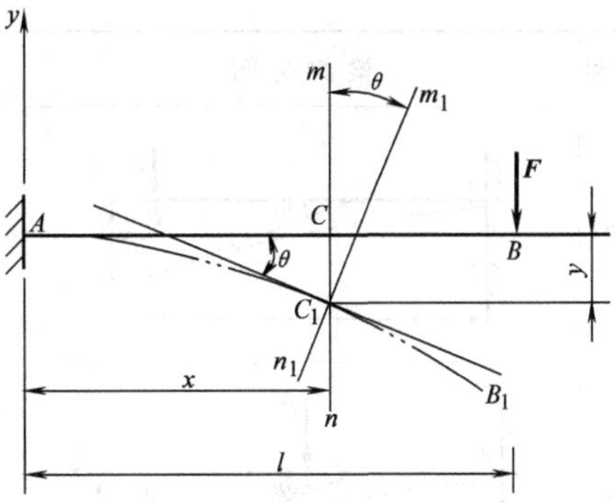

图6-39　悬臂梁的挠度和转角

曲线AB_1表示了全梁各截面的挠度值，故称挠曲线。挠曲线显然是梁截面位置x的函数，记作

$$y=f(x)$$

此式称为挠曲线方程。

因为转角很小，所以

$$\theta \approx \tan\theta = f'(x)$$

此式称为转角方程，其中θ的单位为rad。

2. 梁的刚度条件

梁的刚度条件为

$$y_{max} \leqslant [y] \quad 和 \quad \theta_{max} \leqslant [\theta] \qquad (6\text{-}21)$$

式中，$[y]$为许用挠度，$[\theta]$为许用转角，其值可根据工作要求或参照有关手册确定。

在设计梁时，一般应先满足强度条件，再校核刚度条件。如所选截面不能满足刚度条件，再考虑重新选择。梁的许用挠度$[y]$和许用转角$[\theta]$可参见表6-2。

表6-2　梁的许用挠度[y]和许用转角[θ]

机床主轴	$[y]=0.0002l$	装滑动轴承处	$[\theta]=0.001$rad
一般传动轴	$[y]=(0.0003\sim0.0005)l$	装向心球轴承处	$[\theta]=0.003$rad
桥式吊车梁	$[y]=(0.0013\sim0.0025)l$	装齿轮处	$[\theta]=(0.001\sim0.002)$rad

二、用叠加法求梁的变形

梁的变形可以根据梁的尺寸及支承形式、载荷情况、材料性能来建立挠度与转角方程求解，不过此法甚繁，实际上在有关工程手册中已将各种基本形式的梁在简单载荷的作用下的弯曲变形列成了表格(见表6-3)，因此简单情况可直接查表而获得结果。如果梁在几个载荷同时作用下，则由于每一载荷的影响是独立的，**梁在几个载荷共同作用下产生的变形等于各个载荷分别作用时产生的变形的代数和，利用表中的结果应用叠加原理来取得综合结果。**

表6-3　梁在简单载荷作用下的变形

序号	梁的简图	挠曲线方程	端截面转角	最大挠度
1	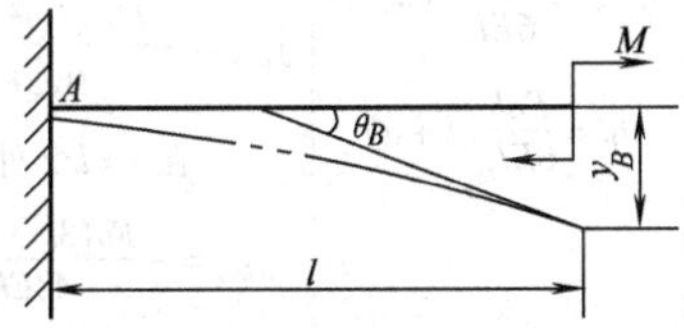	$y=-\dfrac{Mx^2}{2EI_z}$	$\theta_B=-\dfrac{Ml}{EI_z}$	$y_B=-\dfrac{Ml^2}{2EI_z}$

（续）

序号	梁的简图	挠曲线方程	端截面转角	最大挠度
2	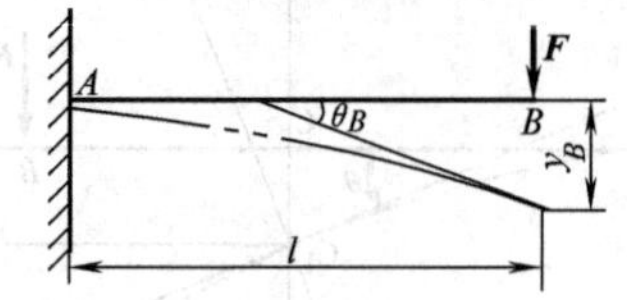	$y=-\frac{Fx^2}{6EI_z}(3l-x)$	$\theta_B=-\frac{Fl^2}{2EI_z}$	$y_B=-\frac{Fl^3}{3EI_z}$
3	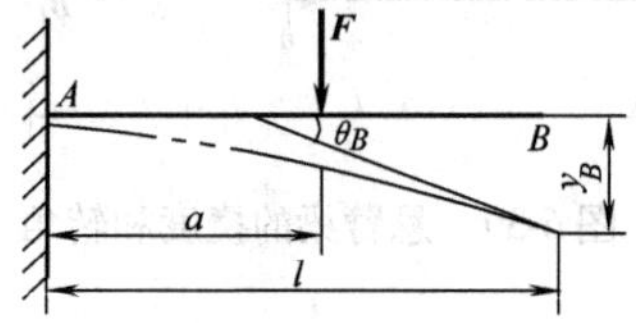	$y=-\frac{Fx^2}{6EI_z}(3a-x)$ $0\leqslant x\leqslant a$ $y=-\frac{Fa^2}{6EI_z}(3x-a)$ $0\leqslant x\leqslant l$	$\theta_B=-\frac{Fa^2}{2EI_z}$	$y_B=-\frac{Fa^2}{6EI_z}(3l-a)$
4	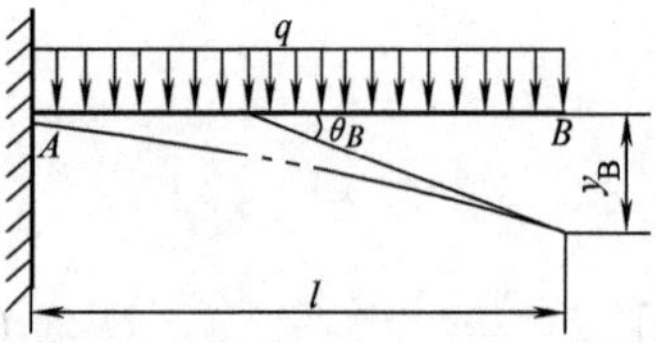	$y=-\frac{qx^2}{24EI}(x^2-4lx+6l^2)$	$\theta_B=-\frac{ql^3}{6EI_z}$	$y_B=-\frac{ql^4}{8EI_z}$
5	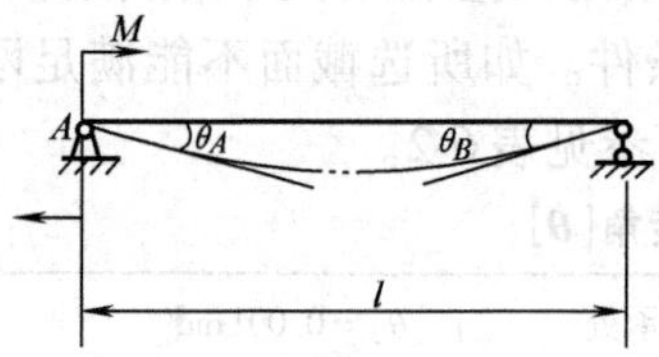	$y=\frac{Mx}{6EI_zl}(l-x)\times$ $(2l-x)$	$\theta_A=-\frac{Ml}{3EI_z}$ $\theta_B=\frac{Ml}{6EI_z}$	$x=(1-\frac{1}{\sqrt{3}})l$ $y_{max}=-\frac{Ml^2}{9EI_z}$ $x=\frac{1}{2}$ $y_{max}=-\frac{Ml^2}{16EI_z}$
6	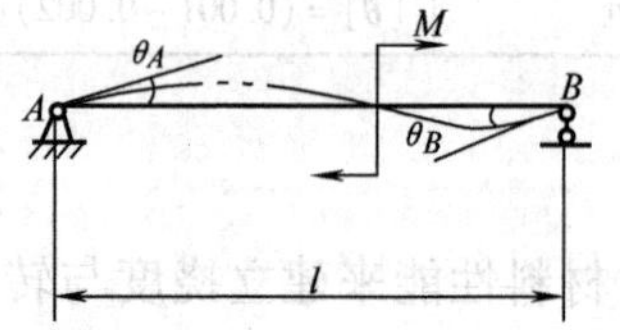	$y=\frac{Mx}{6EI_zl}(l^2-3b^2-x^2)$ $0\leqslant x\leqslant a$ $y=\frac{M}{6EI_zl}[-x^3+$ $3l(x-a)^2+(l^2-3b^2)x]$ $a\leqslant x\leqslant l$	$\theta_A=\frac{M}{6EI_zl}x(l^2-3b^2)$ $\theta_B=\frac{M}{6EI_zl}x(l^2-3a^2)$	
7	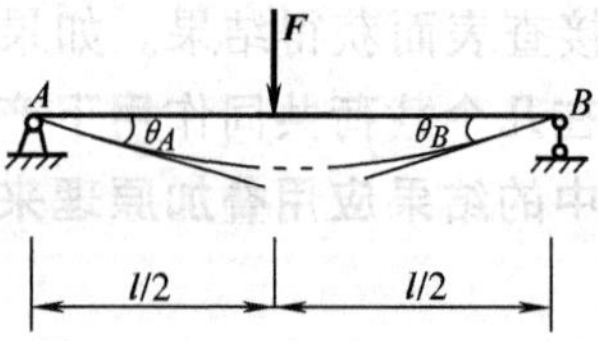	$y=-\frac{Fx}{48EI_z}(3l^2-4x^2)$ $(0\leqslant x\leqslant l/2)$	$\theta_A=-\theta_B=-\frac{Fl^2}{16EI_z}$	$y_{max}=-\frac{Fl^3}{48EI_z}$
8	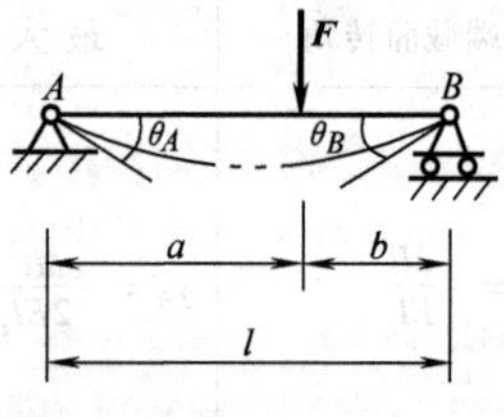	$y=-\frac{Fbx}{6EI_zl}(l^2-x^2-b^2)$ $0\leqslant x\leqslant a$ $y=-\frac{Fb}{6EI_zl}[l(x-a)^3/b+$ $(l^2-b^2)x-x^3]$ $a\leqslant x\leqslant l$	$\theta_A=-\frac{Fab}{6EI_z}(l+b)$ $\theta_B=\frac{Fab}{6EI_z}(l+a)$	设 $a>b$ $x=\sqrt{(l^2-b^2)/3}$处 $y_{max}=-\frac{Fb\sqrt{(l^2-b^2)^3}}{9\sqrt{3}EI_zl}$ 在 $x=l/2$ 处 $y_{l/2}=-\frac{Fb(3l^2-4b^2)}{48EI_z}$

（续）

序号	梁的简图	挠曲线方程	端截面转角	最大挠度
9	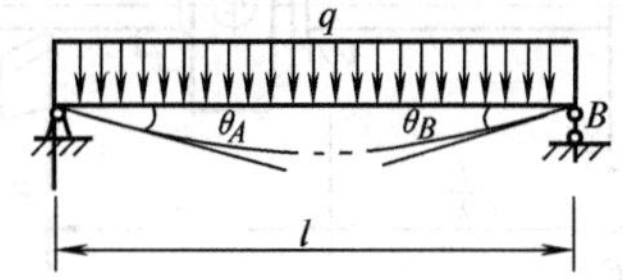	$y=-\frac{qx}{24EI_z}(l^3-2lx^2+x^3)$	$\theta_A=-\theta_B=-\frac{ql^3}{24EI_z}$	$y_{max}=-\frac{5ql^4}{384EI_z}$
10	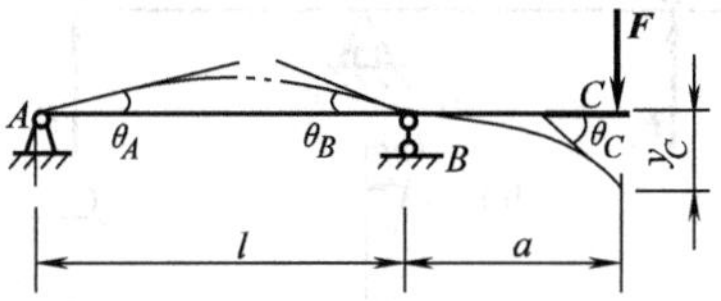	$y=\frac{Fax}{6EI_z}(l^2-x^2)/l$ $0\leqslant x\leqslant l$ $y=-\frac{F}{6EI}(x-l)[a(3x-l)-(x-l)^2]$ $l\leqslant x\leqslant(l+a)$	$\theta_A=\frac{Fal}{6EI}$ $\theta_B=-\frac{Fal}{3EI_z}$ $\theta_C=-\frac{Fa(2l+3a)}{6EI_z}$	$y_C=-\frac{Fa^2(l+a)}{3EI_z}$
11	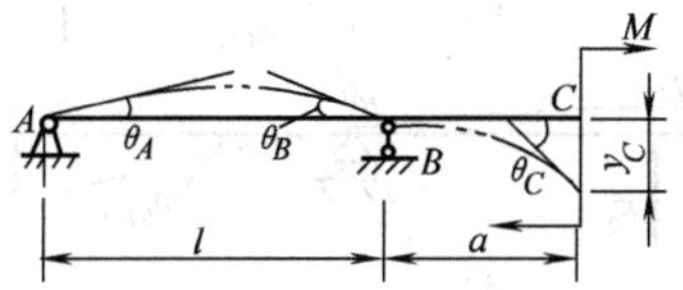	$y=-\frac{Mx}{6EI_z l}(x^2-l^2)$ $0\leqslant x\leqslant l$ $y=-\frac{M}{6EI_z}(3x^2-4xl+l^2)$ $l\leqslant x\leqslant(1+a)$	$\theta_A=\frac{Fal}{6EI}$ $\theta_B=-\frac{Ml}{3EI_z}$ $\theta_C=-\frac{M(l+3a)}{3EI_z}$	$y_C=-\frac{Ma(2l+3a)}{6EI_z}$

例 6-16 抗弯刚度为 EI_z 的简支梁（见图 6-40），全梁受向下的分布载荷 q，中点受向上的集中力 $\boldsymbol{F}$，试求梁中点的挠度和铰支座的转角 θ_A、θ_B。

解 将梁的受力分解为受集中力 $\boldsymbol{F}$ 和受分布力 q 两种情况，分别查表。

受集中力时

$$y_{CF}=\frac{Fl^3}{48EI_z},\ \theta_{AF}=\frac{Fl^2}{16EI_z},\ \theta_{BF}=\frac{-Fl^2}{16EI_z}$$

受分布力时

$$y_{Cq}=-\frac{5ql^4}{384EI_z},$$

$$\theta_{Aq}=-\frac{ql^3}{24EI_z},$$

$$\theta_{Bq}=\frac{ql^3}{24EI_z}$$

叠加

$$y_C=y_{CF}+y_{Cq}=\frac{Fl^3}{48EI_z}-\frac{5ql^4}{384EI_z}$$

$$\theta_A=\theta_{AF}+\theta_{Aq}=\frac{Fl^2}{16EI_z}-\frac{ql^3}{24EI_z}$$

$$\theta_B=\theta_{BF}+\theta_{Bq}=\frac{-Fl^2}{16EI_z}+\frac{ql^3}{24EI_z}$$

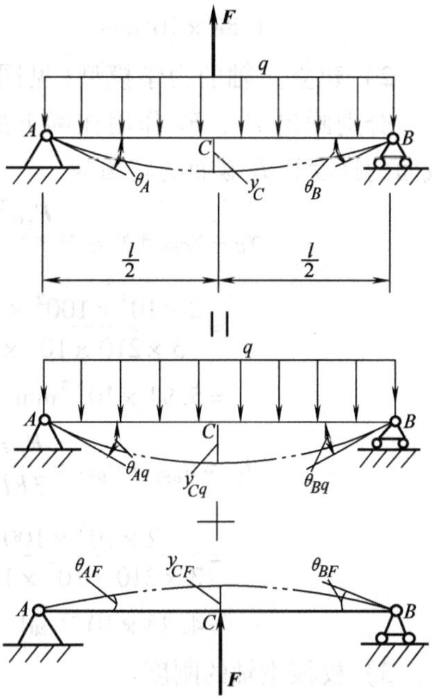

图 6-40 简支梁受集中力 F 和分布力 q

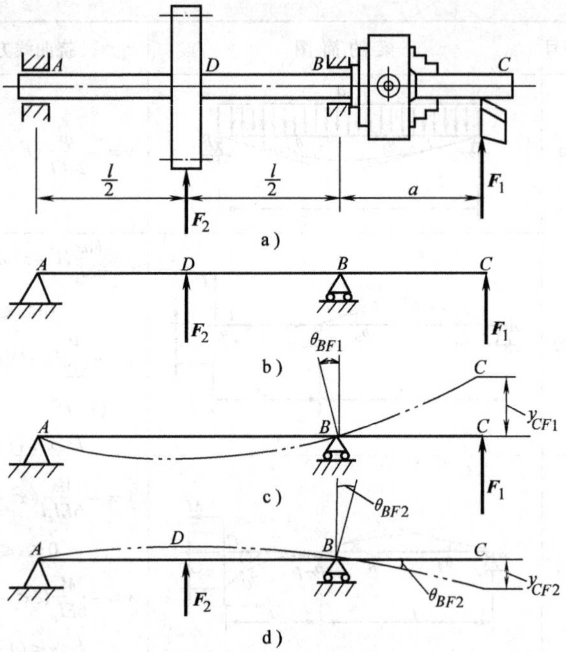

图 6-41　机床主轴

例 6-17　一经简化处理的机床空心主轴(见图 6-41)，设全轴(包括外伸端)可近似视为等截面梁，且刀具与齿轮受力恰在同一平面内。已知轴的外径 $D=80\text{mm}$，内径 $d=40\text{mm}$，AB 跨长 $l=400\text{mm}$，外伸长 $a=100\text{mm}$，材料的弹性模量 $E=210\text{GPa}$，设切削力 $F_1=2\text{kN}$，齿轮啮合力 $F_2=1\text{kN}$，如轴 C 端的许用挠度 $[y_C]=0.0002l$，B 截面的许用转角 $[\theta_B]=0.001\text{rad}$。试校核主轴的刚度。

对于机床主轴，需校核：

1）加工处 C 端的挠度，因为它影响加工精度。

2）主轴承 B 端处的转角，因为它影响机床运转的平稳及轴承寿命。

下面分别解之：

解　1）求主轴的转惯性矩。

$$I_z=\frac{\pi D^4}{64}(1-\alpha^4)$$

$$=\frac{\pi 80^4}{64}\left[1-\left(\frac{40}{80}\right)^4\right]\text{mm}^4$$

$$=1.88\times10^6\text{mm}^4$$

2）建立主轴的力学模型(见图6-41b)。

分别画出 $\boldsymbol{F}_1$、$\boldsymbol{F}_2$ 作用在梁上的变形，如图 6-41c、d 所示。然后，应用叠加法计算 C 截面的挠度和 B 截面的转角为

$$y_C=y_{CF1}+y_{CF2}=\frac{F_1a^2(l+a)}{3EI_z}-\frac{F_2l^2}{16EI_z}a$$

$$=\frac{2\times10^3\times100^2\times(400+100)}{3\times210\times10^3\times1.88\times10^6}\text{mm}-\frac{1\times10^3\times400^2\times100}{16\times210\times10^3\times1.88\times10^6}\text{mm}$$

$$=5.91\times10^{-3}\text{mm}$$

$$\theta_B=\theta_{BF1}+\theta_{BF2}=\frac{F_1al}{3EI_z}-\frac{F_2l^2}{16EI_z}$$

$$=\frac{2\times10^3\times100\times400}{3\times210\times10^3\times1.88\times10^6}\text{rad}-\frac{1\times10^3\times400}{16\times210\times10^3\times1.88\times10^6}\text{rad}$$

$$=4.23\times10^{-5}\text{rad}$$

3）校核主轴的刚度。

主轴的许用挠度为

$$[y_C]=0.0002l=10^{-4}\times800\text{mm}=80\times10^{-3}\text{mm}=0.08\text{mm}$$

主轴的许用转角为

$$[\theta_B] = 0.001\text{rad} = 1.0 \times 10^{-3}\text{rad}$$

因此，有

$$y_C < [y_C]$$

$$\theta_B < [\theta_B]$$

即主轴的刚度满足要求。

第六节　提高梁的强度和刚度的措施

从前几节可知，等直梁上的最大弯曲正应力和梁上的最大弯矩 M_{max} 成正比，和抗弯截面系数 W_z 成反比。梁的变形和梁的跨度 l 的高次方成正比，和梁的抗弯刚度 I_z 成反比。设计梁时，应达到安全性好而材料消耗少的目的，即省料、省钱而又尽量提高梁的强度和刚度，可从以下几方面入手。

一、合理安排梁的支承及增加约束

当梁的尺寸和截面形状已定时，合理安排梁的支承或增加约束，可以缩小梁的跨度、降低梁上的最大弯矩。如图 6-42 所示，受均布载荷的简支梁，若能改为两端外伸梁，则梁上的最大弯矩将大为降低。

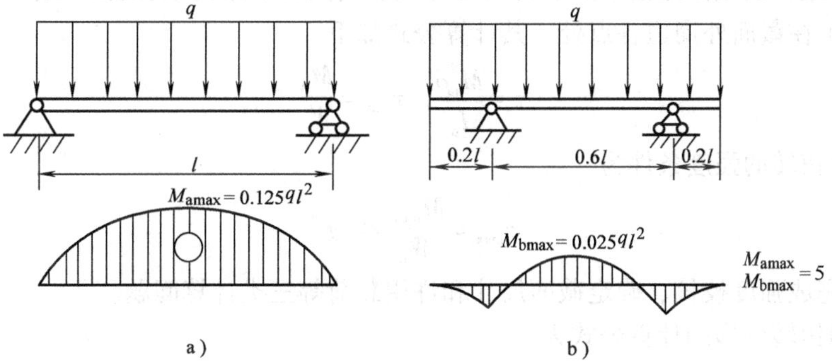

图 6-42　受均布载荷的简支梁和两端外伸梁

增加约束，缩短梁的跨度，对提高梁的刚度极为有效。若在图 6-40 所示简支梁中间加一活动铰支座，则梁的最大挠度只有原来的几十分之一。

二、选择梁的合理截面

梁的抗弯截面系数 W_z 与截面的面积、形状有关，在满足 W_z 的情况下选择适当的截面形状，使其面积减小，可达到节约材料、减轻自重的目的。由于横截面上的正应力和各点到中性轴的距离成正比，靠近中性轴的材料正应力较小，未能充分发挥其潜力，故将靠近中性轴的材料移至界面的边缘，必然使 W_z 增大。工字钢和槽钢制成的梁的截面较为合理。

三、合理地布置载荷

当载荷已确定时，合理地布置载荷可以减小梁上的最大弯矩，提高梁的承载能力。例如，图 6-43 所示桥梁可简化成一简支梁，其额定最大承载能力系指载荷在桥中间时的最大值，超出额定载荷的物体要过桥时，采用长平板车将集中载荷分为几个载荷，就能安全过桥。吊车采用副梁可以吊起更重的物体也是这个道理。

由于优质钢和普通钢的弹性模量 E 值相差不大，但价格相差较大，故一般情况下不以优质钢代替普通钢来提高梁的刚度。

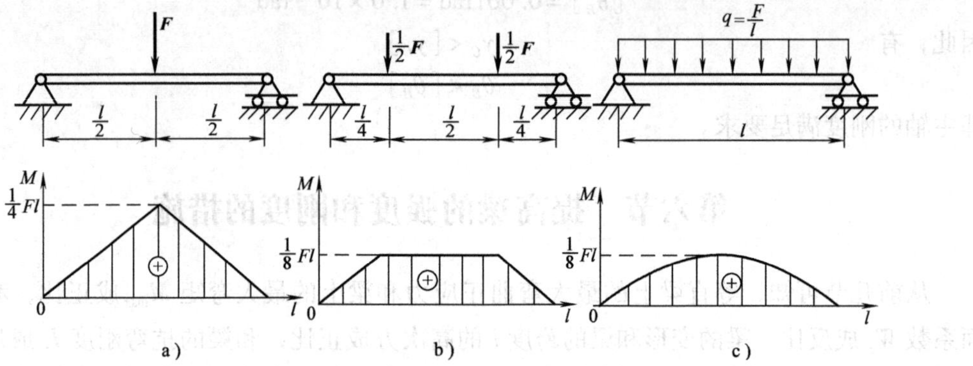

图 6-43　受集中载荷和分散载荷的简支梁

小　结

一、圆轴的扭转

1）圆轴扭转横截面上任一点的切应力与该点到圆心的距离成正比，在圆心处为零。最大切应力发生在截面外周边各点处，其计算公式如下

$$\tau=\frac{M_{n}\rho}{I_{\rho}},\ \tau_{max}=\frac{M_{n}}{W_{n}}$$

2）圆轴扭转的强度条件为

$$\tau_{max}=\frac{M_{nmax}}{W_{n}}\leqslant[\tau]$$

利用它可以完成强度校核、确定截面尺寸和许用载荷等三类计算问题。

3）圆轴扭转变形的计算公式为

$$\varphi=\frac{M_{n}l}{GI_{\rho}}$$

4）圆轴扭转时的刚度条件是

$$\theta_{max}=\frac{M_{max}}{GI_{\rho}}\times\frac{180}{\pi}\leqslant[\theta]$$

二、直梁弯曲时的内力

1）平面弯曲的直梁，其横截面上有两个内力——剪力与弯矩。截面上的剪力的大小等于截面左（或右）侧所有外力的代数和；弯矩的大小等于截面左（或右）侧所有外力对截面形心力矩的代数和。剪力和弯矩的正负号按符号规定判断。

2）剪力、弯矩和载荷集度之间存在微分关系，即

$$\frac{dM(x)}{dx}=F_{Q}(x)$$

$$\frac{d^{2}M(x)}{dx^{2}}=\frac{dF_{Q}(x)}{dx}=q(x)$$

利用这种关系可绘制和校核剪力图和弯矩图，其步骤为：

① 正确地求解梁的约束力。

② 分段。凡梁上有集中力(力偶)作用的点以及载荷集度 q 有变化的点，都作为分段的控制点。

③ 标值。计算各段起始点的 F_Q、M 值及 M 图的极值点，并利用微分关系判断各段 F_Q、M 图的大致形状。

④ 连线。空载区在两区端标值点连直线，有均布载荷区则连抛物线，并注意在剪力为零处有极值。

三、直梁弯曲时的强度、刚度计算

1）梁横截面上的正应力和弯矩有关，最大正应力发生在弯矩最大的截面上且离中性轴最远的边缘，其计算公式为

$$\sigma = \frac{My}{I_z},\ \sigma_{max} = \frac{M_{max}}{W_z}$$

2）梁的强度条件为

$$\sigma_{max} \leqslant [\sigma]$$

若材料的拉、压许用应力不同，则应分别计算。

3）梁横截面上的切应力与剪力有关，最大切应力发生在剪力最大的截面的中性层上，矩形截面上的最大切应力为平均切应力的1.5倍。抗剪强度条件为

$$\tau_{max} \leqslant [\tau]$$

设计时，一般按正应力强度条件选择梁的截面，必要时再进行抗剪强度校核。

4）梁的变形用挠度 y 和转角 θ 度量，简单情况下可从工程手册的有关表格查得结果；复杂情况下则可用叠加法来扩大表格的使用范围。

5）梁的刚度条件为

$$|y|_{max} \leqslant [y] \quad 和 \quad |\theta|_{max} \leqslant [\theta]$$

6）为提高梁的强度和刚度，可从增加约束、分散载荷、减小梁的跨度、合理选择截面等几方面入手，根据实际情况确定合适的方法。

思 考 题

6-1 试指出图6-44所示各杆中哪些会扭转？哪些会弯曲？有没有弯扭变形都有？

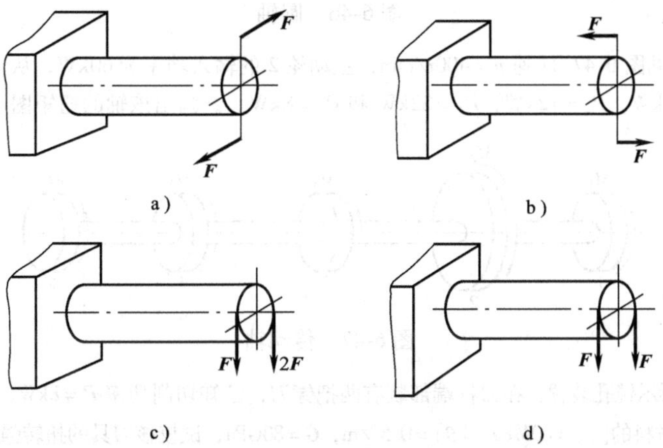

图6-44 受力圆轴

6-2 减速器中，高速轴直径较大还是低速轴直径较大？为什么？

6-3 扭转切应力与扭转方向是否一致？判定图 6-45 所示分布图，哪些是正确的？哪些是错误的？

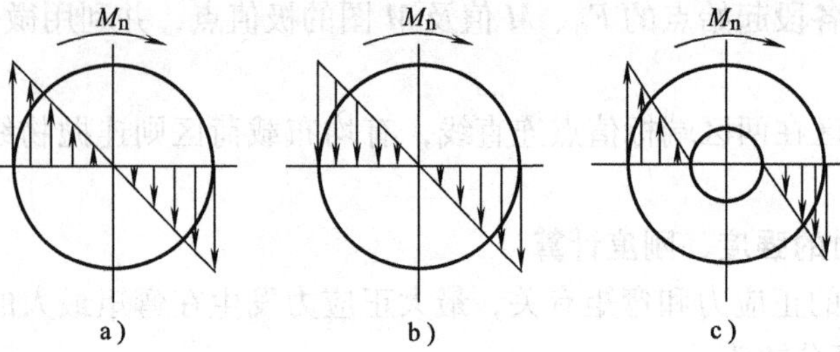

图 6-45 切应力分布图

6-4 用 Q235 钢制成的扭转轴，发现原设计轴的扭转角超过许用值。试改用优质钢来降低扭角，此方法是否有效？

6-5 有铝和钢制成的两根圆截面轴，尺寸相同，所受外力偶矩相同。试分析两轴上的最大切应力、最大扭转角是否相同。

6-6 梁形成平面弯曲有哪些条件？

6-7 扁担常在中间折断，跳水板易在固定端处折断，为什么？

6-8 矩形截面梁的横截面高度增加到原来的两倍，截面的抗弯能力将增大到原来的几倍？若矩形截面梁的横截面宽度增加到原来的两倍，截面的抗弯能力又将增加到原来的几倍？

6-9 矩形截面梁沿其横向对称轴剖为双梁，截面的抗弯能力是否变化？矩形截面梁沿其纵向对称轴剖为双梁，截面的抗弯能力是否变化？

习 题

6-1 试画出图 6-46 所示两轴的扭矩图。

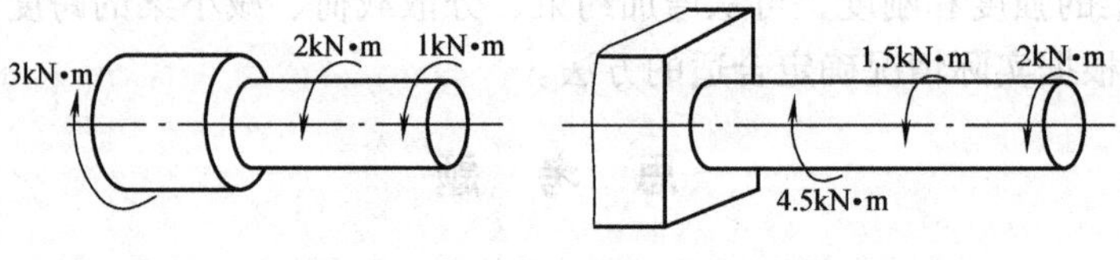

图 6-46 圆轴

6-2 某传动轴(见图 6-47)转速 $n=400\text{r/min}$，主动轮 2 的输入功率为 60kW，从动轮 1、3、4 和 5 的输出功率分别为 $P_1=18\text{kW}$，$P_3=12\text{kW}$，$P_4=22\text{kW}$ 和 $P_5=8\text{kW}$。试画出该轴的扭矩图。

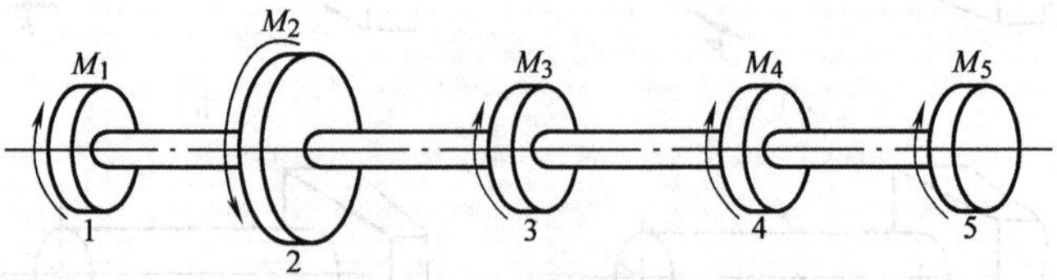

图 6-47 传动轴

6-3 如图 6-48 所示镗孔装置，在刀杆端部装有两把镗刀，已知切削功率 $P=8\text{kW}$，刀杆转速 $n=60\text{r/min}$，刀杆直径 $d=70\text{mm}$，材料的$[\tau]=60\text{MPa}$，$[\theta]=0.5°/\text{m}$，$G=80\text{GPa}$，试校核刀具的扭转强度和刚度。

6-4 钢制实心轴和铝制空心轴(内外径比值 $\alpha=0.6$)的长度及横截面面积均相等，钢的许用切应力

$[\tau]_G = 80\text{MPa}$，铝的许用切应力$[\tau]_L = 50\text{MPa}$。若仅从强度条件考虑，计算一下哪根轴能承受较大的转矩。

6-5 船用推进轴如图 6-49 所示，一端是实心的，其直径 $d_1 = 28\text{cm}$，另一端是空心轴，其内径 $d = 14.8\text{cm}$，外径 $D = 29.6\text{cm}$。若$[\tau] = 50\text{MPa}$，试求此轴允许传递的外力偶矩。

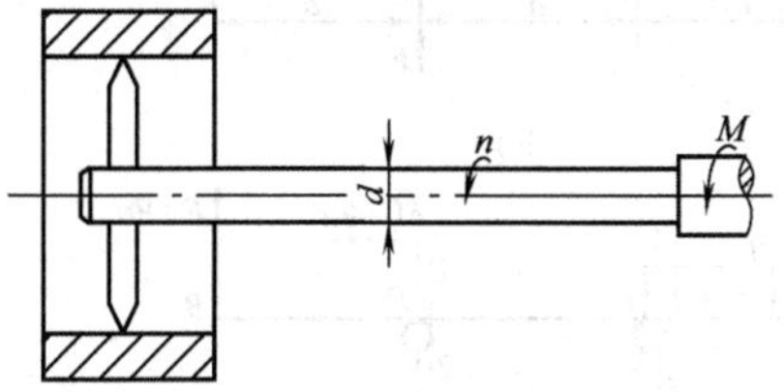

图 6-48 镗孔装置

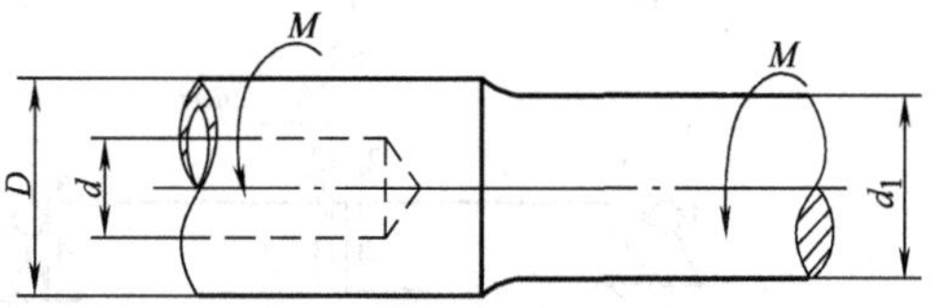

图 6-49 船用推进轴

6-6 齿轮变速器第Ⅱ轴如图 6-50 所示，轴所传递的功率为 $P = 5.5\text{kW}$，转速 $n = 200\text{r/min}$，$[\tau] = 40\text{MPa}$，试按强度条件初步设计轴的直径。

6-7 如图 6-51 所示，传动轴的直径 $d = 40\text{mm}$，A 轮输出功率为 $2P/3$，C 轮输出功率为 $P/3$，轴材料的切变模量 $G = 80\text{GPa}$，许用应力$[\tau] = 60\text{GPa}$，许用扭转角$[\theta] = 0.5°/\text{m}$，电动机的转速 $n = 1450\text{r/min}$，电动机的功率 $P = 12\text{kW}$，带轮速比 $i = 3$。试校核轴的强度和刚度。

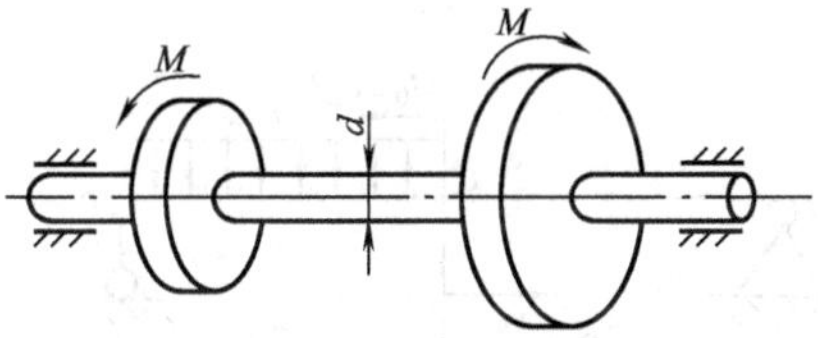

图 6-50 变速器第Ⅱ轴

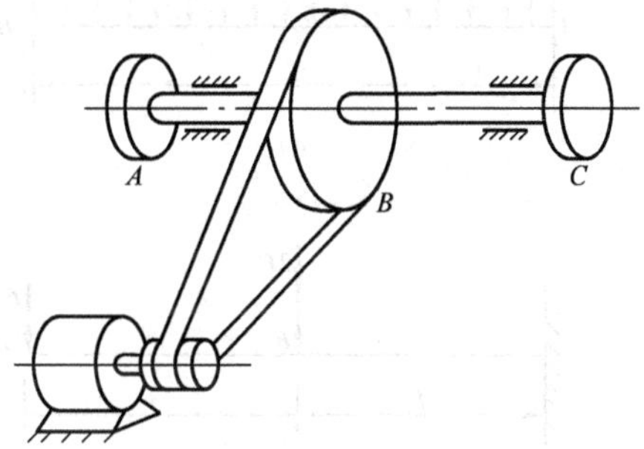

图 6-51 带传动

6-8 如图 6-52 所示，切蔗机主轴由 V 带轮带动。已知主轴转速为 580r/min，主轴直径 $d = 80\text{mm}$，材料的许用应力$[\tau] = 40\text{MPa}$，不计传动中的功率消耗，电动机的最大功率应有多大？如果主轴工作时的最大切应力 τ_{max} 为 12MPa，电动机的最大功率又为多大？

6-9 桥式起重机如图 6-53 所示，若传动轴传递的力偶矩 $M = 1.08\text{kN} \cdot \text{m}$，材料的$[\tau] = 40\text{MPa}$，$G = 80\text{GPa}$，$[\theta] = 0.5°/\text{m}$，试设计传动轴的直径。

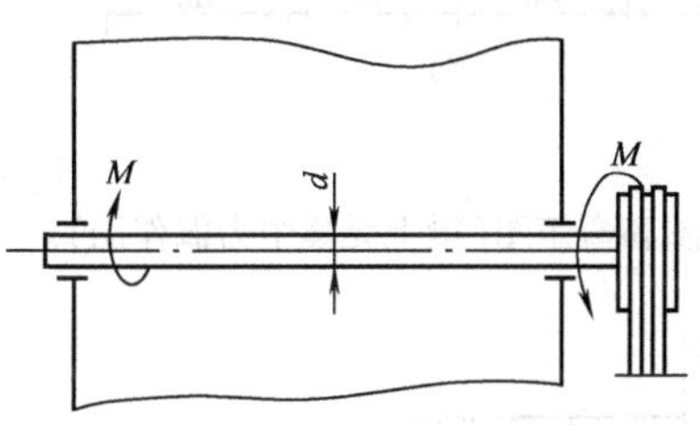

图 6-52 切蔗机主轴

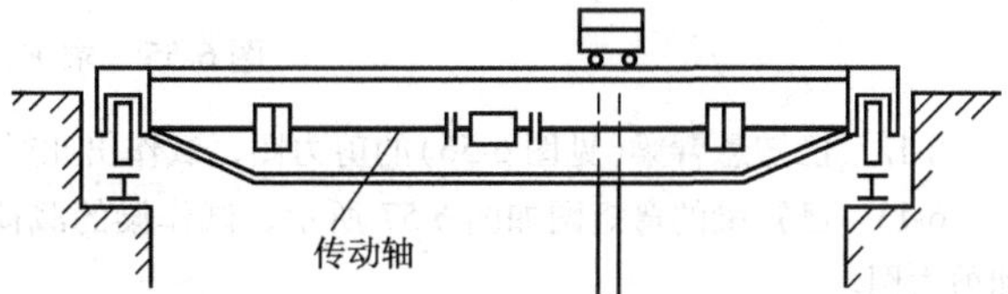

图 6-53 桥式起重机

6-10 试求图 6-54 所示各梁指定截面上的剪力和弯矩。设 q、F、a 均为已知。

6-11 试作图 6-55 所示各梁的剪力图和弯矩图，并求出剪力和弯矩的绝对值的最大值，q、F、a、l 均为已知。

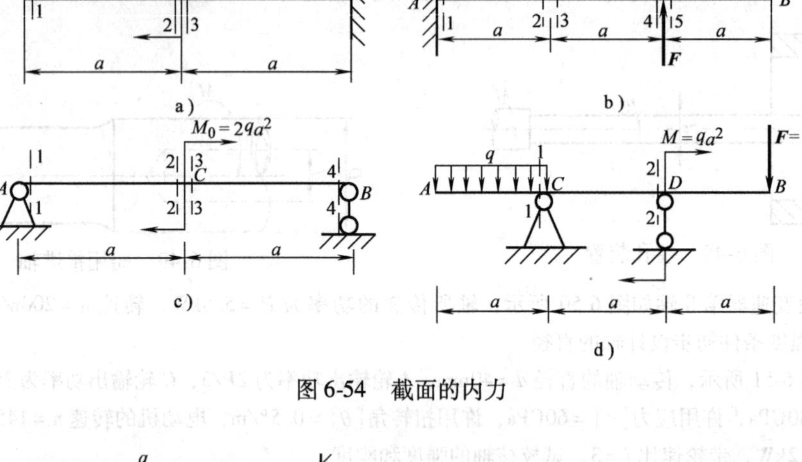

图 6-54　截面的内力

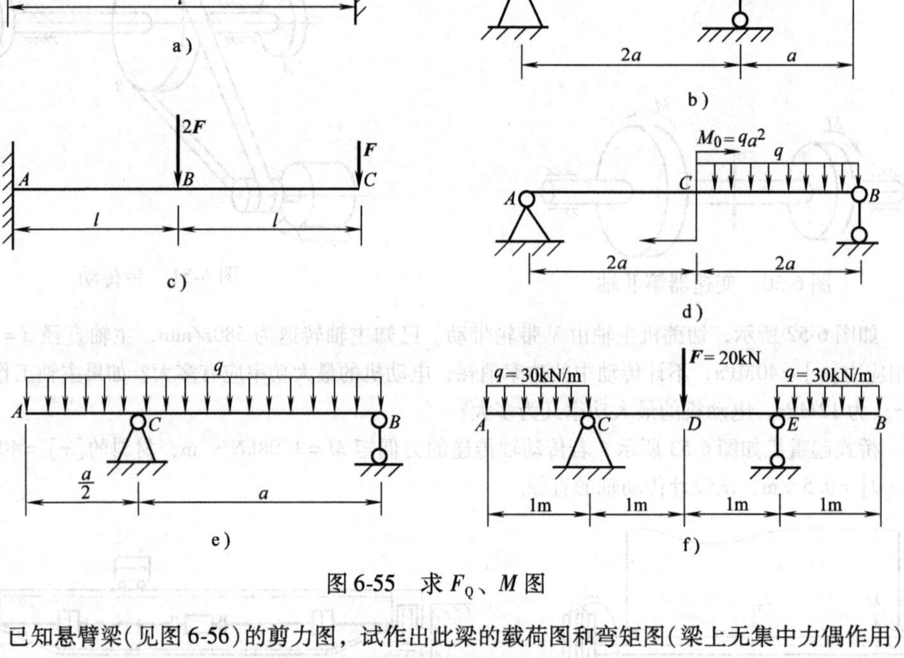

图 6-55　求 F_Q、M 图

6-12　已知悬臂梁(见图 6-56)的剪力图，试作出此梁的载荷图和弯矩图(梁上无集中力偶作用)。

6-13　已知梁的弯矩图如图 6-57 所示，试作梁的载荷图和剪力图。

6-14　试判断图 6-58 中的 F_Q、M 图是否有错，并改正错误。

6-15　圆截面简支梁受载如图 6-59 所示，试计算支座 B 处梁截面上的最大正应力。

6-16　空心管梁受载如图 6-60 所示。已知 $[\sigma]=150$MPa，管外径 $D=60$mm，在保证安全的条件下，求内径 d 的最大值。

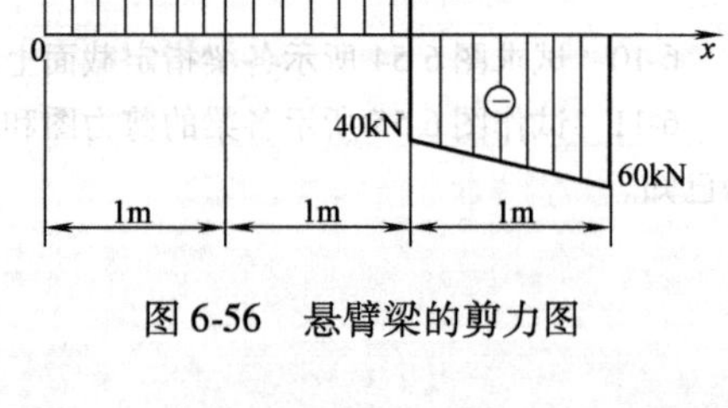

图 6-56　悬臂梁的剪力图

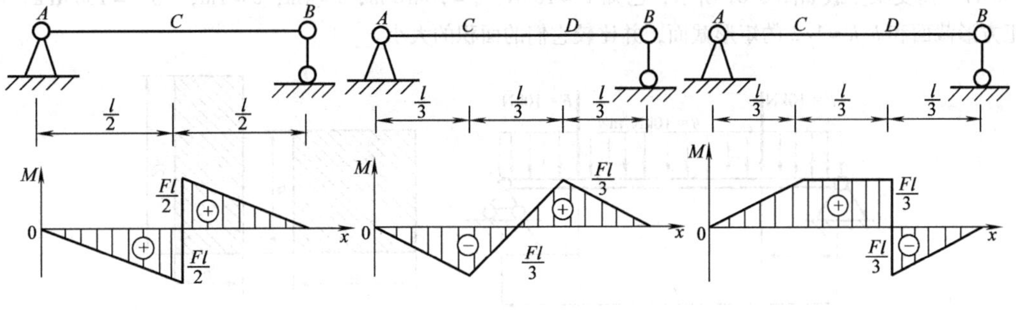

a)　　b)　　c)

图 6-57　简支梁的弯矩图

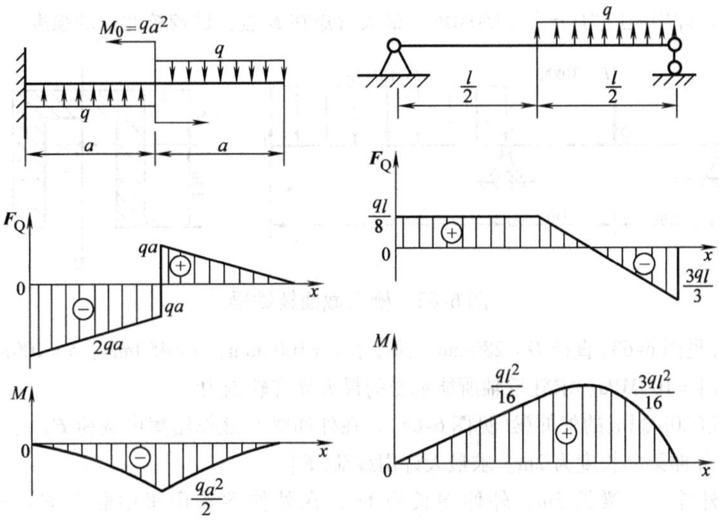

a)　　b)

图 6-58　图形改错

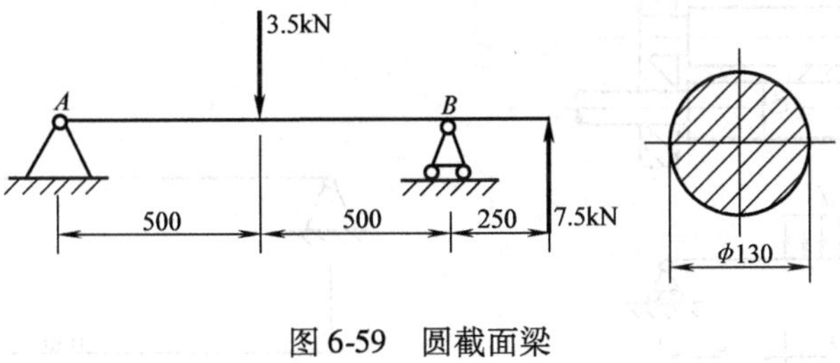

图 6-59　圆截面梁

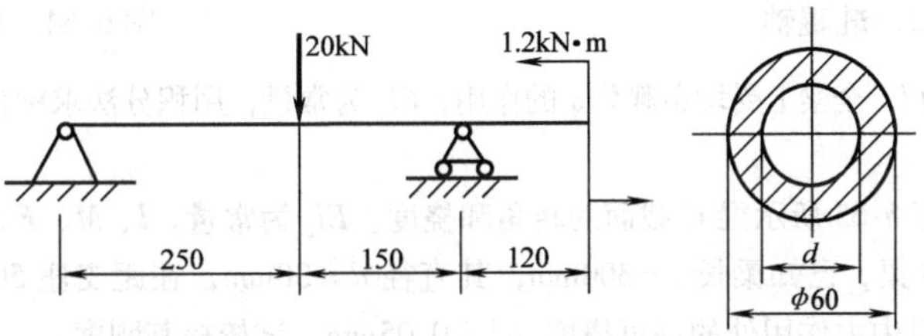

图 6-60　空心管梁

6-17 简支梁受载如图 6-61 所示，已知 $F=10\text{kN}$，$q=10\text{kN/m}$，$l=4\text{m}$，$c=1\text{m}$，$[\sigma]=160\text{MPa}$。试设计正方形截面和 $b/h=1/2$ 的矩形截面，并比较它们的面积的大小。

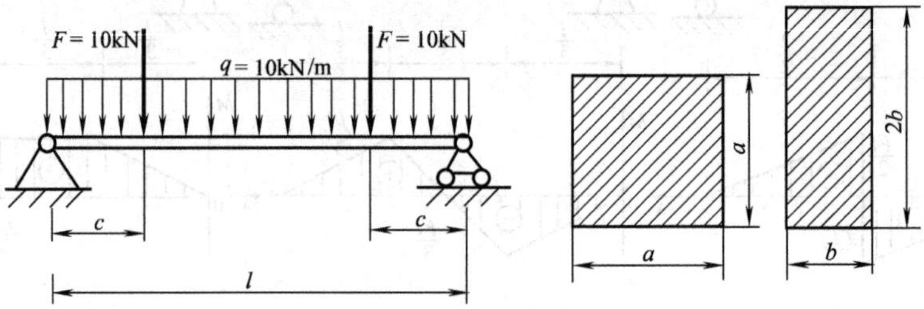

图 6-61 矩形截面梁

6-18 槽形铸铁梁受载如图 6-62 所示，槽形截面对中性轴 z 的惯性矩 $I_z=40\times10^6\text{mm}^4$，材料的许用拉应力 $[\sigma_1]=40\text{MPa}$，许用压应力 $[\sigma_y]=150\text{MPa}$。最大弯矩在 B 点，试校核此梁的强度。

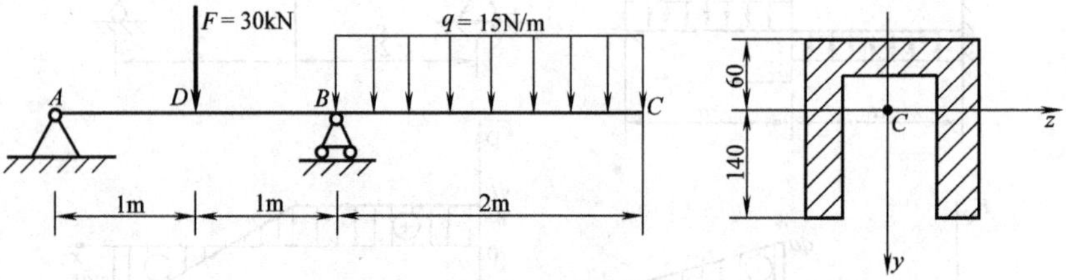

图 6-62 槽形截面铸铁梁

6-19 轧辊轴（见图 6-63）直径 $D=280\text{mm}$，跨度长 $l=1000\text{mm}$，$a=450\text{mm}$，$b=100\text{mm}$，轧辊轴材料的许用弯曲正应力 $[\sigma]=100\text{MPa}$。求轧辊轴所能承受的最大允许轧制力。

6-20 有工字钢 20b 制成的外伸梁（见图 6-64），在外伸梁 C 处作用集中载荷 **F**，已知材料的许用拉应力 $[\sigma]=160\text{MPa}$，外伸梁的长度为 2m。求最大许用载荷 $[F]$。

6-21 工字钢外伸梁，梁长 5m，外伸端长为 1m，在外伸端作用集中载荷 $F=20\text{kN}$，已知 $[\sigma]=150\text{MPa}$，$[\tau]=90\text{MPa}$。试选择合适的工字钢型号。

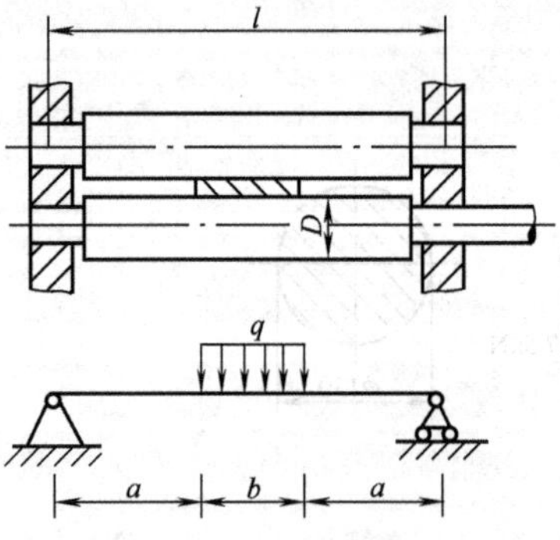

图 6-63 轧辊轴

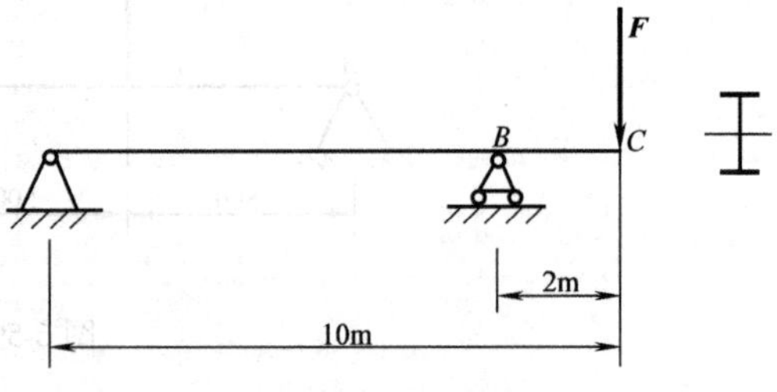

图 6-64 外伸梁

6-22 悬臂梁梁长为 l，全梁上受均布载荷 q 的作用，EI_z 为常量，用积分法求梁自由端的转角和挠度（l、q、EI_z 均为已知）。

6-23 用叠加法求图 6-65 所示梁 C 截面的转角和挠度。EI_z 为常量，l、M、F 均为已知。

6-24 圆形截面简支梁，已知梁长 $l=300\text{mm}$，其直径 $d=30\text{mm}$，在距支座 50mm 处受集中力 1.8kN，材料的 $E=200\text{GPa}$。若集中力作用处的许可挠度 $[y]=0.05\text{mm}$，试校核其刚度。

6-25 32a 工字钢简支梁，中点受集中力 $F=20\text{kN}$ 的作用，梁长 $l=8.76\text{m}$，$E=210\text{GPa}$，$[y]=l/500$，

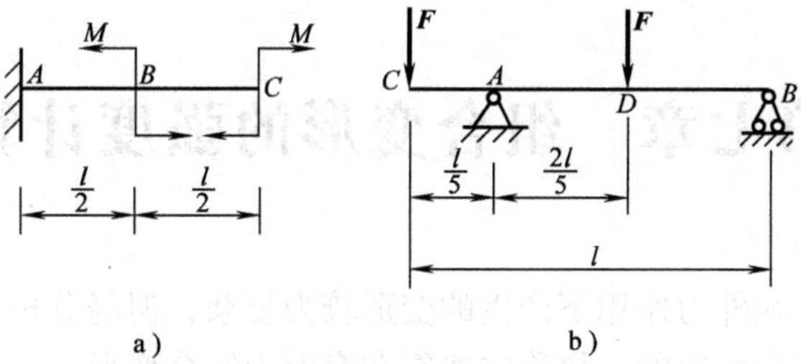

图 6-65　叠加法求 y、θ

试校核其刚度。

6-26　工字钢悬臂梁，梁长 2m，其中点至自由端受均布载荷 $q=15\text{kN/m}$，材料的 $E=200\text{GPa}$，$[\sigma]=160\text{MPa}$，$[y]=4\text{mm}$。试选择工字钢型号。

6-27　图 6-66 所示左右对称的外伸梁，当 x/l 等于多大时，跨度中点 C 处的挠度和外伸梁的挠度大小相等？

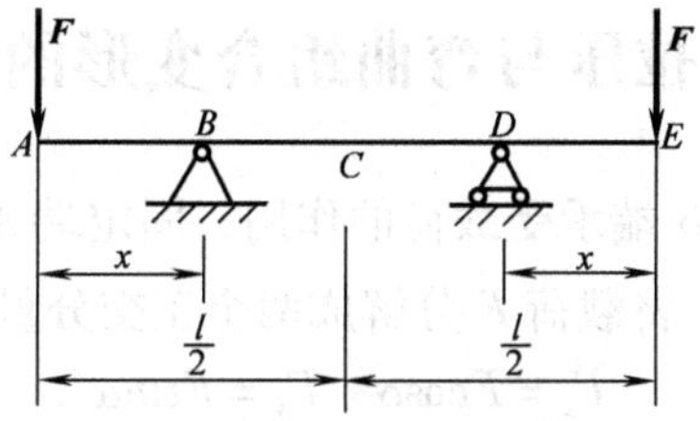

图 6-66　左右对称外伸梁

第七章　组合变形的强度计算

工程上大多数杆件在外力作用下产生的变形较为复杂，但经分析可知，这些变形均可看成是若干种基本变形组合而成的，故称这些复杂变形为组合变形。

在研究组合变形时，可将作用于杆件上的外力向杆件轴线简化后分组，使每一组载荷只发生一种基本变形，然后再讨论它们的叠加方法及选择适当的强度理论进行强度计算。

本章主要讨论工程上常见的两种组合变形，即轴向拉伸(或压缩)与弯曲的组合变形(包括偏心拉伸或压缩)以及弯曲与扭转的组合变形。至于其他形式的组合变形，可用同样的分析方法加以解决。

第一节　拉压与弯曲组合变形的强度计算

图 7-1a 所示悬臂梁 AB 在 B 端承受载荷的作用，固定端 A 受约束力 F_{Ax}、F_{Ay} 以及约束力偶 M_A 的作用。为了分析变形，将载荷 F 分解成两个正交分量 F_x 和 F_y，则

$$F_x = F\cos\alpha \quad F_y = F\sin\alpha$$

F_x 和 F_{Ax} 使杆轴向拉伸，F_y、F_{Ay} 和 M_A 使杆发生弯曲，因此，杆 AB 上发生轴向拉伸与弯曲的组合变形。

画出杆的轴力图和弯矩图(见图 7-1b、c)。由内力图可知，截面 A 为危险截面，该截面上的轴力 $F_N = F_x$，弯矩为 $M_A = F_y l$。危险截面上的应力分布情况如图 7-1d 所示，其中

$$\sigma_N = \frac{F_x}{A} \quad \sigma_W = \frac{F_y l}{W_z}$$

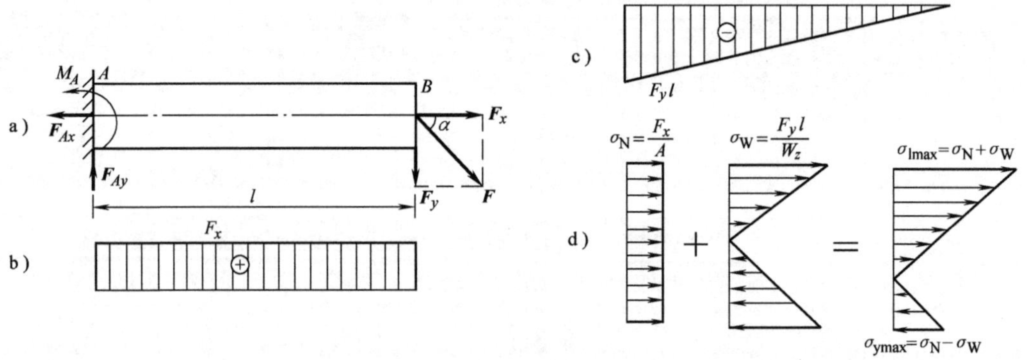

图 7-1　拉弯组合杆

由应力分布图可知，危险点为截面的上边缘各点。由于两种基本变形在危险点引起的应力均为正应力，故危险点处于单向应力状态，只需将这两个同向应力代数相加，即得危险点的最终应力为

$$\sigma_{\rm lmax}=\sigma_{\rm N}+\sigma_{\rm W}=\frac{F_x}{A}+\frac{F_y l}{W_z}$$

截面下边缘各点的应力(截面上的最大压应力)为

$$\sigma_{\rm ymax}=\sigma_{\rm N}-\sigma_{\rm W}=\frac{F_x}{A}-\frac{F_y l}{W_z}$$

当杆件发生轴向拉压和弯曲组合变形时，对于拉、压强度相同的塑性材料，只需按截面上的最大应力进行强度计算，其强度条件为

$$\sigma_{\max}=\frac{F_x}{A}+\frac{F_y l}{W_z}\leqslant[\sigma] \tag{7-1}$$

但对于抗压强度大于抗拉强度的脆性材料，则要分别按最大拉应力和最大压应力进行强度计算，故强度条件分别为

$$\sigma_{\rm lmax}=\frac{F_x}{A}+\frac{F_y l}{W_z}\leqslant[\sigma_{\rm l}]$$

$$\sigma_{\rm ymax}=\frac{F_x}{A}-\frac{F_y l}{W_z}\leqslant[\sigma_{\rm y}] \tag{7-2}$$

例 7-1 一简易起重机如图 7-2a 所示，横梁 AB 为 18a 工字钢。滑车可沿梁 AB 移动，滑车自重力与起吊重物的重力合计为 $G=30\text{kN}$，梁 AB 材料的许用应力 $[\sigma]=140\text{MPa}$。当滑车移动到梁 AB 的中点时，试校核梁的强度。

解 1）外力计算。横梁 AB 的受力如图 7-2b 所示，即

$$\sum M_A(F)=0\quad F_B\sin30°l-\frac{Gl}{2}=0$$

$$F_B=G=30\text{kN}$$

$$\sum F_x=0\quad F_{Ax}-F_B\cos30°=0$$

$$F_{Ax}=F_B\cos30°=26\text{kN}$$

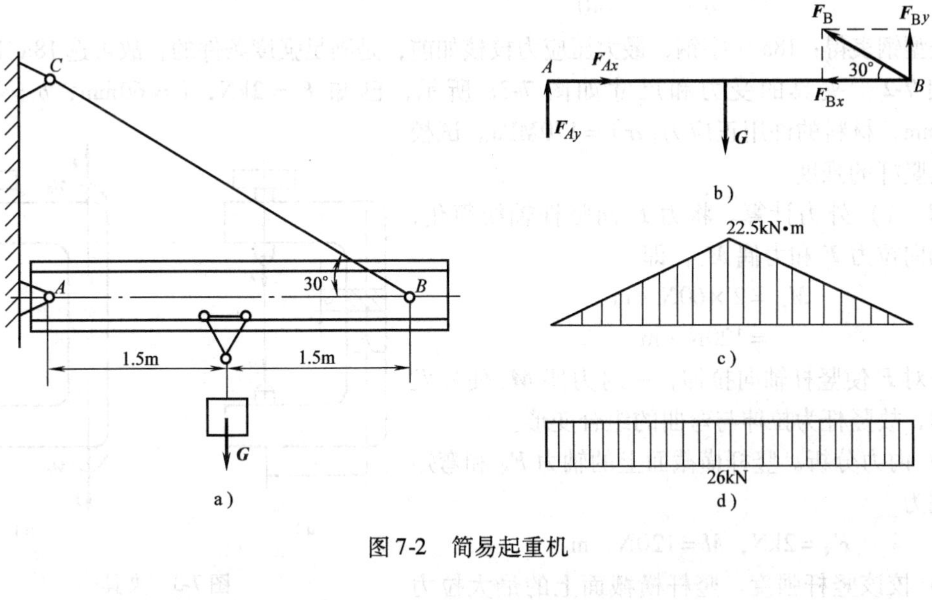

图 7-2 简易起重机

由前述分析可知，梁 AB 在外力作用下发生轴向压缩和弯曲组合变形。

2）内力分析。梁的弯矩图和轴力图如图 7-2c、d 所示。由图可知，危险截面为梁的跨中截面，其上的轴力和弯矩分别为

$$F_{Bx}=F_{Ax}=26\text{kN}$$

$$M_{\max}=\frac{Gl}{4}=\frac{30\times 3}{4}\text{kN}\cdot\text{m}=22.5\text{kN}\cdot\text{m}$$

3）校核梁的强度。梁的最大正应力为压应力，发生在危险截面的上边缘各点处，其表达式为

$$\sigma_{y\max}=\frac{F_{Bx}}{A}+\frac{M_{\max}}{W_z}$$

查型钢表得，18a 工字钢的横截面面积 $A=3060\text{mm}^2$，抗弯截面系数 $W_z=185\text{cm}^3=185\times 10^{-6}\text{m}^3$，代入上式得

$$\sigma_{y\max}=\left(\frac{26\times 10^3}{3060}+\frac{22.5\times 10^6}{185\times 10^3}\right)\text{MPa}$$
$$=(8.5+121.6)\text{MPa}=130.1\text{MPa}<[\sigma]$$

故梁满足强度条件。

从该例看出，由弯曲引起的正应力远比由压缩引起的正应力大，在一般的工程问题中大致如此。因此，若此例改为选择工字钢型号，由于式(7-2)中包含着 A 和 W_z 两个未知量，无法得解。这时可利用抓主要矛盾的方法，即先不考虑轴向压缩(或拉伸)引起的正应力，而按弯曲正应力强度条件 $\frac{M_{\max}}{W_z}\leqslant[\sigma]$ 算得 W_z，据此初选工字钢型号，然后再考虑轴向压缩(或拉伸)引起的正应力校核最大正应力。若能满足强度条件，则可用该型号的工字钢；若不满足强度条件，再另行选择。例如，本例中其他条件不变，要选择工字钢型号，则

$$W_z\geqslant\frac{M_{\max}}{[\sigma]}=\frac{22.5\times 10^3}{140}\text{mm}^3=160.7\times 10^3\text{mm}^3=160.7\text{cm}^3$$

查型钢表得：18a 工字钢，最大压应力校核如前，是满足强度条件的，故可选 18a 工字钢。

例 7-2 夹具的受力和尺寸如图 7-3a 所示，已知 $F=2\text{kN}$，$l=60\text{mm}$，$b=10\text{mm}$，$h=22\text{mm}$，材料的许用正应力 $[\sigma]=170\text{MPa}$。试校核夹具竖杆的强度。

解 1）外力计算。将力 $\boldsymbol{F}$ 向竖杆轴线简化，得到轴向拉力 $\boldsymbol{F}$ 和力偶 $\boldsymbol{M}_e$，即

$$M_e=2\times 60\text{N}\cdot\text{m}=120\text{N}\cdot\text{m}$$

一对 $\boldsymbol{F}$ 使竖杆轴向拉伸，一对力偶 $\boldsymbol{M}_e$ 使杆发生弯曲，故竖杆为拉伸与弯曲的组合变形。

2）内力分析。竖杆横截面上的轴力 F_N 和弯矩 M 分别为

$$F_N=2\text{kN},\ M=120\text{N}\cdot\text{m}$$

3）校该竖杆强度。竖杆横截面上的最大拉力

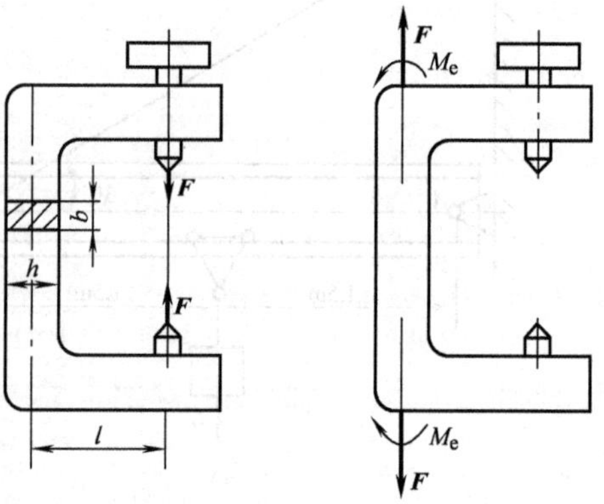

图 7-3 夹具

发生在截面右边缘各点处，其值为

$$\begin{aligned}\sigma &= \frac{F_N}{A}+\frac{M}{W_z}\\ &= \left(\frac{2000}{10\times22}+\frac{120\times10^3}{\frac{10\times22^2}{6}}\right)\text{MPa}\\ &=157.9\text{MPa}\leqslant[\sigma]\end{aligned}$$

故竖杆满足强度条件。

该例中，对于竖杆而言，拉力 F 没有通过其轴线，故称为偏心拉伸。如果 F 的方向相反，则称为偏心压缩。由本例分析可知，偏心拉伸(或压缩)就是弯曲和拉伸(或压缩)的组合变形，其中由弯曲产生的正应力远大于由拉伸产生的正应力，故在设计中应尽量使杆处于轴向拉压状态而避免在偏载下使用。

第二节　弯曲与扭转组合变形的强度计算

机械中的转轴，通常在弯曲与扭转组合变形下工作。现以电动机轴为例，说明这种组合变形的强度计算。图 7-4a 所示的电动机轴，在外伸端装有带轮，工作时，电动机给轴输入一定转矩，通过带轮的带传递给其他设备。设带的紧边拉力为 $2\boldsymbol{F}$，松边拉力为 $\boldsymbol{F}$，不计带轮自重。

（1）外力分析　将电动机轴的外伸部分简化为悬臂梁，把作用于带上的拉力向杆的轴线简化，得到一个力 $\boldsymbol{F}'$ 和一个力偶 $\boldsymbol{M}_e$(见图 7-4b)，其值分别为

$$F'=3F\quad M_e=2F\frac{D}{2}-F\frac{D}{2}=\frac{FD}{2}$$

力 $\boldsymbol{F}'$ 使轴在垂直平面内发生弯曲，力偶 $\boldsymbol{M}_e$ 使轴扭转，故轴上产生弯曲与扭转组合变形。

（2）内力分析　轴的弯曲图和扭矩如图 7-4c、d 所示。由图可知，固定端截面 A 为危险截面，其上的弯矩和扭矩值分别为

$$M=F'l\quad M_n=M_e=\frac{FD}{2}$$

（3）应力分析　由于在危险截面上同时作用着弯矩和扭矩，故该截面上必然同时存在弯曲正应力和扭转切应力，其分布情况如图 7-4e、f 所示。由应力分布图可见，C、E 两点的正应力和切应力均分别达到了最大值。因此，C、E 两点为危险点，该两点的弯曲正应力和扭转切应力分别为

$$\sigma=\frac{M}{W_z}\quad \tau=\frac{M_n}{W_n}\tag{a}$$

点 C、点 E 上同时并存有正应力与切应力，这两种应力或因方向不同、或因破坏机理不同，它们是不能直接相加的。**故在理论上提出将它们按各自对材料的破坏效果相加，但这种破坏效果的评估却因各方提出的材料破坏原因的假说而各异，于是就形成了各式各样的强度理论。**

（4）建立强度条件　对于塑性材料制成的转轴，因其抗拉、压强度相同，因此，C、E 两点的危险程度是相同的，故只需取其一点来研究。

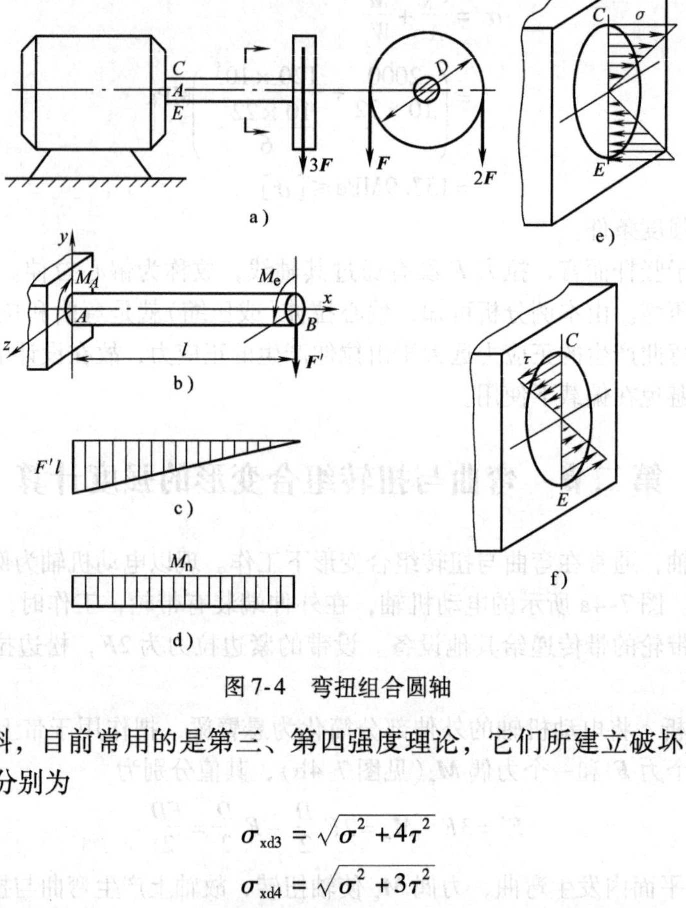

图 7-4 弯扭组合圆轴

对于塑性材料，目前常用的是第三、第四强度理论，它们所建立破坏效果相当的应力(简称相当应力)分别为

$$\sigma_{xd3}=\sqrt{\sigma^2+4\tau^2} \tag{b}$$

$$\sigma_{xd4}=\sqrt{\sigma^2+3\tau^2} \tag{c}$$

将式(a)代入式(b)、(c)，并注意到圆轴的 $W_n=2W_z$ 即可得到按第三和第四强度理论建立的强度条件为

$$\sigma_{xd3}=\frac{\sqrt{M^2+M_n^2}}{W_z}\leqslant[\sigma] \tag{7-3}$$

$$\sigma_{xd4}=\frac{\sqrt{M^2+0.75M_n^2}}{W_z}\leqslant[\sigma] \tag{7-4}$$

需要指出的是，式(7-3)和式(7-4)只适用于由塑性材料制成的弯扭组合变形的圆截面和空心圆截面杆。

例 7-3 图 7-5a 所示转轴 AB 由电动机带动，轴长 $l=1\text{m}$，在跨中央装有带轮，轮的直径 $D=1\text{m}$，重力不计，带紧边和松边的张力分别为 $F_1=4\text{kN}$，$F_2=2\text{kN}$，转轴材料的许用应力为 $[\sigma]=140\text{MPa}$。试用第三强度理论确定轴的直径 d。

解 1）外力分析。将作用于带上的张力 F_1 和 F_2 向轴线简化，得一个力 F 和一个力偶 M_e，M_e 与电动机驱动力偶 M 平衡(见图 7-5b)，F 和 M_e 的值分别为

$$F=F_1+F_2=6\text{kN} \quad M_e=(F_1-F_2)\frac{D}{2}=1\text{kN}\cdot\text{m}$$

2）内力分析。作出轴的弯矩图和扭矩图(见图 7-5c、d)。由图可见，轴中部的截面 C 为

危险截面，其上的弯矩和扭矩值分别为

$$M=\frac{Fl}{4}=\frac{6\times1}{4}\text{kN}\cdot\text{m}=1.5\text{kN}\cdot\text{m}$$

$$M_{\text{n}}=M_{\text{e}}=1\text{kN}\cdot\text{m}$$

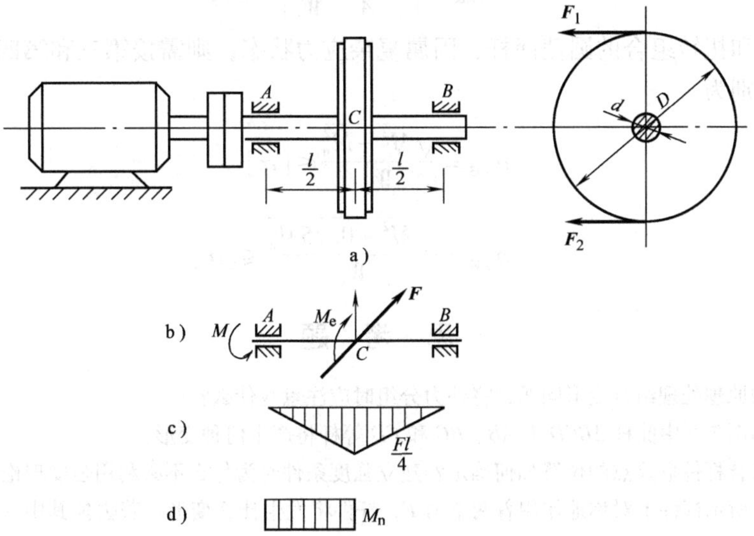

图 7-5　电动机带动

3）确定轴的直径。将 $W_z=\frac{\pi d^3}{32}$ 和危险截面上的弯矩和扭矩值代入式(7-3)，得轴的直径为

$$d\geqslant\sqrt[3]{\frac{32\sqrt{M^2+M_{\text{n}}^2}}{\pi[\sigma]}}=\sqrt[3]{\frac{32\sqrt{1.5^2+1^2}\times10^6}{\pi\times140}}\text{mm}=50.8\text{mm}$$

故取 $d=50\text{mm}$。

小　　结

处理组合变形构件强度问题的步骤是：

1）将外力向杆轴线简化，分解为几种基本变形。

2）计算各基本变形下的内力，并作出相应的内力图。

3）确定危险截面和危险点，计算各危险点在每个基本变形下产生的应力。

4）建立强度条件。若危险点的应力状态为单向应力状态，则将同名应力代数相加。

如为拉伸(或压缩)与弯曲的组合，对于塑料材料有

$$\sigma_{\max}=\left|\pm\frac{F_{\text{N}}}{A}\pm\frac{M}{W_z}\right|\leqslant[\sigma]$$

对于脆性材料，拉弯组合时有

$$\sigma_{\text{lmax}}=\frac{F_{\text{N}}}{A}+\frac{M}{W_z}\leqslant[\sigma_1]$$

压弯组合时有

$$\sigma_{\mathrm{lmax}} = -\frac{F_{\mathrm{N}}}{A} + \frac{M}{W_z} \leqslant [\sigma_{\mathrm{l}}]$$

$$\sigma_{\mathrm{ymax}} = \left| -\frac{F_{\mathrm{N}}}{A} - \frac{Ml}{W_z} \right| \leqslant [\sigma_{\mathrm{y}}]$$

对于弯曲和扭转组合的圆截面杆，因属复杂应力状态，则需按第三和第四强度理论建立强度条件，分别为

$$\sigma_{\mathrm{xd3}} = \frac{\sqrt{M^2 + M_{\mathrm{n}}^2}}{W_z} \leqslant [\sigma]$$

$$\sigma_{\mathrm{xd4}} = \frac{\sqrt{M^2 + 0.75M_{\mathrm{n}}^2}}{W_z} \leqslant [\sigma]$$

思 考 题

7-1 用叠加原理处理组合变形问题，将外力分组时应注意些什么？

7-2 试判别图 7-6 中曲杆 *ABCD* 上 *AB*、*BC* 和 *CD* 等杆将产生何种变形？

7-3 拉弯组合杆件危险点的位置如何确定？建立强度条件时为什么不必利用强度理论？

7-4 图 7-7 所示杆件上对称地作用着两个力 *F*，杆件将发生什么变形？若去掉其中一个力后，杆件又将发生什么变形？

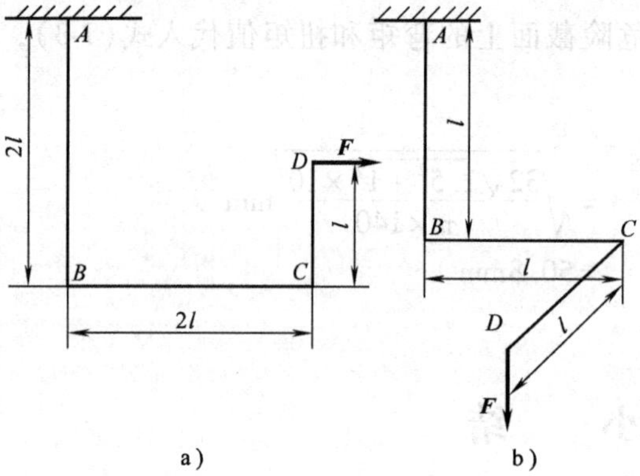

图 7-6 曲杆

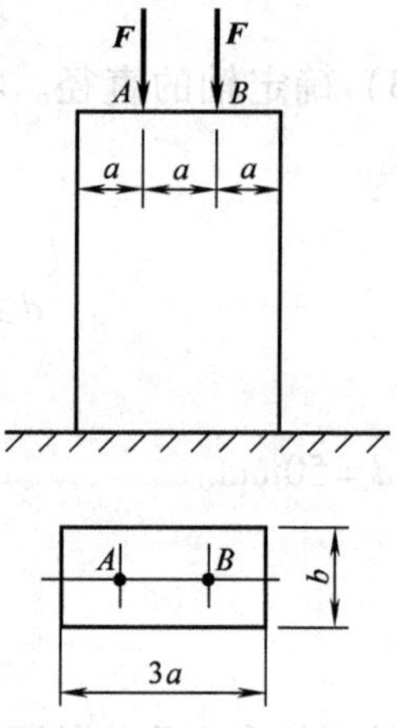

图 7-7 受压直杆

7-5 弯扭组合的圆截面杆，在建立强度条件时，为什么要用强度理论？

习 题

7-1 正方形截面的立柱，受力如图 7-8 所示。若在其左侧中部开一深为 $a/4$ 的槽，试问开槽前后杆的最大正应力位于何处？其值为多少？若在杆的右侧对称位置再开一个相同的槽，其应力有何变化？其值为多少？

7-2 夹具(见图 7-9)的最大夹紧力 $F = 5\mathrm{kN}$，偏心距 $e = 100\mathrm{mm}$，$b = 10\mathrm{mm}$，材料的许用应力 $[\sigma] = 80\mathrm{MPa}$，求夹具立柱的尺寸 h。

7-3 图 7-10 所示的钻床立柱由铸铁制成，直径 $d = 130\mathrm{mm}$，$e = 400\mathrm{mm}$，材料的许用拉应力 $[\sigma_{\mathrm{l}}] = 30\mathrm{MPa}$，试求许用压力 $[F]$。

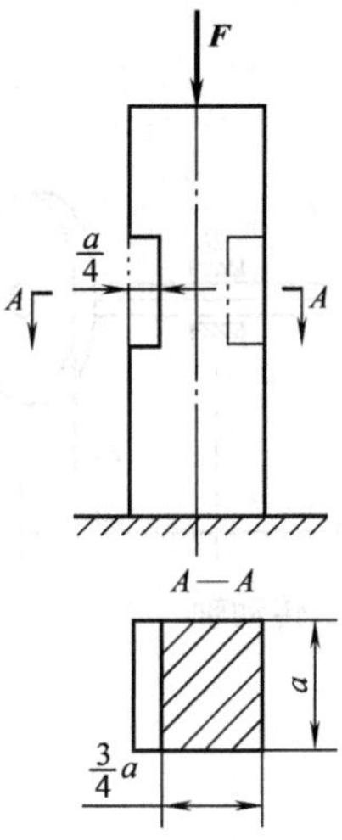

图 7-8　带槽立柱

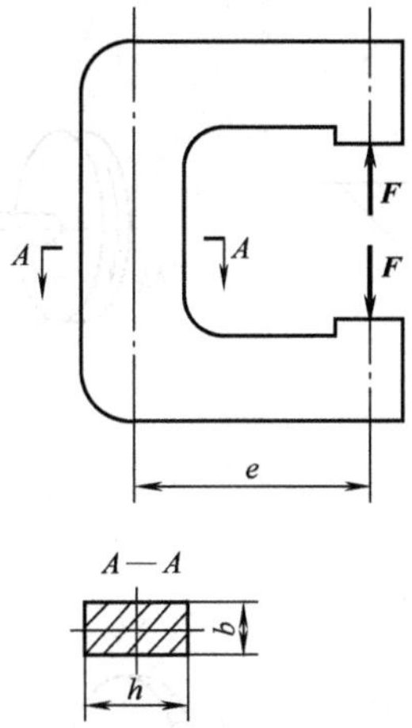

图 7-9　夹具

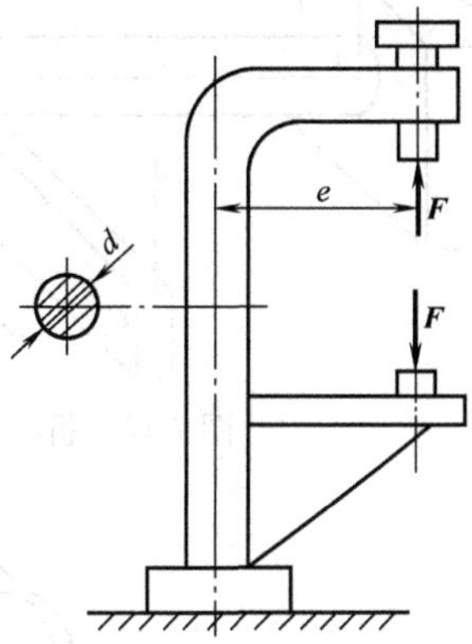

图 7-10　钻床

7-4　图 7-11 所示简支梁截面为 22a 工字钢。已知 $F=100\text{kN}$，$l=1.2\text{m}$，材料的许用应力$[\sigma]=160\text{MPa}$。试校核梁的强度。

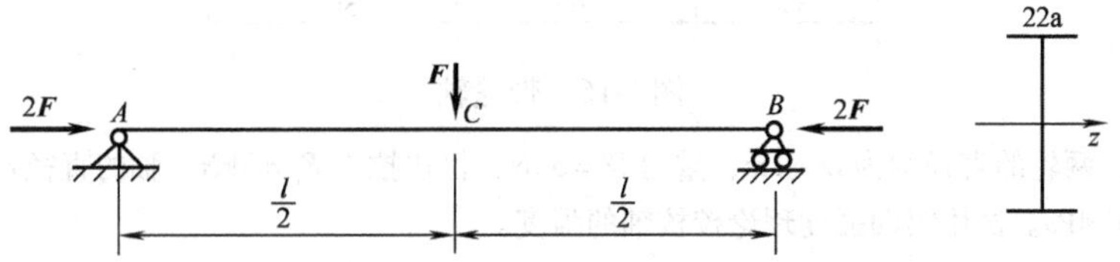

图 7-11　工字钢截面简支梁

7-5　图 7-12 所示起重构架，梁 ACD 由两根槽钢组成。已知 $a=3\text{m}$，$b=1\text{m}$，$G=30\text{kN}$，杆材料的许用应力$[\sigma]=140\text{MPa}$。试选择槽钢型号。

7-6　图 7-13 所示绞车最大载物的重力 $W=0.8\text{kN}$，鼓轮的直径 $D=380\text{mm}$，绞车轴材料的许用应力$[\sigma]=80\text{MPa}$。试用第三强度理论确定绞车轴的直径 d。

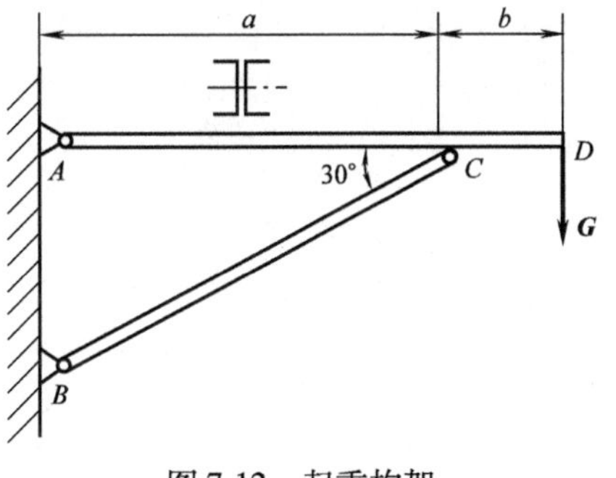

图 7-12　起重构架

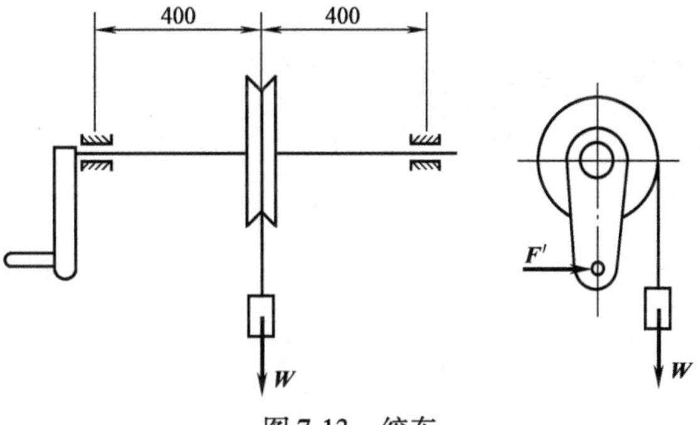

图 7-13　绞车

7-7　图 7-14 所示折杆的 AB 段为圆截面，$AB\perp BC$，已知 AB 杆的直径 $d=100\text{mm}$，材料的许用应力$[\sigma]=80\text{MPa}$。试按第三强度理论确定许用载荷$[F]$。

7-8　图 7-15 所示传动轴传递的功率 $P=2\text{kW}$，转速 $n=100\text{r/min}$，带轮直径 $D=250\text{mm}$，带张力 $F_T=2F_t$，轴材料的许用应力$[\sigma]=80\text{MPa}$，轴的直径 $d=45\text{mm}$。试按第三强度理论校核轴的强度。

7-9　图 7-16 所示传动轴传递的功率 $P=8\text{kW}$，转速 $n=50\text{r/min}$，轮 A 带的张力沿水平方向，轮 B 带的

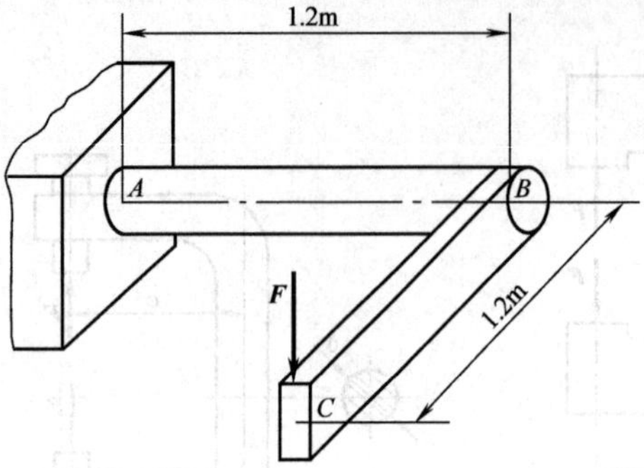

图 7-14 折杆

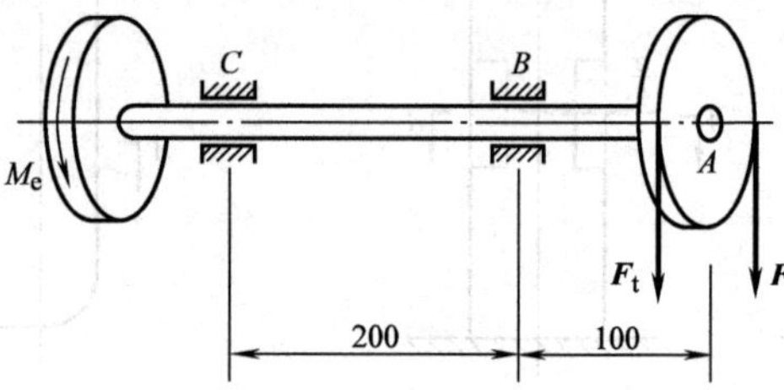

图 7-15 传动轴

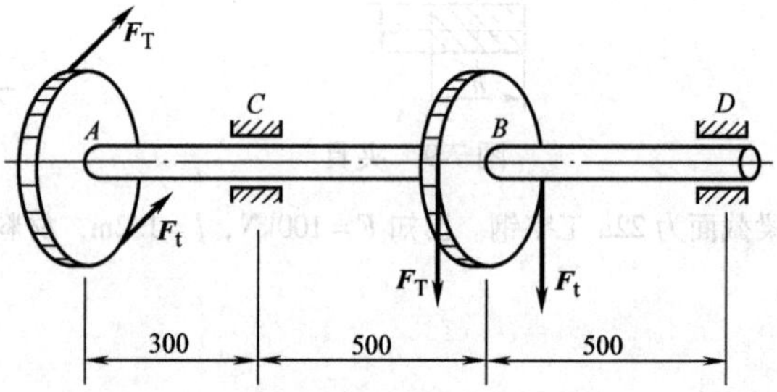

图 7-16 带轮轴

张力沿竖直方向，两轮的直径均为 $D=1\mathrm{m}$，重力 $W=5\mathrm{kN}$，松边拉力 $F_t=2\mathrm{kN}$，轴的直径 $d=70\mathrm{mm}$，材料的许用应力 $[\sigma]=90\mathrm{MPa}$。试用第四强度理论校核轴的强度。

※第八章　材料力学中的几个专题

第一节　动　载　荷

若在载荷作用下，构件各部分的加速度相当显著而不可忽略时，则这种载荷称为动载荷。构件在动载荷作用下产生的应力称为动应力。本节将讨论构件在动载荷作用下的强度问题。

一、构件作匀加速直线运动时的应力计算

例 8-1　桥式起重机以匀加速度提升一重物，如图 8-1 所示。物体重力 $W=10\text{kN}$，$a=4\text{m/s}^2$，起重机横梁为 28a 号工字钢，跨度 $l=6\text{m}$。不计横梁和钢丝绳的重力。求此时钢丝绳所受的拉力及梁的最大正应力。

解　按动静法假想在重物上加上惯性力 Wa/g 建立平衡方程

$$\sum F_y=0 \qquad F_{\text{Nd}}-W-Wa/g=0$$

横梁的最大弯矩在中点处

$$M_{\text{dmax}}=\frac{F_{\text{Nd}}l}{4}=\frac{14.08\times 6}{4}\text{kN}\cdot\text{m}=21.12\text{kN}\cdot\text{m}$$

查表得 28a 号工字钢 $W_z=508.15\text{cm}^3$，梁的最大应力为

$$\sigma_{\text{dmax}}=\frac{M_{\text{dmax}}}{W_z}=\frac{21.12\times10^6}{508.15\times10^3}\text{MPa}=41.56\text{MPa}$$

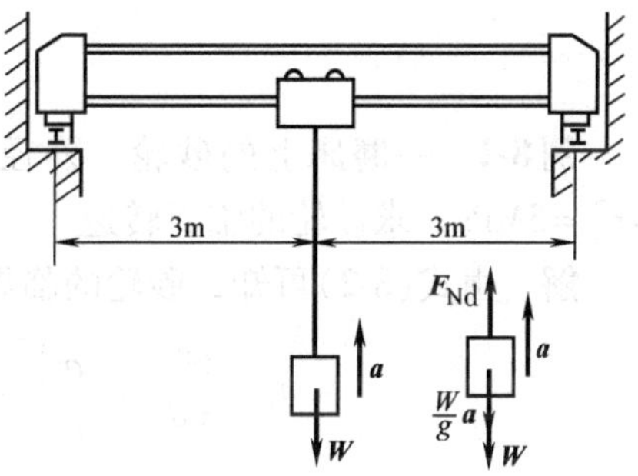

图 8-1　桥式起重机

二、构件匀速转动时的动应力计算

这里讨论的是一个旋转圆环的动载荷问题。以图 8-2a所示飞轮为例，为简化计算，不计轮辐的影响，可以认为飞轮的质量绝大部分集中在轮缘上，由此将其简化成一个绕轴旋转的圆环(见图 8-2b)，设圆环的横截面面积为 A，平均直径为 d，材料

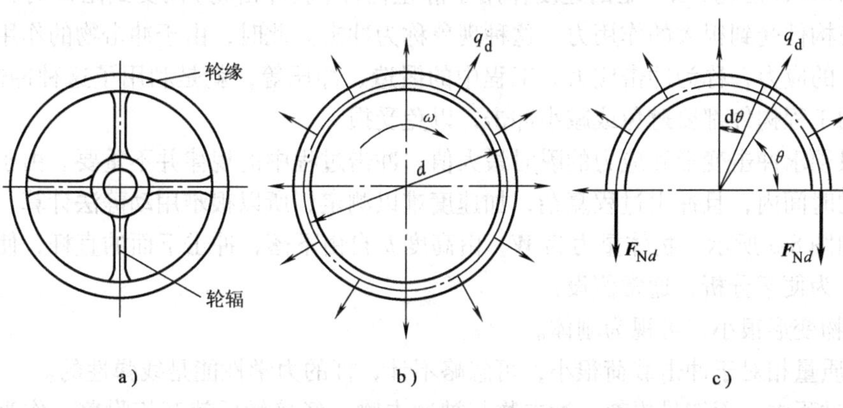

图 8-2　飞轮

的密度为ρ，飞轮绕轴转动的角速度为ω。由于环壁很薄，可认为环上各点具有相同的法向加速度，其大小为$\frac{d}{2}\times\omega^2$。圆环产生的惯性力集度$q_{\mathrm{d}}=\rho A a_{\mathrm{n}}=\frac{\rho A d}{2}\times\omega^2$。

取圆环的上半部分为研究对象，如图 8-2c 所示。设F_{Nd}为圆环横截面上的内力，加上惯性力，由动静法得平衡方程

$$\sum F_y=0 \quad \int q_{\mathrm{d}}\frac{d}{2}\sin\theta \mathrm{d}\theta-2F_{\mathrm{Nd}}=0 \quad F_{\mathrm{Nd}}=\frac{d}{2}q_{\mathrm{d}}=\frac{\rho A d^2}{4}\omega^2$$

圆环横截面上的应力为

$$\sigma_{\mathrm{d}}=\frac{F_{\mathrm{Nd}}}{A}=\frac{\rho d^2}{4}\omega^2=\rho v^2$$

圆环的强度条件为

$$\sigma_{\mathrm{d}}=\rho v^2\leqslant[\sigma] \tag{8-1}$$

式中，$[\sigma]$为轮缘材料的许用应力。

由此可见，飞轮轮缘内的应力仅与材料的密度和轮缘各点的线速度有关。为保证飞轮安全工作，轮缘允许的线速度为

$$v\leqslant\sqrt{\frac{[\sigma]}{\rho}}$$

工程中习惯将线速度转化为临界转速，即

$$n_{\mathrm{lj}}=\frac{60}{\pi d}\sqrt{\frac{[\sigma]}{\rho}} \tag{8-2}$$

例 8-2 一磨床上的砂轮，外径$d=300\mathrm{mm}$，砂轮材料的密度为$\rho=3\mathrm{t/m^3}$，许用应力$[\sigma]=5\mathrm{MPa}$。求砂轮的临界转速。

解 由式(8-2)可知，砂轮的临界转速为

$$n_{\mathrm{lj}}=\frac{60}{\pi d}\sqrt{\frac{[\sigma]}{\rho}}=\frac{60}{\pi\times0.3}\sqrt{\frac{5\times10^6}{3000}}\mathrm{r/min}=2600\mathrm{r/min}$$

第二节 冲击载荷

当运动物体(冲击物)以一定的速度作用于静止构件(被冲击物)而受到阻碍时，其速度急剧下降，使构件受到很大的作用力，这种现象称为冲击。此时，由于冲击物的作用，被冲击物中所产生的应力，称为冲击应力。工程中的锻造、冲压等，就是利用了这种冲击作用。但是，一般的工程构件都要避免或减小冲击，以免受损。

工程中只须求冲击变形和应力的瞬时最大值，冲击过程中的规律并不重要。由于冲击是发生在短暂的时间内，且冲击过程复杂，加速度难以测定，所以很难用动静法计算，通常采用能量法。如图 8-3 所示，物体重力为 $\boldsymbol{W}$，由高度 h 自由下落，冲击下面的直杆，使直杆发生轴向压缩。为便于分析，通常假设：

1）冲击物变形很小，可视为刚体。

2）直杆质量相对于冲击载荷很小，可忽略不计，杆的力学性能是线弹性的。

3）冲击过程中，无能量损耗。冲击物与被冲击物一经接触后就互相附着，作为一个整体运动。

根据功能原理，在冲击过程中，冲击物所做的功 A 应等于被冲击物的变形能 U_d，即

$$A = U_d \tag{a}$$

当物体自由落下时，其初速度为零；当冲击直杆后，其速度还是为零，而此时杆的受力从零增加到 F_d，杆的缩短量达到最大值 δ_d。因此，在整个冲击过程中，冲击物的动能变化为零，冲击物所做的功为

$$A = W(h + \delta_d) \tag{b}$$

杆的变形能为

$$U_d = \frac{1}{2}F_d\delta_d \tag{c}$$

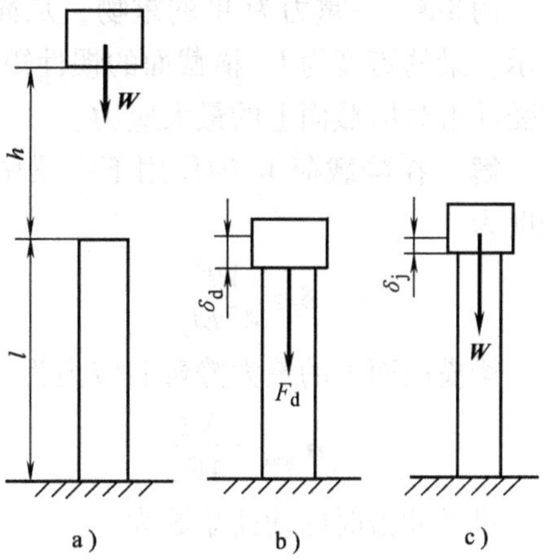

图 8-3　落体冲击

又因假设杆的材料是线弹性的，故有

$$\frac{F_d}{\delta_d} = \frac{W}{\delta_j} \quad 和 \quad F_d = \frac{\delta_d}{\delta_j}W \tag{d}$$

式中，δ_j 为直杆受静载荷 W 作用时的静位移。将式(d)代入式(c)，有

$$U_d = \frac{1}{2}\frac{W}{\delta_j}\delta_d^{\,2} \tag{e}$$

再将式(b)、式(e)代入式(a)，得

$$W(h + \delta_d) = \frac{1}{2}\frac{W}{\delta_j}\delta_d^{\,2}$$

整理后得

$$\delta_d^{\,2} - 2\delta_d\delta_j - 2h\delta_j = 0$$

解方程得

$$\delta_d = \delta_j \pm \sqrt{\delta_j^2 + 2h\delta_j} = \left(1 \pm \sqrt{1 + \frac{2h}{\delta_j}}\right)\delta_j$$

为求冲击时杆的最大缩短量，上式中根号前应取正号，得

$$\delta_d = \left(1 + \sqrt{1 + \frac{2h}{\delta_j}}\right)\delta_j = K_d\delta_j \tag{8-3}$$

式中，K_d 为自由落体冲击的动荷系数。

$$K_d = 1 + \sqrt{1 + \frac{2h}{\delta_j}} \tag{8-4}$$

由于冲击时材料服从胡克定律，故有

$$\sigma_d = K_d\sigma_j \tag{8-5}$$

由式(8-4)可见，当 $h=0$ 时，$K_d=2$，**即杆受突加载荷时，杆内应力和变形都是静载荷作用下的两倍**，故加载时应尽量缓慢且避免突然放开。为提高构件抗冲击的能力，还应设法降低构件的刚度。当 h 为一定时，构件的静位移 δ_j 增大，动荷系数 K_d 即减小，从而降低了构件在冲击过程中产生的动应力。如汽车车身与车轴之间加上钢板弹簧，就是为了减小车身对车轴冲击的影响。

例 8-3 一重力为 W 的重物，从简支梁 AB 的上方 h 处自由下落至梁中点 C，如图 8-4 所示。梁的跨度为 l，横截面的惯性矩为 I_z，抗弯截面系数为 W_z，材料的弹性模量为 E。求梁受冲击时横截面上的最大应力。

解 在静载荷 W 的作用下，梁中点的挠度为

$$\delta_j = \frac{Wl^3}{48EI_z}$$

梁横截面上的最大静弯曲应力为

$$\sigma_{jmax} = \frac{Wl}{4W_z}$$

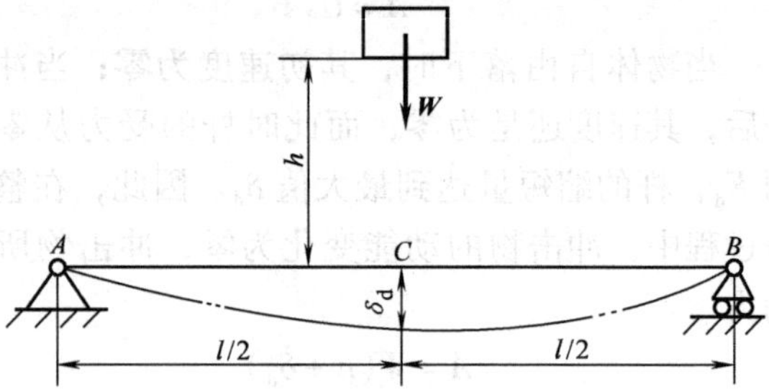

图 8-4 受冲击载荷的简支梁

梁受冲击时的动荷系数为

$$K_d = 1 + \sqrt{1 + \frac{2h}{\delta_j}} = 1 + \sqrt{1 + \frac{96hEI_z}{Wl^3}}$$

若以一般值代入，则可见 K_d 数值巨大，故有时取

$$K_d \approx \sqrt{\frac{96hEI_z}{Wl^3}}$$

梁受冲击时横截面上的最大正应力为

$$\sigma_{dmax} = K_d\sigma_{jmax} = \frac{Wl}{4W_z}\left[1 + \sqrt{1 + \frac{96hEI_z}{Wl^3}}\right]$$

第三节 交 变 应 力

一、交变应力及其循环特征

构件内一点的应力随时间而交替变化，这种应力称为交变应力。产生交变应力的原因可分为两种：一是构件受交变载荷的作用；另一种是载荷不变，而构件本身在转动，从而引起构件内部应力发生交替变化。图 8-5a 所示的火车轮轴即属于后一种情况。当轮轴旋转一周，

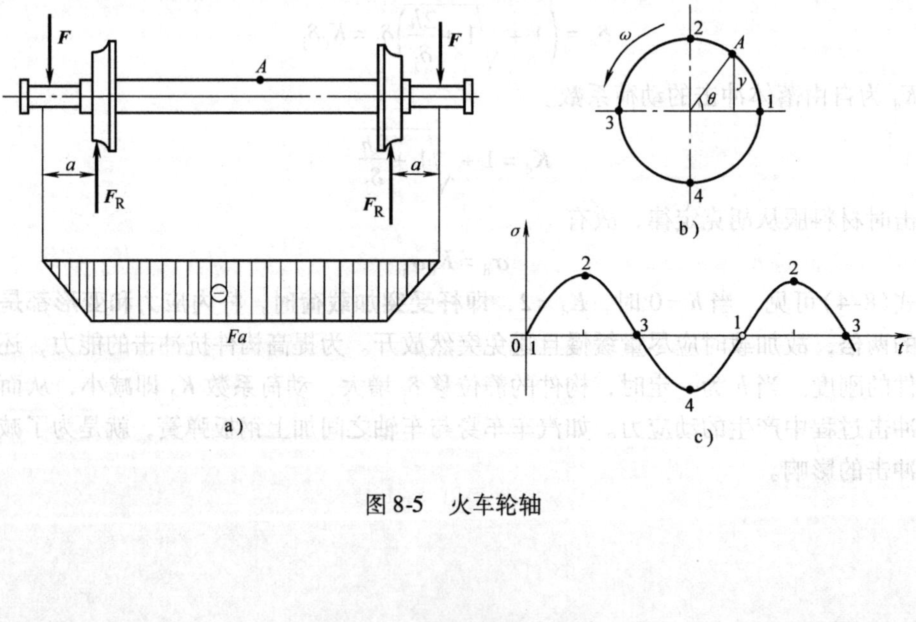

图 8-5 火车轮轴

轮轴横截面边缘上 A 点的位置变化为 1-2-3-4-1（见图 8-5b），A 点的应力也经历了从 $0\text{-}\delta_{max}\text{-}0\text{-}\delta_{min}\text{-}0$（见图 8-5c）的变化，这种应力每重复变化一次的过程，称为一个应力循环。

为清楚地看出交变应力的变化规律，可将应力 σ 随时间 t 变化的情况绘成一条 $\sigma\text{-}t$ 曲线，如图 8-6 所示。图中 σ_{max}、σ_{min} 表示应力的极值。通常可以用最小应力和最大应力的比值来说明应力的变化规律，该比值称为循环特征，用 r 表示，即

$$r=\frac{\sigma_{min}}{\sigma_{max}} \tag{8-6}$$

最大应力和最小应力的平均值称为平均应力，用 σ_m 表示。最大应力和最小应力之差的一半称为应力幅度，用 σ_a 表示，即

$$\sigma_m=\frac{1}{2}(\sigma_{max}+\sigma_{min})$$

$$\sigma_a=\frac{1}{2}(\sigma_{max}-\sigma_{min}) \tag{8-7}$$

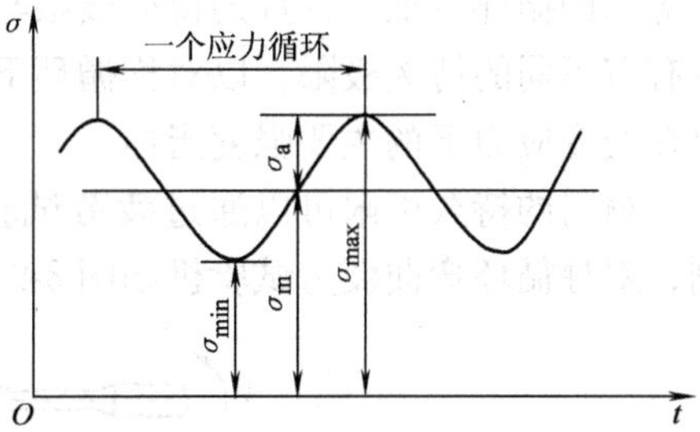

图 8-6　交变应力的 $\delta\text{-}t$ 曲线

由此可见，一个非对称循环亦可认为是在平均应力 σ_m 上叠加一个幅度为 σ_a 的对称循环，图 8-6 也说明了这种情况。对称循环由于其 $\sigma_{max}=-\sigma_{min}$，故循环特征 $r=-1$。在非对称循环中，若 $\sigma_{min}=0$，则循环特征 $r=0$，这就是工程中较为常见的脉冲循环（见图 8-7a）。此外，静应力也可看作交变应力的特殊情况，其循环特征 $r=1$，如图 8-7b 所示。

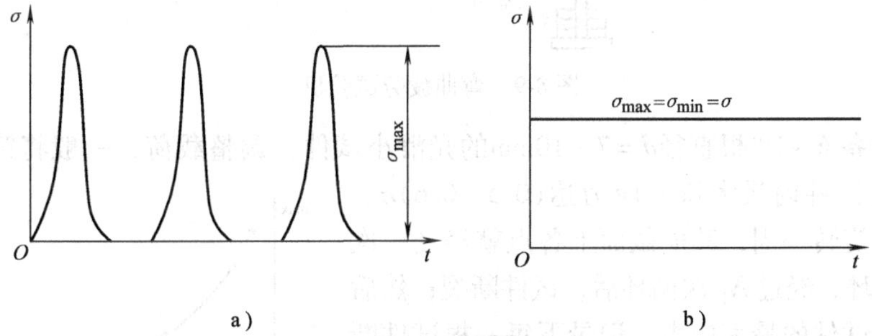

图 8-7　脉冲循环和静应力

a）脉冲循环　b）静应力

二、疲劳破坏和持久极限

1. 构件的疲劳破坏及其产生的原因

实践表明，长期在交变应力作用下的构件，虽然其最大工作应力远低于材料在静载荷下的极限应力，也会突然发生断裂；即便塑性很好的材料，破坏时也无明显的塑性变形。这种构件在交变应力下发生的断裂破坏，称为疲劳破坏。观察构件的断口，明显呈现两个不同的区域，一个是光滑区，一个是粗糙区，如图 8-8 所示。

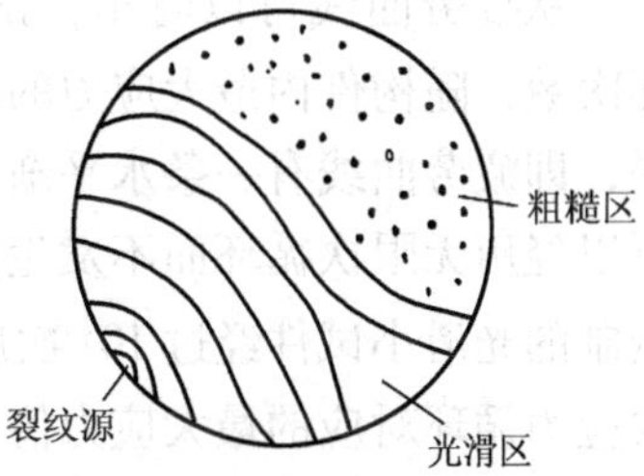

图 8-8　疲劳断口

通常，产生疲劳破坏的原因是：当交变应力的大小超过一定限度时，经过很多次的应力循环，在构件中的应力最大处和材料缺陷处产生了细微的裂

纹，随着应力循环次数增加，裂纹逐渐扩大，裂纹两边的材料时合时分，不断挤压形成断口的光滑区。经过长期运转，裂纹不断扩展，有效面积逐渐缩小；当截面削弱到一定程度时，构件突然断裂，形成断口的粗糙区。

由于疲劳破坏是在构件没有明显的塑性变形时突然发生的，故常会产生严重的后果。

2. 材料的持久极限及其测定

实践表明，在交变应力作用下，构件内的最大应力若不超过某一极限值，则构件可经历无限次应力循环而不发生疲劳破坏，这个应力的极限值称为持久极限，用 σ_r 表示，r 为交变应力的循环特征。构件的持久极限与循环特征有关，构件在不同循环特征的交变应力作用下有着不同的持久极限，以对称循环下的持久极限 σ_{-1} 为最低。因此，通常都将 σ_{-1} 作为材料在交变应力下的主要强度指标。

材料的持久极限可以通过疲劳试验测定。下面以常用的对称循环下的弯曲疲劳试验为例，对称循环弯曲疲劳试验机如图 8-9 所示。

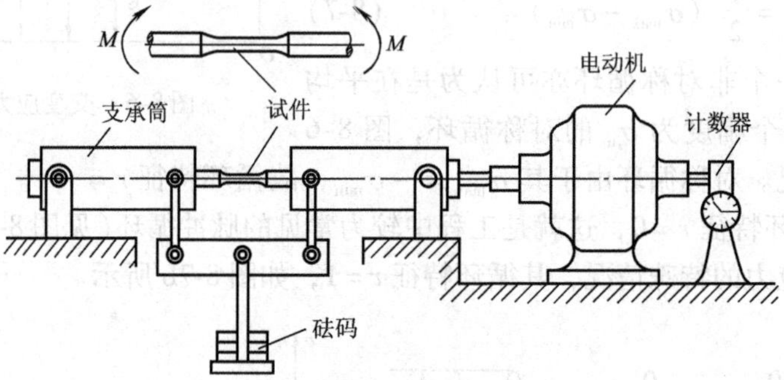

图 8-9　弯曲疲劳试验机

试验时准备 6 ~ 10 根直径 $d = 7 \sim 10\text{mm}$ 的光滑小试件，调整载荷，一般将第一根试件的载荷调整至使试件内最大弯曲应力达 $(0.5 \sim 0.6)\sigma_b$。开机后试件每旋转一周，其横截面上各点就经受一次对称的应力循环，经过 N_1 次循环后，试件断裂；然后依次逐根降低试件的最大应力，记录下每一根试件断裂时的最大应力和循环次数。若以最大应力 σ_{max} 为纵坐标，以断裂时的循环次数 N 为横坐标，绘成一条 σ-N 曲线，即为疲劳曲线，如图 8-10 所示。

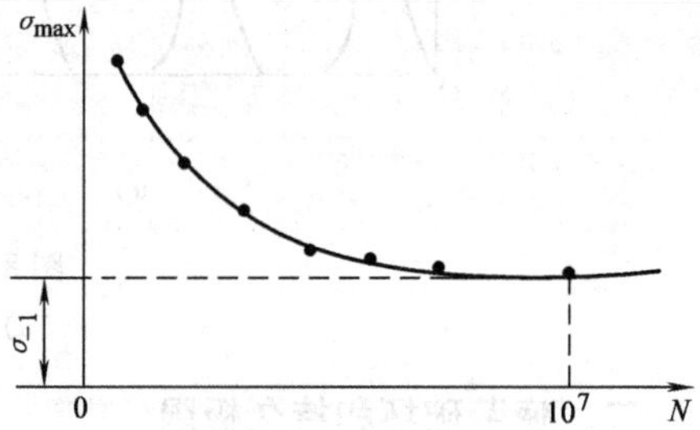

图 8-10　疲劳曲线

从疲劳曲线可以看出，试件断裂前所经受的循环次数，随构件内最大应力的减小而增加；当最大应力降低到某一数值后，疲劳曲线趋于水平，即疲劳曲线有一条水平渐近线，只要应力不超过这一水平渐近线对应的应力值，试件就可以经历无限次循环而不发生疲劳破坏。这一应力值即为材料的持久极限 σ_{-1}。通常认为，钢制的光滑小试件经过 10^7 次应力循环仍未疲劳破坏，则继续试验也不破坏。因此，$N = 10^7$ 次应力循环对应的最大应力值，即为材料的持久极限 σ_{-1}。

各种材料的持久极限可以从有关手册中查得。试验表明，材料的持久极限与其静载荷下的强度极限之间存在以下近似关系：

对于拉伸交变载荷：$\sigma_{-1} \approx 0.28\sigma_b$

对于弯曲交变载荷：$\sigma_{-1} \approx 0.46\sigma_b$

对于扭转交变载荷：$\sigma_{-1} \approx 0.22\sigma_b$

三、影响持久极限的因素及强度计算简介

通过试验发现，材料的持久极限不仅与材料的性质有关，而且与试件的形状、尺寸、表面加工质量及工作环境等许多因素有关。因此，实际工作中构件的持久极限与上述标准试件的持久极限并不完全相同，影响材料持久极限的主要因素可归结为以下三个方面。

1. 应力集中的影响

由于工艺和使用要求，构件常需钻孔、开槽或设台阶等，这样，在截面尺寸突变处就会产生应力集中现象。由于构件在应力集中处容易出现微观裂纹，从而引起疲劳破坏，因此构件的持久极限要比标准试件的低。通常，用光滑小试件与其他情况相同而有应力集中的试件的持久极限之比，来表示应力集中对持久极限的影响。这个比值称为有效应力集中系数，用 K_σ 表示。在对称循环下

$$K_\sigma = \frac{\sigma_{-1}}{\sigma_{-1}^{k}}$$

式中，σ_{-1}和 σ_{-1}^{k} 分别为在对称循环下无应力集中与有应力集中试件的持久极限。

K_σ 是一个大于 1 的系数，可以通过试验确定。一些常见情况的有效应力集中系数已制成图表，可以在有关的设计手册中查到。材料的有效应力集中系数图表反映，相同形状的构件，其使用材料的强度极限越高，有效应力集中系数亦越大。因此，应力集中对高强度材料的持久极限的影响更大。此外，对轴类零件，截面尺寸突变处要采用圆角过渡，圆角半径越大，其有效应力集中系数则越小。若结构需要直角过渡，则需在直径大的轴段上设卸荷槽或退刀槽，以降低应力集中的影响，如图 8-11 所示。

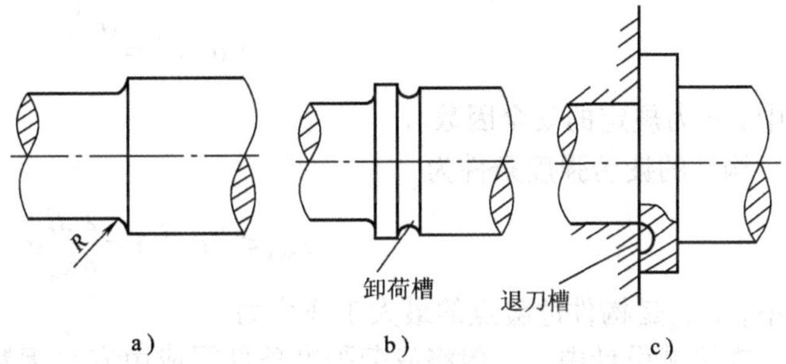

图 8-11　轴类零件

2. 构件尺寸的影响

试验表明，相同材料、形状的构件，若尺寸大小不同，其持久极限也不相同。构件尺寸越大，其内部所含的杂质和缺陷随之增多，产生疲劳裂纹的可能性就越大，材料的持久极限则相应降低。构件尺寸对持久极限的影响可用尺寸系数 ε_σ 表示。在对称循环下

$$\varepsilon_\sigma = \frac{\sigma_{-1}^{k}}{\sigma_{-1}}$$

式中，σ_{-1}^{k} 为对称循环下大尺寸光滑试件的持久极限。

ε_σ 是一个小于 1 的系数，常用材料的尺寸系数可从有关的设计手册中查到。

3. 表面加工质量的影响

通常，构件的最大应力发生在表层，疲劳裂纹也会在此形成。测试材料持久极限的标准试件，其表面是经过磨削加工的，而实际构件的表面加工质量若低于标准试件，就会因表面存在刀痕或擦伤而引起应力集中，疲劳裂纹将由此产生并扩展，材料的持久极限就随之降

低。表面加工质量对持久极限的影响，用表面质量系数β表示。在对称循环下

$$\beta=\frac{\sigma_{-1}^{\beta}}{\sigma_{-1}}$$

式中，σ_{-1}^{β} 表示表面加工质量不同的试件的持久极限。

表面质量系数可以从有关的设计手册中查到。随着表面加工质量的降低，高强度钢的β值下降更为明显。因此，优质钢材必须进行高质量的表面加工，才能提高疲劳强度。此外，强化构件表面，如采用渗氮、渗碳、滚压、喷丸或表面淬火等措施，也可提高构件的持久极限。

综合以上三种主要因素，对称循环下构件的持久极限为

$$\sigma_{-1}^{k}=\frac{\varepsilon_{\sigma}\beta}{K_{\sigma}}\sigma_{-1} \tag{8-8}$$

当构件承受对称循环的扭转交变应力作用时，则有

$$\tau_{-1}^{k}=\frac{\varepsilon_{\tau}\beta}{K_{\tau}}\tau_{-1} \tag{8-9}$$

除以上三种主要因素外，还存在很多影响构件持久极限的因素，如介质的腐蚀、温度的变化等，这些影响可以用修正系数来表示。

考虑一定的安全因数，构件在对称循环下的许用应力可表示为

$$[\sigma_{-1}^{k}]=\frac{\sigma_{-1}^{k}}{n}$$

式中，n为规定的安全因数。

构件的疲劳强度条件为

$$\sigma_{\max}\leqslant[\sigma_{-1}^{k}]=\frac{\varepsilon_{\sigma}\beta}{nK_{\sigma}}\sigma_{-1} \tag{8-10}$$

式中，$\sigma_{\max}$是构件危险点的最大工作应力。

在机械设计中，一般将疲劳强度条件写成由安全因数表达的形式。若令n_{σ}为工作安全因数，则有

$$n_{\sigma}=\frac{\sigma_{-1}^{k}}{\sigma_{\max}}=\frac{\varepsilon_{\sigma}\beta\,\sigma_{-1}}{K_{\sigma}\sigma_{\max}}\geqslant n \tag{8-11}$$

同样，在对称扭转交变应力作用下的构件的疲劳强度条件为

$$n_{\tau}=\frac{\tau_{-1}^{k}}{\tau_{\max}}=\frac{\varepsilon_{\tau}\beta\,\tau_{-1}}{K_{\tau}\tau_{\max}}\geqslant n \tag{8-12}$$

式中，$\tau_{\max}$为构件的最大工作切应力。

在对称循环下，构件疲劳强度计算的基本步骤为：

1）根据已知数据，查表确定构件的有效应力集中系数$K_{\sigma}(K_{\tau})$、尺寸系数$\varepsilon_{\sigma}(\varepsilon_{\tau})$和表面质量系数$\beta$。对于某些在图表中未列的数据，可根据其左右类似情况用线性插入法计算。

2）计算构件的最大工作应力$\sigma_{\max}(\tau_{\max})$。

3）计算构件的工作安全因数$n_{\sigma}(n_{\tau})$，然后用构件的疲劳强度条件进行强度计算。

对于非对称循环，亦可看作在其平均应力σ_{m}上叠加一个幅度为σ_{a}的对称循环。因此，只要在对称循环的公式中增加一个修正项，即可得到非对称循环下构件的疲劳强度条件为

$$n_{\sigma}=\frac{\sigma_{-1}}{\dfrac{K_{\sigma}\,\sigma_{a}}{\varepsilon_{\sigma}\beta}+\psi_{\sigma}\sigma_{m}}\geqslant n \tag{8-13}$$

$$n_\tau = \frac{\tau_{-1}}{\frac{K_\tau \tau_a}{\varepsilon_\tau \beta} + \psi_\tau \tau_m} \geqslant n \tag{8-14}$$

式中，ψ_σ、ψ_τ 是与材料有关的常数，称为对称应力循环的不对称的敏感系数。从有关设计手册中可以查到。

经推导可知，在弯扭组合交变应力下构件的疲劳强度条件为

$$n_{\sigma\tau} = \frac{n_\sigma n_\tau}{\sqrt{n_\sigma^2 + n_\tau^2}} \tag{8-15}$$

第四节　压杆稳定

一、压杆稳定的概念

前面在研究直杆轴向压缩时认为，若满足压缩强度条件，直杆就能保证安全工作。这个结论对短粗压杆是正确的，但对于细长压杆就不适用了。例如，一根宽 30mm，厚 2mm，长 400mm 的钢板条，其材料的许用应力$[\sigma]$ = 160MPa，按压缩条件计算，它的承载能力为

$$F \leqslant A[\sigma] = 30 \times 2 \times 160\text{N} = 9600\text{N}$$

但试验发现，当压力接近 70N 时，它在外界的微扰动下已开始微弯(见图 8-12)；若压力继续增大，则弯曲变形急剧增加而最终导致折断，此时压力远小于 9.6kN。它之所以丧失工作能力，是由于它不能保持原有的直线形状而发生弯曲。这种丧失原有平衡形状的现象，称为压杆丧失稳定，简称失稳。失稳会给工程带来严重后果，如 1907 年魁北克圣劳伦斯河上一座钢桥在工程中就因失稳而倒塌。

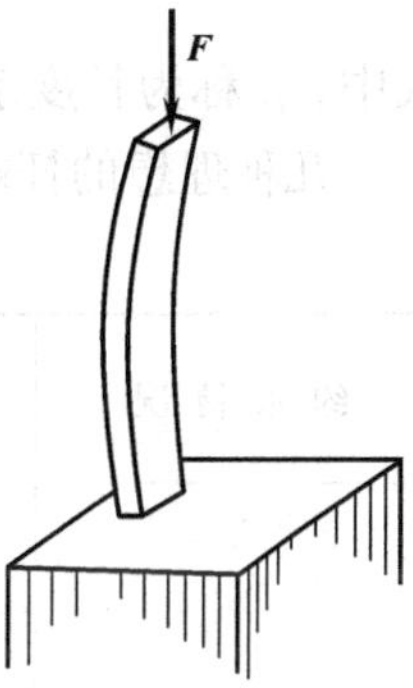

图 8-12　钢板条

因此在工程中，如连杆、桁架中的某些压杆、薄壁筒等，这些构件除了要有足够的强度外，还必须有足够的稳定性，才能保证正常工作。

为了研究细杆的稳定问题，可做如下试验：如图 8-13a 所示压杆，在杆端加轴向力 $\boldsymbol{F}$，当 $\boldsymbol{F}$ 不大时，压杆将保持直线平衡状态；当给一个微小的横向干扰力时，压杆只发生微小的弯曲，干扰力消除后，杆经过几次摇摆后仍恢复到原来直线平衡的位置，压杆处于稳定的平衡状态(见图8-13b)；当轴向力 $\boldsymbol{F}$ 增大到某一值 F_{lj} 时，杆件由原来稳定的平衡状态过渡到不稳定的平衡状态(见图8-13c)，这种状态称为临界状态，F_{lj} 称为临界压力或临界载荷。当轴向力 $\boldsymbol{F}$ 大于 F_{lj} 时，只要有一点轻微的干扰，杆件就会在微弯的基础上继续弯曲，甚至破坏(见图8-13d)，这说明压杆已处于不稳定状态。

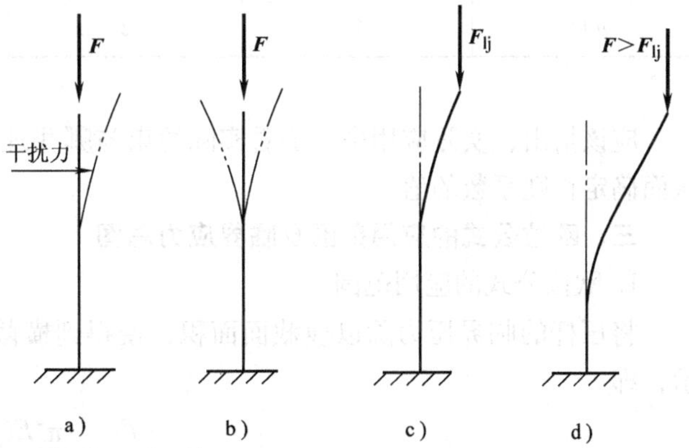

图 8-13　压杆

二、细长杆的临界压力

1. 两端铰支压杆的临界压力

现以两端铰支并受轴向力 $\boldsymbol{F}$ 作用的等截面直杆为例（见图 8-14），在此种情况下，受压杆的临界压力 F_{lj} 为

$$F_{lj}=\frac{\pi^2 EI}{l^2} \tag{8-16}$$

式（8-16）称为两端铰支压杆的欧拉公式。

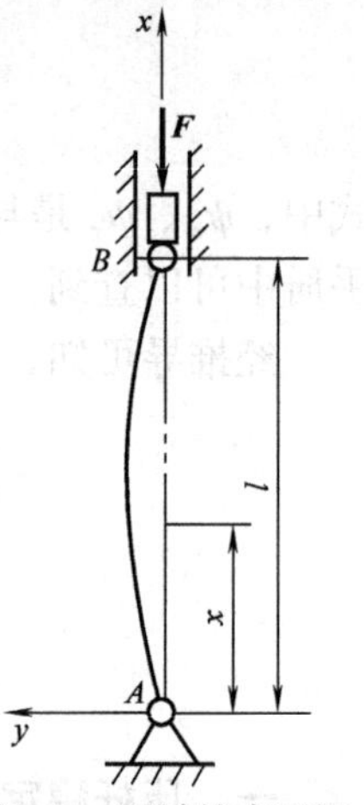

图 8-14　两端铰支压杆

2. 其他约束情况下压杆的临界压力

在工程实际中，除两端铰支的压杆外，还有其他形式的杆端约束。例如，一端自由而在一端固定、两端固定等等。对于这些情况的压杆，仿照前面的推导方法，也可得到它们的临界压力公式。如果以两端铰支压杆的挠曲线为基本情况，将它与其他约束情况下的挠曲线对比，就可得到欧拉公式的一般形式

$$F_{lj}=\frac{\pi^2 EI}{(\mu l)^2} \tag{8-17}$$

式中，μ 称为长度系数，它反应了不同的支承情况对临界力的影响；μl 称为相当长度。

几种理想的杆端约束情况下的长度系数列于表 8-1。

表 8-1　压杆的长度系数

约束情况	两端铰支	一端固定		两端固定
		一端自由	一端铰支	
简图	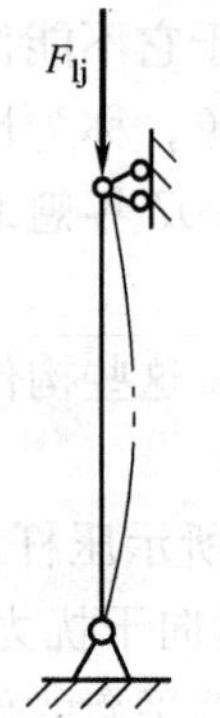		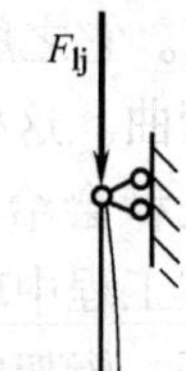	
μ 值	1	2	0.7	0.5

应该指出，实际应用中，要看实际约束与哪些理想约束相近，或介于哪两种情况之间，从而确定长度系数的值。

三、欧拉公式的应用范围及临界应力总图

1. 欧拉公式的应用范围

将压杆的临界压力除以横截面面积，便得到横截面上的应力，称为临界应力，用 σ_{lj} 表示，即

$$\sigma_{lj}=\frac{F_{lj}}{A}=\frac{\pi^2 EI_z}{(\mu l)^2 A} \tag{a}$$

令式(a)中的$I_z/A=i^2$，i称为压杆截面的惯性半径，代入式(a)中得

$$\sigma_{\mathrm{lj}}=\frac{\pi^2Ei^2}{(\mu l)^2}=\frac{\pi^2E}{\left(\frac{\mu l}{i}\right)^2} \tag{b}$$

令$\lambda=\mu l/i$，代入式(b)得

$$\sigma_{\mathrm{lj}}=\frac{\pi^2E}{\lambda^2} \tag{8-18}$$

式中，λ为压杆的柔度。

λ是一个无量钢的量。它反映了压杆的支承情况、杆长、截面尺寸和形状等因素对临界应力的综合影响。从式(8-18)可以看出，压杆的临界应力与柔度的平方成反比，柔度λ越大，临界应力σ_{lj}越小，压杆越容易失稳。

由于压杆临界压力的欧拉公式是由挠曲线近似微分方程导出的，但该方程只在材料服从胡克定律时才成立。因此，式(8-18)只在压杆的临界应力不超过材料的比例极限σ_{p}时才能应用，即

$$\sigma_{\mathrm{lj}}=\frac{\pi^2E}{\lambda^2}\leqslant\sigma_{\mathrm{p}}$$

或

$$\lambda\geqslant\sqrt{\frac{\pi^2E}{\sigma_{\mathrm{p}}}}$$

令$\lambda_{\mathrm{p}}=\pi\sqrt{\frac{E}{\sigma_{\mathrm{p}}}}$，则得到欧拉公式的应用范围为

$$\lambda\geqslant\lambda_{\mathrm{p}}$$

对于Q235A钢，$E=206\mathrm{GPa}$，$\sigma_{\mathrm{p}}=200\mathrm{MPa}$，得$\lambda_{\mathrm{p}}\approx100$。因此，Q235A钢只有在$\lambda\geqslant100$时，才能应用欧拉公式计算临界压力或临界应力。$\lambda\geqslant\lambda_{\mathrm{p}}$的压杆一般称为大柔度杆或细长杆。它的破坏是由于弹性范围内的失稳所致。

2. 临界应力总图

试验指出，当压杆的柔度小于某一数值λ_{s}(即相当于屈服点的柔度)，其破坏与否主要取决于强度，承载能力取决于强度指标。$\lambda\leqslant\lambda_{\mathrm{s}}$的压杆称为粗短杆。柔度介于$\lambda_{\mathrm{p}}$与$\lambda_{\mathrm{s}}$之间的压杆称为中长杆，其破坏主要是由于超过弹性范围的失稳所致。对于中长杆，通常采用建立在试验基础上的经验公式来计算其临界应力。现仅介绍工程中通常所采用的经验抛物线公式，即

$$\sigma_{\mathrm{lj}}=\sigma_{\mathrm{s}}-a\lambda^2 \tag{8-19}$$

式中，σ_{s}为材料的屈服点；λ为压杆柔度；a为与材料性质有关的常数。

对于Q235A钢，$\sigma_{\mathrm{s}}=235\mathrm{MPa}$，$a=0.00668$，所以Q235A钢的经验抛物线公式为

$$\sigma_{\mathrm{lj}}=235-0.00668\lambda^2\quad(\lambda=0\sim123)$$

其他材料的σ_{s}和a可从有关手册中查到。

图8-15为Q235A钢的临界应力总图。图中的经验抛物线和欧拉曲线在C处光滑连接，点C对应的柔度$\lambda_C=123$，这并不说明，Q235A钢制成的压杆在$\lambda_{\mathrm{p}}\leqslant\lambda<\lambda_C$时不能用欧拉公式。但由于经验抛物线公式是由试验得到，更接近于压杆的实际情况，故建议Q235A钢制成的压杆，在$\lambda\leqslant123$时用经验抛物线公式。从图8-15可以看出，当压杆的λ很小时，临界应力就小于材料的屈服点；随着λ的增大，两者的差距越来越大。这是因为实际压杆存

在着各种缺陷所致，如压杆材料不均匀、轴向压力不对中以及压杆本身就不是直的等。

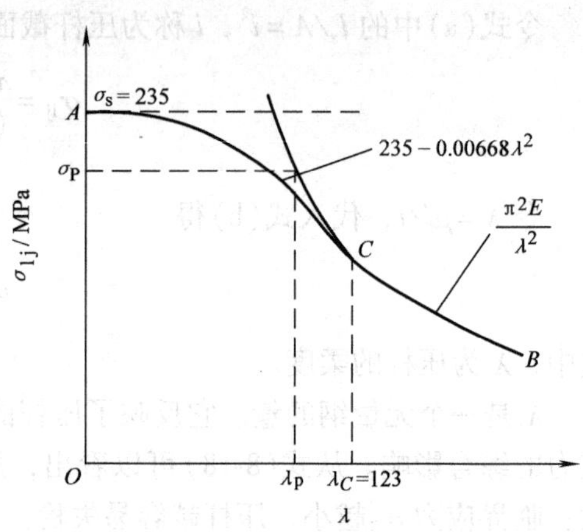

图 8-15　Q235A 钢的临界应力总图

四、压杆的稳定性校核

1. 安全系数法

在工程中，校核压杆的稳定条件一般有两种方法。一种是用安全系数表示，另一种是用许用应力表示，前者称为安全系数法，后者称为折减系数法。

为了确定压杆的稳定性，压杆的轴向压力不仅必须小于临界力，而且必须留有一定的安全储备。故有

$$F \leqslant \frac{F_{lj}}{n_w}$$

或写成

$$n_g = \frac{F_{lj}}{F} \geqslant n_w \tag{8-20}$$

式中，$n_g=\frac{F_{lj}}{F}$称为工作安全系数；F 为轴向压力；n_w 为压杆稳定的安全系数。

式(8-20)即为压杆稳定性条件。由该式表明的稳定条件可叙述为：压杆的工作安全系数必须不小于为压杆稳定规定的安全系数。

式(8-20)还可写成

$$n_g = \frac{\sigma_{lj}}{\sigma} \geqslant n_w \tag{8-21}$$

式(8-21)中，σ 是压杆横截面上的应力；σ_{lj}为临界应力。

用式(8-20)或式(8-21)校核压杆稳定性的方法，称为安全系数法。

由于压杆失稳大都具有突发性，且危害较大，故通常规定的稳定安全系数都要大于强度安全系数。对于金属结构中的压杆：$n_w=1.8\sim3$；机床进给丝杠：$n_w=2.5\sim4$；磨床液压缸活塞杆：$n_w=4\sim6$；起重螺旋：$n_w=3.5\sim5$。

还需指出，对局部截面被削弱(如螺钉孔、油孔等)的压杆，除校核稳定性外，还应进行强度校核。在校核稳定性时，按未削弱横截面的尺寸计算惯性矩 I_z 和横截面面积 A，因压杆的稳定性取决于整个压杆，截面的削弱影响较小；在校核强度时，则应按削弱了的横截面面积计算。

由于此法要求按柔度确定临界应力的计算公式，较为繁琐。对于一般压杆的稳定性校核，建议用折减系数法。

2. 折减系数法

总观临界应力总图，临界应力只不过是常态下的破坏应力按压杆柔度值打了一个折扣而已。按此理，压杆许用应力也可视为常态许用应力打一个同样的折扣，即

$$[\sigma_{lj}] = \phi[\sigma]$$

式中，ϕ 为折减系数。几种常用材料的 ϕ 值可在表 8-2 中查到。

表 8-2　压杆的折减系数 ϕ

柔度 $\lambda=\mu l/i$	ϕ 值			
	Q235 钢	16 锰钢	铸铁	木材
0	1.000	1.000	1.00	1.00
10	0.995	0.993	0.97	0.99
20	0.981	0.973	0.91	0.97
30	0.958	0.940	0.81	0.93
40	0.927	0.895	0.69	0.87
50	0.888	0.840	0.57	0.80
60	0.842	0.776	0.44	0.71
70	0.789	0.705	0.34	0.60
80	0.731	0.627	0.26	0.48
90	0.669	0.546	0.20	0.38
100	0.604	0.462	0.16	0.31
110	0.536	0.384	—	0.26
120	0.466	0.325	—	0.22
130	0.401	0.279	—	0.18
140	0.349	0.242	—	0.16
150	0.306	0.213	—	0.14
160	0.272	0.188	—	0.12
170	0.243	0.168	—	0.11
180	0.218	0.151	—	0.10
190	0.197	0.136	—	0.09
200	0.180	0.124	—	0.08

引入折减系数 ϕ 后，压杆的稳定条件为

$$\sigma=\frac{F}{A}\leqslant\phi[\sigma] \tag{8-22}$$

按稳定条件式(8-22)对压杆进行的稳定计算称为折减系数法。

综上所述，压杆稳定计算的步骤为：

1）根据压杆尺寸及约束情况，计算出杆件的最大柔度 λ_{max}。

2）若已知压杆材料的许用应力 $[\sigma]$，则由 λ_{max} 从表 8-2 中查出 ϕ 值，然后利用稳定条件式(8-22)进行稳定校核或确定压杆的许可载荷。

3）按折减系数法设计压杆截面时，由于稳定条件 $\sigma=\frac{F}{A}\leqslant\phi[\sigma]$ 中的 A 和 ϕ 均未知，必须采用试算法进行计算。步骤为：先假设一个 ϕ 值，由稳定条件求得面积 A，根据初选的截面尺寸计算出 λ_{max}，然后，从表 8-2 中查出相应的 ϕ 值。若前后两个 ϕ 值相差较大，则说明稳定条件不满足，必须重新计算截面尺寸，此时应重新假设 ϕ 值，进行第二次试算。重复上述步骤直到假定 ϕ 值与计算所得的 ϕ 值相接近为止。

例 8-4　Q235A 钢制矩形横截面压杆 AB，两端用销钉联接，如图 8-16 所示。杆长 $l=$

2300mm，截面尺寸 $b=40\text{mm}$，$h=60\text{mm}$，材料的许用应力$[\sigma]=80\text{MPa}$。试确定许用压力 $[F]$。

解 1）计算柔度。在 xy 平面内，两端为铰支，$\mu_{xy}=1$，则

$$i_z=\sqrt{\frac{I_z}{A}}=\sqrt{\frac{\frac{bh^3}{12}}{bh}}=\frac{h}{\sqrt{12}}=\frac{60}{\sqrt{12}}\text{mm}=17.3\text{mm}$$

$$\lambda_z=\frac{\mu_{xy}l}{i_z}=\frac{1\times2300}{17.3}=133$$

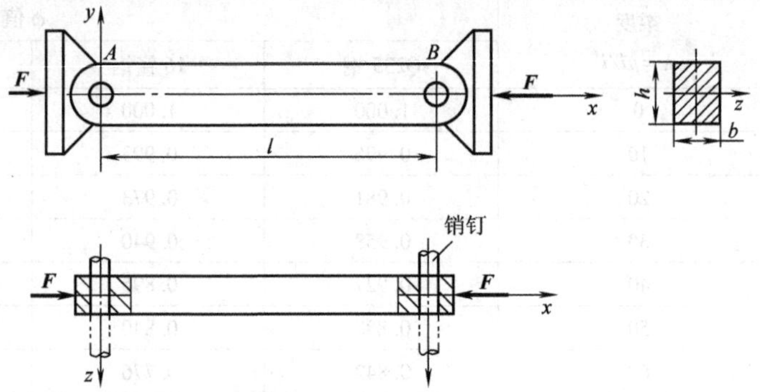

图 8-16 矩形截面压杆

在 xz 平面内，两端为固定端，$\mu_{xy}=0.5$，则

$$i_y=\sqrt{\frac{I_y}{A}}=\sqrt{\frac{\frac{hb^3}{12}}{bh}}=\frac{b}{\sqrt{12}}=\frac{40}{\sqrt{12}}\text{mm}=11.5\text{mm}$$

$$\lambda_y=\frac{\mu_{xz}l}{i_y}=\frac{0.5\times2300}{11.5}=100$$

2）查折减系数 ϕ。查表 8-2 得 $\phi=0.385$（用内插法）。

3）计算压杆的许用压力 F。

$$F=\phi[\sigma]A=0.385\times80\times2400\text{N}=74\text{kN}$$

五、提高压杆稳定性的措施

压杆的稳定性取决于临界应力的大小，压杆的临界应力越大，压杆的稳定性也就越好。由临界应力公式

$$\sigma_{\text{lj}}=\frac{\pi^2E}{\lambda^2}$$

和经验公式

$$\sigma_{\text{lj}}=\sigma_{\text{s}}-a\lambda^2$$

可以看出，临界应力与压杆的材料性能、长度、截面形状和尺寸及两端的约束情况有关。因此，要提高压杆的稳定性，可以从以下几个方面着手。

（1）合理选择材料　对于大柔度杆（细长杆），其临界应力与材料的弹性模量 E 成正比，应选用比值较高的材料，以提高压杆的稳定性。但如压杆由钢材制成，则由于各种钢材的 E 值都很接近，所以选用优质钢材并不能提高压杆的稳定性。对于中、小柔度的压杆，因其临界应力与材料强度有关，所以选用优质钢材可以提高其临界应力。但优质钢材价格昂贵。

（2）合理选择截面　在截面面积一定的情况下，应尽可能将材料放在离形心较远处，以增加截面的惯性矩 I，从而减小杆的柔度。如用型钢组成的空心方截面代替实心方截面，用圆环截面代替实心截面（见图 8-17）。

压杆总是在柔度大的纵向平面里失稳，为充分利用压杆的抗失稳能力，应使其各个纵向平面里的柔度 λ 相同或相近。由 $\lambda=\frac{\mu l}{i}$ 可知，当压杆两端的支座为固定端或球铰链时，合理

的截面形状是圆形或方形；当压杆两端是铰支时，则宜采用矩形或工字形截面。

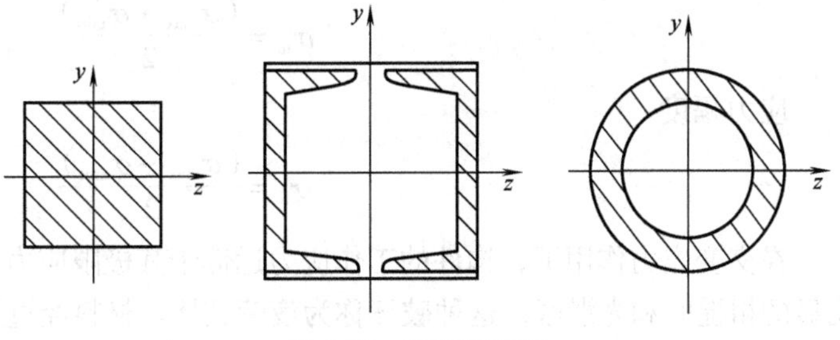

图 8-17　型钢截面图

(3) 减小压杆的长度　因柔度 λ 与长度 l 成正比，因此在条件许可的情况下，应尽可能减小压杆的长度 l，或者在压杆之间增设支座，都可以降低 λ，提高压杆两端的稳定性(见图 8-18)。

(4) 改善约束的条件　压杆两端支撑越牢固，长度系数 μ 越小，临界应力越大。因此，压杆与其他构件连接时，应尽可能制成刚性连接或采用较紧密的配合。

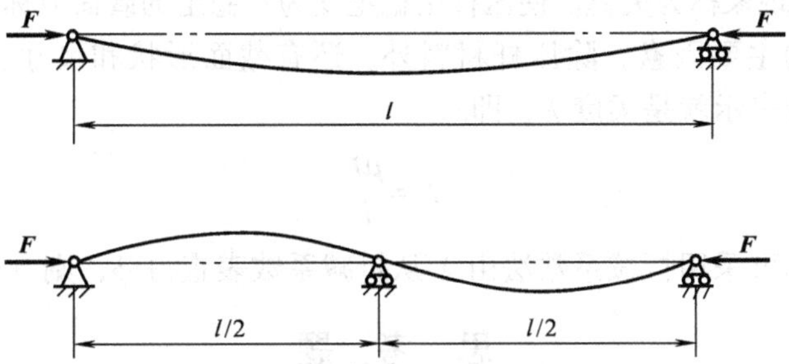

图 8-18　增设支座的压杆

小　结

一、动载荷

构件作变速运动和受冲击时引起的载荷称为动载荷。动载荷下构件产生的动应力和动变形与静载时的关系为

$$\sigma_d = K_d \sigma_j \quad \delta_d = K_d \delta_j$$

1）构件作匀变速直线运动时的动载荷系数为

$$K_d = 1 + \frac{a}{g}$$

2）构件受落体冲击时的动荷系数为

$$K_d = 1 + \sqrt{1 + \frac{2h}{\delta_j}}$$

3）构件在动载荷作用下的强度条件为

$$\sigma_d = K_d \sigma_j \leqslant [\sigma]$$

二、交变应力

随时间作周期性变化的应力称为交变应力。交变应力的循环特性为

$$r = \frac{\sigma_{min}}{\sigma_{max}}$$

平均应力

$$\sigma_m = \frac{(\sigma_{max} + \sigma_{min})}{2}$$

应力幅度

$$\sigma_a = \frac{(\sigma_{max} - \sigma_{min})}{2}$$

在交变应力作用下，构件的工作应力远低于其极限应力时，就会突然发生断裂，其断口有明显的粗糙区和光滑区，这种破坏称为疲劳破坏。材料经过无限次应力循环而不发生疲劳破坏的最大应力值，就是材料的持久极限，用 σ_r 表示。r 值不同，σ_r 也不同，其中以 σ_{-1} 为最低。

构件的疲劳强度计算，必须考虑应力集中、构件尺寸和表面加工质量等因素的影响。

三、压杆稳定

细长杆受压时，在载荷小于某值时，其轴线是稳定的。当载荷大于某值时，其轴线的直线状态是不稳定的，此现象称为失稳。使压杆由稳定变为不稳定的载荷值称为临界载荷。

影响压杆稳定的主要因素，除压杆材料外，还有截面形状和尺寸、支承长度及约束形式，这些因素的定量表示就是柔度 λ，即

$$\lambda = \frac{\mu l}{i}$$

压杆稳定的计算可采用折减系数法由 λ 从折减系数表查得 ϕ，则 $\sigma = \phi[\sigma]$ 稳定。

思　考　题

8-1　为什么对砂轮的转速要有一定的限制？转速过大会出现什么问题？

8-2　两根等长度且材料相同的变截面杆（见图8-19），其最大和最小直径分别相等。若设 $l_1 > l_2$，问当承受相同的冲击时，两根杆内的动应力是否相等？

8-3　为什么跳高要落在海绵里？如何降低自由落体冲击的动荷系数？

8-4　试举工程实例说明何谓交变应力。

8-5　疲劳破坏的特点是什么？如何根据断口情况判断构件是因疲劳破坏还是过载破坏？

8-6　判断下述两种说法是否正确，为什么？应如何说才是正确的？

1）每一种材料仅有一个持久极限。

2）构件各截面的许用持久极限相同。

8-7　柔度代表什么？作什么用？

8-8　细长杆的许用应力为什么要乘以折减系数？

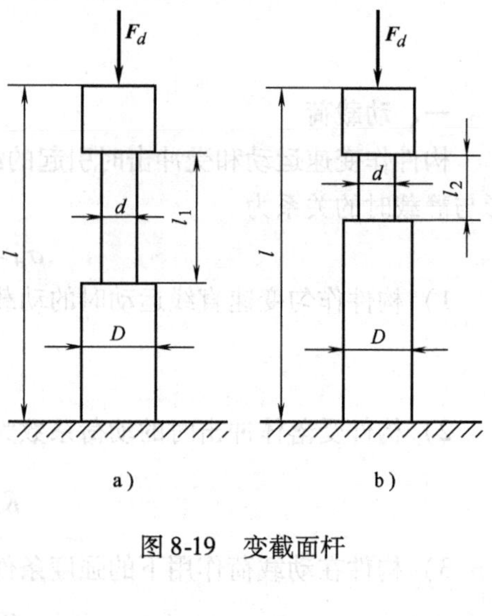

图 8-19　变截面杆

习　　题

8-1　图 8-20 所示桥式起重机，横梁由两根 25b 工字钢组成，起重机 A 的重量为 15kN，用钢丝绳吊起的物体重力 G 为 40kN。起吊时，第 1s 内重物等加速上升 2m。求钢丝绳所受的拉力及梁内最大的正应力（不考虑梁的自重）。

8-2　两根吊索匀加速平行提升一根 14 号工字钢（见图 8-21），加速度 $a = 10\text{m/s}^2$。若考虑工字钢的重量，不计吊索的重量，试计算工字钢的最大动应力。

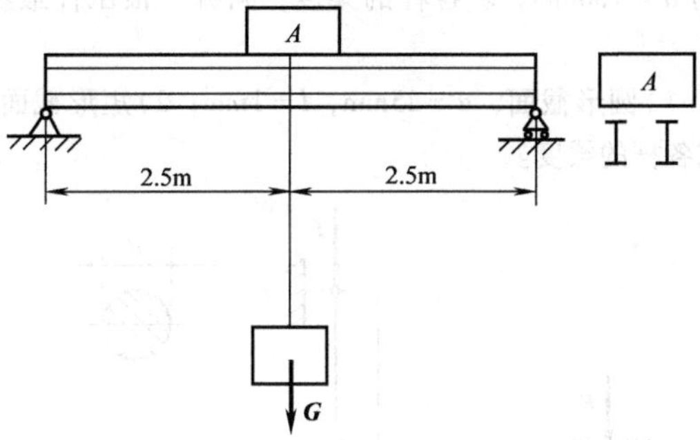

图 8-20　桥式起重机

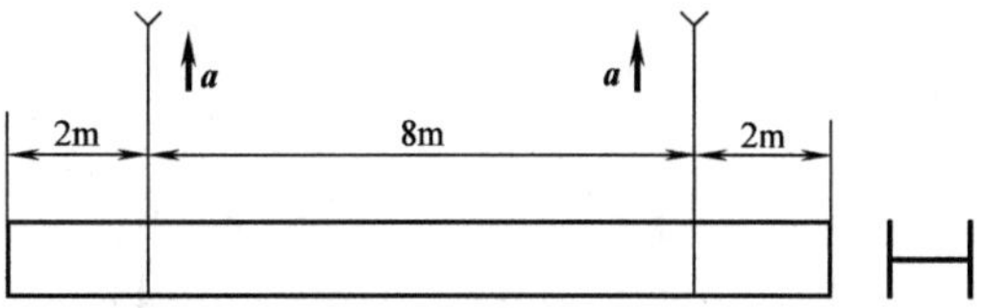

图 8-21　起吊工字钢

8-3　图 8-22 所示飞轮轮缘的线速度为 $v=30\mathrm{m/s}$，飞轮材料的密度 $\rho=7\mathrm{t/m^3}$。若不计轮辐的影响，试求轮缘的最大正应力。

8-4　图 8-23 所示直径 $d=20\mathrm{mm}$ 的钢杆，上端固定，下端固连一个圆盘。已知钢杆长 $l=2\mathrm{m}$，材料的弹性模量 $E=200\mathrm{GPa}$，许用应力 $[\sigma]=160\mathrm{MPa}$。若有重力 $W=0.5\mathrm{kN}$ 的重物自由下落，求允许重物下落的最大高度 h。

图 8-22　飞轮

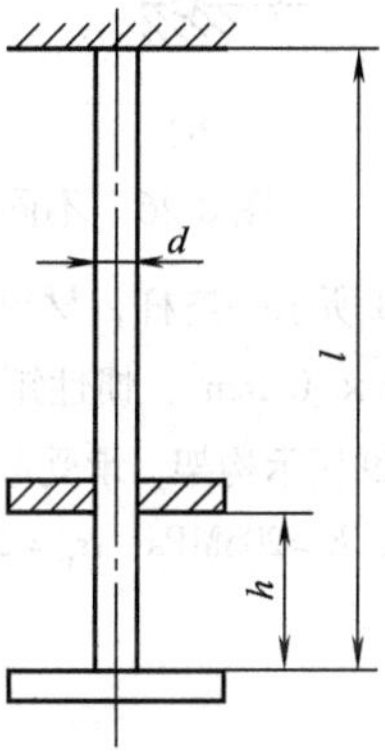

图 8-23　钢杆

8-5　图 8-24 所示一等截面悬臂梁。已知 $h=30\mathrm{mm}$，物体重力 $W=50\mathrm{kN}$，梁材料的弹性模量 $E=200\mathrm{MPa}$。求当重物冲击悬臂梁自由端时，梁的最大正应力和自由端的动位移。

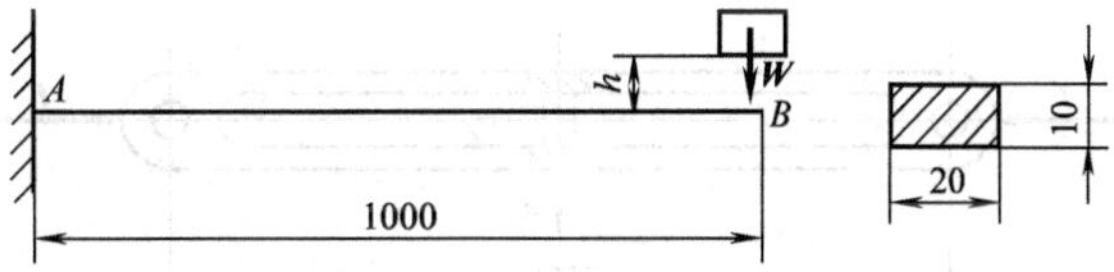

图 8-24　悬臂梁

8-6　计算图 8-25 所示交变应力的循环特征 r、平均应力 σ_m 和应力幅度 σ_a。

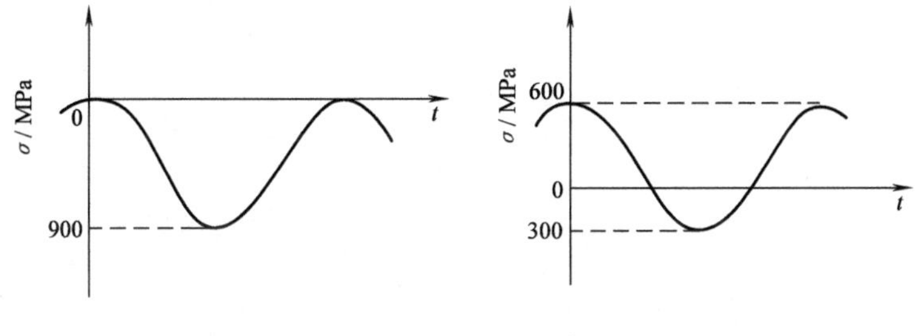

a)　　　　b)

图 8-25　交变应力曲线

8-7　图 8-26 所示压杆材料为 Q235A 钢，直径均为 $d=160\text{mm}$。求各杆的柔度，问哪一根压杆最易失稳？

8-8　图 8-27 所示两端球形铰支细长杆，其截面为：1）圆形截面，$d=25\text{mm}$，$l=1\text{mm}$；2）矩形截面，$h=2b=40\text{mm}$，$l=1\text{mm}$；3）16 号工字钢，$l=2\text{mm}$。试求各杆的柔度。

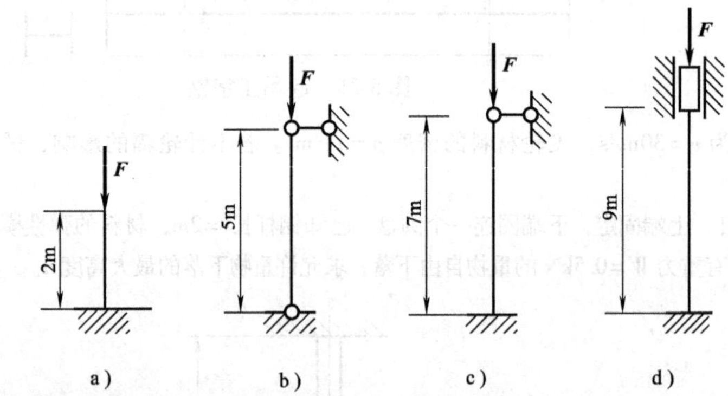

图 8-26　不同支承的压杆

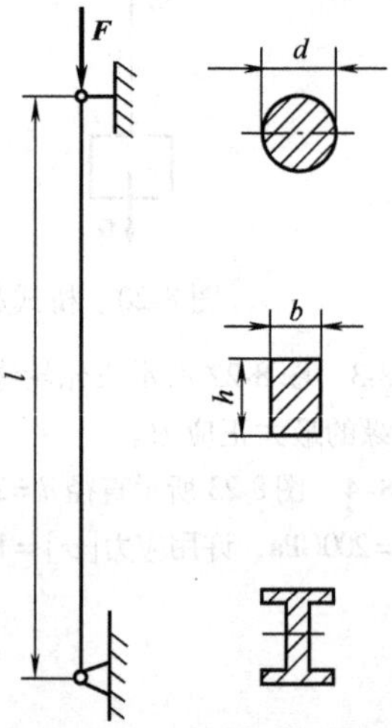

图 8-27　球形铰支细长杆

8-9　图 8-28 所示一连杆，材料为 Q235A 钢，$E=206\text{MPa}$，$[\sigma]=80\text{MPa}$，$\sigma_p=200\text{MPa}$，$\lambda_p=104$，横截面面积 $A=4.4\times10^3\text{mm}^2$，惯性矩 $I_y=120\times10^4\text{mm}^4$，$I_z=797\times10^4\text{mm}^4$。试求其许用压力$[F]$。

8-10　图 8-29 所示构架，承受载荷 $F=10\times10^3\text{N}$，已知杆的外径 $D=50\text{mm}$，内径 $d=40\text{mm}$，两端为球铰，材料为 Q235A 钢，$E=206\text{MPa}$，$\sigma_p=200\text{MPa}$，$\lambda_p=104$，$\lambda_s=61.4$，$[\sigma]=100\text{MPa}$。试问 AB 杆是否稳定？

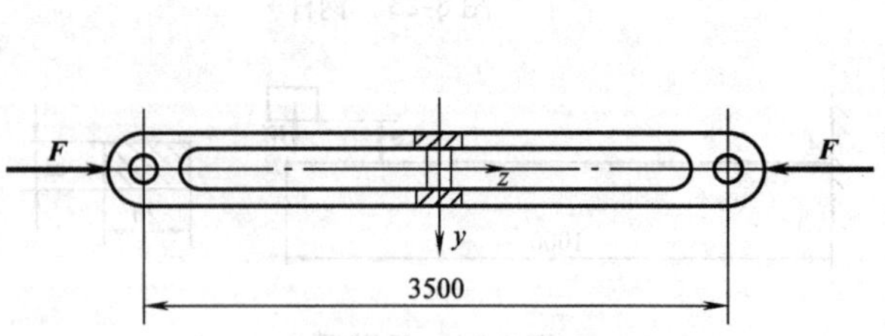

图 8-28　连杆

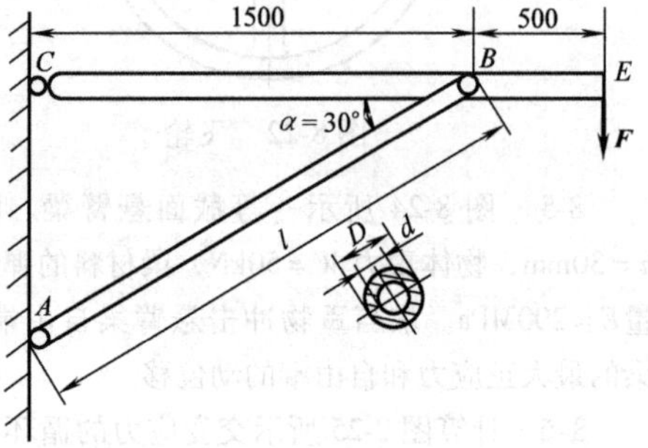

图 8-29　构架

附　录

附录A　工程力学综合练习

一、冲天炉加料系统简介

冲天炉为铸造厂熔化生铁的炉具。炉膛点火后，将待熔化的生铁、燃料及其他配料一起按定量装入加料小车。小车由电动机通过卷扬机牵引，沿斜轨上升，到冲天炉进料口翻转，将料倒入炉内进行熔化。熔化的铁液流入前炉累结与保温，以供铸造机件之用。

加料系统由电动机、带轮、一级齿轮减速器、卷筒及料车组成，其简图如附图 A-1 所示。

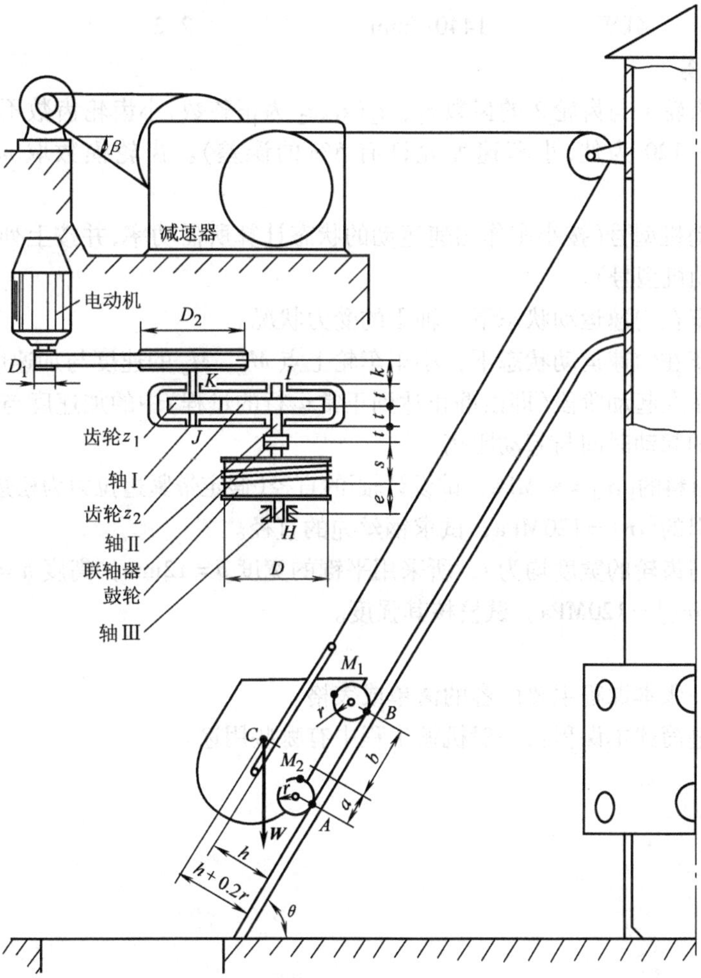

附图 A-1　冲天炉加料系统传动简图

二、已知参数

按生产工艺要求，同时参考同类设备的技术数据，初步拟定小车运动速度为$v=0.8\text{m/s}$，小车连料的总质量$m=200\text{kg}$，轴Ⅰ的转动惯量$J_1=60\text{kg}\cdot\text{m}^2$，轴Ⅱ、Ⅲ的转动惯量$J_2=J_3=100\text{kg}\cdot\text{m}^2$，导轨倾角$\theta=60°$，带夹角$\beta=30°$。轴Ⅰ、Ⅱ中心连线与水平夹角亦为30°，带轮直径$D_1=120\text{mm}$，$D_2=600\text{mm}$，卷筒直径$D=200\text{mm}$，带紧边力为松边力的2倍，尺寸$k=100\text{mm}$，$t=60\text{mm}$，$s=200\text{mm}$，$e=100\text{mm}$，$a=200\text{mm}$，$b=100\text{mm}$，$h=260\text{mm}$，小车车轮半径$r=80\text{mm}$，本机总机械效率$\eta=\eta_1\eta_2\eta_3\eta_4=0.5$，其中$\eta_1$为带效率，$\eta_2$为减速器效率，$\eta_3$为卷筒效率，$\eta_4$为小车及滑轮效率，并近似认为$\eta_1=\eta_2=\eta_3=\eta_4$。所选电动机为Y系列三相异步电动机，抄录部分标准如下，以供选择。以下电动机的起动转矩均为额定转矩的2.2倍，并以常力矩计之。

型号	功率	转速	起动转矩/额定转矩
Y100L_1-4	2.2kW	1420r/min	2.2
Y100L_2-4	3kW	1420r/min	2.2
Y112M-4	4kW	1440r/min	2.2

三、计算任务

1）试确定齿轮1与齿轮2的齿数z_1、z_2(z_1、z_2为正整数,小齿轮齿数不得小于17齿,并以$z_1+z_2=100\sim120$为佳,小车速度允许有5%的误差)。齿轮模数取$m=4$，即齿轮直径$d=mz$。

2）选择电动机型号(按小车作匀速运动的状态计算所需功率,并按上列推荐标准进行选择,确定所用电动机型号)。

3）计算小车在匀速运动状态下，轴Ⅰ的受力状况。

4）计算小车在匀速运动状态下，小车车轮上点M_1、M_2的速度与加速度。

5）计算小车在起动阶段(即由静止达到正常运行的过程)中的加速度与牵引绳的拉力。

6）求小车的起动时间与起动距离。

7）已知轴材料的$[\sigma]=80\text{MPa}$，试设计轴Ⅰ的直径(假定带紧边拉力为松边拉力的2倍)。

8）若钢丝绳的$[\sigma]=120\text{MPa}$，试求钢丝绳的直径。

9）若带轮与齿轮的宽度均为t，所采用平键的宽度$b=12\text{mm}$，高度$h=8\text{mm}$，键材料的$[\tau]=50\text{MPa}$，$[\sigma_{jy}]=120\text{MPa}$。试校核其强度。

四、小结

1）试列出一张本课程主要内容的清单或表格。

2）通过本题简述本课程在一般机械工程中有哪些用途。

附录B 型 钢 表

1. 热轧等边角钢(GB/T 706—2008)

符号意义:

b—边宽度;　　I—惯性矩;

d—边厚度;　　i—惯性半径;

r—内圆弧半径;　　W—截面系数;

r_1—边端圆弧半径;　　Z_0—重心距离。

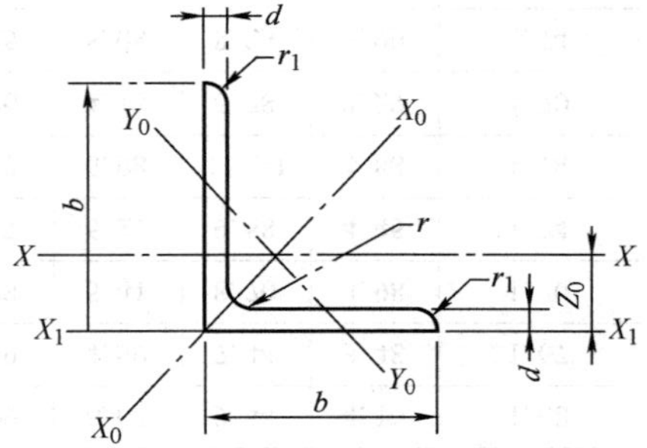

型号	截面尺寸/mm			截面面积/cm²	理论重量/(kg/m)	外表面积/(m²/m)	惯性矩/cm⁴				惯性半径/cm			截面系数/cm³			重心距离/cm
	b	d	r				I_x	I_{x1}	I_{x0}	I_{y0}	i_x	i_{x0}	i_{y0}	W_x	W_{x0}	W_{y0}	Z_0
2	20	3	3.5	1.132	0.889	0.078	0.40	0.81	0.63	0.17	0.59	0.75	0.39	0.29	0.45	0.20	0.60
		4		1.459	1.145	0.077	0.50	1.09	0.78	0.22	0.58	0.73	0.38	0.36	0.55	0.24	0.64
2.5	25	3		1.432	1.124	0.098	0.82	1.57	1.29	0.34	0.76	0.95	0.49	0.46	0.73	0.33	0.73
		4		1.859	1.459	0.097	1.03	2.11	1.62	0.43	0.74	0.93	0.48	0.59	0.92	0.40	0.76
3.0	30	3	4.5	1.749	1.373	0.117	1.46	2.71	2.31	0.61	0.91	1.15	0.59	0.68	1.09	0.51	0.85
		4		2.276	1.786	0.117	1.84	3.63	2.92	0.77	0.90	1.13	0.58	0.87	1.37	0.62	0.89
3.6	36	3		2.109	1.656	0.141	2.58	4.68	4.09	1.07	1.11	1.39	0.71	0.99	1.61	0.76	1.00
		4		2.756	2.163	0.141	3.29	6.25	5.22	1.37	1.09	1.38	0.70	1.28	2.05	0.93	1.04
		5		3.382	2.654	0.141	3.95	7.84	6.24	1.65	1.08	1.36	0.70	1.56	2.45	1.00	1.07
4	40	3	5	2.359	1.852	0.157	3.59	6.41	5.69	1.49	1.23	1.55	0.79	1.23	2.01	0.96	1.09
		4		3.086	2.422	0.157	4.60	8.56	7.29	1.91	1.22	1.54	0.79	1.60	2.58	1.19	1.13
		5		3.791	2.976	0.156	5.53	10.74	8.76	2.30	1.21	1.52	0.78	1.96	3.10	1.39	1.17

（续）

型号	截面尺寸/mm			截面面积/cm^2	理论重量/(kg/m)	外表面积/(m^2/m)	惯性矩/cm^4				惯性半径/cm			截面系数/cm^3			重心距离/cm
	b	d	r				I_x	I_{x1}	I_{x0}	I_{y0}	i_x	i_{x0}	i_{y0}	W_x	W_{x0}	W_{y0}	Z_0
4.5	45	3	5	2.659	2.088	0.177	5.17	9.12	8.20	2.14	1.40	1.76	0.89	1.58	2.58	1.24	1.22
		4		3.486	2.736	0.177	6.65	12.18	10.56	2.75	1.38	1.74	0.89	2.05	3.32	1.54	1.26
		5		4.292	3.369	0.176	8.04	15.2	12.74	3.33	1.37	1.72	0.88	2.51	4.00	1.81	1.30
		6		5.076	3.985	0.176	9.33	18.36	14.76	3.89	1.36	1.70	0.8	2.95	4.64	2.06	1.33
5	50	3	5.5	2.971	2.332	0.197	7.18	12.5	11.37	2.98	1.55	1.96	1.00	1.96	3.22	1.57	1.34
		4		3.897	3.059	0.197	9.26	16.69	14.70	3.82	1.54	1.94	0.99	2.56	4.16	1.96	1.38
		5		4.803	3.770	0.196	11.21	20.90	17.79	4.64	1.53	1.92	0.98	3.13	5.03	2.31	1.42
		6		5.688	4.465	0.196	13.05	25.14	20.68	5.42	1.52	1.91	0.98	3.68	5.85	2.63	1.46
5.6	56	3	6	3.343	2.624	0.221	10.19	17.56	16.14	4.24	1.75	2.20	1.13	2.48	4.08	2.02	1.48
		4		4.390	3.446	0.220	13.18	23.43	20.92	5.46	1.73	2.18	1.11	3.24	5.28	2.52	1.53
		5		5.415	4.251	0.220	16.02	29.33	25.42	6.61	1.72	2.17	1.10	3.97	6.42	2.98	1.57
		6		6.420	5.040	0.220	18.69	35.26	29.66	7.73	1.71	2.15	1.10	4.68	7.49	3.40	1.61
		7		7.404	5.812	0.219	21.23	41.23	33.63	8.82	1.69	2.13	1.09	5.36	8.49	3.80	1.64
		8		8.367	6.568	0.219	23.63	47.24	37.37	9.89	1.68	2.11	1.09	6.03	9.44	4.16	1.68
6	60	5	6.5	5.829	4.576	0.236	19.89	36.05	31.57	8.21	1.85	2.33	1.19	4.59	7.44	3.48	1.67
		6		6.914	5.427	0.235	23.25	43.33	36.89	9.60	1.83	2.31	1.18	5.41	8.70	3.98	1.70
		7		7.977	6.262	0.235	26.44	50.65	41.92	10.96	1.82	2.29	1.17	6.21	9.88	4.45	1.74
		8		9.020	7.081	0.235	29.47	58.02	46.66	12.28	1.81	2.27	1.17	6.98	11.00	4.88	1.78
6.3	63	4	7	4.978	3.907	0.248	19.03	33.35	30.17	7.89	1.96	2.46	1.26	4.13	6.78	3.29	1.70
		5		6.143	4.822	0.248	23.17	41.73	36.77	9.57	1.94	2.45	1.25	5.08	8.25	3.90	1.74
		6		7.288	5.721	0.247	27.12	50.14	43.03	11.20	1.93	2.43	1.24	6.00	9.66	4.46	1.78
		7		8.412	6.603	0.247	30.87	58.60	48.96	12.79	1.92	2.41	1.23	6.88	10.99	4.98	1.82
		8		9.515	7.469	0.247	34.46	67.11	54.56	14.33	1.90	2.40	1.23	7.75	12.25	5.47	1.85

（续）

型号	截面尺寸/mm			截面面积/cm^2	理论重量/(kg/m)	外表面积/(m^2/m)	惯性矩/cm^4				惯性半径/cm			截面系数/cm^3			重心距离/cm
	b	d	r				I_x	I_{x1}	I_{x0}	I_{y0}	i_x	i_{x0}	i_{y0}	W_x	W_{x0}	W_{y0}	Z_0
6.3	63	10	7	11.657	9.151	0.246	41.09	84.31	64.85	17.33	1.88	2.36	1.22	9.39	14.56	6.36	1.93
7	70	4	8	5.570	4.372	0.275	26.39	45.74	41.80	10.99	2.18	2.74	1.40	5.14	8.44	4.17	1.86
		5		6.875	5.397	0.275	32.21	57.21	51.08	13.31	2.16	2.73	1.39	6.32	10.32	4.95	1.91
		6		8.160	6.406	0.275	37.77	68.73	59.93	15.61	2.15	2.71	1.38	7.48	12.11	5.67	1.95
		7		9.424	7.398	0.275	43.09	80.29	68.35	17.82	2.14	2.69	1.38	8.59	13.81	6.34	1.99
		8		10.667	8.373	0.274	48.17	91.92	76.37	19.98	2.12	2.68	1.37	9.68	15.43	6.98	2.03
7.5	75	5	9	7.412	5.818	0.295	39.97	70.56	63.30	16.63	2.33	2.92	1.50	7.32	11.94	5.77	2.04
		6		8.797	6.905	0.294	46.95	84.55	74.38	19.51	2.31	2.90	1.49	8.64	14.02	6.67	2.07
		7		10.160	7.976	0.294	53.57	98.71	84.96	22.18	2.30	2.89	1.48	9.93	16.02	7.44	2.11
		8		11.503	9.030	0.294	59.96	112.97	95.07	24.86	2.28	2.88	1.47	11.20	17.93	8.19	2.15
		9		12.825	10.068	0.294	66.10	127.30	104.71	27.48	2.27	2.86	1.46	12.43	19.75	8.89	2.18
		10		14.126	11.089	0.293	71.98	141.71	113.92	30.05	2.26	2.84	1.46	13.64	21.48	9.56	2.22
8	80	5		7.912	6.211	0.315	48.79	85.36	77.33	20.25	2.48	3.13	1.60	8.34	13.67	6.66	2.15
		6		9.397	7.376	0.314	57.35	102.50	90.98	23.72	2.47	3.11	1.59	9.87	16.08	7.65	2.19
		7		10.860	8.525	0.314	65.58	119.70	104.07	27.09	2.46	3.10	1.58	11.37	18.40	8.58	2.23
		8		12.303	9.658	0.314	73.49	136.97	116.60	30.39	2.44	3.08	1.57	12.83	20.61	9.46	2.27
		9		13.725	10.774	0.314	81.11	154.31	128.60	33.61	2.43	3.06	1.56	14.25	22.73	10.29	2.31
		10		15.126	11.874	0.313	88.43	171.74	140.09	36.77	2.42	3.04	1.56	15.64	24.76	11.08	2.35
9	90	6	10	10.637	8.350	0.354	82.77	145.87	131.26	34.28	2.79	3.51	1.80	12.61	20.63	9.95	2.44
		7		12.301	9.656	0.354	94.83	170.30	150.47	39.18	2.78	3.50	1.78	14.54	23.64	11.19	2.48
		8		13.944	10.946	0.353	106.47	194.80	168.97	43.97	2.76	3.48	1.78	16.42	26.55	12.35	2.52
		9		15.566	12.219	0.353	117.72	219.39	186.77	48.66	2.75	3.46	1.77	18.27	29.35	13.46	2.56

（续）

型号	截面尺寸/mm			截面面积/cm^2	理论重量/(kg/m)	外表面积/(m^2/m)	惯性矩/cm^4				惯性半径/cm			截面系数/cm^3			重心距离/cm
	b	d	r				I_x	I_{x1}	I_{x0}	I_{y0}	i_x	i_{x0}	i_{y0}	W_x	W_{x0}	W_{y0}	Z_0
9	90	10	10	17.167	13.476	0.353	128.58	244.07	203.90	53.26	2.74	3.45	1.76	20.07	32.04	14.52	2.59
		12		20.306	15.940	0.352	149.22	293.76	236.21	62.22	2.71	3.41	1.75	23.57	37.12	16.49	2.67
10	100	6	12	11.932	9.366	0.393	114.95	200.07	181.98	47.92	3.10	3.90	2.00	15.68	25.74	12.69	2.67
		7		13.796	10.830	0.393	131.86	233.54	208.97	54.74	3.09	3.89	1.99	18.10	29.55	14.26	2.71
		8		15.638	12.276	0.393	148.24	267.09	235.07	61.41	3.08	3.88	1.98	20.47	33.24	15.75	2.76
		9		17.462	13.708	0.392	164.12	300.73	260.30	67.95	3.07	3.86	1.97	22.79	36.81	17.18	2.80
		10		19.261	15.120	0.392	179.51	334.48	284.68	74.35	3.05	3.84	1.96	25.06	40.26	18.54	2.84
		12		22.800	17.898	0.391	208.90	402.34	330.95	86.84	3.03	3.81	1.95	29.48	46.80	21.08	2.91
		14		26.256	20.611	0.391	236.53	470.75	374.06	99.00	3.00	3.77	1.94	33.73	52.90	23.44	2.99
		16		29.627	23.257	0.390	262.53	539.80	414.16	110.89	2.98	3.74	1.94	37.82	58.57	25.63	3.06
11	110	7		15.196	11.928	0.433	177.16	310.64	280.94	73.38	3.41	4.30	2.20	22.05	36.12	17.51	2.96
		8		17.238	13.535	0.433	199.46	355.20	316.49	82.42	3.40	4.28	2.19	24.95	40.69	19.39	3.01
		10		21.261	16.690	0.432	242.19	444.65	384.39	99.98	3.38	4.25	2.17	30.60	49.42	22.91	3.09
		12		25.200	19.782	0.431	282.55	534.60	448.17	116.93	3.35	4.22	2.15	36.05	57.62	26.15	3.16
		14		29.056	22.809	0.431	320.71	625.16	508.01	133.40	3.32	4.18	2.14	41.31	65.31	29.14	3.24
12.5	125	8	14	19.750	15.504	0.492	297.03	521.01	470.89	123.16	3.88	4.88	2.50	32.52	53.28	25.86	3.37
		10		24.373	19.133	0.491	361.67	651.93	573.89	149.46	3.85	4.85	2.48	39.97	64.93	30.62	3.45
		12		28.912	22.696	0.491	423.16	783.42	671.44	174.88	3.83	4.82	2.46	41.17	75.96	35.03	3.53
		14		33.367	26.193	0.490	481.65	915.61	763.73	199.57	3.80	4.78	2.45	54.16	86.41	39.13	3.61
		16		37.739	29.625	0.489	537.31	1048.62	850.98	223.65	3.77	4.75	2.43	60.93	96.28	42.96	3.68
14	140	10		27.373	21.488	0.551	514.65	915.11	817.27	212.04	4.34	5.46	2.78	50.58	82.56	39.20	3.82
		12		32.512	25.522	0.551	603.68	1099.28	958.79	248.57	4.31	5.43	2.76	59.80	96.85	45.02	3.90

（续）

型号	截面尺寸/mm			截面面积/cm^2	理论重量/(kg/m)	外表面积/(m^2/m)	惯性矩/cm^4				惯性半径/cm			截面系数/cm^3			重心距离/cm
	b	d	r				I_x	I_{x1}	I_{x0}	I_{y0}	i_x	i_{x0}	i_{y0}	W_x	W_{x0}	W_{y0}	Z_0
14	140	14	14	37.567	29.490	0.550	688.81	1 284.22	1 093.56	284.06	4.28	5.40	2.75	68.75	110.47	50.45	3.98
		16		42.539	33.393	0.549	770.24	1 470.07	1 221.81	318.67	4.26	5.36	2.74	77.46	123.42	55.55	4.06
15	150	8		23.750	18.644	0.592	521.37	899.55	827.49	215.25	4.69	5.90	3.01	47.36	78.02	38.14	3.99
		10		29.373	23.058	0.591	637.50	1125.09	1 012.79	262.21	4.66	5.87	2.99	58.35	95.49	45.51	4.08
		12		34.912	27.406	0.591	748.85	1 351.26	1 189.97	307.73	4.63	5.84	2.97	69.04	112.19	52.38	4.15
		14		40.367	31.688	0.590	855.64	1 578.25	1 359.30	351.98	4.60	5.80	2.95	79.45	128.16	58.83	4.23
		15		43.063	33.804	0.590	907.39	1 692.10	1 441.09	373.69	4.59	5.78	2.95	84.56	135.87	61.90	4.27
		16		45.739	35.905	0.589	958.08	1 806.21	1 521.02	395.14	4.58	5.77	2.94	89.59	143.40	64.89	4.31
16	160	10	16	31.502	24.729	0.630	779.53	1 365.33	1 237.30	321.76	4.98	6.27	3.20	66.70	109.36	52.76	4.31
		12		37.441	29.391	0.630	916.58	1 639.57	1 455.68	377.49	4.95	6.24	3.18	78.98	128.67	60.74	4.39
		14		43.296	33.987	0.629	1 048.36	1 914.68	1 665.02	431.70	4.92	6.20	3.16	90.95	147.17	68.24	4.47
		16		49.067	38.518	0.629	1 175.08	2 190.82	1 865.57	484.59	4.89	6.17	3.14	102.63	164.89	75.31	4.55
18	180	12		42.241	33.159	0.710	1 321.35	2 332.80	2 100.10	542.61	5.59	7.05	3.58	100.82	165.00	78.41	4.89
		14		48.896	38.383	0.709	1 514.48	2 723.48	2 407.42	621.53	5.56	7.02	3.56	116.25	189.14	88.38	4.97
		16		55.467	43.542	0.709	1 700.99	3 115.29	2 703.37	698.60	5.54	6.98	3.55	131.13	212.40	97.83	5.06
		18		61.055	48.634	0.708	1 875.12	3 502.43	2 988.24	762.01	5.50	6.94	3.51	145.64	234.78	105.14	5.13
20	200	14	18	54.642	42.894	0.788	2 103.55	3 734.10	3 343.26	863.83	6.20	7.82	3.98	144.70	236.40	111.82	5.46
		16		62.013	48.680	0.788	2 366.15	4 270.39	3 760.89	971.41	6.18	7.79	3.96	163.66	265.93	123.96	5.54

（续）

型号	截面尺寸/mm			截面面积/cm^2	理论重量/(kg/m)	外表面积/(m^2/m)	惯性矩/cm^4				惯性半径/cm			截面系数/cm^3			重心距离/cm
	b	d	r				I_x	I_{x1}	I_{x0}	I_{y0}	i_x	i_{x0}	i_{y0}	W_x	W_{x0}	W_{y0}	Z_0
20	200	18	18	69.301	54.401	0.787	2 620.64	4 808.13	4 164.54	1 076.74	6.15	7.75	3.94	182.22	294.48	135.52	5.62
		20		76.505	60.056	0.787	2 867.30	5 347.51	4 554.55	1 180.04	6.12	7.72	3.93	200.42	322.06	146.55	5.69
		24		90.661	71.168	0.785	3 338.25	6 457.16	5 294.97	1 381.53	6.07	7.64	3.90	236.17	374.41	166.65	5.87
22	220	16	21	68.664	53.901	0.866	3 187.35	5 681.62	5 063.73	1 310.99	6.81	8.59	4.37	199.55	325.51	153.81	6.03
		18		76.752	60.250	0.866	3 534.30	6 395.93	5 615.32	1 453.27	6.79	8.55	4.35	222.37	360.97	168.29	6.11
		20		84.756	66.533	0.865	3 871.49	7 112.04	6 150.08	1 592.90	6.76	8.52	4.34	244.77	395.34	182.16	6.18
		22		92.676	72.751	0.865	4 199.23	7 830.19	6 668.37	1 730.10	6.73	8.48	4.32	266.78	428.66	195.45	6.26
		24		100.512	78.902	0.864	4 517.83	8 550.57	7 170.55	1 865.11	6.70	8.45	4.31	288.39	460.94	208.21	6.33
		26		108.264	84.987	0.864	4 827.58	9 273.39	7 656.98	1 998.17	6.68	8.41	4.30	309.62	492.21	220.49	6.41
25	250	18	24	87.842	68.956	0.985	5 268.22	9 379.11	8 369.04	2 167.41	7.74	9.76	4.97	290.12	473.42	224.03	6.84
		20		97.045	76.180	0.984	5 779.34	10 426.97	9 181.94	2 376.74	7.72	9.73	4.95	319.66	519.41	242.85	6.92
		24		115.201	90.433	0.983	6 763.93	12 529.74	10 742.67	2 785.19	7.66	9.66	4.92	377.34	607.70	278.38	7.07
		26		124.154	97.461	0.982	7 238.08	13 585.18	11 491.33	2 984.84	7.63	9.62	4.90	406.50	650.05	295.19	7.15
		28		133.022	104.422	0.982	7 700.60	14 643.62	12 219.39	3 181.81	7.61	9.58	4.89	433.22	691.23	311.42	7.22
		30		141.807	111.318	0.981	8 151.80	15 706.30	12 927.26	3 376.34	7.58	9.55	4.88	460.51	731.28	327.12	7.30
		32		150.508	118.149	0.981	8 592.01	16 770.41	13 615.32	3 568.71	7.56	9.51	4.87	487.39	770.20	342.33	7.37
		35		163.402	128.271	0.980	9 232.44	18 374.95	14 611.16	3 853.72	7.52	9.46	4.86	526.97	826.53	364.30	7.48

注：截面图中的 $r_1=1/3d$ 及表中 r 的数据用于孔型设计，不做交货条件。

2. 热轧工字钢(GB/T 706—2008)

符号意义：

h—高度；　r_1—腿端圆弧半径；

b—腿宽度；　I—惯性矩；

d—腰厚度；　W—截面系数；

t—平均腿厚度；　i—惯性半径。

r—内圆弧半径；

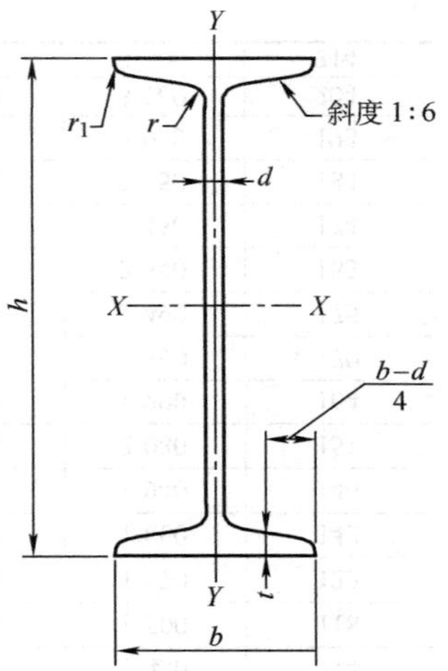

型号	截面尺寸/mm						截面面积/cm²	理论重量/(kg/m)	惯性矩/cm⁴		惯性半径/cm		截面系数/cm³	
	h	b	d	t	r	r_1			I_x	I_y	i_x	i_y	W_x	W_y
10	100	68	4.5	7.6	6.5	3.3	14.345	11.261	245	33.0	4.14	1.52	49.0	9.72
12	120	74	5.0	8.4	7.0	3.5	17.818	13.987	436	46.9	4.95	1.62	72.7	12.7
12.6	126	74	5.0	8.4	7.0	3.5	18.118	14.223	488	46.9	5.20	1.61	77.5	12.7
14	140	80	5.5	9.1	7.5	3.8	21.516	16.890	712	64.4	5.76	1.73	102	16.1
16	160	88	6.0	9.9	8.0	4.0	26.131	20.513	1 130	93.1	6.58	1.89	141	21.2
18	180	94	6.5	10.7	8.5	4.3	30.756	24.143	1 660	122	7.36	2.00	185	26.0
20a	200	100	7.0	11.4	9.0	4.5	35.578	27.929	2 370	158	8.15	2.12	237	31.5
20b		102	9.0				39.578	31.069	2 500	169	7.96	2.06	250	33.1
22a	220	110	7.5	12.3	9.5	4.8	42.128	33.070	3 400	225	8.99	2.31	309	40.9
22b		112	9.5				46.528	36.524	3 570	239	8.78	2.27	325	42.7
24a	240	116	8.0	13.0	10.0	5.0	47.741	37.477	4 570	280	9.77	2.42	381	48.4
24b		118	10.0				52.541	41.245	4 800	297	9.57	2.38	400	50.4
25a	250	116	8.0				48.541	38.105	5 020	280	10.2	2.40	402	48.3
25b		118	10.0				53.541	42.030	5 280	309	9.94	2.40	423	52.4

（续）

型号	截面尺寸/mm						截面面积/	理论重量/	惯性矩/cm^4		惯性半径/cm		截面系数/cm^3	
	h	b	d	t	r	r_1	cm^2	(kg/m)	I_x	I_y	i_x	i_y	W_x	W_y
27a	270	122	8.5	13.7	10.5	5.3	54.554	42.825	6 550	345	10.9	2.51	485	56.6
27b		124	10.5				59.954	47.064	6 870	366	10.7	2.47	509	58.9
28a	280	122	8.5				55.404	43.492	7 110	345	11.3	2.50	508	56.6
28b		124	10.5				61.004	47.888	7 480	379	11.1	2.49	534	61.2
30a	300	126	9.0	14.4	11.0	5.5	61.254	48.084	8 950	400	12.1	2.55	597	63.5
30b		128	11.0				67.254	52.794	9 400	422	11.8	2.50	627	65.9
30c		130	13.0				73.254	57.504	9 850	445	11.6	2.46	657	68.5
32a	320	130	9.5	15.0	11.5	5.8	67.156	52.717	11 100	460	12.8	2.62	692	70.8
32b		132	11.5				73.556	57.741	11 600	502	12.6	2.61	726	76.0
32c		134	13.5				79.956	62.765	12 200	544	12.3	2.61	760	81.2
36a	360	136	10.0	15.8	12.0	6.0	76.480	60.037	15 800	552	14.4	2.69	875	81.2
36b		138	12.0				83.680	65.689	16 500	582	14.1	2.64	919	84.3
36c		140	14.0				90.880	71.341	17 300	612	13.8	2.60	962	87.4
40a	400	142	10.5	16.5	12.5	6.3	86.112	67.598	21 700	660	15.9	2.77	1 090	93.2
40b		144	12.5				94.112	73.878	22 800	692	15.6	2.71	1 140	96.2
40c		146	14.5				102.112	80.158	23 900	727	15.2	2.65	1 190	99.6
45a	450	150	11.5	18.0	13.5	6.8	102.446	80.420	32 200	855	17.7	2.89	1 430	114
45b		152	13.5				111.446	87.485	33 800	894	17.4	2.84	1 500	118
45c		154	15.5				120.446	94.550	35 300	938	17.1	2.79	1 570	122
50a	500	158	12.0	20.0	14.0	7.0	119.304	93.654	46 500	1 120	19.7	3.07	1 860	142
50b		160	14.0				129.304	101.504	48 600	1 170	19.4	3.01	1 940	146
50c		162	16.0				139.304	109.354	50 600	1 220	19.0	2.96	2 080	151
55a	550	166	12.5	21.0	14.5	7.3	134.185	105.335	62 900	1 370	21.6	3.19	2 290	164
55b		168	14.5				145.185	113.970	65 600	1 420	21.2	3.14	2 390	170
55c		170	16.5				156.185	122.605	68 400	1 480	20.9	3.08	2 490	175
56a	560	166	12.5				135.435	106.316	65 600	1 370	22.0	3.18	2 340	165
56b		168	14.5				146.635	115.108	68 500	1 490	21.6	3.16	2 450	174
56c		170	16.5				157.835	123.900	71 400	1 560	21.3	3.16	2 550	183
63a	630	176	13.0	22.0	15.0	7.5	154.658	121.407	93 900	1 700	24.5	3.31	2 980	193
63b		178	15.0				167.258	131.298	98 100	1 810	24.2	3.29	3 160	204
63c		180	17.0				179.858	141.189	102 000	1 920	23.8	3.27	3 300	214

注：表中 r、r_1 的数据用于孔型设计，不做交货条件。

3. 热轧槽钢(GB/T 706—2008)

符号意义：

h—高度；　　r_1—腿端圆弧半径；

b—腿宽度；　　I—惯性矩；

d—腰厚度；　　W—截面系数；

t—平均腿厚度；　　i—惯性半径；

r—内圆弧半径；　　Z_0—YY 轴与 Y_1Y_1 轴间距。

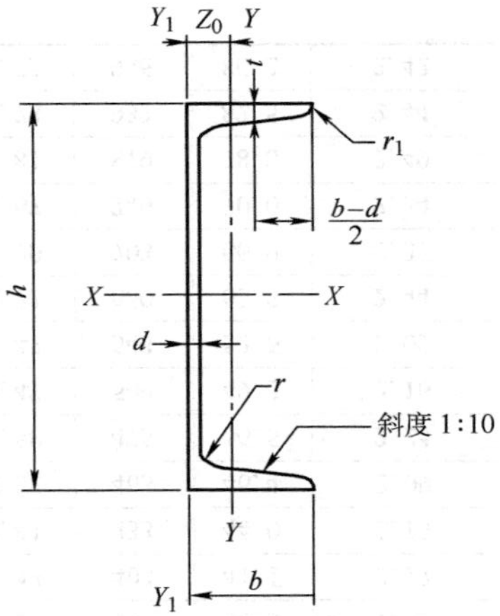

型号	截面尺寸/mm						截面面积/cm²	理论重量/(kg/m)	惯性矩/cm⁴			惯性半径/cm		截面系数/cm³		重心距离/cm
	h	b	d	t	r	r_1			I_x	I_y	I_{y1}	i_x	i_y	W_x	W_y	Z_0
5	50	37	4.5	7.0	7.0	3.5	6.928	5.438	26.0	8.30	20.9	1.94	1.10	10.4	3.55	1.35
6.3	63	40	4.8	7.5	7.5	3.8	8.451	6.634	50.8	11.9	28.4	2.45	1.19	16.1	4.50	1.36
6.5	65	40	4.3	7.5	7.5	3.8	8.547	6.709	55.2	12.0	28.3	2.54	1.19	17.0	4.59	1.38
8	80	43	5.0	8.0	8.0	4.0	10.248	8.045	101	16.6	37.4	3.15	1.27	25.3	5.79	1.43
10	100	48	5.3	8.5	8.5	4.2	12.748	10.007	198	25.6	54.9	3.95	1.41	39.7	7.80	1.52
12	120	53	5.5	9.0	9.0	4.5	15.362	12.059	346	37.4	77.7	4.75	1.56	57.7	10.2	1.62
12.6	126	53	5.5	9.0	9.0	4.5	15.692	12.318	391	38.0	77.1	4.95	1.57	62.1	10.2	1.59
14a	140	58	6.0	9.5	9.5	4.8	18.516	14.535	564	53.2	107	5.52	1.70	80.5	13.0	1.71
14b		60	8.0				21.316	16.733	609	61.1	123	5.35	1.69	87.1	14.1	1.67
16a	160	63	6.5	10.0	10.0	5.0	21.962	17.24	866	73.3	144	6.28	1.83	108	16.3	1.80
16b		65	8.5				25.162	19.752	935	83.4	161	6.10	1.82	117	17.6	1.75
18a	180	68	7.0	10.5	10.5	5.2	25.699	20.174	1 270	98.6	190	7.04	1.96	141	20.0	1.88
18b		70	9.0				29.299	23.000	1 370	111	210	6.84	1.95	152	21.5	1.84

（续）

型号	截面尺寸/mm						截面面积/cm²	理论重量/(kg/m)	惯性矩/cm⁴			惯性半径/cm		截面系数/cm³		重心距离/cm
	h	b	d	t	r	r_1			I_x	I_y	I_{y1}	i_x	i_y	W_x	W_y	Z_0
20a	200	73	7.0	11.0	11.0	5.5	28.837	22.637	1 780	128	244	7.86	2.11	178	24.2	2.01
20b		75	9.0				32.837	25.777	1 910	144	268	7.64	2.09	191	25.9	1.95
22a	220	77	7.0	11.5	11.5	5.8	31.846	24.999	2 390	158	298	8.67	2.23	218	28.2	2.10
22b		79	9.0				36.246	28.453	2 570	176	326	8.42	2.21	234	30.1	2.03
24a	240	78	7.0	12.0	12.0	6.0	34.217	26.860	3 050	174	325	9.45	2.25	254	30.5	2.10
24b		80	9.0				39.017	30.628	3 280	194	355	9.17	2.23	274	32.5	2.03
24c		82	11.0				43.817	34.396	3 510	213	388	8.96	2.21	293	34.4	2.00
25a	250	78	7.0				34.917	27.410	3 370	176	322	9.82	2.24	270	30.6	2.07
25b		80	9.0				39.917	31.335	3 530	196	353	9.41	2.22	282	32.7	1.98
25c		82	11.0				44.917	35.260	3 690	218	384	9.07	2.21	295	35.9	1.92
27a	270	82	7.5	12.5	12.5	6.2	39.284	30.838	4 360	216	393	10.5	2.34	323	35.5	2.13
27b		84	9.5				44.684	35.077	4 690	239	428	10.3	2.31	347	37.7	2.06
27c		86	11.5				50.084	39.316	5 020	261	467	10.1	2.28	372	39.8	2.03
28a	280	82	7.5				40.034	31.427	4 760	218	388	10.9	2.33	340	35.7	2.10
28b		84	9.5				45.634	35.823	5 130	242	428	10.6	2.30	366	37.9	2.02
28c		86	11.5				51.234	40.219	5 500	268	463	10.4	2.29	393	40.3	1.95
30a	300	85	7.5	13.5	13.5	6.8	43.902	34.463	6 050	260	467	11.7	2.43	403	41.1	2.17
30b		87	9.5				49.902	39.173	6 500	289	515	11.4	2.41	433	44.0	2.13
30c		89	11.5				55.902	43.883	6 950	316	560	11.2	2.38	463	46.4	2.09
32a	320	88	8.0	14.0	14.0	7.0	48.513	38.083	7 600	305	552	12.5	2.50	475	46.5	2.24
32b		90	10.0				54.913	43.107	8 140	336	593	12.2	2.47	509	49.2	2.16
32c		92	12.0				61.313	48.131	8 690	374	643	11.9	2.47	543	52.6	2.09
36a	360	96	9.0	16.0	16.0	8.0	60.910	47.814	11 900	455	818	14.0	2.73	660	63.5	2.44
36b		98	11.0				68.110	53.466	12 700	497	880	13.6	2.70	703	66.9	2.37
36c		100	13.0				75.310	59.118	13 400	536	948	13.4	2.67	746	70.0	2.34
40a	400	100	10.5	18.0	18.0	9.0	75.068	58.928	17 600	592	1 070	15.3	2.81	879	78.8	2.49
40b		102	12.5				83.068	65.208	18 600	640	114	15.0	2.78	932	82.5	2.44
40c		104	14.5				91.068	71.488	19 700	688	1 220	14.7	2.75	986	86.2	2.42

注：表中 r、r_1 的数据用于孔型设计，不做交货条件。

参 考 文 献

[1] 张秉荣，张定华．理论力学[M]．北京：机械工业出版社，1991.
[2] 赵芳印．材料力学[M]．北京：机械工业出版社，1991.
[3] 张秉荣，李泽培．理论力学[M]．北京：机械工业出版社，1994.
[4] 哈尔滨工业大学．理论力学[M]．北京：高等教育出版社，2002.
[5] 刘鸿文．材料力学[M]．北京：高等教育出版社，1983.
[6] 吴镇．理论力学[M]．上海：上海交通大学出版社，1986.
[7] 张亮．理论力学解题指南[M]．南京：河海大学出版社，1991.
[8] 韩冠英．材料力学解题指南[M]．南京：河海大学出版社，1991.
[9] 吴建生．工程力学[M]．北京：机械工业出版社，2003.